トランジスタ技術
SPECIAL

No.148

PC1台で回路設計～基板発注を完了!「誰でもメーカ」時代の虎の巻

回路図の描き方から始める プリント基板設計&製作入門

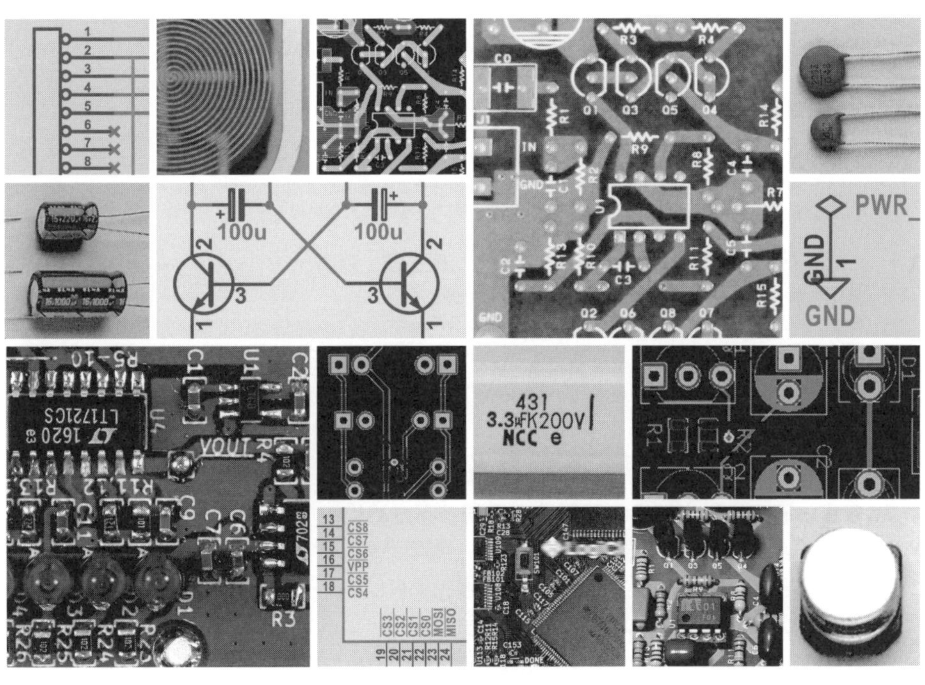

CQ出版社

CONTENTS

表紙／扉デザイン：ナカヤ デザインスタジオ（柴田 幸男）
本文イラスト：神崎 真理子

CONTENTS

▶ 本書は，「トランジスタ技術」に掲載された記事を再編集したものです．初出誌は各記事の稿末に掲載してあります．

Introduction 1

プリント基板ができるまで

データ作成と発注

①スタート！
アイデアを練る

②基板のサイズや
回路を検討する

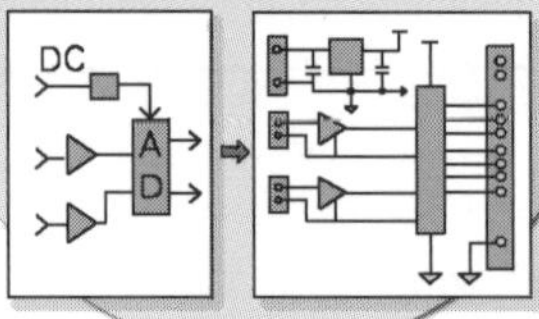

③部品ネット通販
サイトで使いたい
部品を調べる

④基板データ開発
ソフトウェアで
回路図を入力する

⑤接続が正しいか
チェックする

⑥回路図のネットリスト
を出力する

ネットリスト出力

```
(nets
(net (code 19) (name /PWR_LED)
(node (ref D1) (pin 2))
(node (ref R1) (pin 2)))
```

⑦回路シンボルと
フットプリントとの
ひも付けを行う

フットプリントが
ない!!

Webから入手

⑧プリント基板データ
を作成する

⑨デザイン・
ルールの
チェック

狭！

細！

⑩基板製造用データを
出力したら基板メーカに
発注

こっちやでー
こっちゃー
こっちへ
どうぞ〜

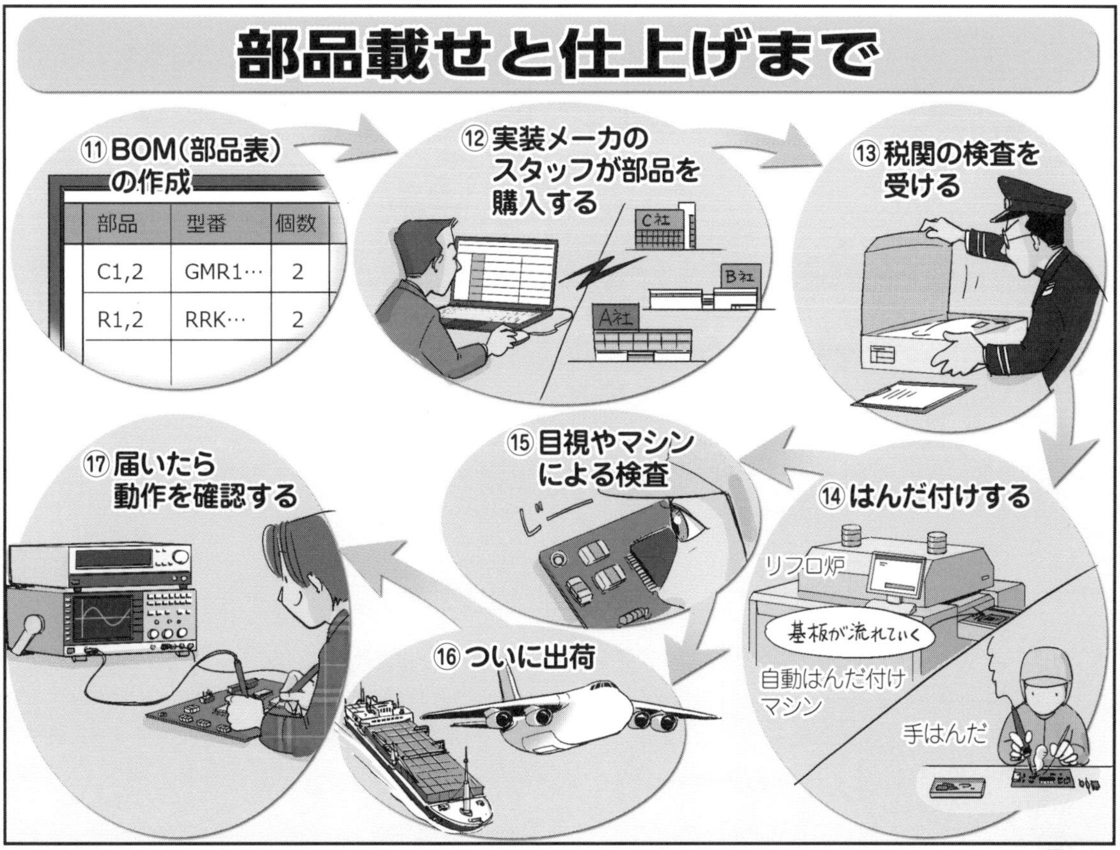

部品載せと仕上げまで

⑪ BOM（部品表）の作成

部品	型番	個数
C1,2	GMR1…	2
R1,2	RRK…	2

⑫ 実装メーカのスタッフが部品を購入する

C社
B社
A社

⑬ 税関の検査を受ける

⑭ はんだ付けする

リフロ炉
基板が流れていく
自動はんだ付けマシン
手はんだ

⑮ 目視やマシンによる検査

ジー

⑯ ついに出荷

⑰ 届いたら動作を確認する

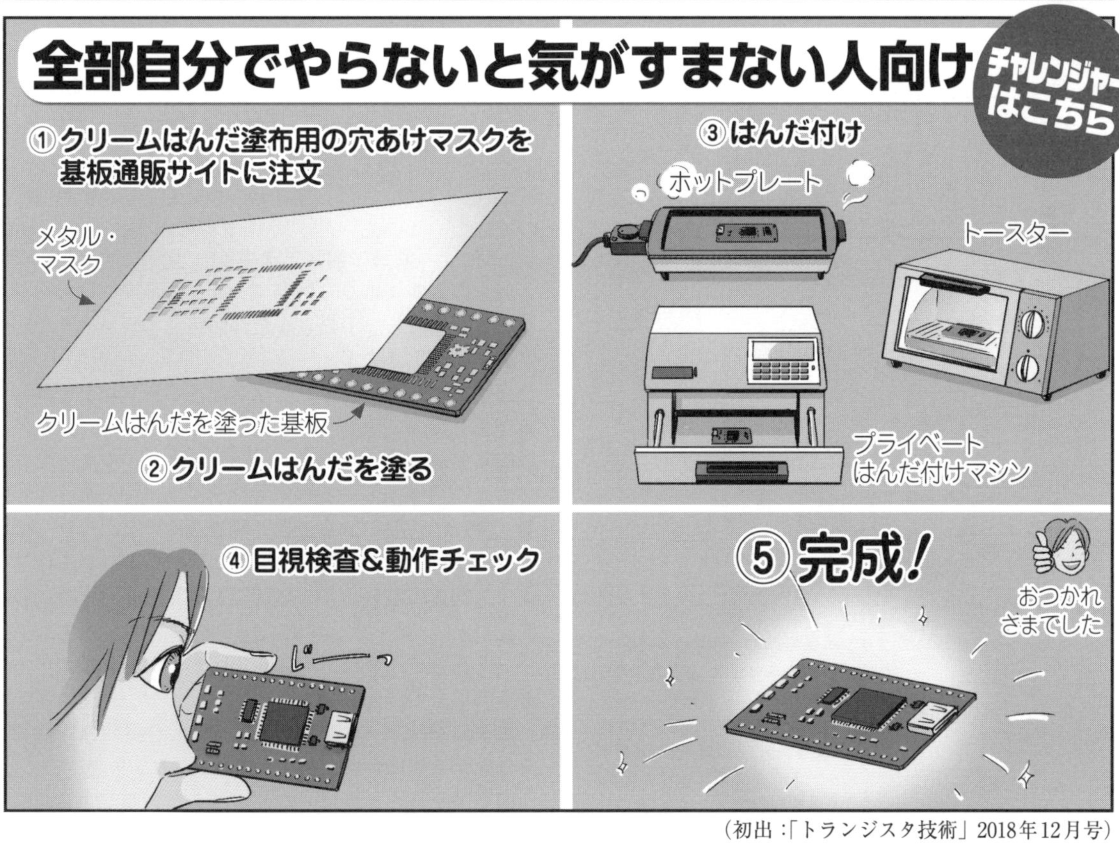

全部自分でやらないと気がすまない人向け

チャレンジャーはこちら

① クリームはんだ塗布用の穴あけマスクを基板通販サイトに注文

メタル・マスク
クリームはんだを塗った基板

② クリームはんだを塗る

③ はんだ付け

ホットプレート
トースター
プライベートはんだ付けマシン

④ 目視検査＆動作チェック

ジーっ

⑤ 完成！

おつかれさまでした

（初出：「トランジスタ技術」2018年12月号）

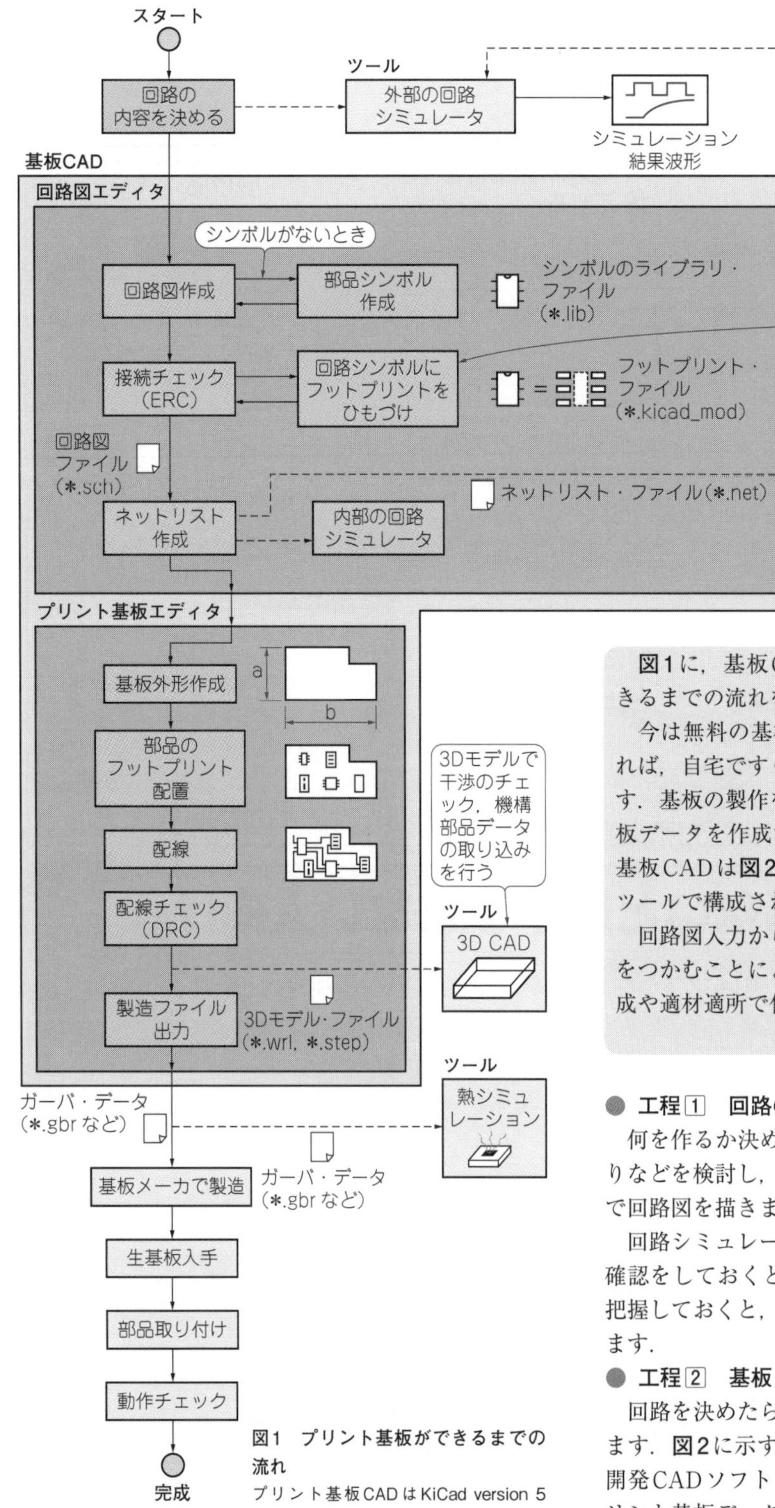

図1　プリント基板ができるまでの流れ

プリント基板CADはKiCad version 5を想定．点線矢印は任意．基板をより高性能に仕上げるには，サード・パーティ・ツールで熱/電磁界シミュレーションなどを実行する．部品実装済み基板を確実にケースにおさめたいときは3D CADを利用する

図1に，基板CADを用いた，プリント基板ができるまでの流れを示します(**図1**)．

今は無料の基板CADがあるので，回路図さえあれば，自宅ですぐにプリント基板作りを始められます．基板の製作を製造メーカに注文するときは，基板データを作成するための基板CADを利用します．基板CADは**図2**に示すように，複数のエディタやツールで構成されていることが多いです．

回路図入力から基板ができるまでの大まかな流れをつかむことによって，最低限必要なエディタの構成や適材適所で使う設計ツールなどがわかります．

〈編集部〉

● 工程[1]　回路の内容を決める

何を作るか決めたら回路ブロックの数やI/Oの役割りなどを検討し，手描きまたは回路シミュレータなどで回路図を描きます．

回路シミュレーションやブレッドボードなどで動作確認をしておくとよいでしょう．回路の動作を理解，把握しておくと，基板の完成後に手直しが少なくなります．

● 工程[2]　基板CADで回路図を描く

回路を決めたら次はプリント基板用のデータを作ります．**図2**に示すサイズ無制限&商用利用OKの基板開発CADソフトウェアKiCadを例に説明します．プリント基板データは，主に回路図データと基板エディタを利用して作成します．

まず回路図データを作成します．KiCadには回路図を作画する機能が含まれています．

回路図を描くときは，部品データも必要です．回路

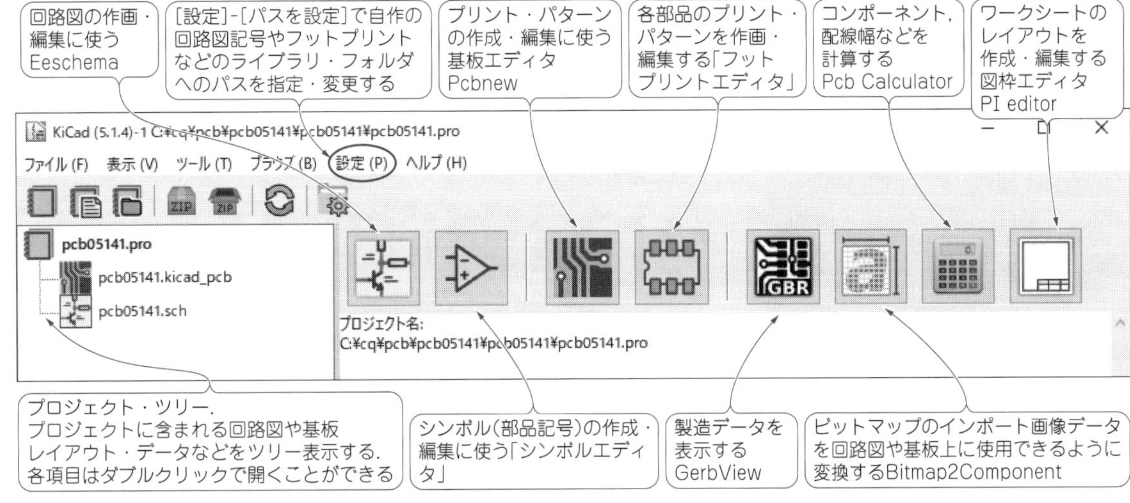
回路図の作画・編集に使うEeschema
[設定]-[パスを設定]で自作の回路図記号やフットプリントなどのライブラリ・フォルダへのパスを指定・変更する
プリント・パターンの作成・編集に使う基板エディタPcbnew
各部品のプリント・パターンを作画・編集する「フットプリントエディタ」
コンポーネント，配線幅などを計算するPcb Calculator
ワークシートのレイアウトを作成・編集する図枠エディタPI editor
KiCad (5.1.4)-1 C:¥cq¥pcb¥pcb05141¥pcb05141¥pcb05141.pro
ファイル(F) 表示(V) ツール(T) ブラウズ(B) 設定(P) ヘルプ(H)
pcb05141.pro
pcb05141.kicad_pcb
pcb05141.sch
プロジェクト名:
C:¥cq¥pcb¥pcb05141¥pcb05141¥pcb05141.pro
プロジェクト・ツリー．プロジェクトに含まれる回路図や基板レイアウト・データなどをツリー表示する．各項目はダブルクリックで開くことができる
シンボル(部品記号)の作成・編集に使う「シンボルエディタ」
製造データを表示するGerbView
ビットマップのインポート画像データを回路図や基板上に使用できるように変換するBitmap2Component

図2　サイズ無制限＆フリーの基板CADソフトウェアKiCadのプロジェクト・マネージャ
基板作りには回路図エディタや基板エディタを利用する．他にも基板作りをサポートするための計算ツールやガーバ・ビューアなどが用意されている

図の各部品記号のことをシンボルと呼んでいます．所望のシンボルが基板CADに用意されていれば，そのまま利用できます．しかしシンボルがないときは，基板CAD上のエディタ機能を使って自分で作成します．

● 工程3　接続チェック(ERC)を実行する

回路図を描き終わったら，電気的ルール・チェック(ERC：Electrical Rule Check)機能を実行し，エラーがないか確認します．

エラーがなければ，ネットリストと呼ばれる回路図の接続情報データを出力します．

● 工程4　回路シンボルにフットプリントをひも付ける

プリント・パターンの描画に使う各部品のフットプリント(部品の足型パターン・データ)と回路記号シンボルを結びつけます．基板CADソフトウェアによってはシンボルとフットプリントが初めから結び付いているときもあります．

KiCadは各部品の番号付けを行うアノテーション機能を使って番号を付けます．部品番号はかぶらないようにします．

● 工程5　プリント・パターンを描画する

基板エディタを起動して基板の外形を描きます．

次にネットリストを読み込みます．読み込んだネットリストをもとに，基板エディタ上に各部品のフットプリントを配置します．画面上にまとまって表示されているので展開します．

部品の配置が完了したらプリント・パターンを描画します．自動的に部品同士を配線してくれるオートルータ機能をもった基板CADもあります．

● 工程6　配線チェック(DRC)を実行する

すべての配線が完了したら，製造ルールどおりに作成できているかデザイン・ルール・チェック(DRC：Design Rule Check)を実行して確認します．

基板CADソフトウェアによっては，プリント・パターンを作成中に，デザイン・ルール・チェックを自動的に実行してくれるオンラインDRCやリアルタイムDRCと呼ばれる機能をもったタイプがあります．さらに3Dモデル表示で部品同士のぶつかりがないかチェックできる基板CADソフトウェアもあります．

● 工程7　基板メーカに製造用データを送付する

各種チェックがOKとなったら基板製造用データを出力します．ガーバ・ファイルやドリル・ファイルなどと呼ばれます．

それらのファイルを基板メーカに送り，基板を発注します．基板メーカによって受け付けるデータ形式が異なっています．基板メーカのWebページなどで基板CADソフトウェアごとの製造データの設定を確認すると，スムーズに発注できます．

● 工程8　部品を実装する

生基板を入手できたら部品を実装して動作チェックします．部品の実装まで請け負ってくれる基板メーカもあるので，手はんだが難しかったり，大量に作ったり，時間的な制約があるときは利用するとよいでしょう．

チェックが完了したら基板は完成です．

＊　＊　＊

各工程で不具合が出たとき，内容に応じて必要な前工程に戻ります．ミスを減らすためには，基板CADソフトウェアでの設計前に回路シミュレーションや基礎実験による動作の確認を確実に行うことをおすすめします．

〈山田 一夫〉

(初出：「トランジスタ技術」2018年7月号)

Introduction 2

基板とCADデータ，ガーバ・データを見比べて理解する

一目瞭然！プリント基板の構造

漆谷 正義 Masayoshi Urushidani

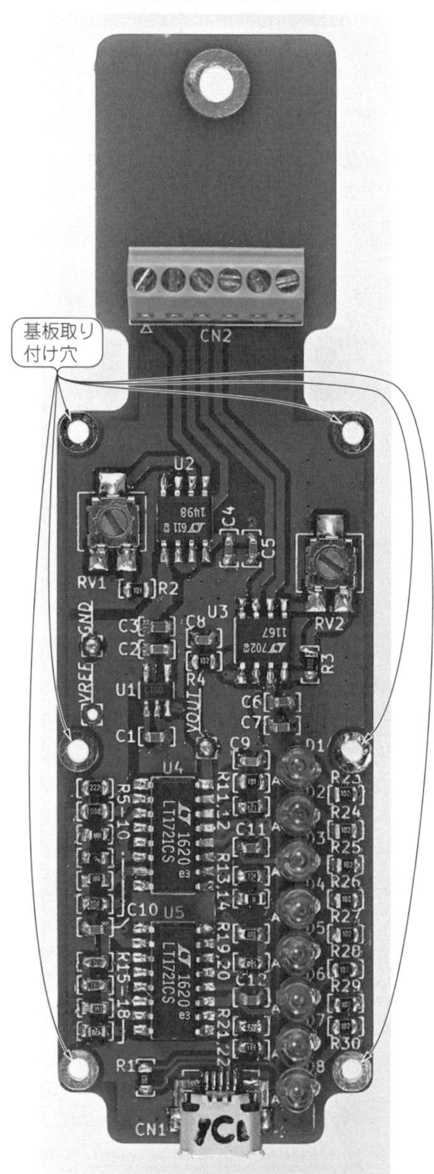

写真1　プリント基板製作の実例（基板設計：善養寺 薫）
この基板の詳細は第5部 第12章を参照のこと

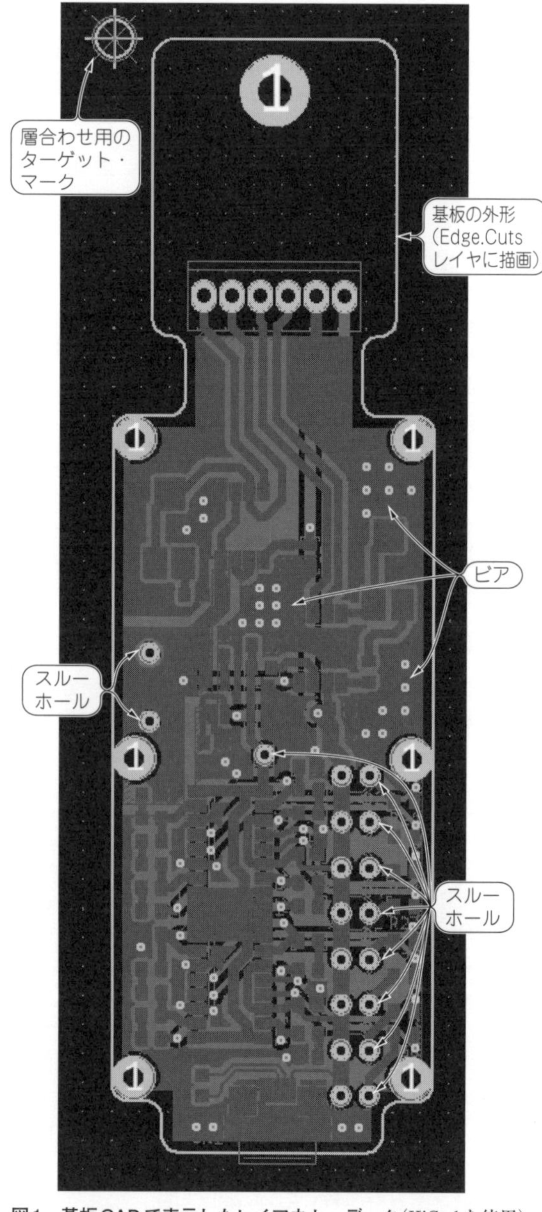

図1　基板CADで表示したレイアウト・データ（KiCadを使用）
「F.Cu」，「B.Cu」といったプリント・パターンや，「F.Mask」，「F.Silks」，「Edge.Cuts」，スルーホールのランドなどを重ねて表示している

本稿では**写真1**に示すプリント基板を例に，プリント基板の基本的な構造を紹介します．基板CADで表示したレイアウトを**図1**に，基板CADから出力したガーバ・データを**図2**に示します．〈**編集部**〉

● 各部の名称と役割

▶プリント・パターン［図2(c)と(d)］

部品どうしを電気的につなぐのがプリント・パターン(基板の配線)の役割です．プリント・パターンは銅はくどうしを切り離して作るので，幅，間隔，厚みなどを指定します．アンテナ・パターンなど，配線以外の特性を持たせることもできます．

▶ソルダ・レジスト［図2(b)と(e)］

導体パターンをそのまま製造すると，銅はく面が露出してショートや腐食の原因となります．導体パターンを絶縁・保護する皮膜をソルダ・レジストまたはソルダ・マスクといいます．

はんだ付けに必要な部分だけを露出させるので，はんだブリッジが防止でき，電気的絶縁耐力も上がります．

基板の色の実体は，ソルダ・レジストの色です．緑色以外に，青，赤，黒など多くの色があります．なかでも圧倒的に多いのが緑色です．緑色は目にやさしいので基板チェック時にもストレスがありません．

▶シルク印刷［図2(a)］

部品名，部品番号，部品取り付け位置を示す文字やシンボルを，取り付ける部品と方向を識別するために印刷します．シンボルは部品穴にかかったり，部品に隠れたりしないよう慎重に配置します．基板名，会社名などもシンボルと同じように印刷できます．

▶ランド/パッド

電子部品のリード(足)をはんだ付けする部分です．

▶スルーホール

基板を貫通するか，層と層を電気的につなぐ穴のこ

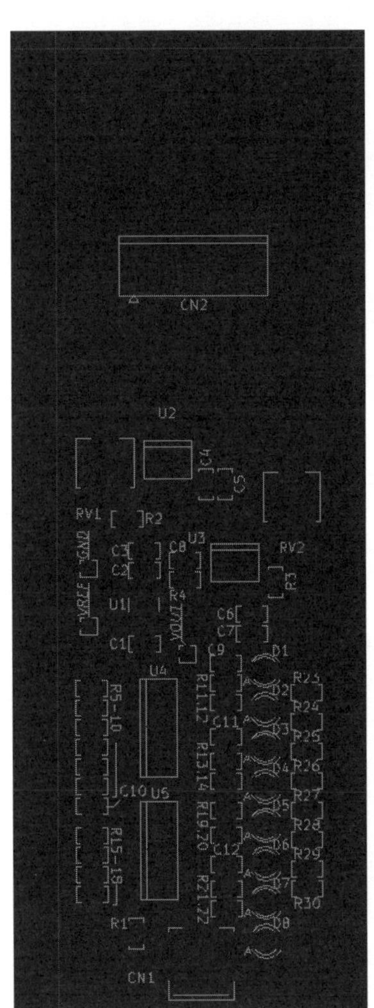

(a) シルク印刷（表面）

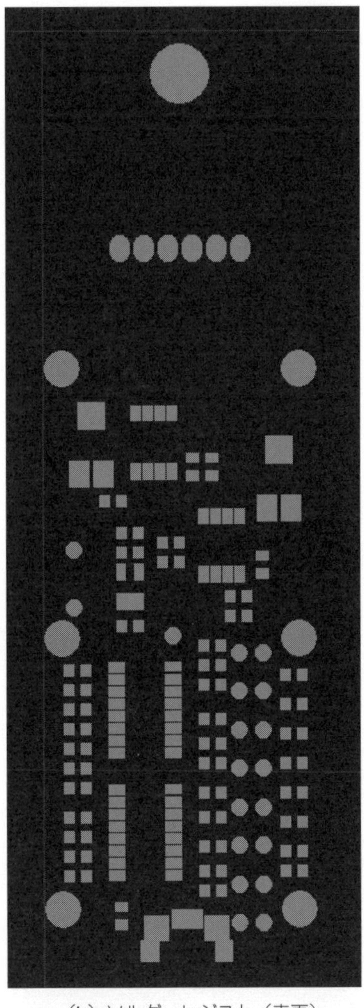

(b) ソルダ・レジスト（表面）

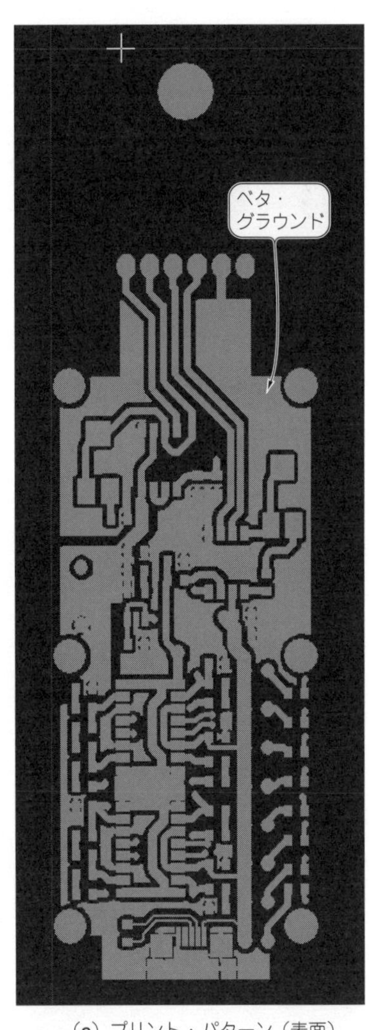

(c) プリント・パターン（表面）

図2　基板を構成するガーバ・データ
このほか，基板外形データ(拡張子はgm1，gml，gkoなど)も必要

とです．リード部品の足を通したり，層の間を電気的に接続する役割があります．部品挿入穴と兼ねるときもあります．

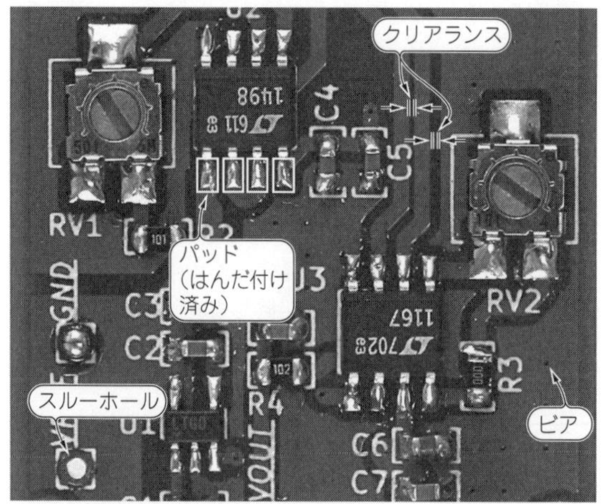

写真2　基板（写真1）の一部を拡大した

スルーホールは，ビアまたはビア・ホールとも呼ばれます．ここでは，部品穴を兼用するものをスルーホール，基板の層間を接続するものをビアと呼びます．

▶ベタ・パターン

グラウンドや電源ラインを長く，幅広にした面状の塗りつぶしパターンのことです．グラウンドや電源のインピーダンスを下げ，ノイズの浸入，放出を防止できます．放熱の役割もします．

▶クリアランス

プリント・パターン間の隙間のことです．

▶基板取り付け穴

基板を固定する穴です．筐体や他の基板にねじで固定します．

● プリント基板の製造工程

図3にプリント基板の製造工程の一例を示します．

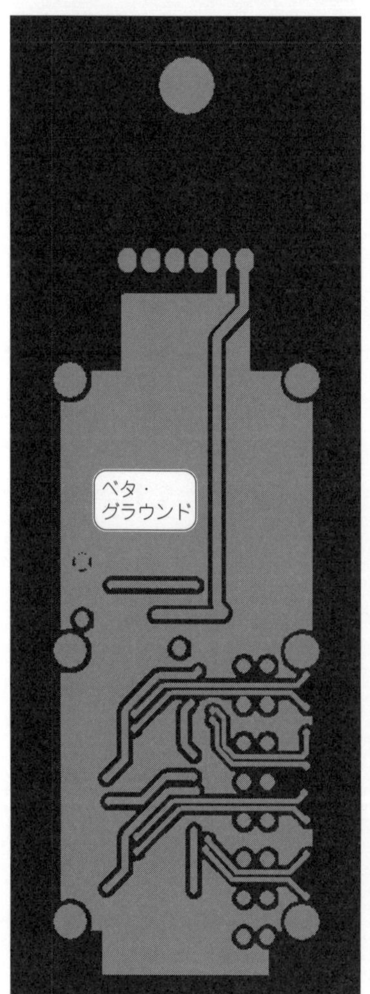

（d）プリント・パターン（裏面）

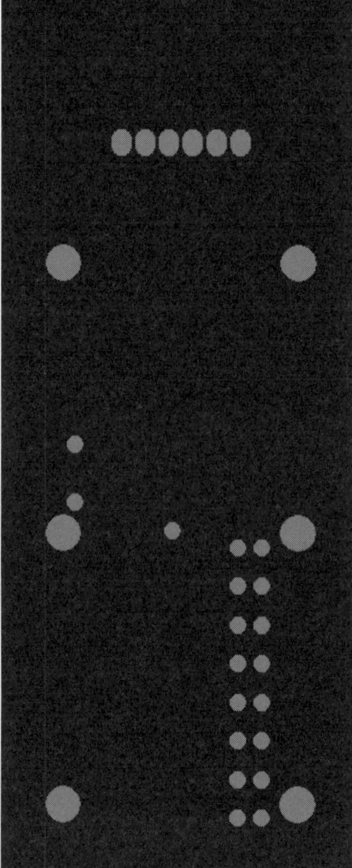
（e）ソルダ・レジスト（裏面）

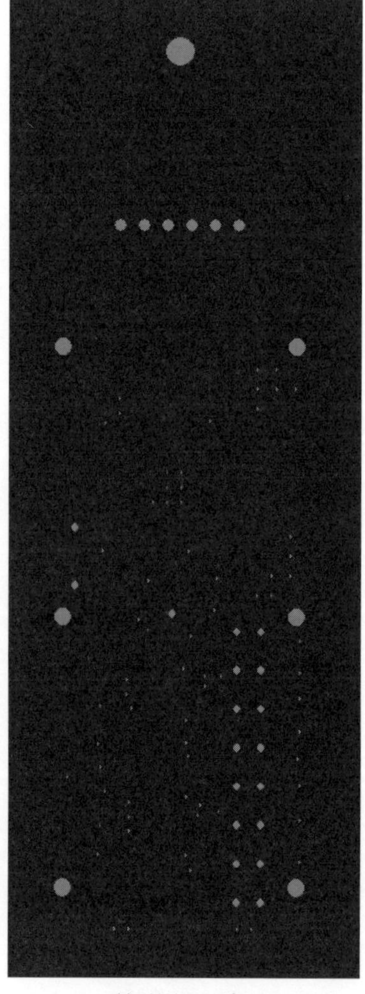
（f）ドリル・データ

図2　基板を構成するガーバ・データ（つづき）

基材（ガラス・エポキシなど）の両面に銅はくを張った基板に対して，以下のような処理を行います．

- ドリル・データに基づいて穴開け加工を施す
- 穴を銅めっきする
- プリント・パターン・データに基づいて銅面にレジスト処理を施す
- エッチングを行い，プリント・パターンの部分だけ銅を残す
- エッチング用のレジストを除去する
- パターンや基板を保護するため，ソルダ・レジストを印刷する（はんだ付けを行うランドなどは残す）
- シンボルやロゴ・マークをシルク印刷する
- 銅はくが露出したランドやパッドに表面処理を行う（はんだレベラなど）
- 外形加工を行う

これらの処理を行う際に基板製造メーカが利用するのが，**図2**に示したようなガーバ・データです．ガーバ・データに基づいて各層の処理を積み重ねることで，基板が出来上がります（**図4**）．

〈漆谷 正義〉

（初出：「トランジスタ技術」2018年7月号）

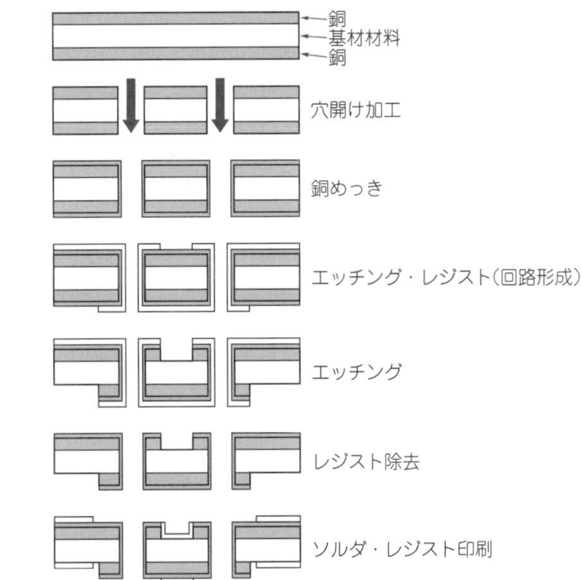

図3　プリント基板の製造工程（両面基板，スルーホールめっきの場合）

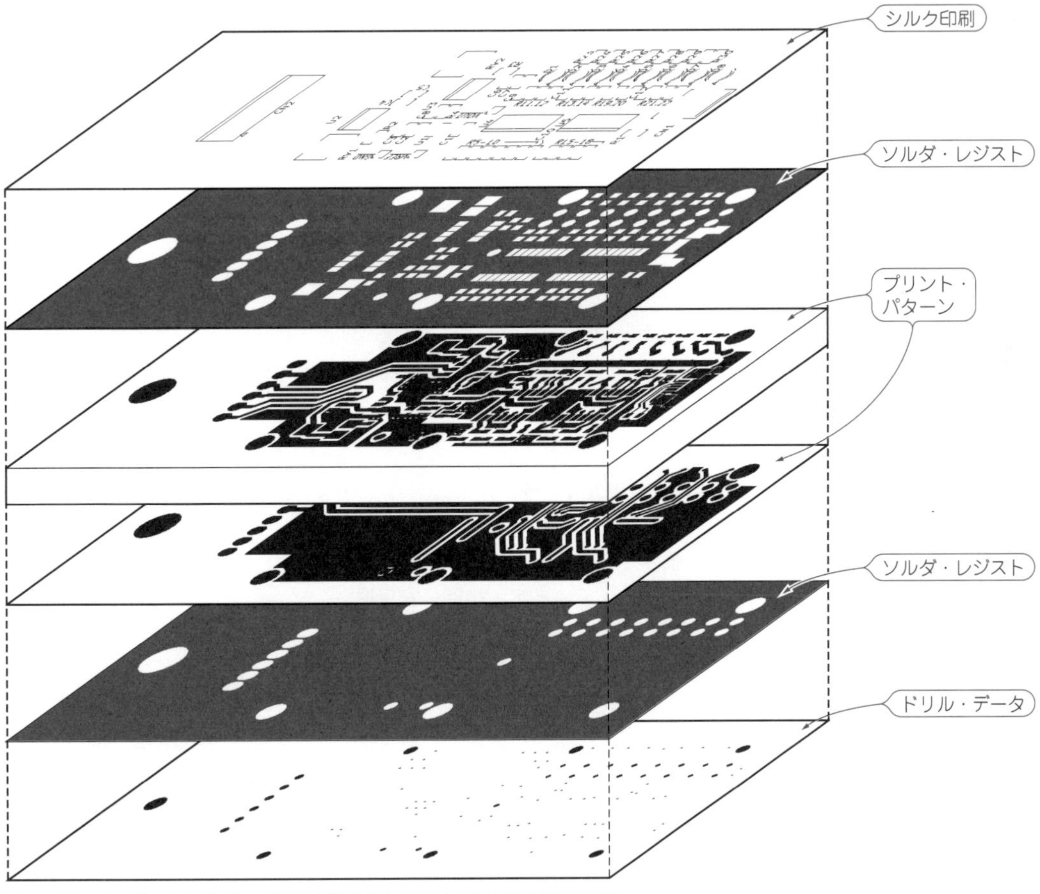

図4　ガーバ・データに基づいて処理を積み重ねることで基板が出来上がる

第1章　初歩の初歩！回路図記号事典

①抵抗器

(a) 本誌記号(注)　(b) IEC記号 04-01-01

■ 説明

もっとも基本的な回路素子です．アナログ，ディジタルを問わず，あらゆる電子回路で使われています．電流の大きさを調節/制限したり，電流を電圧に変換したりできます．抵抗値は1 mΩ以下から1000 MΩ以上までです．誤差0.001 %以下といった高精度のものもあります．GHz帯で使える高周波用，100 W以上の大電力用など各種ありますが，入手しやすく安価なのは1 Ωから10 MΩくらいまでです．

■ 種類

● 炭素皮膜タイプ

セラミック基材に薄い炭素の皮膜を付けたものです．家電製品を中心に大量に使われています．温度係数は負でかなり大きい(数百ppm/℃)です．リード・タイプは一般的でしたが，チップ・タイプ品はほとんど使われていません．

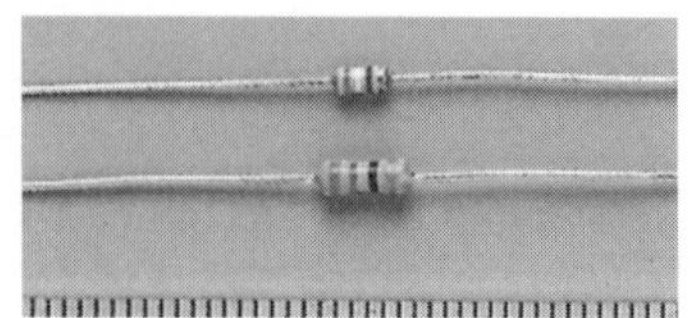

写真1-1　炭素皮膜抵抗器

● 金属皮膜タイプ

セラミック基材にニクロム系の金属を薄く蒸着したものです．リード・タイプとチップ・タイプ(面実装タイプ)があります．精度，安定性ともに良好で，雑音も小さいです．温度係数は50～100 ppm/℃のものが安価ですが，5 ppm/℃くらいのものもあります．後出の金属箔抵抗より安価です．

写真1-2　金属皮膜抵抗器

● メタルグレーズ・タイプ(圧膜型金属皮膜)

金属酸化物をガラス質のバインダとともに焼結したものです．チップ・タイプはもっとも一般的で安価です．温度係数は100 ppm/℃程度です．

写真1-3　メタルグレーズ・チップ抵抗器(RK73Bシリーズ，KOA)

● 金属箔(はく)タイプ

セラミック基材に薄い金属箔を張り，切り込みを入れて所定の抵抗値を得ています．精度，安定度ともにきわめて良好なので，高精度回路に使われます．温度係数1 ppm/℃のものが入手できます．

写真1-4　金属箔抵抗器(MP型，アルファ・エレクトロニクス)

● 酸化金属皮膜タイプ

「酸金」と呼ばれています．精度，安定度ともにまずまずです．耐電力が大きいわりに小型なので，電源回路などに使われています．高温になるため，本体を基板から浮かせて実装することが多いです．

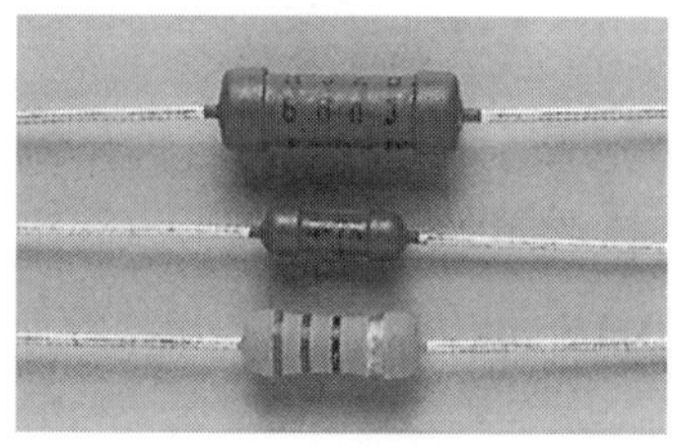

写真1-5　酸化金属皮膜抵抗器(上から2W品，1W品，1W品．誤差±5%)

● 巻き線タイプ

巻き線をセメントで固めたセメント抵抗が電源回路などでよく使われています．ヒートシンクに取

写真1-6　巻き線抵抗(50kΩ，0.1%)

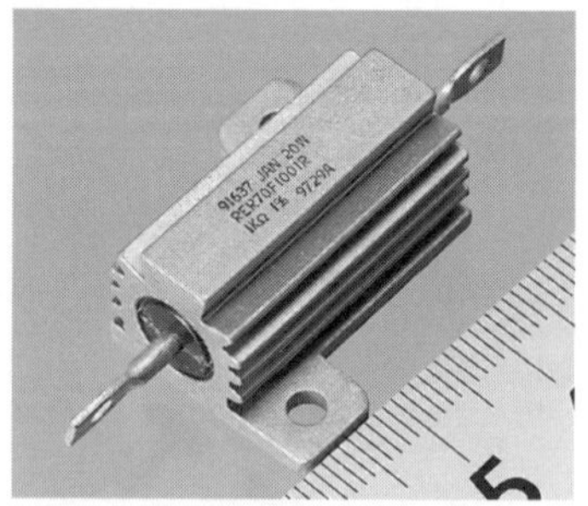

写真1-7　メタルクラッド抵抗(RHシリーズ，Vishey)

(注)「トランジスタ技術」誌では，現役エンジニアにとってなじみ深い旧JIS(C 0301)を元にした独自記号を使っている．

り付けて放熱するメタルクラッド抵抗もあります．高精度抵抗の代表でしたが，金属箔抵抗に置き換えられつつあります．〈登地 功〉

②コンデンサ

(a) フィルム・タイプとセラミック・タイプ　(b) 電解コンデンサ・タイプ

■ 用途

電気を蓄える電子部品です．次のようにさまざまな用途があります．

- 電源電圧の変動を抑える（バイパス・コンデンサ）
- 直流をカットする（カップリング・コンデンサ）
- 抵抗と組み合わせて時定数を決める
- コイルと組み合わせて共振回路を構成する
- 高周波でインピーダンスを整合する

1 pF以下のマイクロ波用から10 F（ファラド）以上の電気2重層コンデンサまで，耐電圧も2 V～50万Vの特別高圧送電網で使われるものまで多くの種類があります．精度5～20％のものが一般的で，0.1％級の高精度品もあります．

■ 種類

● セラミック・タイプ

誘電率が大きい磁器（瀬戸物）を誘電体にしています．多くは，電極と誘電体を何層にも重ねた積層型で，リード・タイプとチップ・タイプ（面実装タイプ）があります．大きな静電容量が得られる「高誘電率系」と，容量の温度変化が小さく電気的な性質も優れている「温度補償型」があります．温度補償型でも0.1 μF，50 Vくらいのものがリーズナブルです．

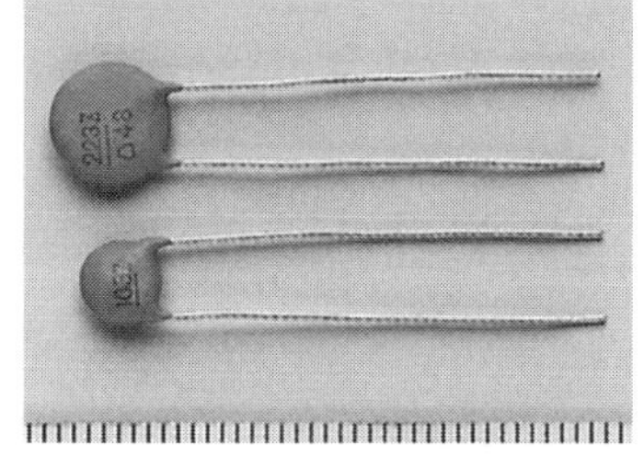

(a) リード・タイプ

(b) チップ・タイプ

写真2-1　セラミック・コンデンサ

● フィルム・タイプ

漏れ電流や信号のひずみが小さいので，計測用のフィルタ回路やオーディオ回路によく使われます．

(a) ポリエステル

(b) メタライズド・ポリエステル

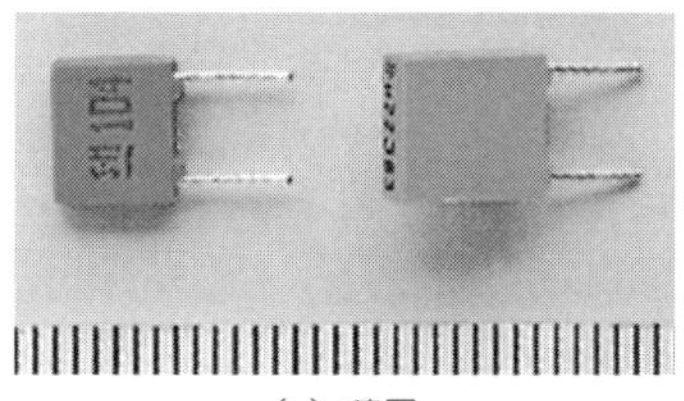

(c) 積層

写真2-2　フィルム・コンデンサ

サイズが比較的大きいですが，チップ・タイプもあります．ポリエステル（マイラ）を誘電体にしたものが安価で入手しやすいです．ポリプロピレンを使ったものは損失が小さく大電流を流せるので，インバータやスイッチング電源に使われています．電極の金属箔とフィルムを重ねて巻いた構造なので，寄生インダクタンスが比較的大きく，10 MHz以上の用途には向きません．ポリスチレンを使ったスチコンは高性能でアナログ回路に多用されていましたが，熱に弱くはんだ付けのリフロ炉を通せないので，絶滅危惧種になっています．

● アルミ電解タイプ

大容量が得られて安価ですが，他の特性はあまり良くありません．極性があり，逆向きに電圧を加えると漏れ電流が増し，発熱して破裂したりします．高温下で使い続けると，内部の電解液が蒸発，乾燥して寿命を迎えます．用途は電源の平滑とパスコンが主です．比較的ひずみが小さいのでオーディオにも使われます．

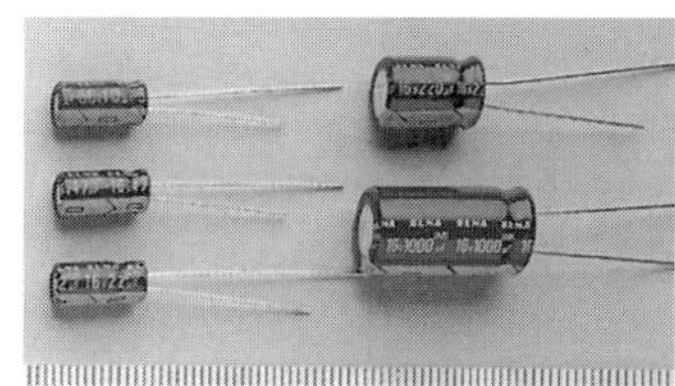

(a) リード・タイプ

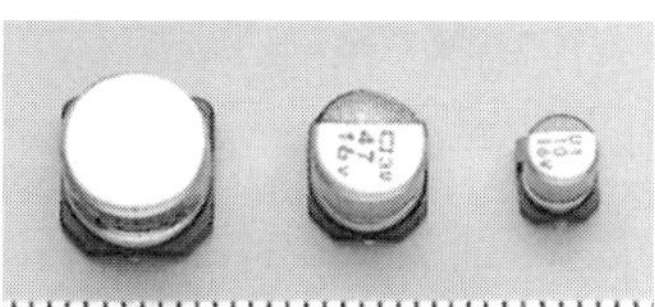

(b) チップ・タイプ

写真2-3　アルミ電解コンデンサ

● マイカ・タイプ

鉱物の雲母が誘電体です．電気的な特性は良好ですが，価格がやや高めなので，温度補償型セラミックに置き換わりつつあります．

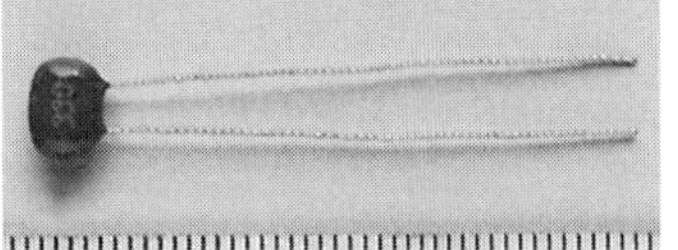

写真2-4　マイカ・コンデンサ

● タンタル・タイプ

大容量が得られ，漏れ電流や信号ひずみも小さいです．過電圧に弱く，故障するとショート状態になるので，電源回路に使う場合は要注意です．小容量品は積層セラミックに置き換わりつつあります．ヒューズを内蔵した，パスコン用もありました．〈登地 功〉

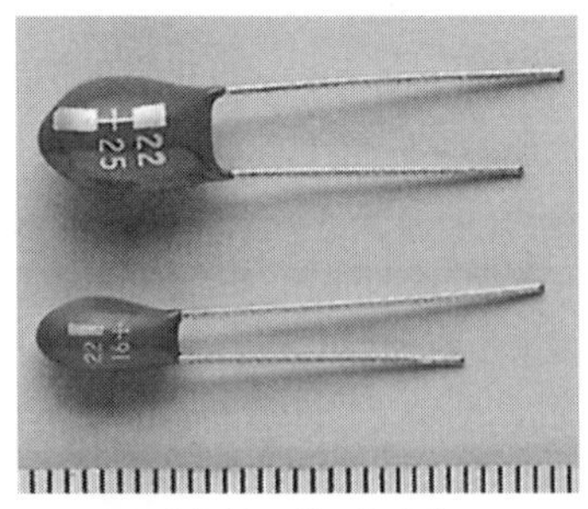

(a) リード・タイプ

(b) チップ・タイプ

写真2-5　タンタル・コンデンサ

③インダクタ

(a) 鉄芯コア入り　(b) フェライト・コア入り　(c) 空芯

■ 説明

主にDC-DCコンバータやフォワード型スイッチング電源，正弦波インバータなどに使われています．形状はインダクタンス値や電流定格によってさまざまです．面実装に対応したもの，リード・タイプやドラム形状タイプ，リング状のコアにコイルを巻き付けたトロイダル・タイプなどがあります．

周波数の高い信号に対して大きなインピーダンスを示します．コンデンサと組み合わせてロー・パス・フィルタを構成すれば，スイッチング周波数成分のリプル成分やスパイク状に発生するスイッチング・ノイズを除去できます．〈梅前 尚〉

(a) スイッチング電源用(1MHz高周波スイッチング用)

(b) 積層型チップ(フィルタ，マッチング用，MLFシリーズ，TDK)

(c) 空芯型(高周波回路用)

写真3-1　インダクタ

空芯インダクタは，銅線をらせん状に巻いただけのものです．大きなインダクタンスを得るのは難しく，用途はほぼ高周波回路に限られます．自作も可能です．チップ部品はセラミックの芯に巻いてあるものが多いです．〈登地 功〉

④トランス

(a) 鉄芯入り　(b) フェライト・コア入り

■ 説明

トランスには，電圧変換と絶縁という2つの用途があります．

電力会社が供給する50/60 Hzの交流電圧を変換する低周波トランス(または商用トランス)には，コア材にケイ素鋼板(鉄芯)を用いています．このトランスはサイズも重量も大きいです．

スイッチング電源は，動作周波数を数十k～数百kHzと高くした，小型で軽量な電力変換回路です．この用途のトランスのコア材料には，高周波でもコア・ロスが小さいフェライトが用いられます．

トランスの回路記号を描くときは，巻き始めにドット(黒丸)をつけて極性を明示します．スイッチング電源トランスは，回路方式によって1次側コイルと2次側コイルの巻き線方向(極性)が異なります．例えばフォワード方式のトランスは両コイルの極性が同じで，1次側コイルが通電しているときに2次側コイルから出力を取り出します．フライバック方式のトランスは2つのコイルの極性は逆で，1次側が通電しているときにコアにエネルギを蓄積し，OFFの期間に2次側に放出します．〈梅前 尚〉

写真4-1　トランス

⑤ダイオード

(a) 一般整流用，高速整流用(FRD)，スイッチング・タイプ　(b) ショットキー・バリア

■ 説明

「ダイオード」とは，電極が2つという意味ですが，そのとおり端子は2本です．片方向にだけ電流を流します．交流を直流に変換する整流回路，スイッチング回路が主用途です．非線形な特性を生かして，周波数変換回路や可変抵抗として使うこともあります．特別な機能をもったツェナー・ダイオードやバリキャップもあります．

■ 種類

● 一般整流用タイプ

商用周波数(50 Hz/60 Hz)で動作する電源の整流に使われます．

順方向(アノード→カソード方向)に加えていた電圧が急反転すると，短時間ですが電流が流れ続けます．この時間を逆回復時間(リカバリ・タイム)といいます．一般整流用ダイオードは逆回復時間(t_{RR})が比較的長いので，高い周波数で動作するスイッチング電源などに使うと，発生する損失が大きすぎて使うことができません．1 kHzくらいまでが使える上限です．

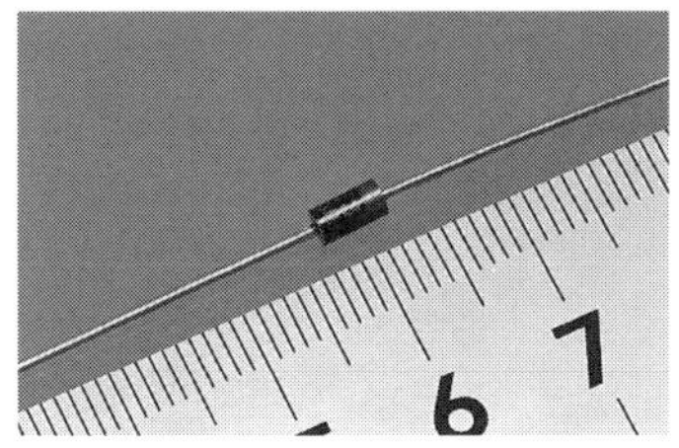

写真5-1　一般整流用ダイオード(1N4004-7，Diodes)

● 高速整流用タイプ

一般整流用の欠点である逆回復時間を短く改善したダイオードです．ファスト・リカバリ・タイプ(FRD：Fast Recovery Diode)ともいいます．スイッチング電源やインバータなど10 kHz以上でスイッチングする回路に利用できます．耐電圧は100 Vくらいから，ブラウン管の高圧電源用の15 kV以上のものもあります．

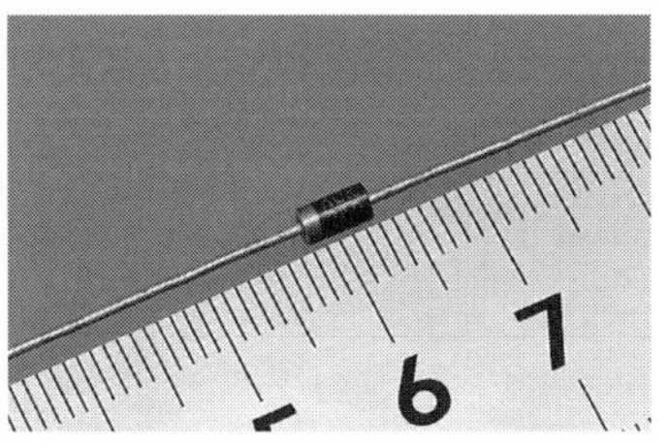

写真5－2　ファスト・リカバリ・ダイオード(MUR240G，オン・セミコンダクター)

● ショットキー・バリア・タイプ

前述のとおり，順方向(アノード→カソード方向)に電流が流れているダイオードに加わっている電圧を急反転して，電流を急峻に遮断しようとても，しばらく順方向に電流は流れ続けます．スイッチング周波数が100 kHz(1サイクル10 μs)の電源に，t_{RR}が1 μs以上もある一般整流ダイオードを使うと，大きなロスが発生して発熱します．

t_{RR}を大幅に改善した切れのいいファスト・リカバリ・タイプ(FRD)は，順方向の電圧降下が1～2 Vと大きいため，出力電圧が5 V前後の低電圧DC-DCコンバータには不向きです．高速にスイッチングする低電圧出力のDC-DCコンバータには，ショットキー・バリア・ダイオード(SBD：Schottky Barrier Diode)が向いています．金属と半導体との接合部に生じるショットキー効果を利用し，原理上リカバリ時間がなく，順方向電圧降下も0.4～1 VとFRDの半分以下です．高耐圧品でも200 Vが限度ですが高効率な低電圧出力DC-DCコンバータに欠かせない部品です．

〈梅前 尚〉

写真5-3　ショットキー・バリア・ダイオード(ERC80-004R，富士電機)

● スイッチング・タイプ

逆回復時間が短く，許容電流が100 mA程度の小型ダイオードです．ディジタル回路が個別部品で組み立てられていた時代に，ゲート回路などのスイッチングに使われていたのでこの名がつきました．小電流の整流やOPアンプを使った非線形回路にも使われています．

〈登地 功〉

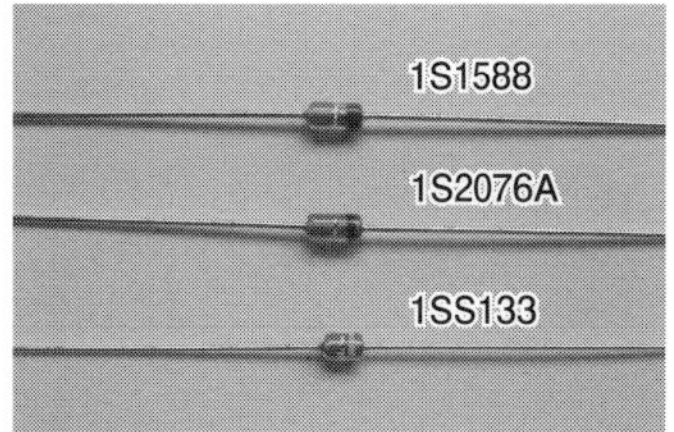

写真5-4　スイッチング・ダイオード

⑥トランジスタ(バイポーラ型)

(a) NPN型　(b) PNP型

■ 説明

真空管に代わる増幅素子として最初に発明された固体増幅素子です．入力インピーダンスが低く，出力インピーダンスが高いという特徴があり，使いこなすには少しコツがいります．

信号増幅やスイッチングに使われています．スイッチング用途ではMOSFETに押され気味ですが，低い電圧で動作する，電極間の静

電容量が小さい，雑音が小さい，などの利点があるため，アナログ回路ではOPアンプとの組み合わせでよく使われています．高周波回路を除いて，単体で使われることは少なくなりました．

■ 種類

NPNとPNPの2種類があります．NPNのほうが特性の良いものが作りやすいです．高周波用のPNPは品種が少ないです．低周波小信号増幅用，低周波パワー用，高周波用，スイッチング用など各種用途に最適化された品種があります．材料はほとんどがシリコンで，ゲルマニウム・トランジスタは絶滅危惧種です．マイクロ波帯ではシリコン・ゲルマのものもあります． **〈登地 功〉**

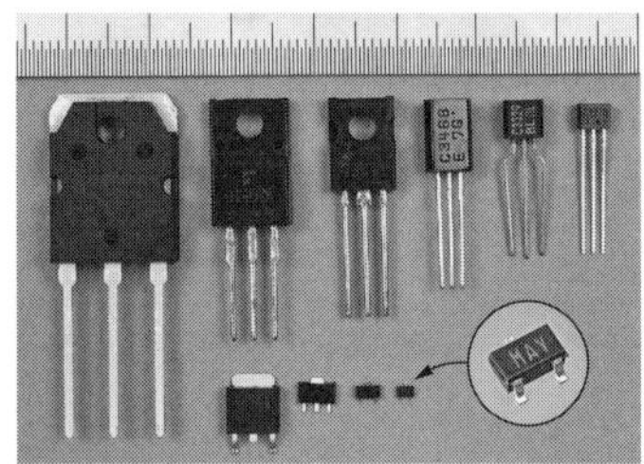

写真6-1　バイポーラ・トランジスタ

⑦ FET (MOSFET，JFET)

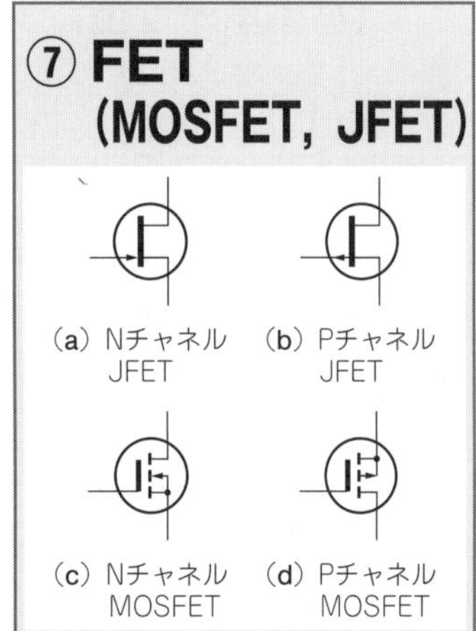

(a) Nチャネル JFET　(b) Pチャネル JFET

(c) Nチャネル MOSFET　(d) Pチャネル MOSFET

■ 説明

MOSFETは，スイッチング電源，インバータ，モータ・ドライバなど，あらゆる用途で使われています．JFET(接合型FET)は低雑音増幅やアナログ・スイッチなど，やや用途が特殊なアナログ回路に使われています．

ゲートの入力インピーダンスが高いので，駆動が容易です．小型のものならゲートICやCPUのI/Oポートで直接駆動できます．バイポーラ・トランジスタ特有の2次降伏現象がないので，高電圧大電流スイッチングが可能です．JFETはオーディオ・マニアに人気ですが，生産は縮小気味です．

■ 種類

● MOSFET

Nチャネルと Pチャネルがあります．Nチャネルのほうが Pチャネルより性能の良いものが作りやすいです．低オン抵抗品や高耐圧品の多くはNチャネルです．特殊用途では，テレビ・チューナに使われる高周波低雑音増幅用のデュアル・ゲート・タイプや無線送信機パワー段用があります．

(a) リード・タイプ(TK40E06N1，東芝)

(b) 面実装タイプ(UPA2766T1A，ルネサス エレクトロニクス)

写真7-1　MOSFET

● JFET

低周波低雑音増幅用，高周波増幅用，スイッチング用などがあります．OPアンプでは実現できないような超低雑音増幅回路や，高入力インピーダンスのアナログ回路など，特殊分野では必要不可欠な素子です． **〈登地 功〉**

⑧ IGBT

■ 外観

(a) 面実装タイプ(IRG4RC10SDTRPBF，インフィニオン テクノロジーズ)

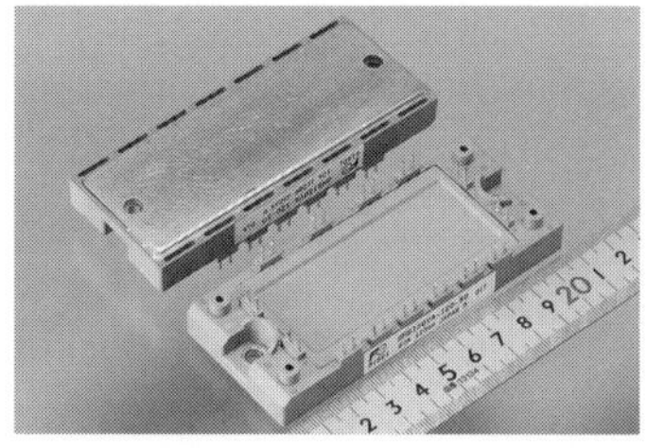

(b) モジュール・タイプ(6MB150VA，富士電機)

写真8-1　IGBT

■ 説明

IGBTは小電力で駆動できるMOSFETと，導通損失が小さいバイポーラ・トランジスタの良いとこどりをした素子です．回路記号もバイポーラ・トランジスタのコレクタ，エミッタとMOSFETのゲートの組み合わせになっています．数十k～50 kHzで駆動するモータ・インバータや太陽光パワー・コンディショナに利用されています．

スイッチング電源のスイッチング素子にはパワーMOSFETが広

く使われています．バイポーラ・トランジスタよりON/OFFの切り換わりが速く，ドライブ電力が小さいからです．

MOSFETは，導通時にコレクタ電流の2乗に比例して損失(導通損)が増します．コレクタ電流が10Aを超える大電流回路では，MOSFETは不利です．

バイポーラ・トランジスタなら，十分なベース電流を供給すれば，導通時のトランジスタの損失をMOSFETよりも小さくできます．

〈梅前 尚〉

⑨可変容量コンデンサ

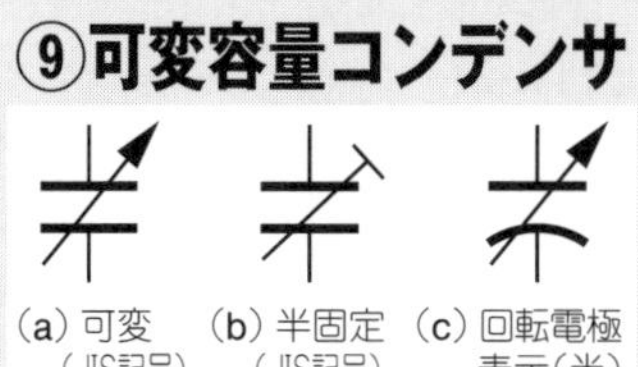

■ 外観

(a) エアバリコン　(b) セラミック・トリマ

写真9-1　可変容量コンデンサ

■ 構造

1枚または複数枚の板でできた2つの電極の間に誘電体を挟み，一方の電極を回転または圧接することで，静電容量を可変できるようにした素子です．

動くほうの電極はケースや回転軸に付いており，コールド側に設置します．そうしないと，調整しようとして手を近づけたり，ドライバを差し込んだりしただけで回路の動作が不安定になります．

コールド側はグラウンド側または高周波電圧が加わっていないほうを指します．ホット側は高周波電圧が加わるほうを指します．

回転電極を表示する回路記号を利用すると，ホット側とコールド側の取り付けミスを避けられます．

■ 特徴や用途

かつてはラジオ受信機に空気絶縁，いわゆるエアバリコンが使われていましたが，今ではポリエチレン絶縁のポリバリコンや可変容量ダイオードに置き換わっています．無線通信機には同調回路の微調整用としてトリマ・コンデンサが使われています．

ラジオ受信機の同調に使う大型のエアバリコンやポリバリコンは回転回数の制限がありませんが，小型のトリマ・コンデンサは最大回転数100回程度しか想定していません．そのため，調整中に何度も回さないようにします．

〈藤田 昇〉

⑩ OPアンプ

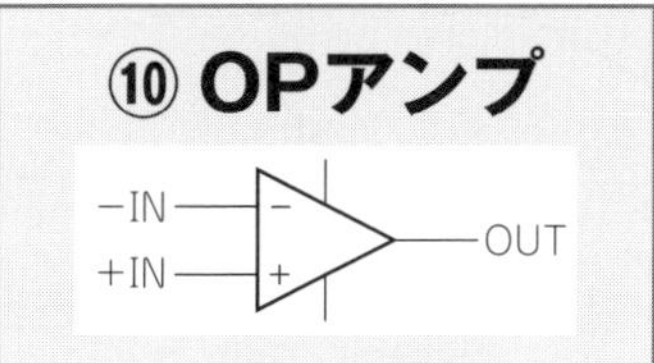

■ 外観とピン配置

写真10-1　高精度OPアンプLT1112
(アナログ・デバイセズ)

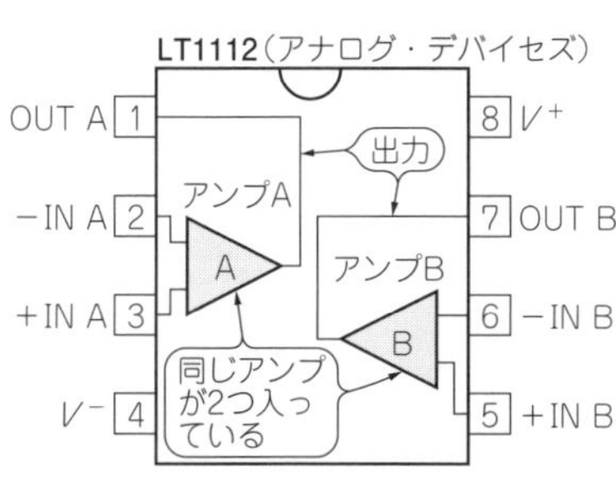

図10-1　LT1112のピン配置

■ 特徴

アナログ回路のあらゆる分野で使われています．もともとは，アナログ・コンピュータの演算素子として開発されたICです．現在では，トランジスタやMOSFETなどの個別半導体に代わって，アナログ電子回路を構成する基本素子になっています．従来は，直流や低周波での応用が主でしたが，最近では100 MHz以上の高周波回路でもOPアンプが普通に使われるようになってきました．

マイクロホン用アンプやビデオ・アンプなど，特定用途向けの増幅ICと異なり，フィードバック回路の抵抗やコンデンサによって電圧ゲインなどを決めることができ，汎用性が高いのが特徴です．

■ 種類

● 汎用タイプ

DC～100 kHzの周波数で使用する，精度がそこそこで安価なものです．LM358や4558といった歴史が長い製品もたくさんありますが，最近では低電圧で動作するCMOSタイプのOPアンプが多くなってきました．

● 高精度タイプ

おもにDC～低周波で高精度の信号処理をするためのもので，オフセット電圧やドリフトが小さく，電圧ゲインが大きいです．オフセット電圧が極めて小さいチョッパ安定化OPアンプもこの仲間です．

● 高速タイプ

10 MHzくらいまでのビデオ信号帯域で利用されていましたが，最近では100 MHz以上でも高い性能をもった製品が出ています．ディジタル無線機のIF段でA-Dコンバータのドライブなどに使われています．

＊　＊　＊

パワーOPアンプでは10 A以

上の出力電流を供給できるものがあります．高電圧OPアンプでは，電源電圧1200 Vで動作するものがあります．〈登地 功〉

⑪コンパレータ

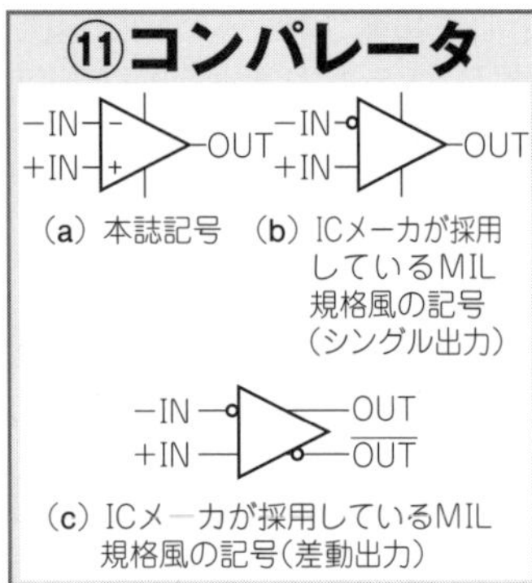

■ 外観とピン配置

写真11-1　2回路入り汎用コンパレータNJM2903（新日本無線）

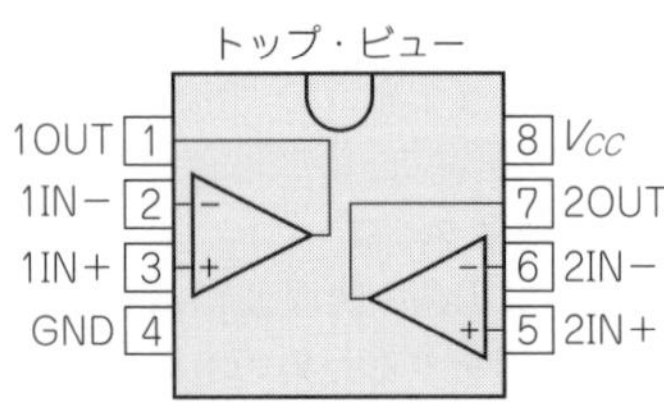

図11-1　NJM2903のピン配置

■ 用途

コンパレータはOPアンプと同じように，反転（−IN）/非反転（+IN）と呼ばれる2つの入力と1つの出力（OUT）から構成されます．大きな増幅率（理想は無限大）を持ちます．コンパレータは，2つの入力に対する信号電圧の大小を比較したいときに使います．比較結果はロジック・レベルの“H”または“L”として出力されます（V_{LO}）．

■ 種類

プロセスはバイポーラまたはCMOS，出力の回路形式はプッシュプル型またはオープン・コレクタ型に大別されます（**図11-2**）．

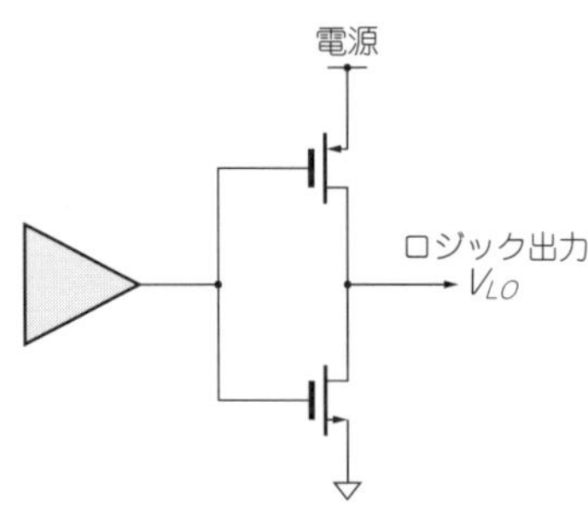

(a) プッシュプル型（CMOS互換）

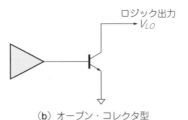

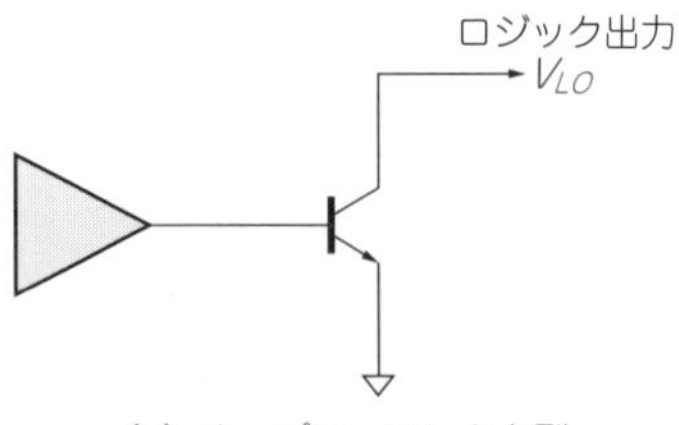

(b) オープン・コレクタ型

図11-2　コンパレータの出力形態

1パッケージあたり1～4個の回路が内蔵されています．

CMOSプロセスのデバイスは，低消費電力で低電圧駆動ができます．高速・高精度用途ではバイポーラ・プロセスが利用されます．

■ 応用

オープン・コレクタ型は，複数のコンパレータ同士の出力をワイヤードOR接続できます．2つのコンパレータをワイヤードOR接続すると，ウインドウ・コンパレータを構成できます．モニタする電圧V_{in}で上限・下限値の中，または外を判別することができます（**図11-3**）．ウインドウ・コンパレータは，システムの電源電圧や温度を監視し，設定値を超える異常値が発生したとき，“H”または“L”でアラームを出す回路などに使われます．〈中村 黄三〉

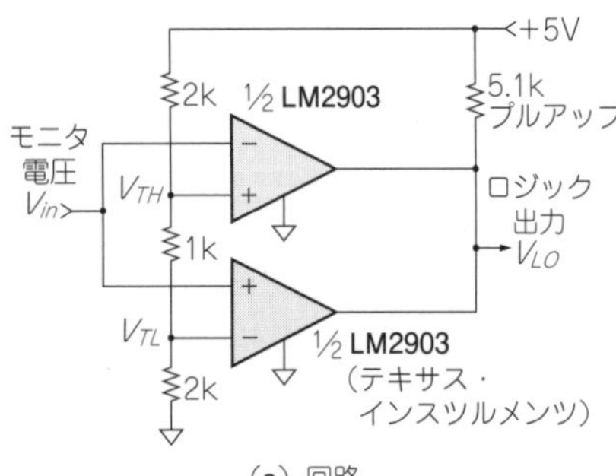

(a) 回路

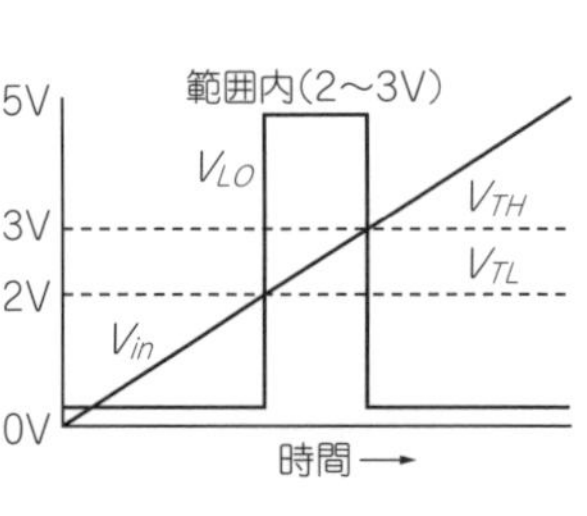

(b) モニタ回路V_{in}対ロジックV_{LO}

図11-3　ワイヤードORによるウインドウ・コンパレータ回路
ワイヤードORが可能なのはオープン・コレクタ型だけである．LM2903はオープン・コレクタ型の2個入りコンパレータ

⑫差動アンプ

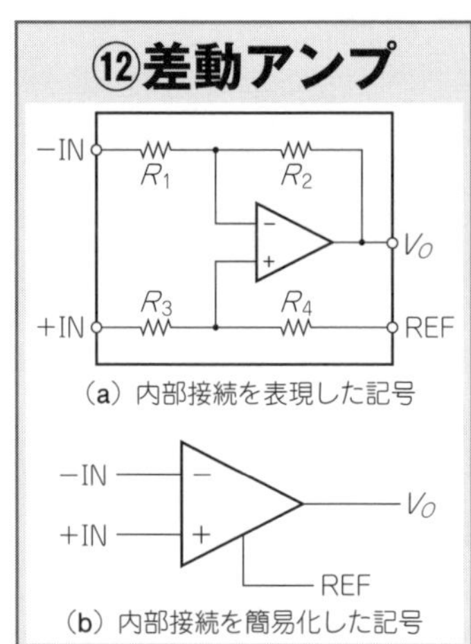

■ 外観とピン配置

図12-1に差動アンプINA105（テキサス・インスツルメンツ）の外観とそのピン配置を示します．

■ 用途

差動アンプICは，同相モード除去比（*CMRR*：Common Mode Rejection Ratio）を高めるため，4つの高精度抵抗を内蔵したOPアンプの応用デバイスです．高い

*CMRR*を利用して，不要な直流分や外来ノイズ(主にハム)を除去し，信号成分だけを抽出して増幅したいときに使います．

■ 種類

(固定)差動ゲインが1～10倍，1パッケージあたり1～2個回路入りのICがあります．プロセスはバイポーラ(高電圧用)，またはCMOS(低消費電力向け)です．

ほかに，*CMRR*による精度のクラス分けがあり，差動ゲイン1倍では86 dB(要求される相対抵抗誤差は0.01 %)のINA105(テキサス・インスツルメンツ)があります．誤差±0.01%の精密抵抗の価格は1本1,000円以上なので，差動アンプICが製造・販売される理由となっています．

■ 応用回路

図12-2は信号のレベル・シフト回路です．デバイスの電源電圧以上の同相モード電圧から，信号電圧だけを抽出できる特殊な差動アンプもあります(**図12-3**)．

〈中村 黄三〉

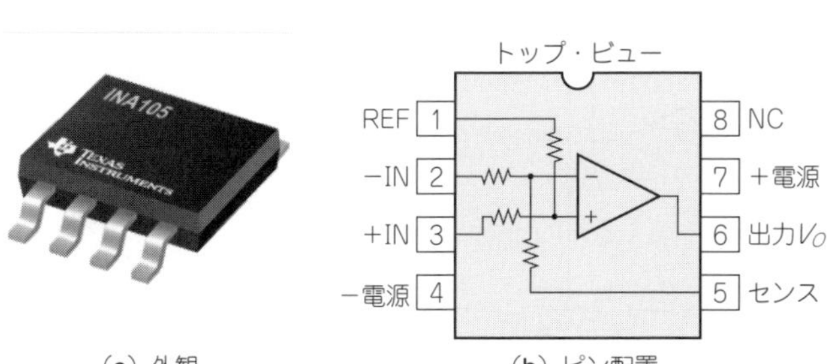

(a) 外観　(b) ピン配置

図12-1　高精度差動アンプINA105(テキサス・インスツルメンツ)
5番と6番ピンはショートして使用する

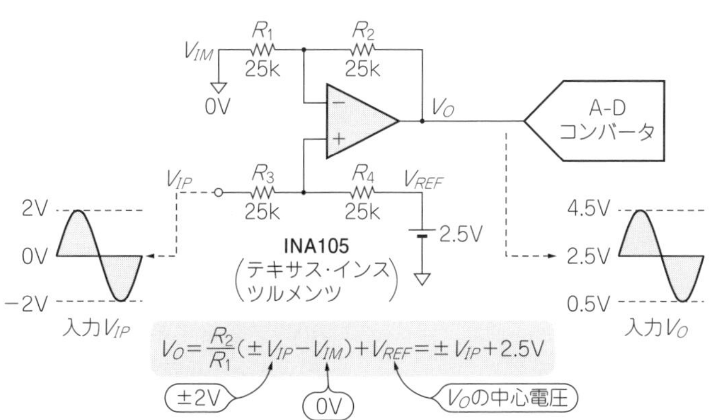

図12-2　差動アンプを利用したレベル・シフト回路
グラウンド基準0Vで±2Vの信号を0.5～4.5Vにレベル・シフト

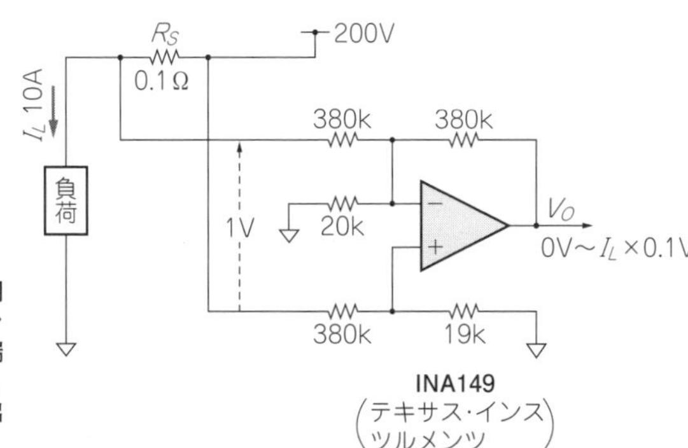

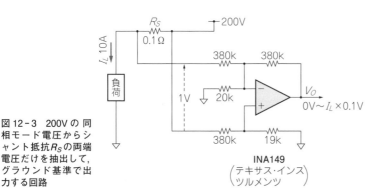

図12-3　200Vの同相モード電圧からシャント抵抗R_Sの両端電圧だけを抽出して，グラウンド基準で出力する回路

⑬計測アンプ

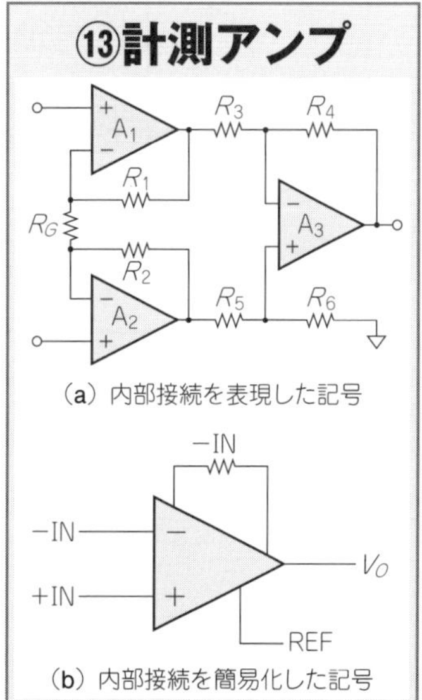

(a) 内部接続を表現した記号

(b) 内部接続を簡易化した記号

■ 外観

図13-1　高精度計測アンプINA128(テキサス・インスツルメンツ)

■ 用途

計測(計装)アンプは，差動アンプ回路の前に2つの非反転OPアンプ回路を追加して，信号源抵抗の影響による*CMRR*の悪化を排除したアンプ回路です．抵抗ブリッジから，*CMRR*特性を利用して直流成分や外来ノイズ(主にハム)を除去し，信号成分だけを抽出して増幅するときに使います．

■ 種類

差動ゲインが半固定抵抗のタイプ(ピン接続で用意されているゲインの1つを選択)，外部に取り

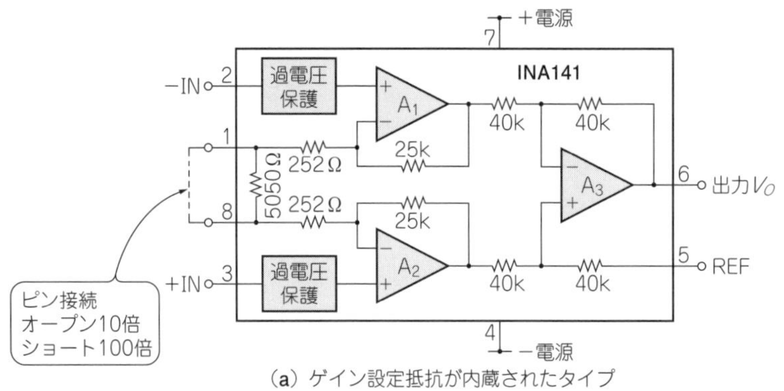

(a) ゲイン設定抵抗が内蔵されたタイプ

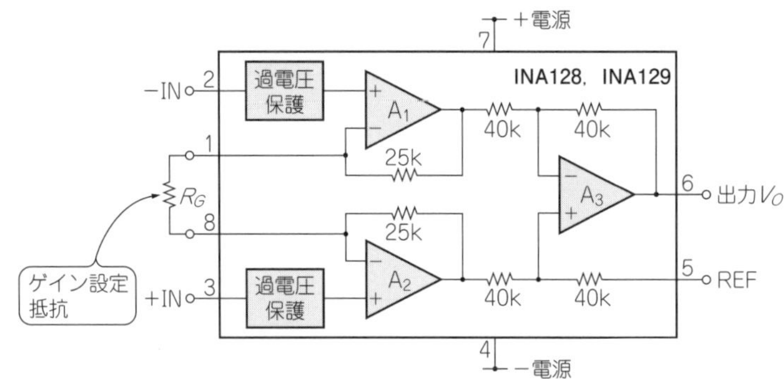

(b) ゲイン設定抵抗を外付けするタイプ

図13-2 計測アンプの種類

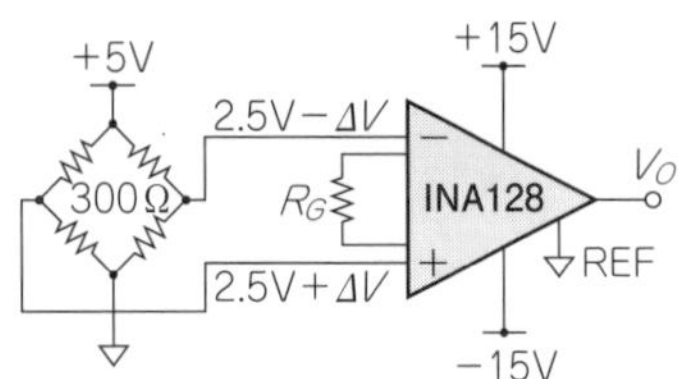

図13-3 抵抗ブリッジから差動信号を取り出し増幅する回路

付ける抵抗の値により1～1000倍ゲインを設定するタイプがあります(**図13-2**). ゲインが合えば半固定抵抗のタイプのほうがゲイン・ドリフトの面では有利です.

■ 応用回路

図13-3に示すように差動アンプでは難しい, ブリッジのノーマル・モード電圧(2つのセンサ出力の差分)を, 100倍以上に増幅するときに有効です. 誘導ハムのほか, 不要な同相モード電圧も除去します. **〈中村 黄三〉**

⑭絶縁アンプ

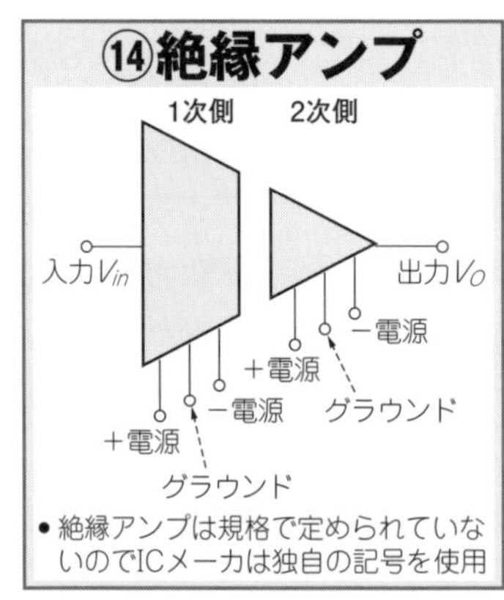

● 絶縁アンプは規格で定められていないのでICメーカは独自の記号を使用

■ 外観とピン配置

(a) 外観

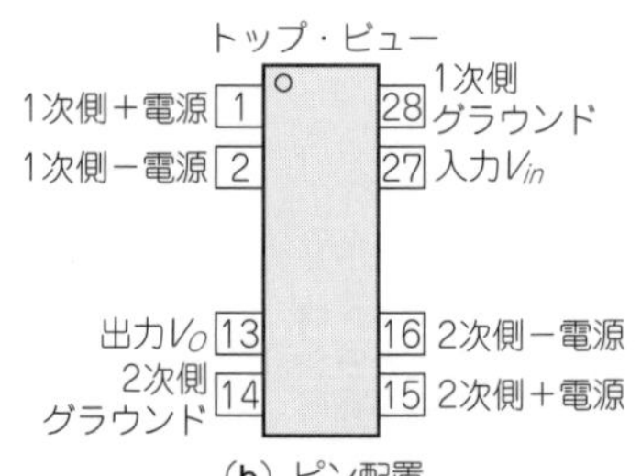

(b) ピン配置

図14-1 容量結合方式の絶縁アンプISO122(テキサス・インスツルメンツ)

■ 用途

絶縁アンプは, 1次側のアナログ入力部と2次側のアナログ出力部が絶縁バリアを挟んで分離し, 不要な絶縁モード電圧(同相モード電圧と等価)を除去後, 信号成分だけを通過させるアンプです(**図14-2**).

差動アンプでは扱えない1000 V以上の高電圧に重畳している信号成分を, グラウンド基準の信号にレベル・シフトするときに使われます. 大きなシステムで, 回路の破損がドミノ倒しのように連鎖破壊されるのを防止するときにも利用されます.

■ 種類

図14-3に絶縁バリアにおける信号の伝達方式を示します. 磁気結合, 光結合, 容量結合の3種類に分けられ, どの方法も一長一短があります.

光結合以外の結合方式では入力と出力の間に変復調回路が必要です. 磁気結合方式ではFM変復調, 容量結合方式ではPWM変復調が主流です.

■ 応用回路

図14-4に絶縁アンプの応用回路を示します. **図14-4**では1000 Vを超す絶縁モード電圧上のシャント抵抗の両端電圧をグラウンド基準の信号に変換します. 絶縁モード電圧は交流であっても問題ありません. **〈中村 黄三〉**

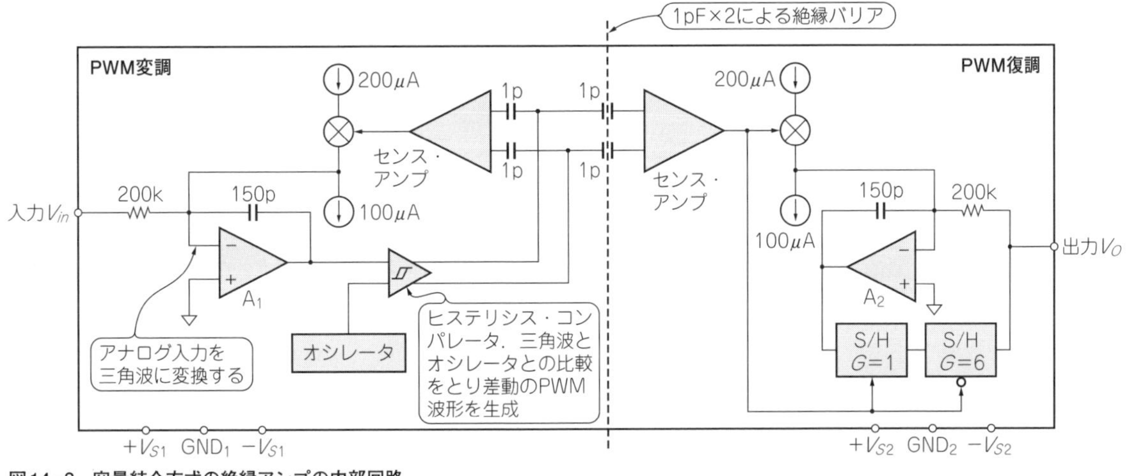

図14-2　容量結合方式の絶縁アンプの内部回路
アナログ入力信号は1次側でPWM変調され，絶縁キャパシタを通過する．2次側でPWM復調され入力と同じ振幅のアナログ電圧が再生される

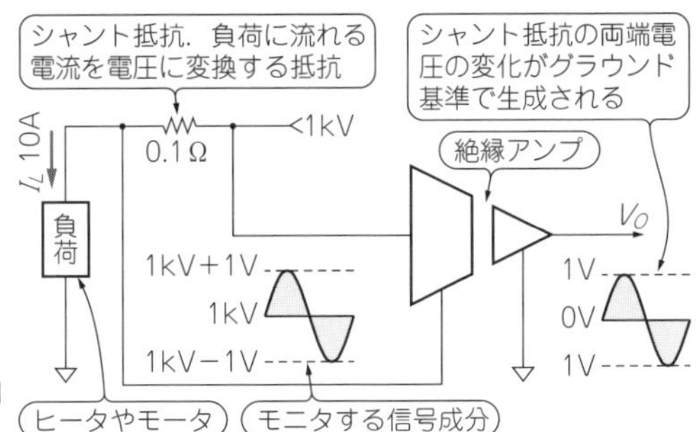

図14-4　絶縁アンプの応用回路

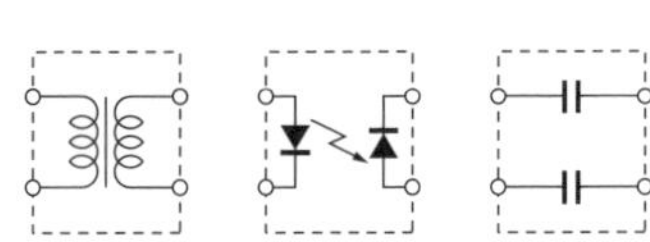

図14-3　絶縁バリアにおける信号伝達方法
(a)は，ポリイミドなどの絶縁塗料を塗布することで絶縁強化が図れる．DC絶縁モード電圧による劣化が起こることが欠点である．(b)は，光で伝達するので磁束などの外乱に対して強い．電流伝達比(CTR：Current Transfer Ratio)の経時劣化による寿命のばらつきが大きいことが欠点である．(c)は，酸化シリコンの誘電体をアルミ電極で挟む簡単な構造で高信頼である．絶縁モード電圧の急速な変化に対する追従性の維持に工夫がいることが欠点である

⑮ A-D/D-A コンバータ

デジタル入出力

アナログ入力 V_I → ADC　　DAC → アナログ出力 V_O

(a) A-Dコンバータ(ADC)の記号　(b) D-Aコンバータ(DAC)の記号

■ 用途

A-Dコンバータは，温度や圧力などのフィールド信号(アナログ量)をディジタル量に変換するときに使用します．ディジタル変換された後，CPUで加工され，システムを制御するためのデータとして活用します．

システムを制御するためアナログ信号が必要なときは，D-Aコンバータを使って制御データをアナログ値に戻します(**図15-3**)．

D-Aコンバータは，CDやDVDに記録されたオーディオ・データを再生するときにも使用します．

図15-1　24ビットA-Dコンバータ
ADS1252(テキサス・インスツルメンツ)

図15-2　24ビットD-Aコンバータ
DAC1282(テキサス・インスツルメンツ)

■ 種類

A-DコンバータとD-Aコンバータの分類は，多岐に渡ります．A-DコンバータではA-D変換原理，ビット分解能，変換速度などで分けられます．

図15-4に示す変換原理では，逐次比較方式が最初に開発されています．製品として販売されているA-Dコンバータの最大分解能は18ビットです．変換速度よりも分解能が必要な用途ではデルタ・シグマ方式が適しています．この方式では24ビットのA-Dコンバータが安価に販売されています．高速A-D変換が必要なときはパイプライン方式を選べば，分解能を犠牲にしないで，変換速度の向上が図れます．

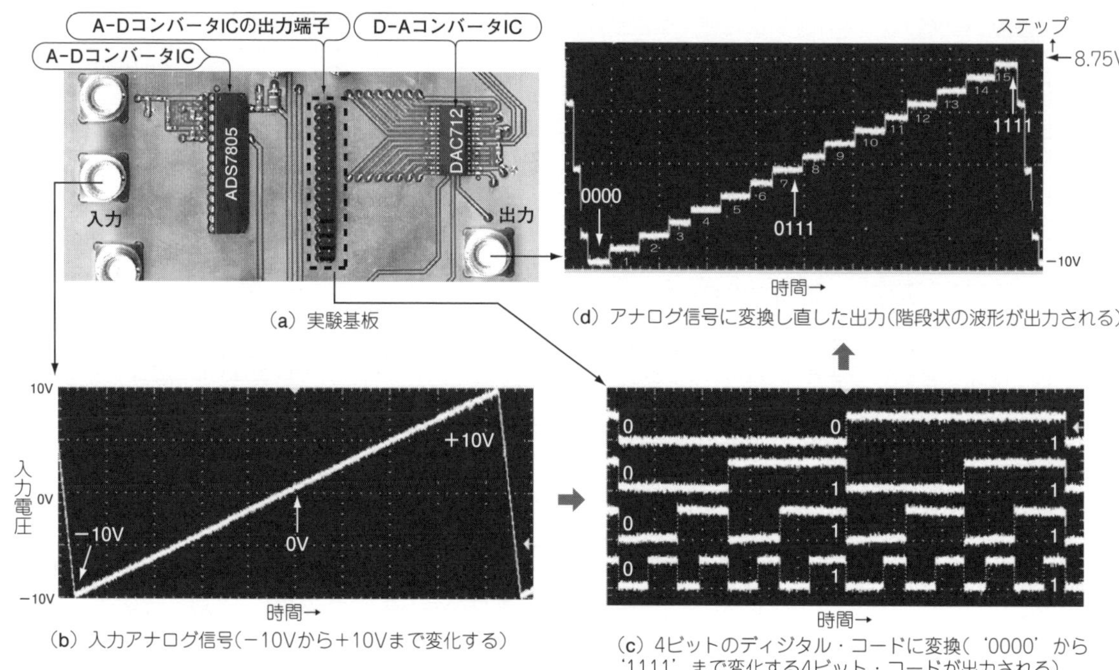

図15-3 A-DコンバータとD-Aコンバータの用途
A-D変換して出力されたディジタル・コードをD-A変換すると,直線だったアナログ信号が,15ステップ,16レベルの階段状のアナログ信号となって出力される

D-Aコンバータの変換原理では,R-2Rラダー・タイプが逐次比較と対応します.A-Dコンバータと同じようにデルタ・シグマ方式もあります.高速用途では,CPU/DSPの負担を軽くするためインターポーレーションD-Aコンバータが主流になっています.

〈中村 黄三〉

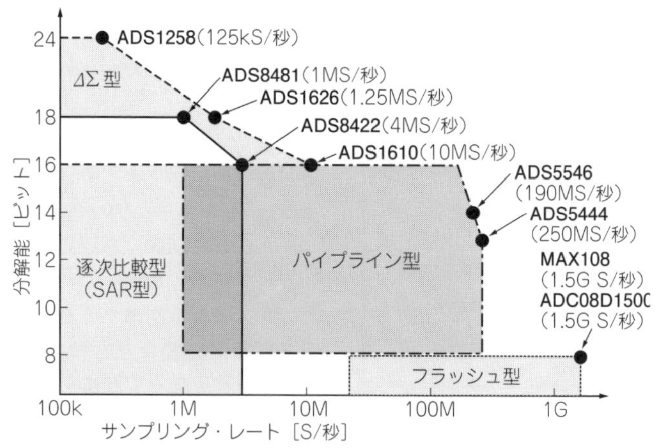

図15-4 代表的なA-D変換方式の分解能と変換速度

⑯同軸ケーブル

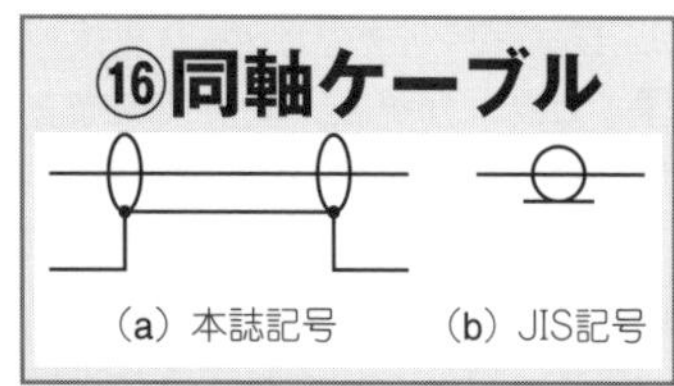

■ 外観

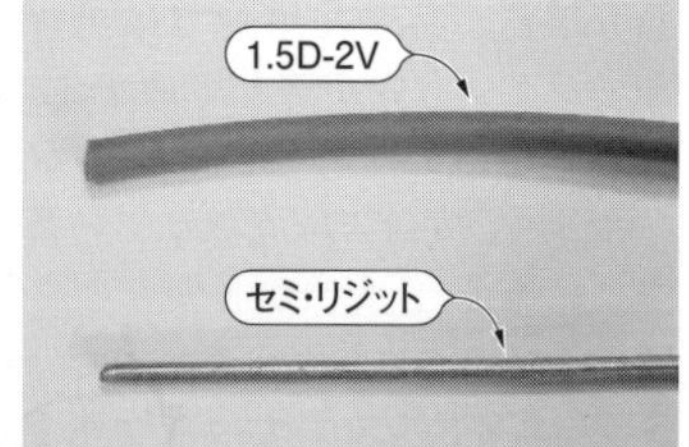

写真16-1 同軸ケーブル

■ 構造

図16-1に示すように同軸ケーブルは,内部導体の周りを誘電体で囲み,さらにその周りを外部導体で囲んだ構造になっています.多くの場合はその上にビニールなどの保護被覆をかぶせます.外部導体は網組導線を使って曲げやすくしています.継ぎ目のない銅管を用いたセミリジット型もあります.

同軸ケーブルの特性インピーダンスは,内部導体径と外部導体内径の比誘電体の比誘電率で決まります.50Ωが多いですが,放送系では75Ωが使われています.

■ 特徴や用途

表16-1に代表的な同軸ケーブルを示します.次に示すように同軸ケーブルの型名を見るとサイズや特性インピーダンスがわかります.

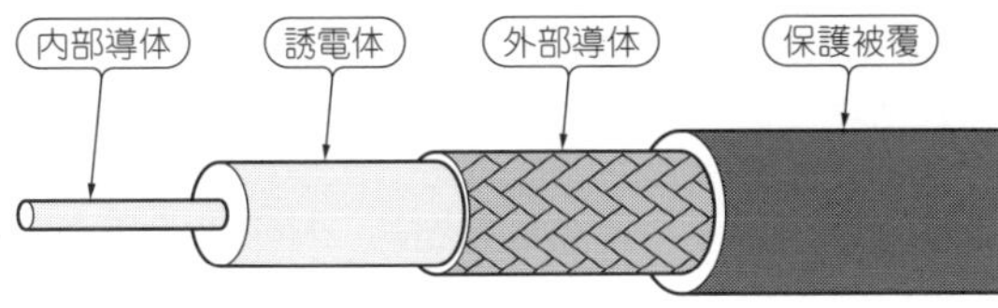

図16-1　同軸ケーブルの構造
構造はシールド線と同じであるが，外部導体がより緻密なことと特性インピーダンスが規定されているところが異なる

表16-1　代表的な同軸ケーブル(50 Ω系)
太さやインピーダンスの異なる同軸ケーブルが製造・販売されている．損失の少ないものを選ぶ

型　名	仕上外径	内部導体	減衰量	
			30 MHz	200 MHz
1.5D-2V	2.9 mm	0.18 mm × 7本	150 dB/km	410 dB/km
3D-2V	4.3 mm	0.32 mm × 7本	82 dB/km	230 dB/km
5D-2V	7.5 mm	1.4 mm × 1本	54 dB/km	135 dB/km
8D-2V	11.6 mm	0.8 mm × 7本	35 dB/km	95 dB/km
10D-2V	13.7 mm	2.9 mm × 1本	24 dB/km	70 dB/km

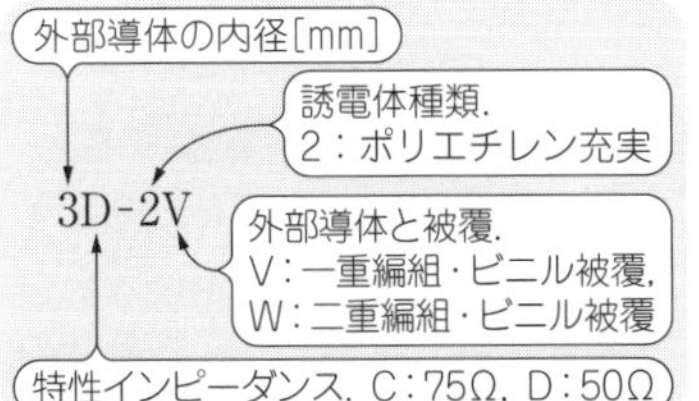

表17-1　代表的な同軸コネクタ
いろいろな形状の同軸コネクタが製造・販売されている．互換性や使い勝手を考慮して選択する

名　称	外部導体内径	最高使用周波数	インピーダンス
M	約12 mm	約100 MHz	規定なし
BNC	約7 mm	2G ～ 4 GHz	50 Ω (75 Ω)
N	約7 mm	10G ～ 18 GHz	50 Ω (75 Ω)
SMA	4.15 mm	18 GHz	50 Ω
3.5mm	3.5 mm	26.5 GHz	50 Ω
2.4mm	2.4 mm	50 GHz	50 Ω
1.0mm	1.0 mm	110 GHz	50 Ω

機器間や回路間で高周波信号をやり取りするときに同軸ケーブルを使います．同軸ケーブルは高周波信号を少ない損失で伝送できます．外部にほとんど信号を漏らさないし，外部の雑音の影響もほとんど受けません．

同軸ケーブルには限界周波数があり，それ以上の周波数は伝送できません．限界周波数は，内部導体と外部導体間の距離，絶縁物の比誘電率で決まり，太いケーブルほど低くなります．1.5D-2Vで60 GHz，10D-2Vで10 GHz程度です．　〈藤田 昇〉

⑰同軸コネクタ

■ 外観

写真17-1　BNCコネクタ

■ 特徴や用途

機器間や回路間を同軸ケーブルで配線するときは，はんだ付けすることもありますが，多くの場合はコネクタを使用します．コネクタを使用すると，分解・組み立てが楽になるほか，測定器を接続して信号レベルなどを確認できます．

パネル面などに取り付ける固定側をジャック，ケーブルなどに取り付ける稼働側をプラグと称し，それぞれ部品番号をJ，Pとして区別しています．

中心導体側の構造にオス・メスがあり，区別が必要なときはそれが付いた回路図記号を使います．

表17-1に代表的な同軸コネクタを示します．BNCとN型には同じ外形でインピーダンス75 Ωのコネクタもありますが，互換性がなく，無理に差し込むとコンタクトが壊れますので，慎重に取り扱います．　〈藤田 昇〉

⑱フォトカプラ

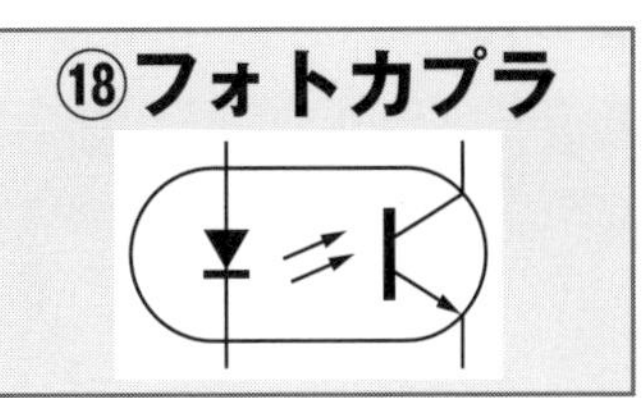

■ 外観

写真18-1　フォトカプラ(6N135)

■ 説明

光を使って信号を伝送する絶縁デバイスです．電位の異なる回路間での信号伝達に利用できます．1次側にある発光素子が，入力信号を光の強弱に変換して空間を伝送し，2次側のフォトトランジスタで電気信号に戻します．例えば，AC-DCスイッチング電源の2次側電圧を1次側のPWMコントローラに伝達するインターフェース・デバイスとして利用できます．

図18-1に示すのは，強烈なノイズの中でも，MOSFETやIGBT

を高速に駆動できるフォトカプラの内部回路です．1次-2次間にシールドが設けられています．

〈梅前 尚〉

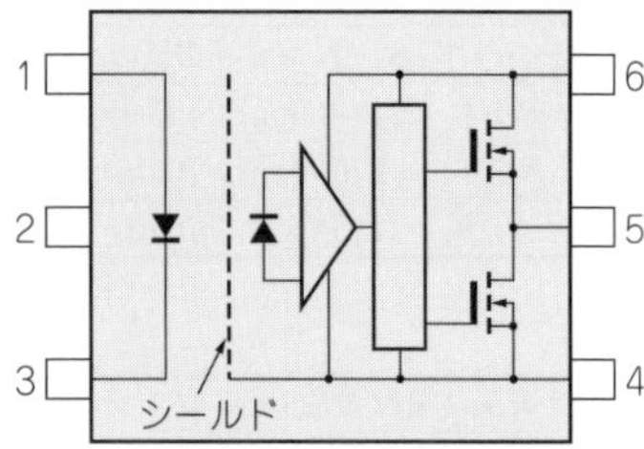

図18-1　MOSFETやIGBTを高速に駆動できるシールド付きフォトカプラの内部回路

⑲ヒューズ

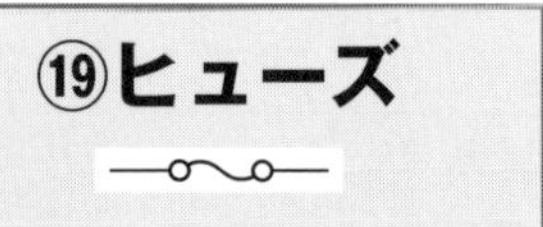

■ 外観

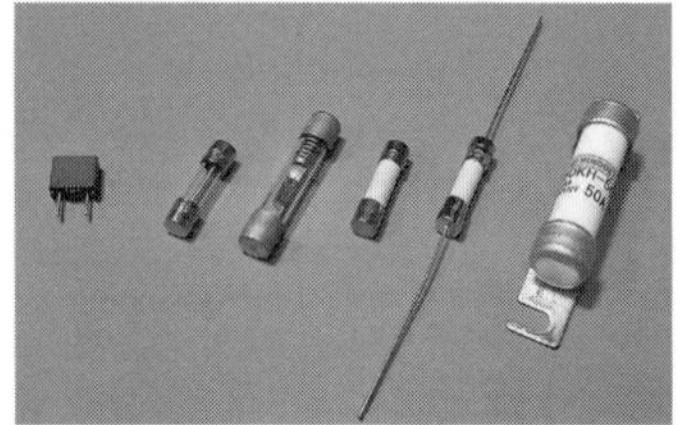

写真19-1　ヒューズのいろいろ

■ 説明

ヒューズ(電流ヒューズ)は異常発生時に回路を保護する部品です．

電流経路に挿入すると，通常動作時は配線として機能します．過大な電流が流れたときは，2つの電極間にある可溶体(エレメント)が発熱して溶け，経路を遮断してくれます．

通常の使用状態では溶断せず，異常時に確実に溶断しなければなりません．電流定格は，遮断したい電流と通常運転時の最大電流で決定します．データシートには，電流の大きさと通電時間との関係を表した遮断特性が示されています．定格電圧はヒューズが切れた後，電極間に加わる電圧以上のものを選びます．

溶断特性によって大きく次のように分類できます．

- 即断型　• 普通溶断型
- 耐ラッシュ型(タイムラグ型，スロー・ブロー型)

電源の入力段は起動時に大きな突入電流が流れるので耐ラッシュ型が向いています．電源出力は，異常電流に速やかに反応して遮断する即断型が向いています．溶断時の大きなエネルギでヒューズが破裂することを規制する安全規格要求を満足したいときは，高遮断容量品(多くはセラミック管型)を選びます．

〈梅前 尚〉

⑳バリスタ

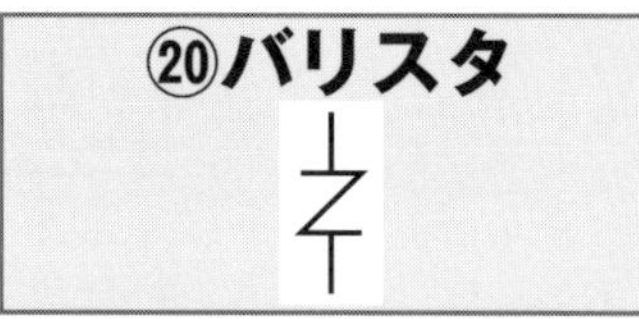

■ 外観

写真20-1　バリスタ
上：CNR 14Dシリーズ，下：ZNR-HFシリーズ

■ 説明

低い電圧が加わっているときは高いインピーダンスを示し，ほとんど電流が流れませんが，ある電圧以上が加わると突然インピーダンスが急低下して短絡状態になります．この非線形性を利用すると，雷サージによる異常な電圧上昇を抑えて，後段につながる電子回路を破壊から保護してくれます．起動電圧は，電源ライン用は15 V程度，AC入力ラインに直接実装するタイプは数百V，対地間挿入用は1.5 kV以上です．

構造は円盤型のセラミック・コンデンサとほぼ同じです．酸化亜鉛などの酸化金属を電極で挟んでいます．

バリスタは，短絡時の大電流に耐えなければなりません．サージ電流耐量やエネルギ耐量はサイズによって規定されているので，電圧サージのエネルギがその範囲内であることが求められます．

ACラインには雷サージなど，想定外の過大なサージが入ると，本体が破裂したり焼損したりします．こんなときは，ヒューズをバリスタと直列に挿入し，短絡時の電流で外付けの保護素子を遮断します．

〈梅前 尚〉

㉑シャント・レギュレータ

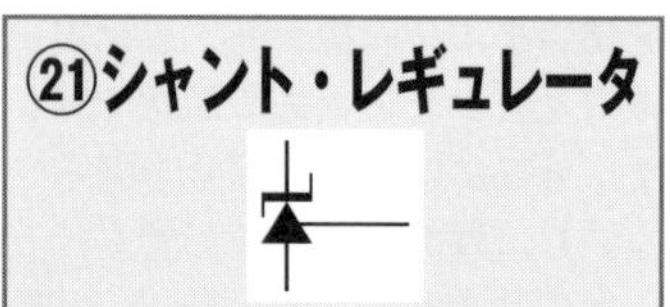

■ 外観

写真21-1　シャント・レギュレータ

■ 説明

基準電圧，OPアンプ，トランジスタで構成されています．リファレンス端子に加えた電圧と内部の基準電圧を比べる誤差増幅回路として利用します．

出力(アノード端子)と入力(リファレンス端子)を接続すると，リファレンス端子の電圧が内部の基準電圧と同じになるので，簡易的な電圧源にもなります．

スイッチング電源にも利用されています．出力電圧を分圧してリファレンス端子に接続し，基準電圧との誤差増幅信号でフォトカプラを駆動して，1次側のPWMパルス幅を制御します．シャント・レギュレータICのカソードとリファレンス端子間に接続された*CR*は位相補償用です．〈**梅前 尚**〉

㉒貫通コンデンサ

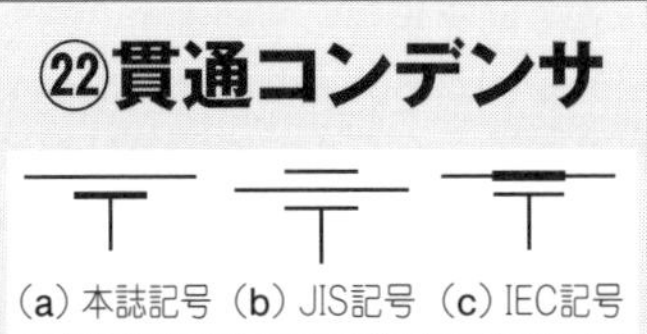

■ 外観

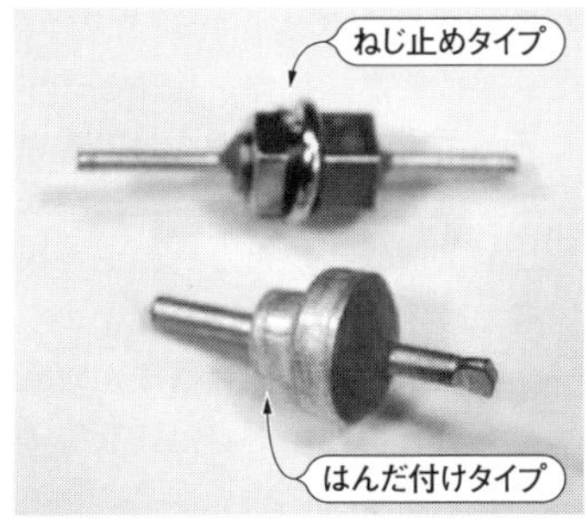

写真22-1　貫通コンデンサ

■ 構造

図22-1に示すように貫通コンデンサは，中心導線の周りに誘電体を挟んで外部電極を取り付けた構造になっています．

電気的にみると，インダクタ(内部導体)の周りにコンデンサを張り付けた形で，特性の良いロー・パス・フィルタ(LPF：Low pass filter)として働きます．外部電極はシールド・ケースや信号グラウンドに接続します．

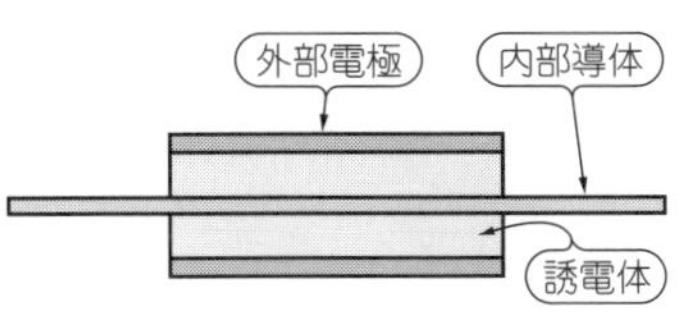

図22-1　貫通コンデンサの構造
芯線の全周が外部導体で囲われているので，フィルタ効果に優れる

■ 特徴や用途

シールド・ケース内の高周波回路に直流電源を供給するとき，または低周波信号を入出力するときに利用します．高周波信号を外部に漏らさない，または内部に入れない役割を果たします．

外部導体は，ねじ止めタイプとはんだ付けタイプがあります．同じような用途でプリント基板に実装するチップ・タイプの複合部品(インダクタとキャパシタの組み合わせ)もあります．　〈**藤田 昇**〉

㉓アンテナ

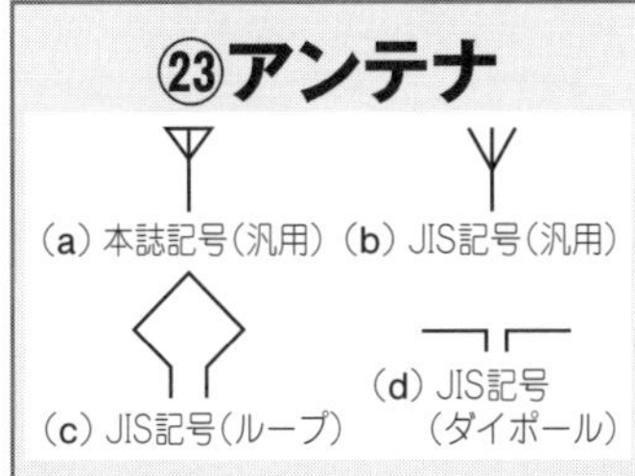

■ 外観

写真23-1　2.4GHz帯スリーブ・アンテナ

■ 特徴や用途

無線機の電波の出入り口として使われます．通常，金属線または板を組み合わせただけです．高周波信号を電波に変換して送信，電波を高周波信号に変換して受信というトランスデューサの役割をします．

表23-1に代表的なアンテナ形式を示します．

■ 記号の使い分け

JISではアンテナの種類によって回路記号を変えています．多くの場合は汎用記号だけを使いますが，よく使われるスリーブ・アンテナやパッチ・アンテナの記号は規定されていないので使いたくても使えないことが多いです．

回路図にアンテナ記号を描くことはほとんどありません．使うとしたら，機器系統図や回線構成図くらいでしょう．　〈**藤田 昇**〉

㉔方向性結合器

■ 外観

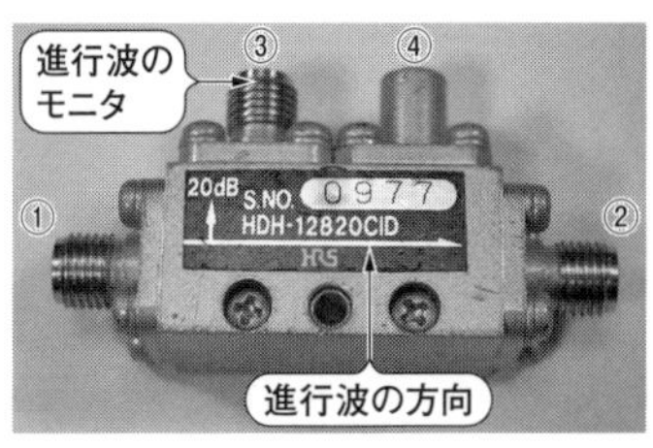

写真24-1　送信機の送信電力を測定するときなどに利用される方向性結合器

■ 動作

一般に4端子あり，そのうちの2つの端子間に高周波信号を通過させると，進行波と反射波の一部がそれぞれの端子から出力されます．**写真24-1**はコネクタが3つしかありませんが，1つの端子には終端抵抗が内蔵されています．

表23-1　代表的なアンテナの形式
必要なゲイン，指向性でアンテナを選択する．一般に使用周波数が高くなるほどアンテナ形状が小さくなる

形　式	ゲイン	指向性		備　考
		水平面	垂直面	
モノポール	2.14 dBi	無指向	∞の字	－
ダイポール				
スリーブ				
パッチ	9 dBi	ビーム		
八木・宇田	高ゲイン			素子数で変化
パラボラ	高ゲイン			面積で変化

記号にある結合損失とは，端子①から②に通過する信号電力の－20 dB(1/100)が端子③から出力されるという意味です．

指向性40 dBとは，端子②から反射してくる電力が，端子③に出てくる量とは－40 dBの差があるということを意味します(結合損を含めると反射電力の－60 dB)．

■ 用途

送信機などの送信電力を測定するときや，アンテナからの反射波を測定するときに使用します．

写真24-1の方向性結合器は進行波のモニタ用になっています．端子②から①に信号電力を通過させれば，端子③で反射波をモニタできます．　〈**藤田 昇**〉

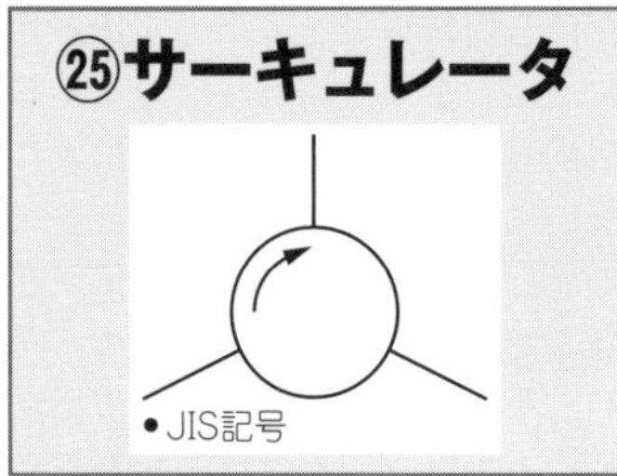

■ 外観

写真25-1　サーキュレータ

■ 動作

内蔵した永久磁石で内部に強力な磁界を発生させ，適当な長さのストリップ・ラインで結ばれた3つの端子間を流れる高周波信号の伝送方向を規制しています．

端子①から入った信号は端子②に，端子②から入った信号は端子③に，端子③から入った信号は端子①に抜けます．

■ 用途

送信機の出力を端子①に接続し，端子②にアンテナを接続します．端子③に終端抵抗器を接続します．

アンテナや給電線の不良で反射波が発生しても，終端抵抗に消費されて送信機に戻らないので，送信機の破壊から保護できます．

反射波があると，送信機が破壊しなくても動作が不安定になることがあります．このようなときもサーキュレータは有効です．

〈**藤田 昇**〉

(初出：「トランジスタ技術」2018年6月号)

第2章 英語はカタコトでもこれさえあれば通じ合える

世界の共通言語「回路図」の作法

川田 章弘／登地 功 Akihiro Kawata/Isao Toji

回路図は，電子回路技術者の意思を伝えることができる世界共通の言語です．流暢な英語が話せなくても，カタコトの英語と回路図(ブロック図)だけで，異国の技術者同士が意思を通じることができます．

回路図を描くためには，まず回路図記号を覚える必要があります．英単語をデタラメに並べても意思は伝わりません．英語には基本となる単語の並べ方(SVO：Subject - Verb - Object)があり，並べ方さえ間違えなければ，少しくらいの文法ミスがあっても意思は伝わります．例えば，She has... というべきところで，She have... といっても通じます．回路図も，基本的な文法(描き方)に間違いがなければ，些末な表現の違いがあっても意思は伝わります．

本稿では誰が見てもわかりやすい回路図の描き方から始めていきましょう．

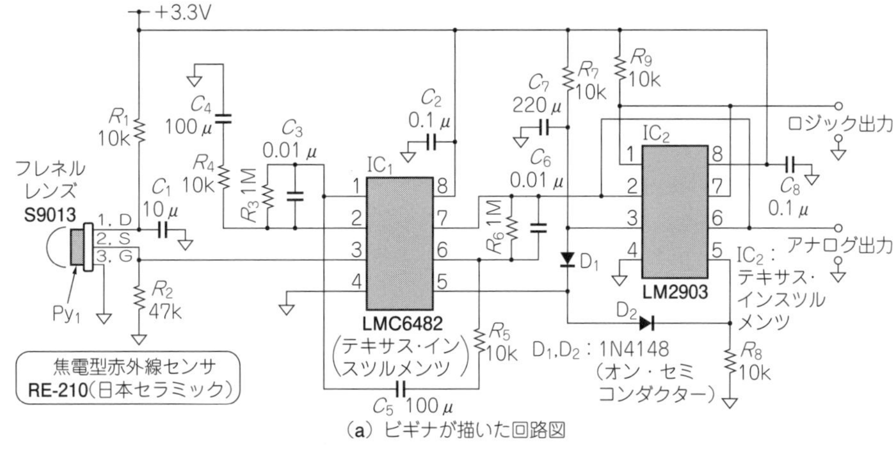

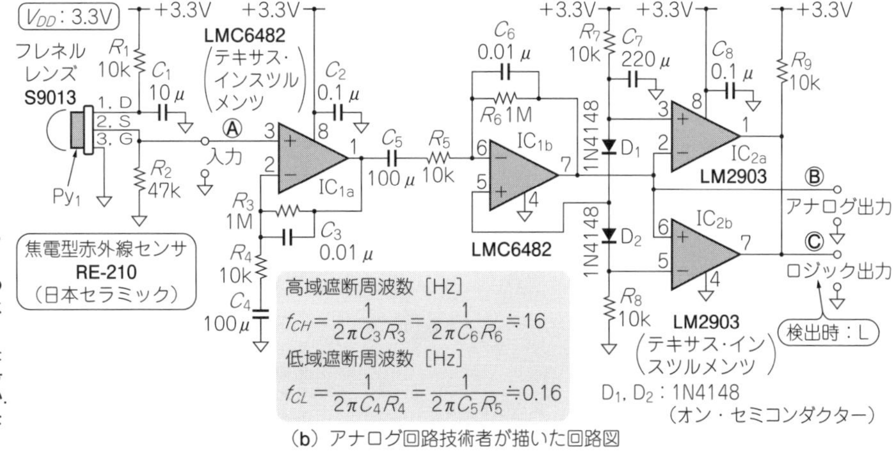

高域遮断周波数 [Hz]

$$f_{CH}=\frac{1}{2\pi C_3R_3}=\frac{1}{2\pi C_6R_6}\fallingdotseq 16$$

低域遮断周波数 [Hz]

$$f_{CL}=\frac{1}{2\pi C_4R_4}=\frac{1}{2\pi C_5R_5}\fallingdotseq 0.16$$

図1 (a)と(b)は一見すると異なった電子回路のように思うが，よく見ると使われている電子部品や結線は同じ
焦電型赤外線センサを使った人感センサ回路．(a)は信号の流れや機能がわかりにくい．回路図というより配線図になっている

上手な回路図と下手な回路図

● 設計者の意図が反映された図面

モジュールを組み合わせて電子工作をしている方は，ネット検索で見つけたブレッドボードの実体配線図を頼りにジャンパ・ワイヤでモジュールを接続していることでしょう．このように，はんだ付けをしない電子工作から入った人は，回路図と配線図の区別がついていないかもしれません．

回路図と配線図は違います．

回路図とは，電子回路技術者の設計思想を示すための意思伝達ツールです．

● 機能がパッと見で伝わってくる回路図を描く

図1は，焦電型赤外線センサを使った人感センサ回路です．**図1(a)**と**図1(b)**を一見すると異なった電子回路のように思うかもしれません．しかし，図をよく見ると，使われている電子部品や結線は同じです．

図1(b)の回路図は，アンプ回路，コンパレータ回路と左から右へ流れる信号に沿って，アナログ回路の機能を読み解くことができます．

一方，**図1(a)**はどうでしょうか？これはアナログ回路技術者の描く回路図ではありません．市販モジュールや機能ICを使った回路は，モジュールやICを「箱」で描くことが多々あります．しかし，OPアンプやトランジスタなどを使ったセンサ回路の図面は「機能が読み解けるように描く」ことが必須です．

ビギナにとって，**図1(a)**のような「配線図」のほうが電子回路の組み立てに役立つかもしれません．しかし，回路図は単なる組み立て図ではありません．アナログ回路の機能や動作を読み解くことができないのが最大の欠点です．IC_1やIC_2の機能は，データシートを見ない限りわからないからです．**図1(a)**のような回路図を描いているうちは，回路を独自設計するのは難しいでしょう．

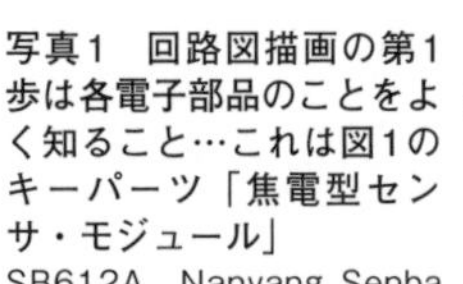
写真1　回路図描画の第1歩は各電子部品のことをよく知ること…これは図1のキーパーツ「焦電型センサ・モジュール」

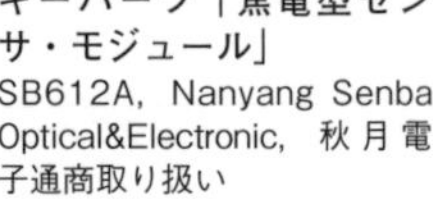
SB612A，Nanyang Senba Optical&Electronic，秋月電子通商取り扱い

私はこうやって回路図を描いています

● Step 1：回路の動きを頭に入れる

回路図の基本的な描き方の手順を説明します．モジュールの組み合わせではない独自のハードウェアを作るには，**図1(b)**のような回路図を描けることが必須です．

写真1は，ネット通販や電子部品店で入手できる焦電型赤外線センサ・モジュールです．照度センサ回路とRaspberry PiやArduinoと組み合わせると，暗闇で人の存在を感知するセンサ機能を実現できます．

図2は人の動きを感知したときの動作波形(模式図)

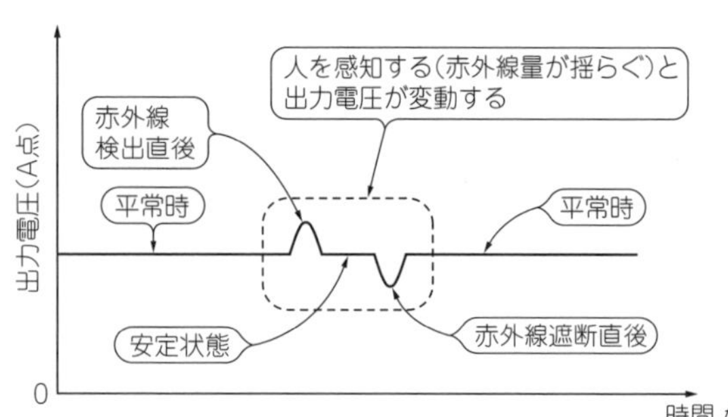

(a) 焦電型赤外線センサの出力電圧波形

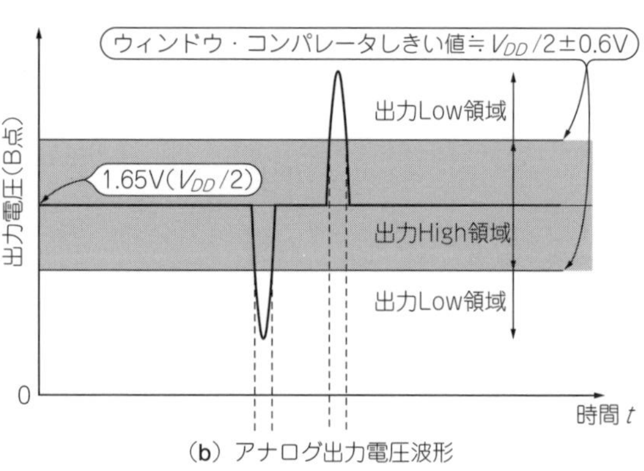

(b) アナログ出力電圧波形

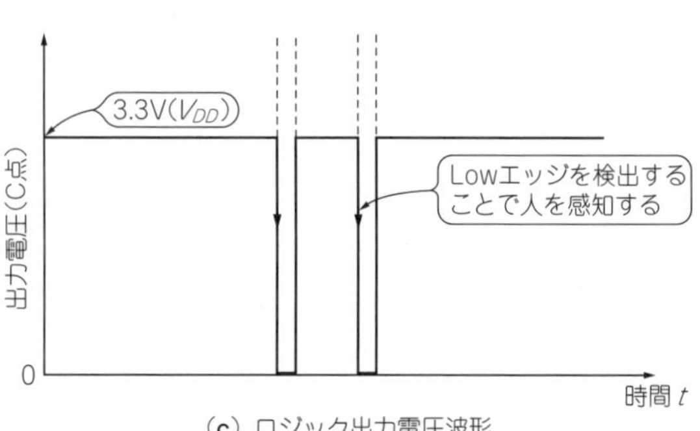

(c) ロジック出力電圧波形

図2　回路図描画の第1歩は各電子部品のことをよく知ること…焦電型赤外線センサを使った人感センサ回路の動作波形

生体から発する赤外線量に変化があるとセンサの出力信号が揺らぐ．この信号をOPアンプで約−1万倍に増幅し，Lowエッジを検出することで人を感知する

です．焦電型赤外線センサは，生体から発する赤外線(熱)を検出し，赤外線量に変化があると**図2(a)**のようにセンサ出力信号が揺らぎます．この揺らぎ(信号)をIC_1のOPアンプで101倍×－100倍(－10100倍)に増幅します［**図2(b)**］．アナログ出力信号をA-D変換すれば，ディジタル値として人の動きを検知できます．

IC_2の回路は，コンパレータIC(LM2903)を使ったウィンドウ・コンパレータ回路です．IC_2の2，6番ピン接続点がコンパレータ回路入力端子です．入力電圧が約$V_{DD}/2$(1.65 V)±0.6 V以内のとき出力は“H”(3.3 V)です．約$V_{DD}/2$＋0.6 V以上(約2.25 V)および約$V_{DD}/2$－0.6 V(約1.05 V)以下のとき，**図2(c)**のようにロジック出力が“L”(0 V)になります．Lowエッジを検出することで人を感知します．

● Step 2：主要な部品を並べる

図3のように，センサ・デバイスやOPアンプIC，ダイオード，トランジスタなど機能を実現するために必要な主要部品を回路図CAD(Schematic Editor)上に並べます．この時点で設計する回路のイメージは頭の中にあることが前提です．

回路図やプリント基板設計は，絵画と同じで右脳を使っています．部品配置のバランスや回路全体のイメージが頭の中に広がっていない場合，きれいな回路図を描くことは困難です．頭の中にイメージを思い浮かべることが苦手な方は，一度，ノートなどに回路図全体を描いてみることをお勧めします．

ノートに描いた少しバランスの悪い回路図を元に，きれいな回路図をCAD上で描くといったことを繰り返すうちに，CAD上できれいな回路図が一度で描けるようになるでしょう．

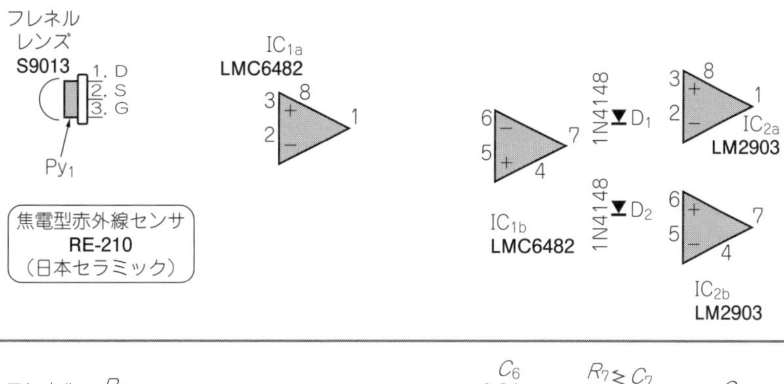

図3 回路図を描くStep 2：主要な能動素子(OPアンプなど)**を並べる**
この時点で設計する回路のイメージは頭の中にあることが前提である

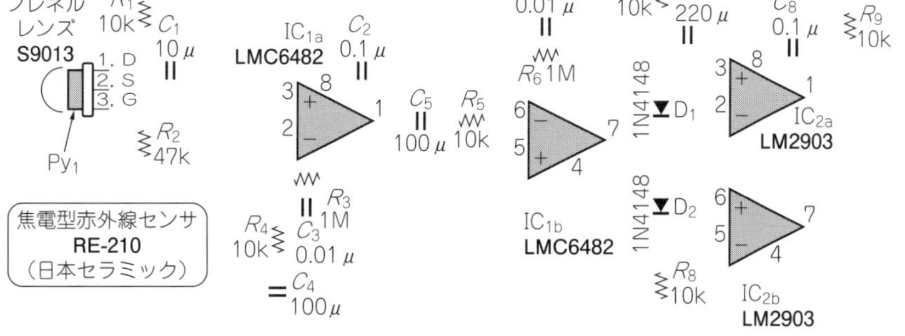

図4 回路図を描くStep 3：受動素子(抵抗など)**を並べる**
この段階で部品配置をバランス良くきれいに並べておくとよい

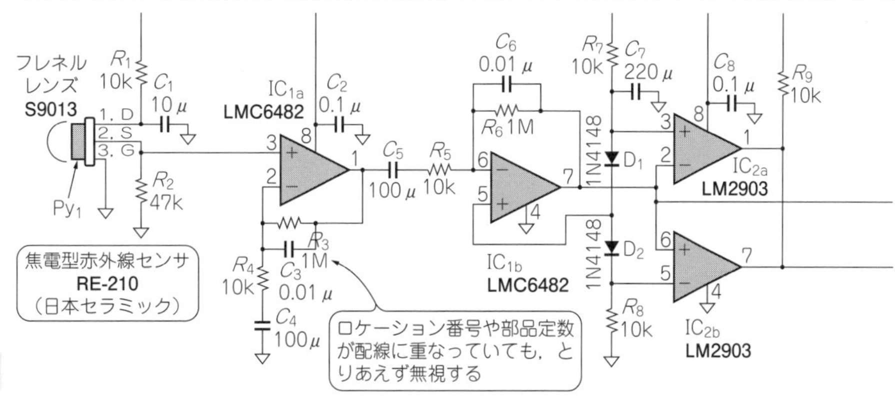

図5 回路図を描くStep 4：素子間の配線をつなげる
部品配置間がきれいになるように調整しながら配線する

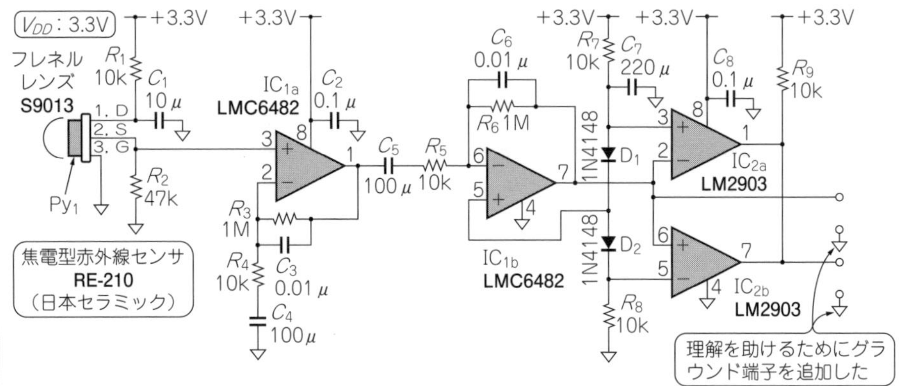

図6　回路図を描くStep 5：出力端子を接続，信号名をつける
必要に応じて回路定数の見直しやロケーション番号の位置を調整し完成形に近づける

● Step 3：すべての部品を並べる

抵抗やコンデンサなど，回路で使う部品をすべてCAD上に並べます．部品は適当に並べておいてもよいですが，**図4**のように，最初から完成した回路図をイメージしながら部品間の距離をバランス良く整えておくとさらに良いでしょう．

● Step 4：素子間を配線する

素子間の配線を描画して回路図を完成させます．配線しながら部品配置を微調整し，見た目のバランスを考えて描いていきます．このとき，配線の上にロケーション番号や部品定数が重なっていても，とりあえず無視します．**図5**は，配線を描き終えた回路図です．

● Step 5：出力端子や信号名をつける

回路図の完成に近づいてきました．**図6**のように出力端子を接続したり，信号名をつけていきます．ロケーション番号が配線に重なっているなど，見にくい(美しくない)ところは，このときまとめて修正しておきます．これは，次のStep 6のチェックと合わせて回路図の見た目をダブル・チェックするためです．

● Step 6：コメントを入れる

回路図を見た人の理解を助けるため必要なコメントを入れます．設計条件などを記入しておいてもよいでしょう．回路動作説明のための信号名(A，B，C)などを記入してもよいです．

回路図の完成に向けて，Step 5でも調べましたが，再度，ロケーション番号や部品定数が配線や部品と重なっていて判読しにくくなっていないかチェックします．チェックが終われば**図1(b)**のとおり完成です．

〈川田　章弘〉

チームプレー優先！ 回路図の信号名や記号は統一しておこう　Column 1

何人かで分担して回路図を描く場合，部品シンボルや電源，GND記号などを統一しておきます．例えば，ロジックICは電源ピンを別に書くのかどうか(**図A**)，といったようなことも決めてきます．

信号は左から右へ流れるように書くのが基本ですので，部品シンボルも左側に入力ピンを書き，右側に出力ピンを書きます．電源ピンは上下でも左右でもよいでしょう．

同様に，入出力以外の内部信号の命名のしかたも決めておきましょう．決めておかないと，他の人の作業がわかりにくくなるだけでなく，うっかり別の配線に同じ信号名を付けてしまうトラブルも発生します．作業者はそれぞれ別の配線のつもりでも，ネットリスト上は接続されてしまいます．

〈登地　功〉

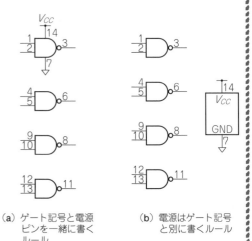

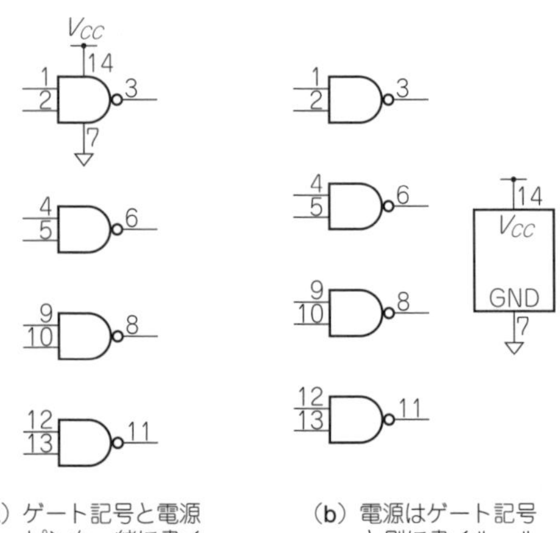

(a) ゲート記号と電源ピンを一緒に書くルール　(b) 電源はゲート記号と別に書くルール

図A　複数の人が1つの回路図に関わることもあるので，描き方のルールは統一しておくべき

回路図の描き方作法 その①
[共通基本編]

まずは，アナログ回路かディジタル回路の共通の基本的な回路図の描き方を解説しておきます．

〈編集部〉

回路図に絶対ルールはない

回路図記号には，JIS C 0617およびIEC 60617に準拠した記号や，会社ごとに決まった記号があります．国際的な学会などに使う図面であればIEC 60617に準拠すべきと考えますが，IECの図記号には歴史的な経緯を無視した直感的でない記号(例えば抵抗が長方形であるなど)が定義されていることもあり，多くの会社が回路図に使う図記号とは一致しません．

回路図の描き方も図記号と同じで，会社ごとのローカル・ルールがたくさん存在します．描き方のコモンセンスはありますが，万人のルールがあるわけではありません．

回路図は，あくまでも技術者同士で図面の解釈に誤解が生じないように描くのが基本です．これから紹介するのも，決して国際的なルールではなく，多くの技術者が使っているであろう描き方の一例です．

皆さんの会社の回路図は，これから紹介する描き方には従っていなかったり，禁止されていたりするかもしれません．だからといって，会社の図面が間違っているわけでも，紹介した描き方が間違っているわけでもありません．会社で回路図を描くときは，会社のルールに従ってください．

回路図の描き方 7つの作法

① 電位が高いほうを上にする

図1に示すように，正電圧(+5V)を上，負電圧(−5V)を下にして描きます．グラウンドは自由に配置しても構いません．

読みにくいのは，負電圧が上になっていて，正電圧が下になっている回路図です．仮に回路図の電源端子に電圧値(−5Vなど)を記載しても，多くの技術者は直感的に正電圧が上になっていると考えます．なぜなら，電位が高いほうを上に描くのがコモンセンス(常識)だからです．これが逆だと，回路の読み間違いが生じます．

② 信号は左から右が基本

信号は左から入力，右側から出力するように描きま

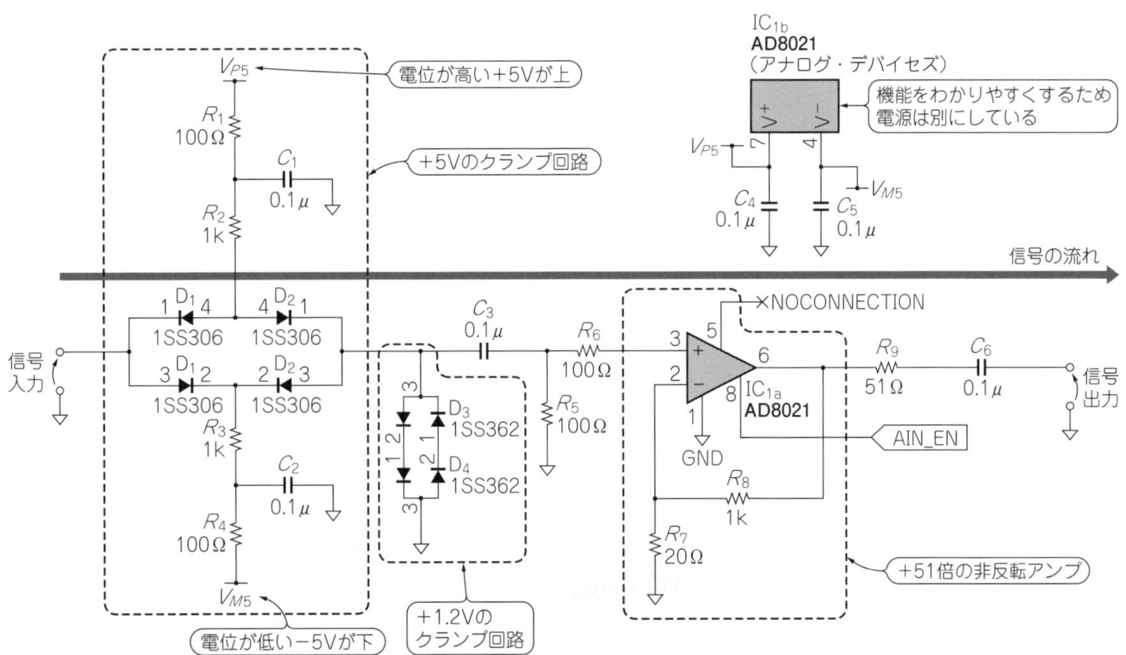

図1 回路図の作法…電位が高いほうを上にし，信号は左から右に流すのが基本

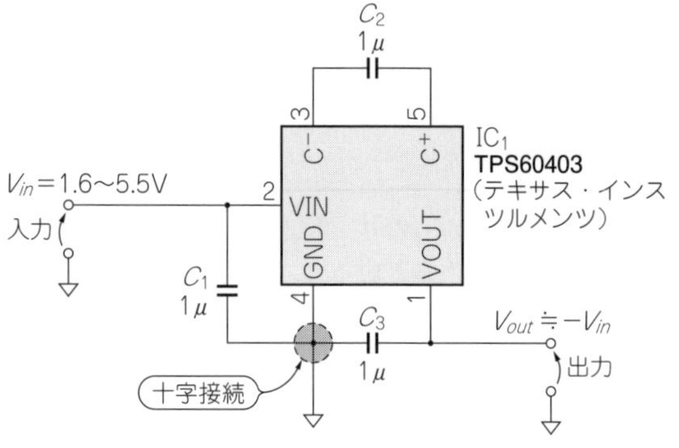

(a) 4本の線を1点で接続したい場合に…

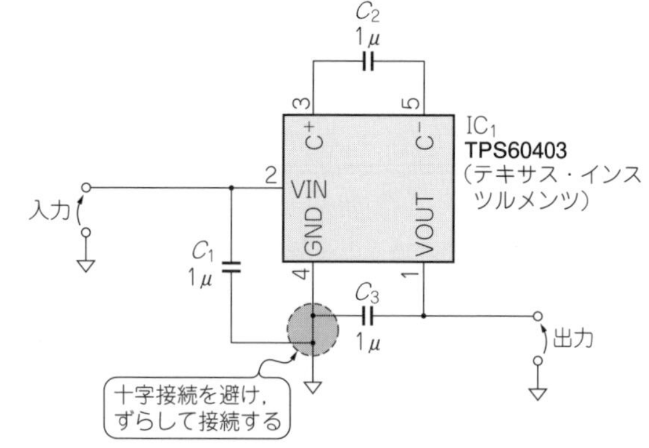

(b) 3本の線の接続を2点にずらして描く

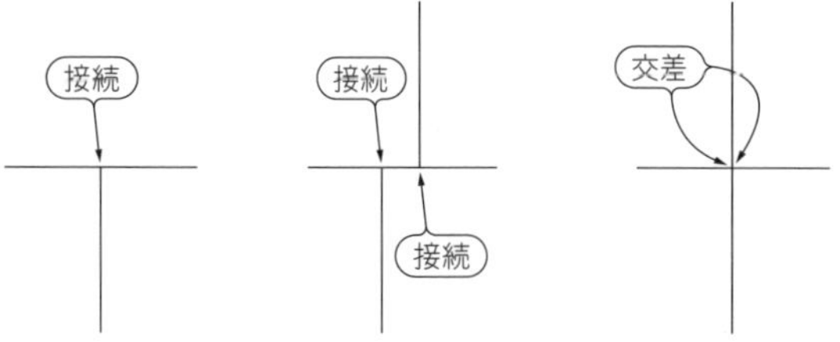

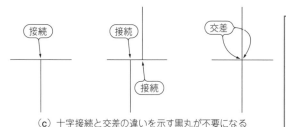

(c) 十字接続と交差の違いを示す黒丸が不要になる

図2 回路図の作法…交差と見間違いやすい十字接続は避ける

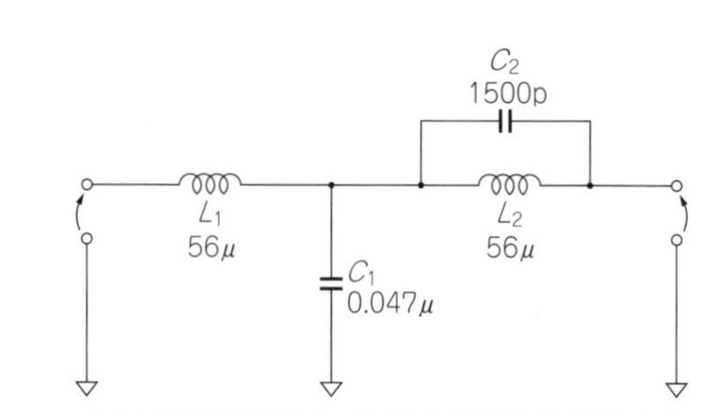

(a) 定数は間違えないように部品の近くに配置する

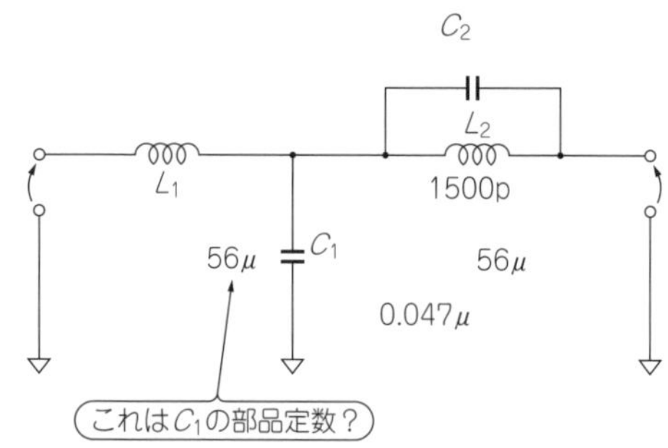

(b) どの部品を指す定数なのかわからないのはダメ

図3 回路図の作法…CADで描いたとき部品定数は部品記号の近くに配置し直す

す.

図1は,左側端子が信号入力,入力信号は±5Vのクランプ回路と±1.2Vのクランプ回路を通過して,+51倍の非反転アンプで増幅後,右側から出力するアンプ回路です.

③ 十字接続は避ける

十字接続とは,**図2(a)**に示すような接続部の描き方です.十字接続は,JISやIECでも定義していて,間違った描き方ではありません.

しかし,皆さんが回路図を描くときは,十字接続を使わないほうがよいでしょう.理由は,交差との区別を明確にするためです.十字接続を避けた描き方を**図2(b)**に示します.

回路のデバッグ中は,紙にプリントアウトされた図面を活用することが多いです(歴史ある会社だと,いまだに正式図面は紙にプリントアウトして,図面庫で管理していることがある).紙の回路図の交差部分にインク染みやトナー汚れがつくと,接続(十字接続)と間違います.

回路図の描画時に十字接続を禁止すれば,接続部に黒点を描く必要はなくなります.**図2(c)**のように,十字接続を禁止した回路図では接続部は必ずT字です.十字になった箇所は,十字接続禁止ルールの下では必ず交差です.

④ 部品定数は部品の近くに明記する

回路図をCADで描くとき,部品ライブラリ(マクロ)から読み出したデフォルト記号だと,ロケーション番号や部品定数位置が図記号から少し離れていることがあります.この状態を放置するのはダメです.

回路図に図記号を置いた後,必ずロケーション番号と部品番号を図記号の近くに移動します.

図3(a)は図記号の近くに部品番号を記載している例です.**図3(b)**は図記号から離れた位置に部品定数が記載されている例です.

部品定数が図記号から離れていると,その定数がどの部品を指すのかわからなくなります.ロケーション

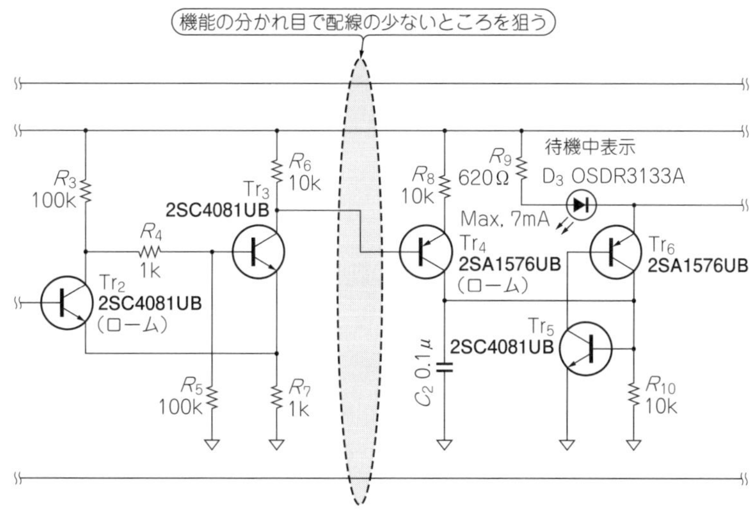

(a) 機能の区切りで配線の数が少ないところで配線に信号名(ネット名)をつけて切る

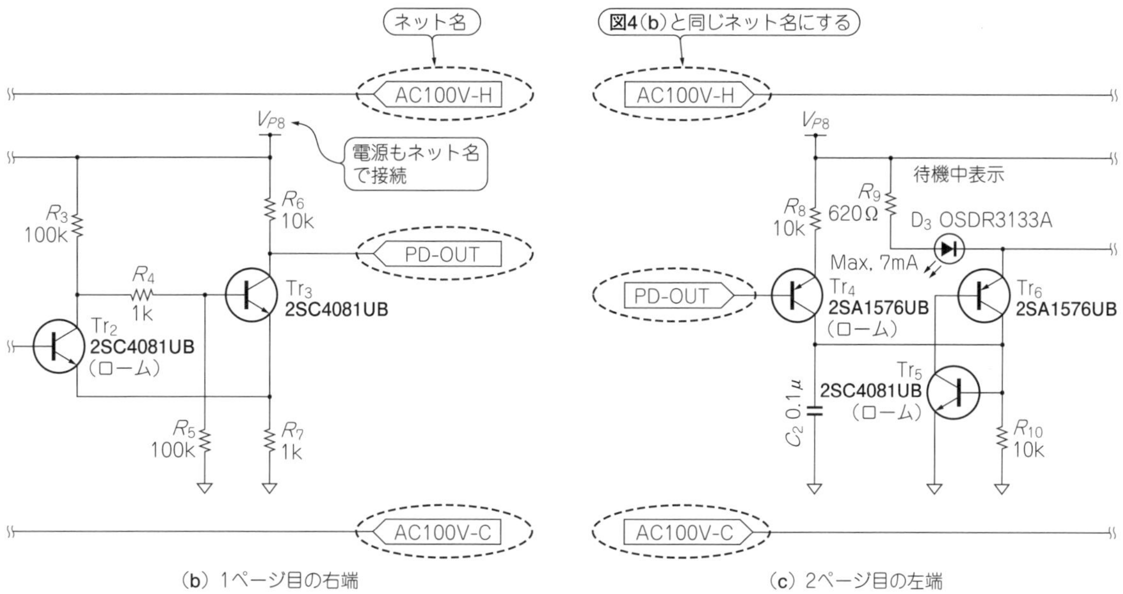

(b) 1ページ目の右端　　(c) 2ページ目の左端

図4　回路図の作法…横に伸びすぎた回路は適切なところで分けていく

番号や部品定数が図記号と重なってしまっている場合も修正してください．修正されていない回路図はとても読みにくいです．

⑤ 回路図が横に間延びするときはページを変える

回路図が横長に延びてしまうことがあります．このような場合，**図4(a)**のように回路機能を考えて複数に分割したり，複数ページに分割したりして描くと良いでしょう．

2つに分けた回路図は，同一信号(ネット)名を配線(ライン)に与え，別ページの回路図に接続情報を渡します．

図4(b)の例では，切り離した信号線にネット名(AC100V-H，PD-OUT，AC100V-C)を与えています．同一信号名で，**図4(c)**の後続回路へ接続情報を渡します．

ちなみに**図4**の回路は，ICを使わず手持ちにある部品で作れる「はんだごて切り忘れ防止回路」の一部です．詳しくは別の機会に紹介したいと思います．

⑥ 信号の流れる向きを矢印で示す

UART信号は，送信TXと受信RXの配線を間違えやすい典型です．

マイコンのTX端子を相手側ICのRX端子へ，マイコンのRX端子を相手側ICのTX端子へクロス接続するのが正解です(実は，「トランジスタ技術」誌でも，ときどき間違って描かれていることがある)．

マイコン側をマスタ(Master)，相手方ICをスレーブ(Slave)とし，マイコンのTX信号をMOSI(Master Out Slave In)，マイコンのRX端子をMISO(Master In Slave Out)と記載して，間違いを減らそうと工夫することがあります．

UARTでマイコン間通信をしているときは，どちらがマスタなのかを間違えて，接続ミスが生じがちです．特に，マスタ・マイコンとスレーブ・マイコンの回路図が別ページに分かれているとミスが起きやすくなります．

ミスを減らすため，**図5**のように回路図に矢印を入れて，信号の向きを明確にしておくとよいです．

〈川田 章弘〉

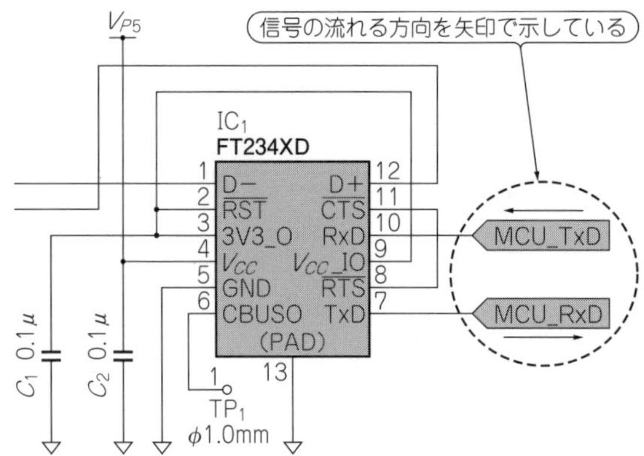

図5 回路図の作法…信号の流れは矢印を描いてわかりやすくしておく
信号名だけだと向きがわからない．TX，RXはよくミスが起きる

⑦ 基本はA3用紙，リビジョン管理も忘れずに

回路図の基本用紙サイズはA3です(**図6**)．プリンタの用紙サイズがA3までのものが多いことと，他のドキュメントと一緒にA4のファイルに綴じる(**図7**)ときに便利なためです．

回路図CADに標準で用意されているシンボルを使って書くとA3ではやや狭いことが多いので，その場合はA2で書いてA3の用紙に出力します．ワンサイズ小さい用紙に出力しても，読むのに支障はありません．機械や建築関係の図面と異なり，A1以上のサイズはほとんど使いません．ページが複数になる場合は必ずサイズをそろえます．

図番とレビジョンの管理は必ずしましょう．書いた本人はわかっているつもりでも，他の人にはどれが最新版かわかりませんし，2年も経てば本人の記憶も怪しいものです．

〈登地 功〉

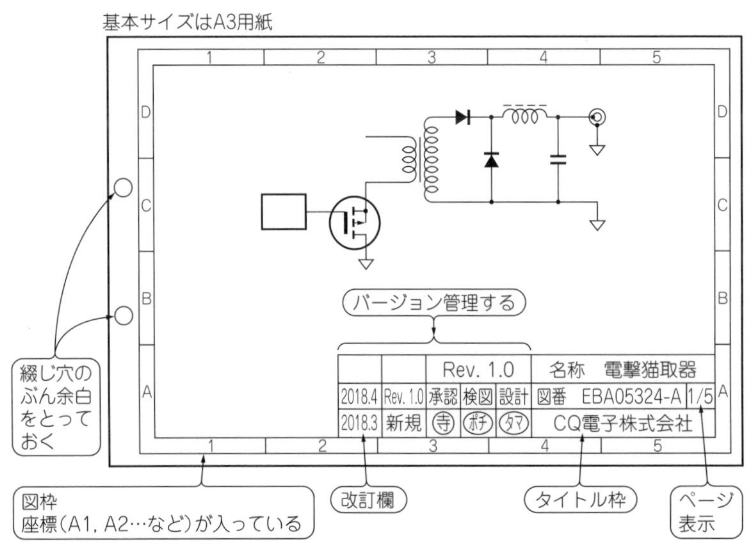

図6 回路図の作法…一般的な回路図用紙のイメージ

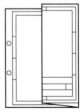

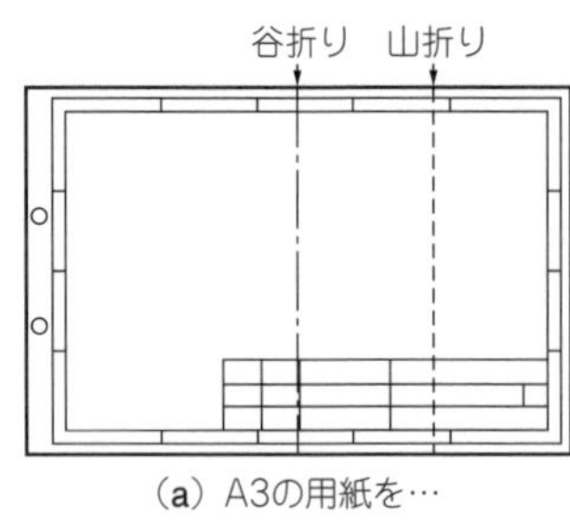

図7 A3用紙ならA4サイズに折りたたんで他の資料と一緒にファイリングできる

回路図の描き方作法 その② [アナログ回路編]

ここでは，アナログ回路の回路図を描くときのコモンセンスを紹介します．

● 基板上での部品配置がイメージできるように描く

回路図が読みにくくなることもあるため，ケース・バイ・ケースですが，**図1**のように物理的な部品配置や接続方法が明確になるよう描くことがあります．

図1の描き方をすると，C_1とC_2のグラウンド側を接続後，中間点付近を(ベタ)グラウンドに落とす，という回路設計者の意思がアートワーク(プリント基板設計)の担当者に伝わりやすくなります．

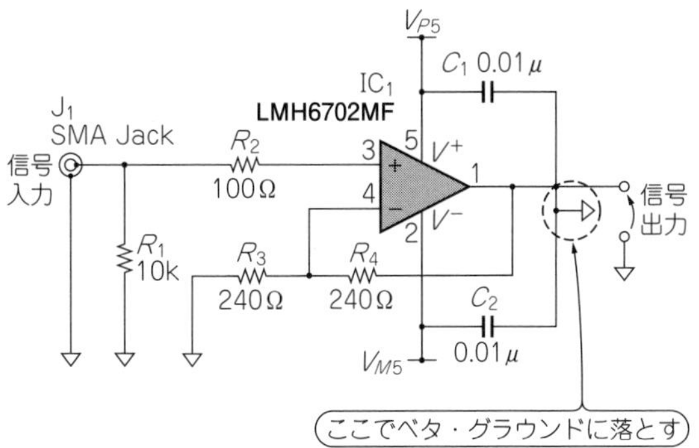

図1　回路図の作法…物理的な部品配置がわかるように描く
設計意図を伝わりやすくする工夫．やりすぎると回路図が見にくくなるのでほどほどに

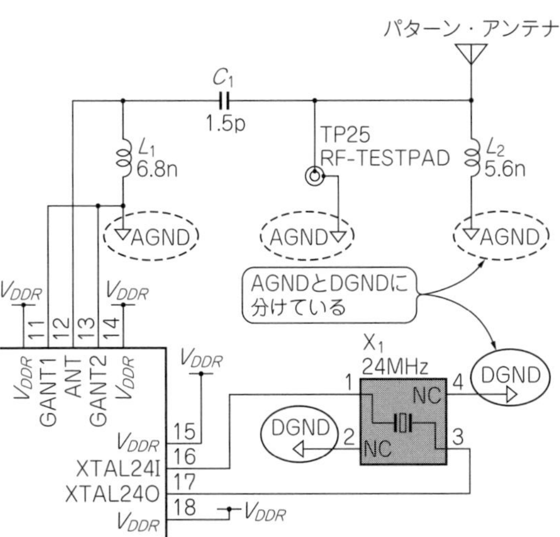

図2　回路図の作法…グラウンド(ネット)を描き分ける
別の配線パターンにしなければいけないことを明確にする

● グラウンド(ネット)を描き分ける

アナログ・グラウンドやディジタル・グラウンドを分けてプリント基板を設計する場合は，**図2**のようにそれぞれのグラウンドに異なったネット名を付けます．グラウンド記号を変えて描くこともあります．

● グラウンド記号を効果的に使う

図3(p.38)は，やみくもにグラウンド記号を使わず，一部分のみグラウンド記号を使った回路の例です．

- 平滑コンデンサのC_1とC_2を接続し，電源トランスの中点タップに戻す
- 出力回路はC_{11}とC_{12}のグラウンド部分まで，出力コネクタ側のグラウンド接続部をまとめて配線する
- IC_3のパスコンはグラウンド側の2つをまとめて配線する
- グラウンド記号のついている箇所で1点に落とす

という意思を伝えるための工夫です．

このように工夫しても，アートワーク担当者の一部には回路図をよく見ないで作業する人がいます．アートワーク担当者が回路設計者でないことは多々あります．いわゆるアートワーク技術者は，ネットリストどおりに接続することだけを考えてしまいがちです．

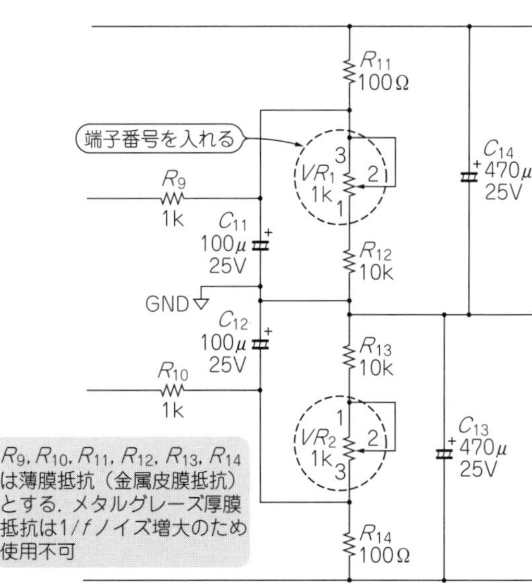

図4　回路図の作法…半固定抵抗や可変抵抗は変化の向きがわかるように端子番号を入れる
右に回したときに電圧が高くなったり電流が増えたりするように決めておくと使いやすい

2 世界の共通言語「回路図」の作法

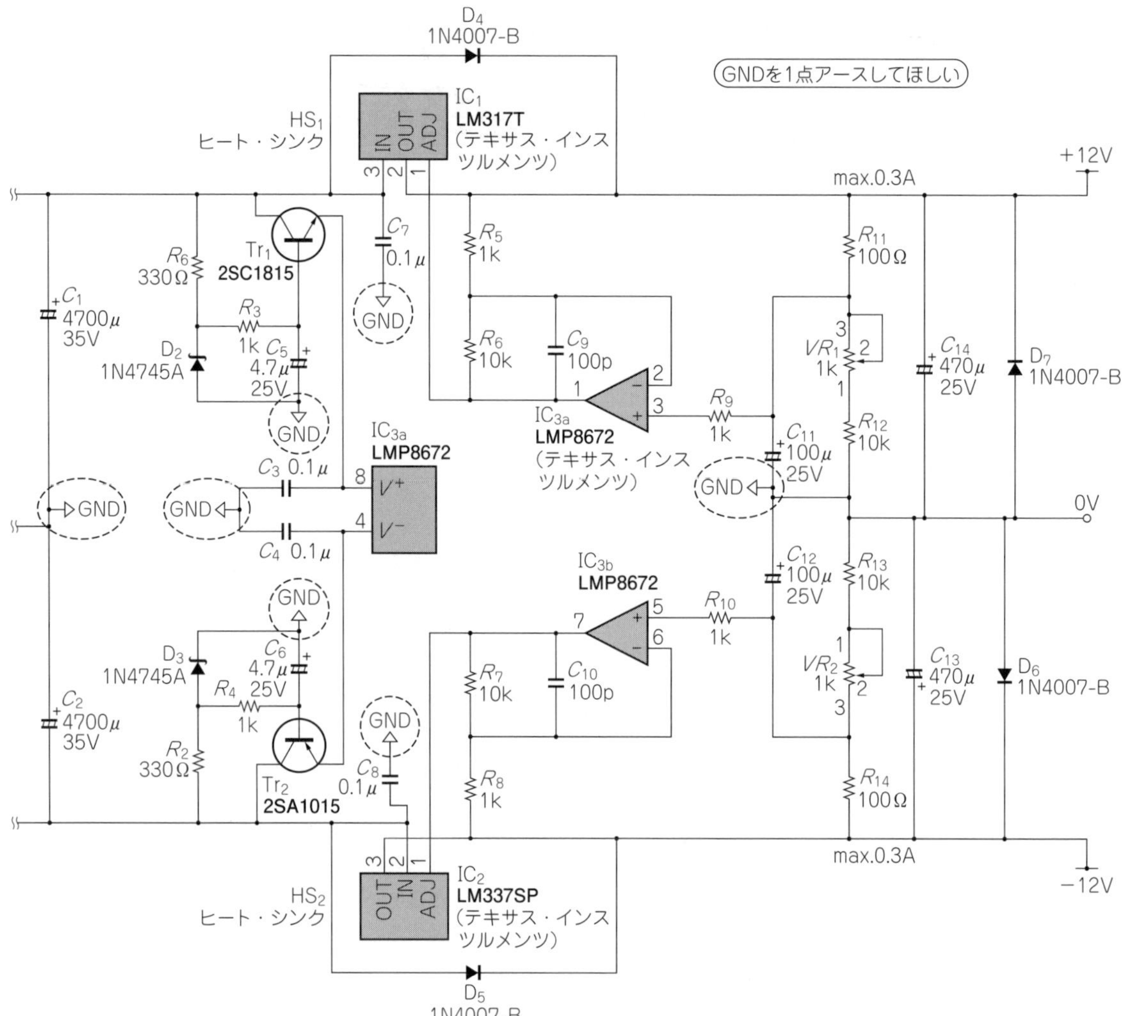

図3　回路図の作法…グラウンド記号を効果的に使う
パターン設計者につなぎ方を指示する方法の1つとして使っている

回路図に接続方法のコメントを入れておくか，打ち合わせ時に設計意図を言葉で伝えるようにすることも，描き方の工夫以上に大切です．

● 半固定抵抗や可変抵抗は回す向きと値の変化の関係がわかるように描く

図4に示すとおり，半固定抵抗や可変抵抗には，端子番号を入れるなど，変化の向きがわかるようにしておきます．半固定抵抗や可変抵抗は，1番ピンと3番ピンを入れ替えても動作しますが，変化の向きが変わってしまいます．時計回り(CW)や反時計回り(CCW)といったコメントを入れておく方法もあります．

● 部品指定がある場合は必ずコメントを入れる

図4に示すとおり，使用する部品に指定がある場合は，コメントを入れておきます．

回路図の部品(部品マクロ)は，部品型名(メーカ型名や社内管理部品コード)とリンクされているため，ほとんどの場合，回路図にコメントがなくてもメーカ指定できます．

しかしながら，プリントアウトされた回路図やPDF化された回路図を参照している場合，使用部品に指定があることを一目で判断できません．**図4**のようなコメントを入れることで，CADデータを参照しなくても部品指定箇所がわかります．

● 有極性コンデンサには極性を忘れずに描く

図5に示すとおり，電解コンデンサなど極性がある部品には，必ず「＋」などの文字を入れます．CADで回路図を描いている場合，図記号はあらかじめマクロで指定していますから，＋文字が抜け落ちることはまずありません．問題は，手描きをするときです．

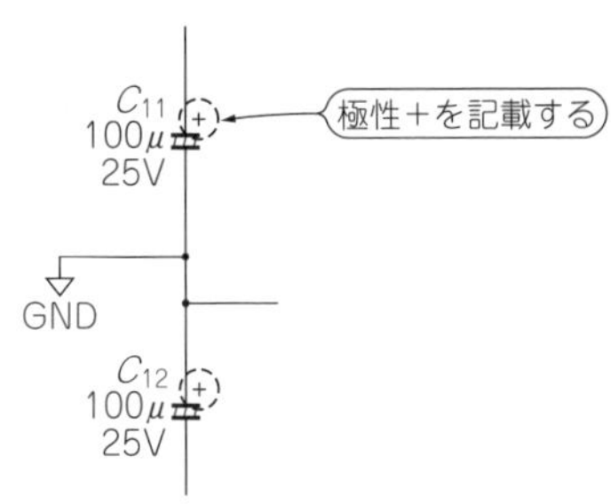

図5　回路図の作法…有極性電解コンデンサには極性を忘れずに描く
書き忘れると両極性だと判断されてしまうことがある

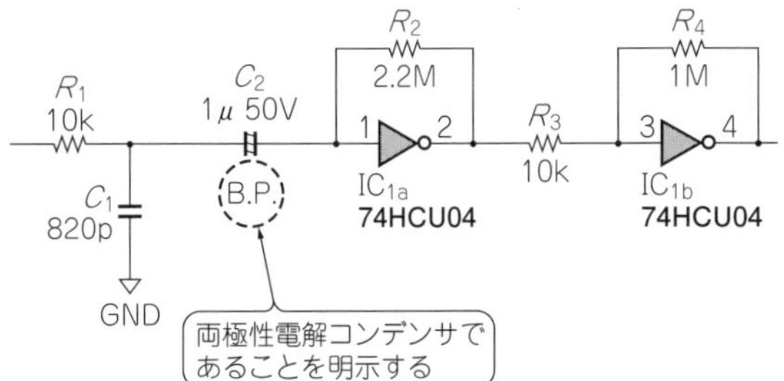

図6　回路図の作法…両極性(無極性)電解コンデンサであることをわかりやすくしておく
直流電位が素子によってばらつく場所で電解コンデンサを使うときは両極性を選ぶ

急きょ，設計変更が必要で，手描き回路図で指示したとき，描き忘れて読み手に勘違いされ，想定外の部品が使われてしまったことがあります．慌てていても描き漏らさないようにしてください．

● 両極性(無極性)コンデンサには「B.P.」または「N.P.」という表記を添える

「＋」記号のない電解コンデンサは，両極性(無極性)です．一目でわかりやすくするため，**図6**のようにB.P.やN.P.という文字を記号の近くに添えておきます．B.P.やN.P.の文字は，先ほどの有極性電解コンデンサの＋文字を描き漏らしたわけではないことがより明確になります．

● コンデンサの実装位置をCADオペレータに知らせる

コンデンサの置き順をアートワーク時に考慮してほしいとき，その意思が伝わるように回路図を描きましょう．**図7**のように描くと，C_3，C_4をIC_1の近くに配置してほしいという意思が伝わります．

アートワーク担当者のスキルによっては，このように回路図を描いていても，同一ネットのコンデンサだから…というわけで設計意図を無視して配置することがあります．設計者自身で基板設計しない場合，アートワーク担当者とのコミュニケーションが大切です．

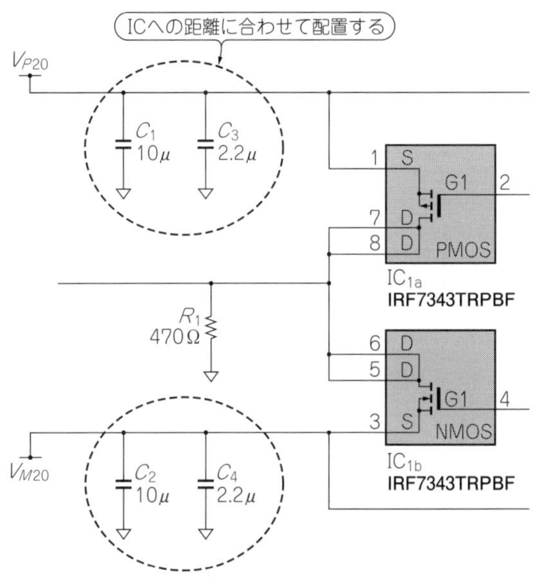

図7　回路図の作法…コンデンサの実装位置をCADオペレータに知らせる
この回路のMOSFETは，右側が入力，左側が出力になっている

● トランジスタのコレクタやドレインは電位の高低に合わせる

電位の高い側を上に描くというコモンセンス(p.33を参照)に従い，NPN型バイポーラ・トランジスタのコレクタ側を通常は上，PNP型のコレクタを通常は下に描きます．FETであれば，NチャネルFETのドレインは上，PチャネルFETのドレインは下です．

図8の回路図を見ると，そのように描かれています．

● 電流が横向きに流れるときはトランジスタも横向きにする

図9のように電流が横向きに流れる場合，トランジスタを横向きに描いたほうが動作が読み取りやすくなります．コモンセンスから外れますが，**図9**のような回路ではトランジスタを縦配置すると，かえって回路動作が読み取りにくくなります．

● 反転アンプは反転端子を上，非反転アンプは反転端子を下に描く

OPアンプを使った反転アンプを描くとき，**図10(a)**のようにマイナス文字が入った反転入力端子を上側にするのがコモンセンスです．反転アンプで，このコモンセンスに沿っていない回路は，ほぼ見当たりません．

非反転アンプを描くときは，**図10(b)**のように反転入力端子を下にするとよいでしょう．反転入力端子を上にしてもだめではありませんが，**図10(b)**のように描いたほうが，回路図が読みやすくなります．

理由は，非反転アンプは出力電圧がR_5とR_3で分圧

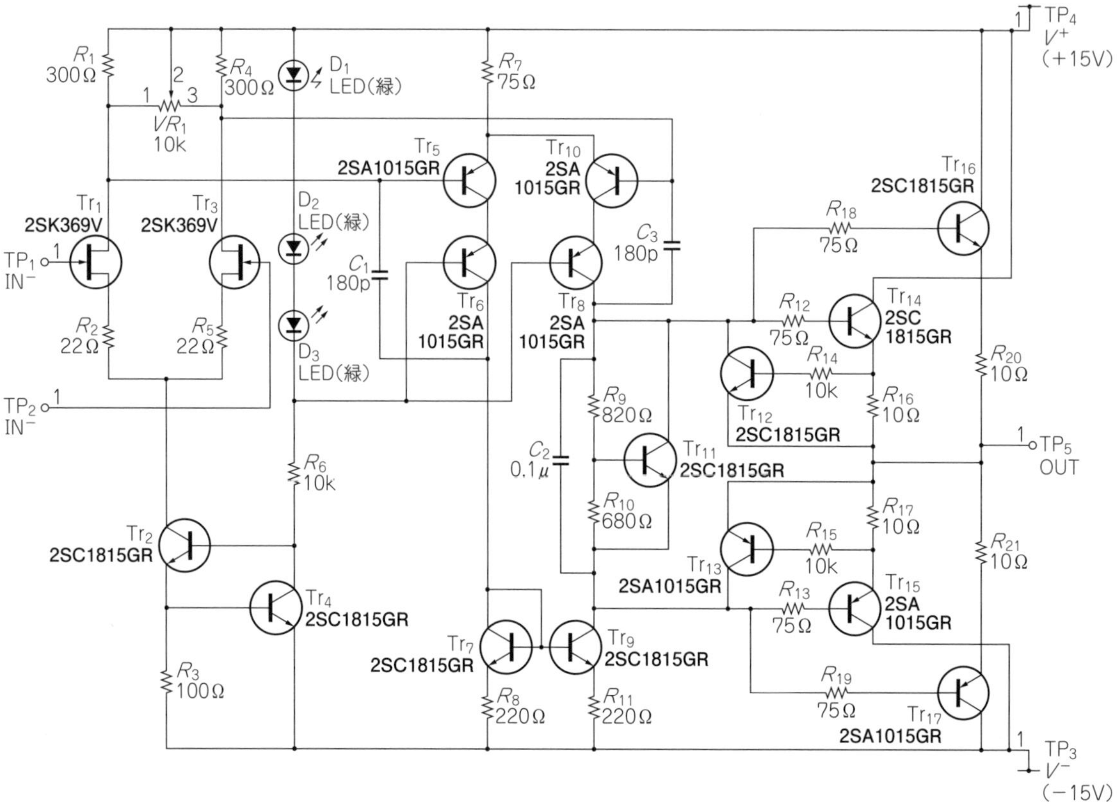

図8　回路図の作法…トランジスタのコレクタやドレインは電位の高低に合わせる
ヘッドホン・アンプなどに使えるフル・ディスクリートOPアンプの例

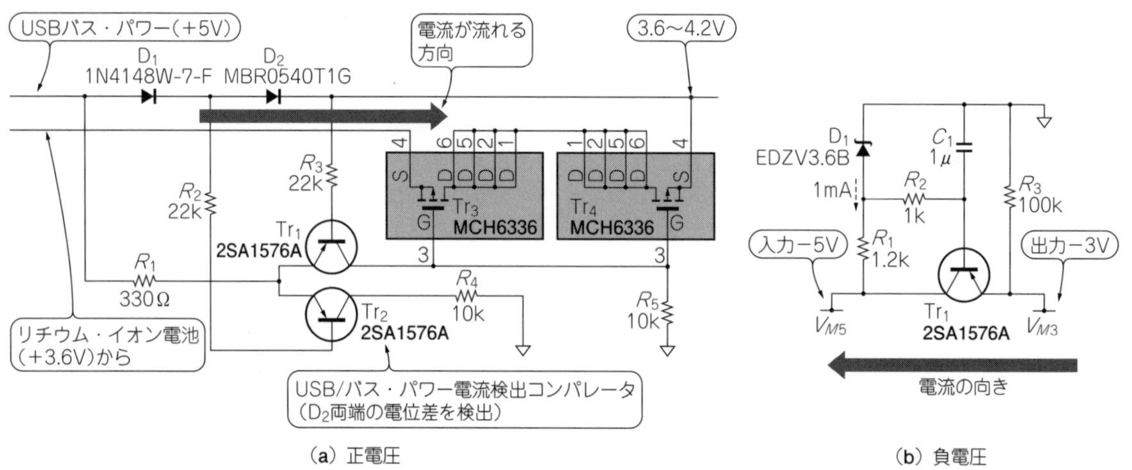

図9　回路図の作法…電流が横向きに流れるときはトランジスタを横向きに描く

され，分圧電圧が入力電圧(OPアンプの3番ピン)と等しくなるよう動作しているからです．バーチャル・ショートといいます．バーチャル・ショートで回路動作を読み解くとき，反転入力端子が下になっているほうが分圧回路が素直に読み取れるため，理解しやすいです．

● OPアンプの電源端子は省略することがある

回路動作原理を説明するための図は，OPアンプの電源端子を**図11**のように省略することがあります．この回路図が示されても，実際の回路製作時は必ず電源端子の配線を行います．OPアンプは電源供給がないと動作できません．**図11**のとおりに電源接続のな

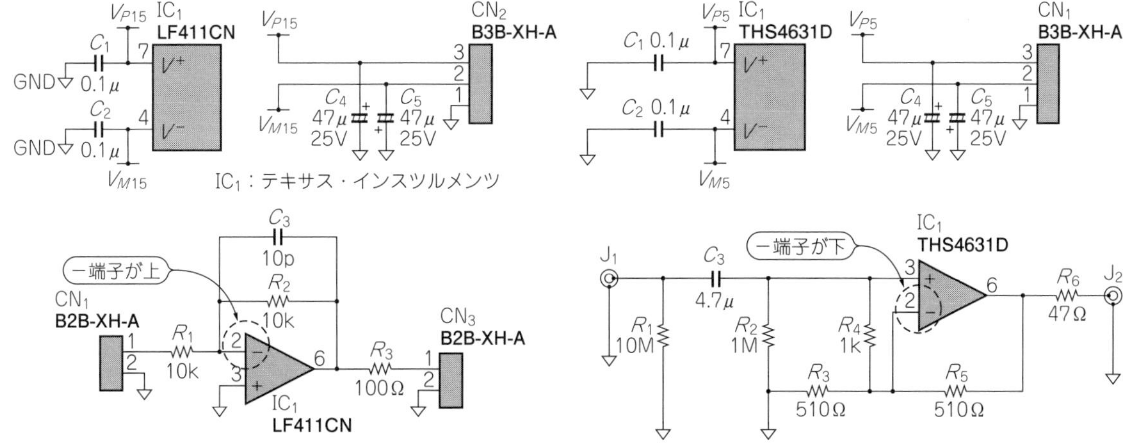

(a) 反転アンプは反転端子を上にする　　(b) 非反転アンプは反転端子を下にするほうがわかりやすい

図10　回路図の作法…OPアンプの記号の端子はわかりやすいほうに入れ替えて描く

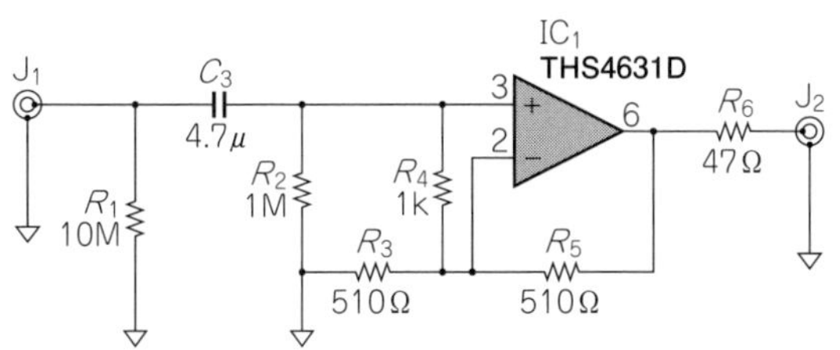

図11　回路図の作法…OPアンプの電源端子は省略されることが多い
動作解説のときはほとんど描かれない

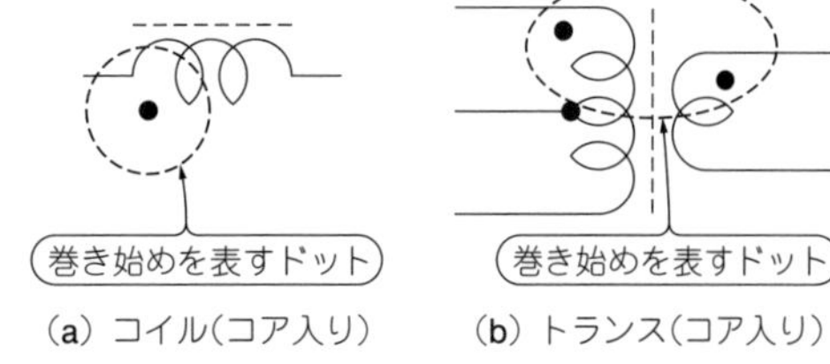

(a) コイル(コア入り)　　(b) トランス(コア入り)

図13　回路図の作法…トランスやコイルの巻き始めにはドットを入れる
動作を把握しやすくなる

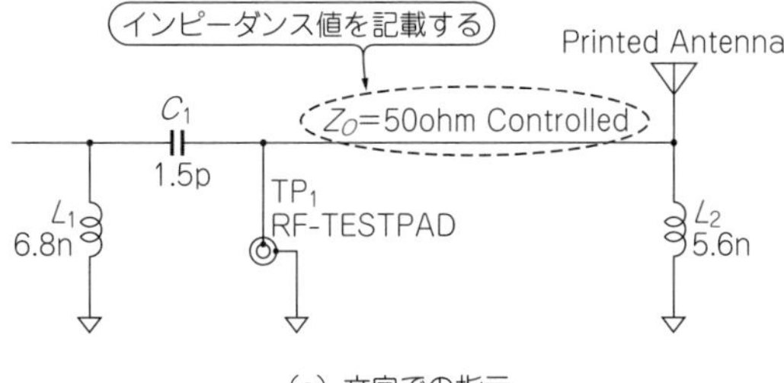

(a) 文字での指示

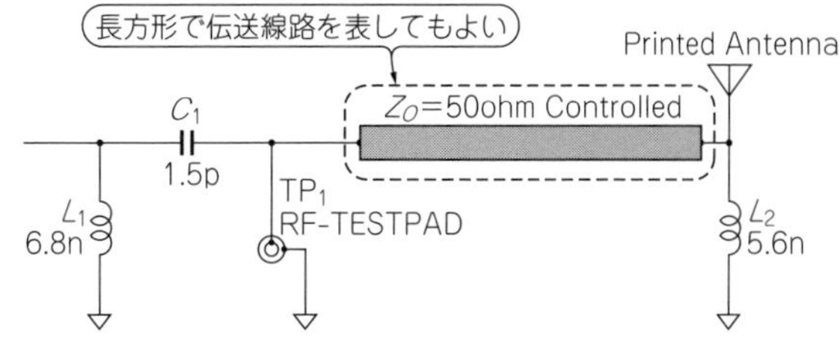

(b) 記号も使った指示

図12　回路図の作法…インピーダンス・コントロール・ラインであることは明確に指示する
パターン設計がやりなおしになるので指示漏れは厳禁

い回路を作っても，動作しません．製作時は，**図10**(b)の回路図で組み立てる必要があります．

● インピーダンス・コントロール・ラインは指示する

高周波回路や高速信号回路では，マイクロストリップ・ラインやストリップ・ラインなどの伝送線路を使用します．伝送線路とは，インピーダンス・コントロールされた配線(ライン)になります．

図12(a)のように回路図にコメントを記載するか，**図12**(b)のように長方形のラインを描いて伝送線路であることを明示します．

● トランスやコイルの巻き始めをドットで示す

図13のようにコイルやトランスの図記号には，巻き始めを示すドット(黒丸)を入れておくとよいです．端子番号だけでもよいですが，回路動作を考えるときは，ドットが入っていたほうが，コイルに生じる信号の位相が明確になるため動作を読み解きやすくなります．

● ノード電圧や電流を記載する

回路デバッグ時に役立つよう，各ノード(節点)に設計時の電圧値や電流値を**図14**のように記載しておくとよいでしょう．

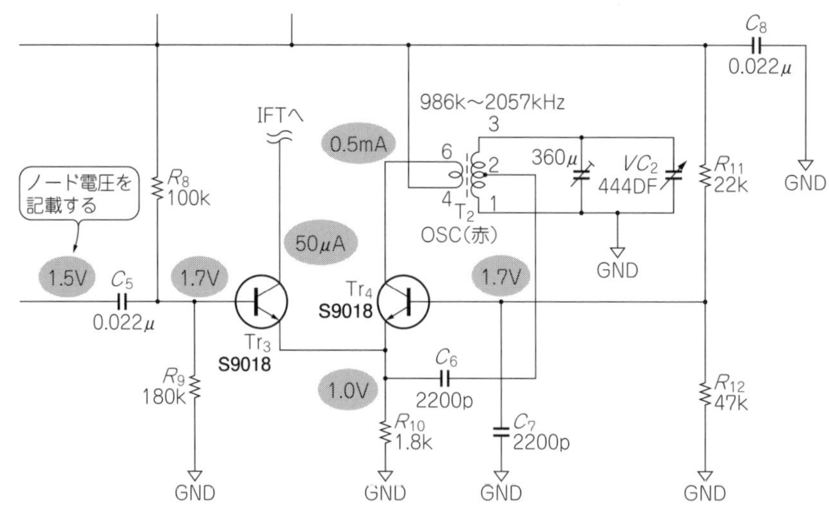

図14　回路図の作法…ノード電圧や電流を記載する
動作チェックのときにとても便利

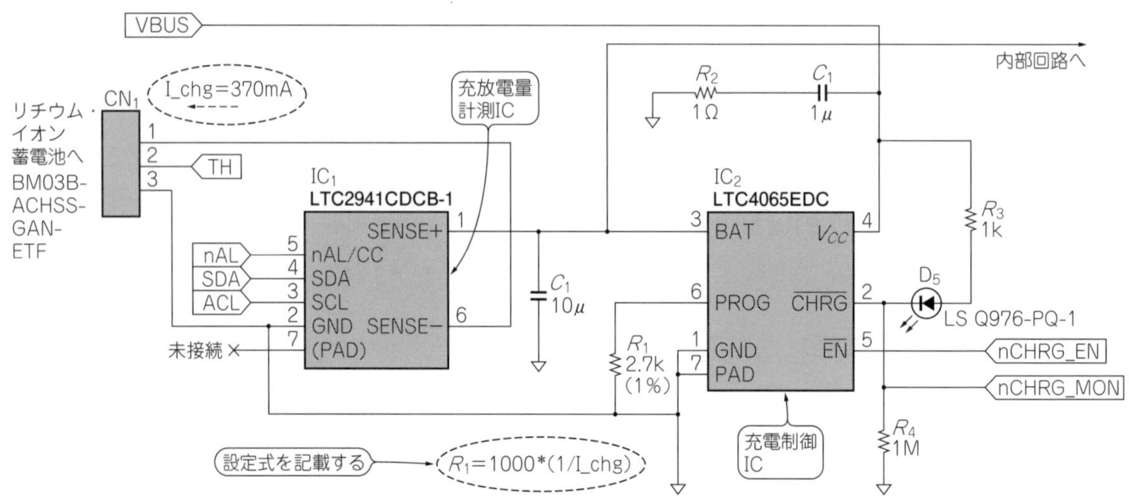

図15　回路図の作法…設計に使った式を回路図にコメントで入れておく
あとで見返したときに役立つ

家電メーカなどのサービス・マニュアル(メンテナンス・マニュアル)に記載の回路図も，ほとんどの場合ノード電圧(設計検証後の正常動作時電圧)が記載されています．

サービス・マンは，これらの電圧値に基づいて回路動作を調査し，不良がないか判断します．

● 回路図に数式や設計式を書き入れる

デバッグや流用設計時に役立つよう，設計式をコメントで入れておくことをお勧めします．**図15**は，R_1の抵抗値によってリチウムイオン電池の充電電流が決まることを示しています．

設計式を回路図に書き加えておくと，デバッグや流用設計時に，使用ICのデータシートを参照しなくても回路定数の見直し，チェックなどができます．

〈川田 章弘〉

JFETとMOSFETの矢印はダイオードと考えてよい　Column 2

● FETの矢印はPN接合の向き

図Bに示すとおり，FETの矢印はPN接合の向きを表します．

Nチャネル JFETのゲート電圧は，負電圧（ドレインやソース電圧よりも低電圧）を加えて使うのが基本です．正電圧がゲートに加わると，ゲート-ドレイン，またはゲート-ソース間が導通します．

Pチャネル JFETは，Nチャネルとは逆で通常は正電圧を加えて使いますが，ドレイン，またはソース電圧がゲート電圧より高くなると，ドレイン（ソース）-ゲート間が導通します．

Nチャネル JFETのゲートはP型半導体，Pチャネル JFETのゲートはN型半導体です．JFETのチャネルはゲートではなく，ドレイン-ソース間のN型半導体，またはP型半導体が担っています．JFETデバイス構造が頭に入っていないと理解しにくいのですが，「矢印はダイオードの向き」ということを覚えておくとよいでしょう．これを覚えておけば，JFETのドレイン-ソース間を接続すると，ゲート-ドレイン（ソース）間はダイオードとして機能することが理解できます．

MOSFETも矢印はダイオードの向きです．Nチャネル MOSFETのゲートはN型半導体で，Pチャネルのゲートは P型半導体です．

ゲート表面は酸化膜で覆われていて，電子回路的にはゲート電極とチャネル間はコンデンサが接続されているのと等価です．電圧はコンデンサ経由でゲートに伝わるため，JFETのようにゲート-ドレイン（ソース）間が逆電圧になっても，その間が直流的に導通することはありません（MOSFETのダイオード特性はドレイン-ソース間に存在する）．

バイポーラ・トランジスタの図記号と比較すると，JFETの図記号はNPN型とPNP型との類推がしやすいですが，MOSFETの図記号は矢印の向きがバイポーラ・トランジスタと逆なので最初は混乱するかもしれません．

● MOSFETの簡略記号は正式記号の矢印と向きが逆

回路動作説明のためのMOSFET（CMOS）回路を描くとき，簡略記号を使うことがあります．簡略記号は，**図C**のように矢印の向きが正式記号の逆になります．簡略記号は，バイポーラ・トランジスタのNPN型，PNP型との対応が取れた矢印の向きになります．

〈川田 章弘〉

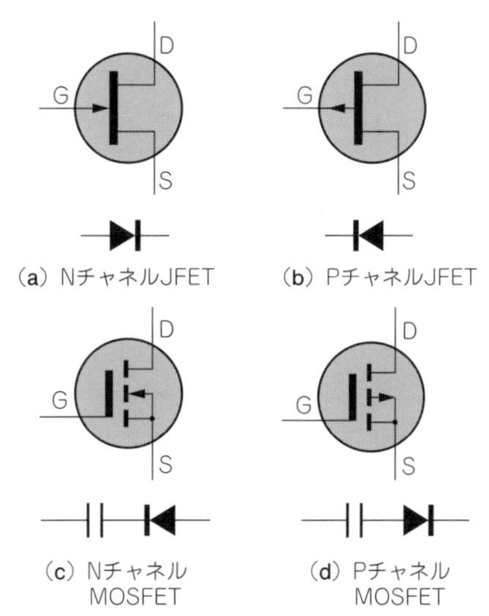

図B　FETの回路図記号にある矢印はPN接合の向きを表している

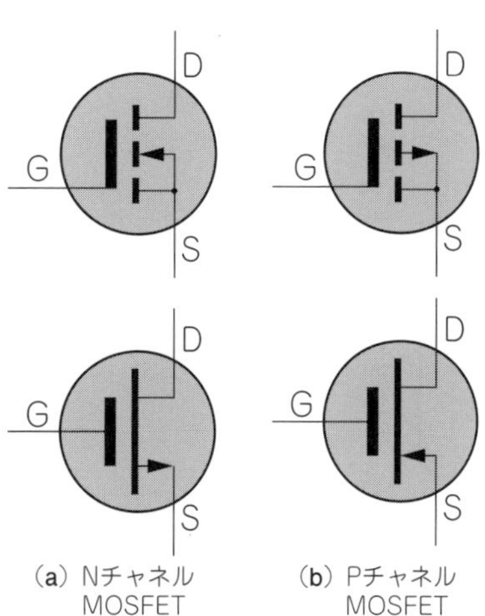

図C　MOSFETの簡略記号の矢印の向きは正式な記号と向きが逆

回路図の描き方作法 その③ [ディジタル回路編]

ディジタル回路の場合，信号の流れを読み間違わないように，見た目を美しく描くことが大切です．マイコンやFPGAのファームウェアを開発する人向けの気遣いもしておくとよりよいでしょう．

物理的な配線方法を伝えることが重要だったアナログ回路とは，描き方のポイントが大きく異なります．〈編集部〉

● 多ピンLSIの端子は機能別にまとめて信号の流れをわかりやすく

コモンセンスというほどのことではありませんし，一長一短はありますが，マイコンなどの多ピンLSIの回路図は，端子を機能別にまとめて描いておくと信号の流れがスムーズに読み解けます．

図1(a)は，マイコンの端子配置どおりに図記号を作成した例です．プリント基板デバッグ時は，この図記号を使った回路図のほうが使いやすいでしょう．

図1(b)は，機能別に端子をまとめた記号で描いた回路図です．プリント基板デバッグには使いにくいかもしれませんが，コイルやパスコンの接続方法は，こちらのほうがわかりやすいです．GPIOが左側にまとまっていて，アンテナ端子は右側にあるため，動作を理解しやすくなっています．

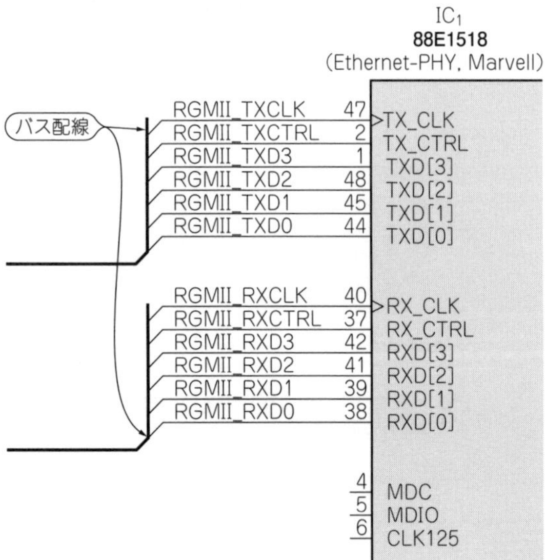

図2 回路図の作法…バス配線は信号(ネット名)をつけて1本の太い線で描く
さもないと何十本も線が平行することになりとても見にくい

● バス配線は信号名をつけて1本の太い線で描く

図2は，イーサネット・トランシーバIC(イーサネットPHY)のRGMII信号(バス)引き出し例です．バス信号を描くときは，太い線(バス・ライン)を使ってまとめて描くと回路図がすっきりします．

バス・ラインには，ICから引き出した信号線にネット名を付けて接続します．バス・ラインから信号を引き出すときは，同じネット名を使って接続情報を取り出します．

● ロジックICの電源端子は省略することがある

図3はパルス発生回路の一部です．ディジタル回路は，ロジックICの電源端子を省略して描くことがあります．前述のOPアンプ回路と同様，原理説明をするとき，電源端子は見なくてもよいからです．

OPアンプ回路と同じで，電源がつながっていないロジックICは動作しませんから，実際に組み立てる

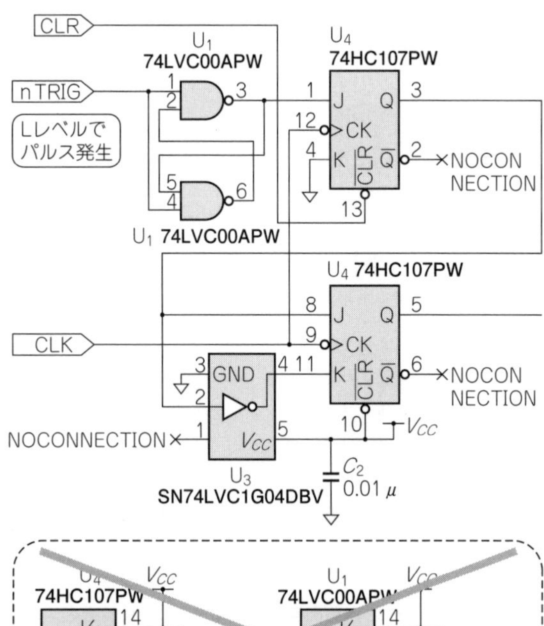

図3 回路図の作法…ロジックICは電源端子を省略することがある
アナログ回路でのOPアンプと同様，基本素子は電源が省略されやすい

ときは省略している電源端子の配線を忘れずに行います．

● I²Cアドレスなどを記載しておく

I²Cバス制御は，マイコンやFPGA(CPLD)が担います．ファームウェア技術者がマイコン・プログラムを書くとき，回路図を参照することがあります．ファームウェア技術者向けに，被制御ICのI²Cアドレスを回路図に記載しておく(**図4**)と親切です．

I²CアドレスはICのデータシートを見ればわかるため，わざわざ回路図にI²Cアドレスを書かなくても…と考えるかもしれません．しかし，回路図にファームウェア技術者向けのちょっとした気配りを入れるだけで，開発チームで気持ち良く仕事できるメリットが生まれます．少しの手間でチームワークが向上するなら

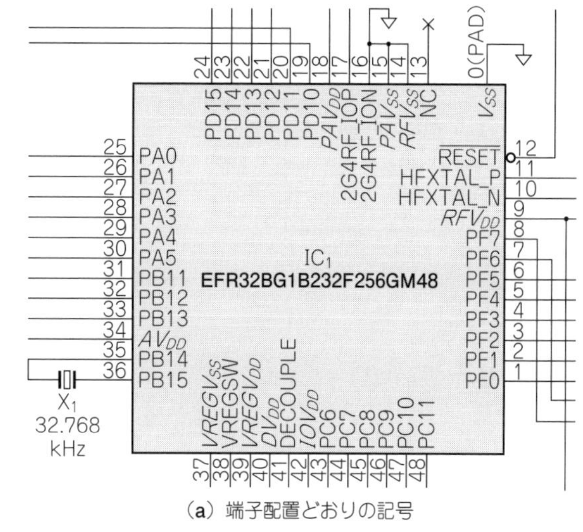

(a) 端子配置どおりの記号

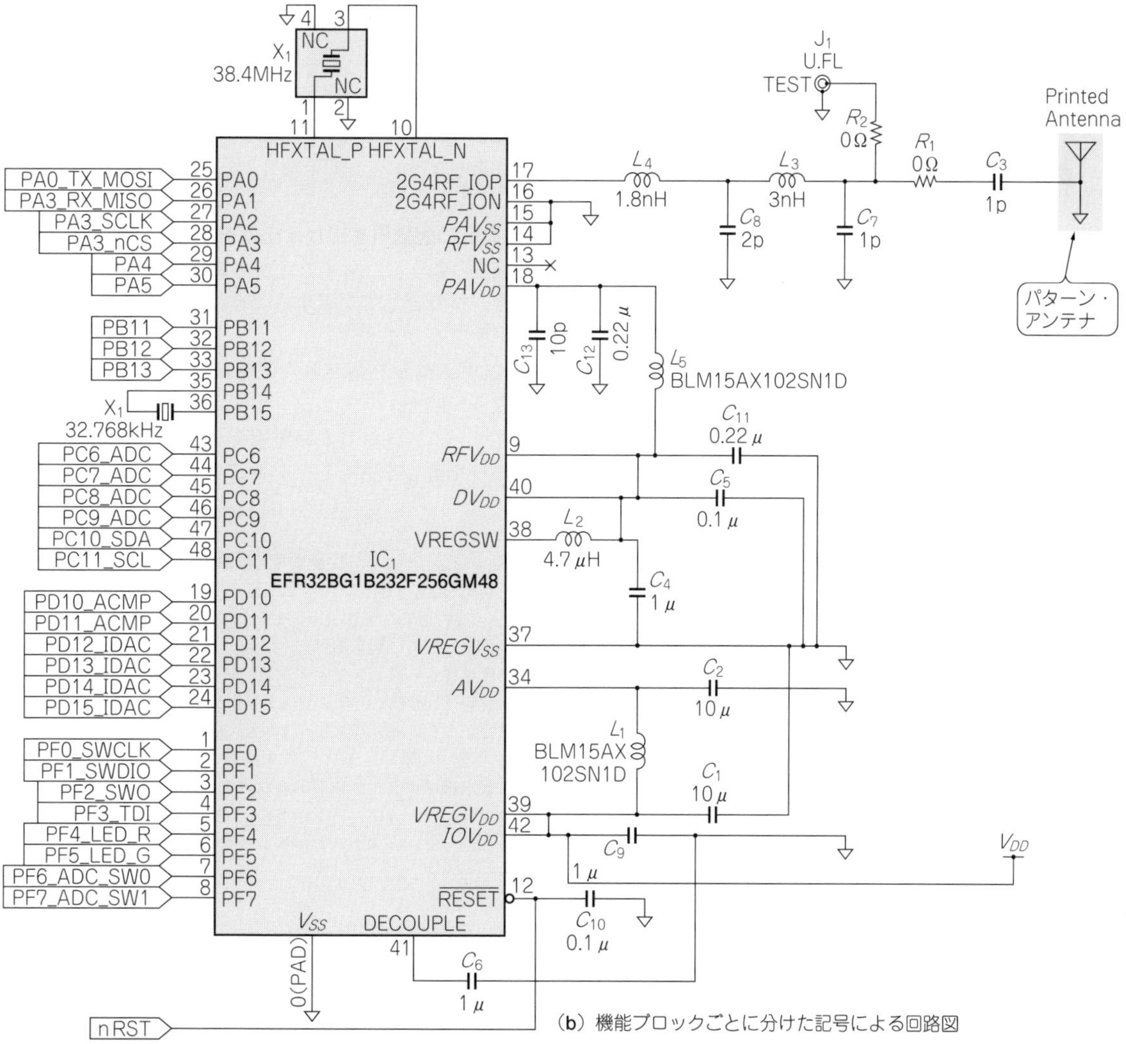

(b) 機能ブロックごとに分けた記号による回路図

図1　回路図の作法…多ピンICの端子は機能別にまとめると信号の流れを追いやすい
基板のチェック時は端子配置どおりのほうが見やすいので一長一短ある

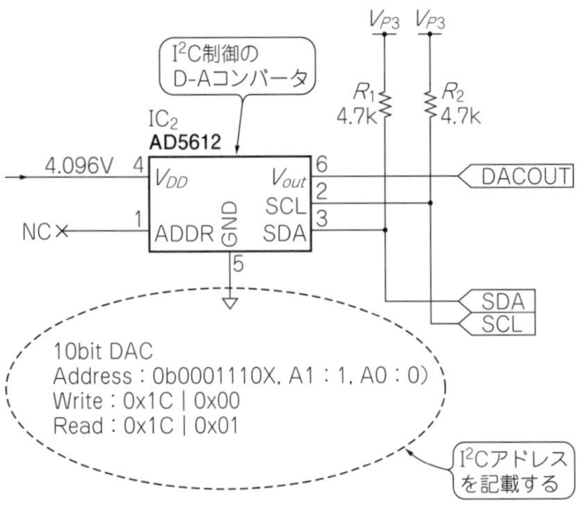

図4　回路図の作法…I²Cアドレスのようなファームウェア技術者向けの情報を載せておく
データシートを参照する手間が省ける

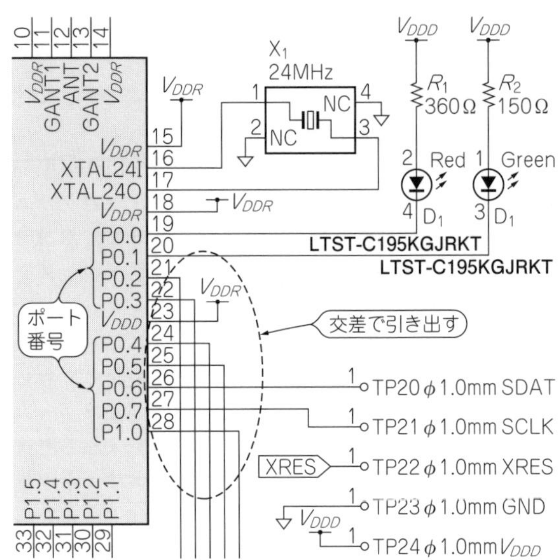

図5　回路図の作法…端子番号だけでなくポート番号を記載し交差して引き出す
わかりやすい，目で追いやすいことが重要

ば，それに越したことはありません．

回路設計者にとっても，I²Cをオシロスコープやロジアナを使ってデバッグするときの効率が向上するメリットがあります．

● マイコン図記号は端子番号だけでなくポート番号も記載する

これもファームウェア技術者への気配りです．自分自身でファームウェアを書いたことがある回路技術者は知っていますが，ファームウェアを書くときにマイコンの端子番号(物理ピン番号)は意味がありません．ファームウェアはポート番号を使ってコーディングするからです．

ポート・マップと(ポート)制御仕様書を渡してファームウェア設計に着手してもらうのが業務依頼として当然ですが，急ぎの案件では，出来たてほやほやの回路図を渡して，ファームウェア設計に先行着手してもらうことが多々あります．そんなときに，ポート番号の描かれていない回路図を渡されたファームウェア技術者は，やる気が20％以上減少するでしょう．同じ技術者同士，気持ち良く仕事をしてもらうための気配りは大切です．

図5のように，マイコンの図記号にはポート番号を入れましょう．

● 複数の配線引き出しは交差を使ってわかりやすく

図5のように，マイコンから複数の配線を引き出すとき，折り返して交差するように描くと配線を目で追いやすくなります．

ランダムに折り返された配線は，接続ポートを読み間違う元凶です．ディジタル回路の図面を描くときは，開発チーム・メンバが回路図を読み間違わないように，見た目を美しく描くことが大切です．

〈川田　章弘〉

◆参考文献◆

(1) 島田 義人；作りながら学ぶ初めてのセンサ回路〈第12回〉「人体検知器の製作」，トランジスタ技術，2003年12月号，pp.110～114，CQ出版社．
(2) 焦電型赤外線センサ・データシート，日本セラミック．
(3) 宮崎 仁 監修；トランジスタ技術SPECIAL No.136「電気の単位から！回路図の見方・読み方・描き方」，2016，CQ出版社．
(4) 大幸 秀成；トランジスタ技術SPECIAL No.58「基本・CMOS標準ロジックIC活用マスタ」，1997，CQ出版社．

(初出：「トランジスタ技術」2018年6月号)

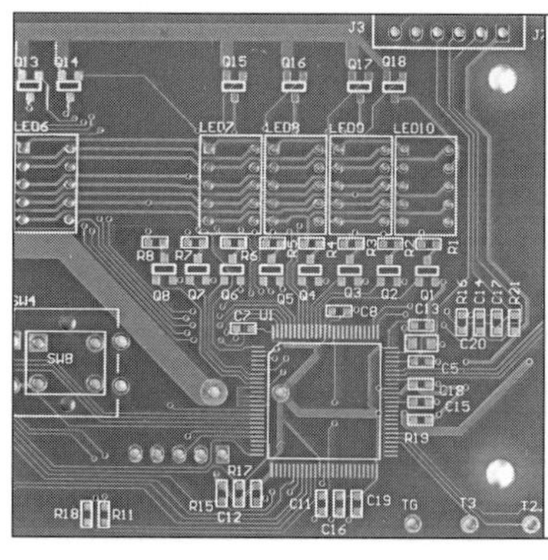

第3章 基材から表面処理，プリント・パターンのあれこれまで

知っていると知らないとでは大違い！ プリント基板の基礎知識

高野 慶一 Keiichi Takano

プリント基板のCADを手軽に入手でき，Web上でも設計できる時代です．基板の製造工程や規格を考慮したうえで製作すると，よりスムーズに早く作れます．

プリント基板のCADは，設定によっていくらでも微細なパターンを作れます．実際には製造できないデータを作れるわけです．プリント基板の製造業者にCADデータを渡すだけではなく，製造業者と打ち合わせをして互いに最適な手間で製作できるように詰めていくことが大切です．

本稿では，プリント基板を製作するときに押さえておきたい基礎知識をまとめました．本文中に示した数値は，私が両面/4層/6層基板を設計するときに使っている参考数値です．

基材（材質）

ガラス・エポキシ基材は産業用途で広く使われています．コストだけに注目して紙フェノール基板などを選択してよいか，ガラス・コンポジットとどう使い分けるのかなど，性質を知っておきましょう．

● ガラス・エポキシ（ガラエポ）

写真1に示すガラス編組布を積層し，エポキシ樹脂で固めたものです．FR-4として普及しています．片面～多層基板まで用途が広いです．

機械的強度・電気的性能に優れています．厚みは0.1 mmからそろっています．1.6 mm厚が広く普及し，低価格です[注1]．色相は基板メーカで多少異なります．

写真1に示すガラス編組布には，ガラスが含まれているので，後加工で注意が必要です．積層には縦横の方向があり，縦方向は寸法安定性が良いです．一般的な使用で意識することは少ないのですが，幅の広い端子，サイズや縦横比が大きい基板などでは，面付け方向を合わせることもあります[注2]．

● ガラス・コンポジット

写真2に示すガラス不織布を積層してガラス編組布

注1：流通や基板業者で異なる．0.8 mm厚にすればコストが半分になるわけではなく，1.6 mmのほうが低価格の場合が多い．
注2：定尺サイズの端に方向マークがついていることもあり，カット・サイズによってはマークが欠落することもある．基板業者に要相談．パナソニック純正では基材表面の「N」マークで判別可能．

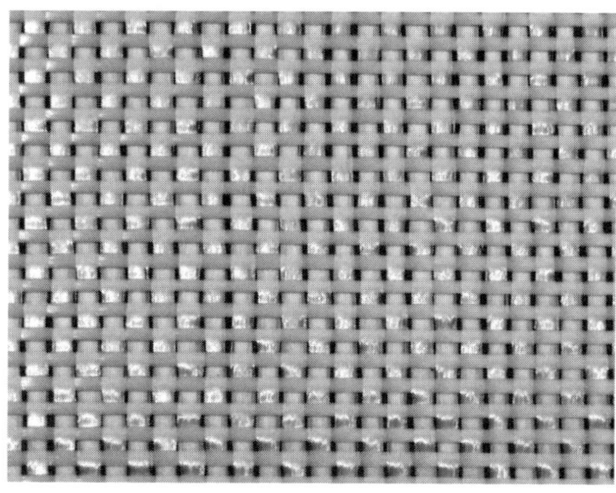

写真1　ガラス編組布の例（参考イメージ）

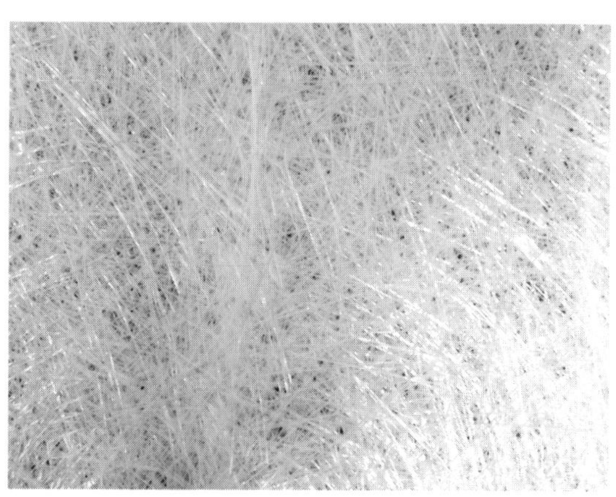

写真2　ガラス不織布の例（参考イメージ）

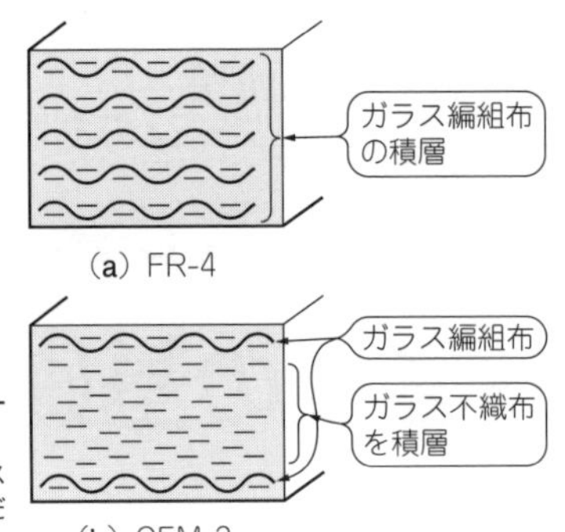

図1 FR-4とCEM-3の違い
CEM-3も表面はガラス編組布のため，見た目だけでは判別困難

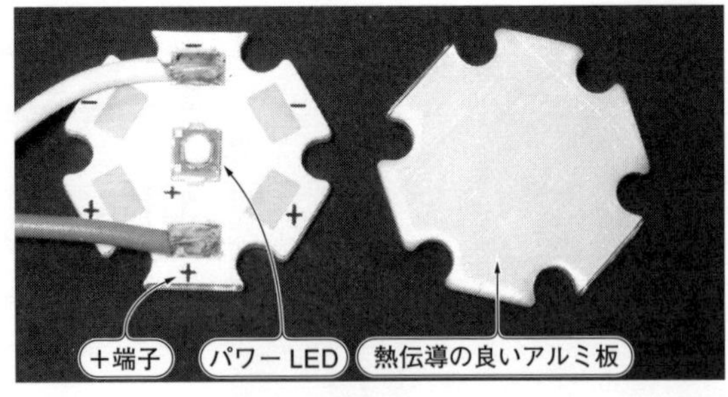

写真3 パワーLEDのアルミ基板

ではさみ，エポキシ樹脂で固めたものです．CEM-3として普及しています．主に両面基板に使われます．

図1にFR-4とCEM-3の違いを示します．

CEM-3は，FR-4に比べて，わずかに機械的性質が落ちます．しかし，CTI(比較トラッキング指数)値が高く電源回路に適しています．また，高周波特性に優れています．Vカット加工時のガラス繊維飛び出しは比較的少ないです．

● 紙エポキシ，紙フェノール

ベークライト(FR-1)が有名です．低価格ですが，強度・加工性が劣り(割れやすい)，寸法が変化しやすいため微細なSMD(表面実装部品)の実装には不向きです．

両面生基板から片面基板を作る　Column 1

写真Aに両面生基板から作った片面基板を示します．基材に片面だけ銅張した生基板を使いますが，実際は片面生基板の流通性とコストを考えて，両面銅張板の片面の銅はくをすべてエッチングで除去することも多いです．〈**高野 慶一**〉

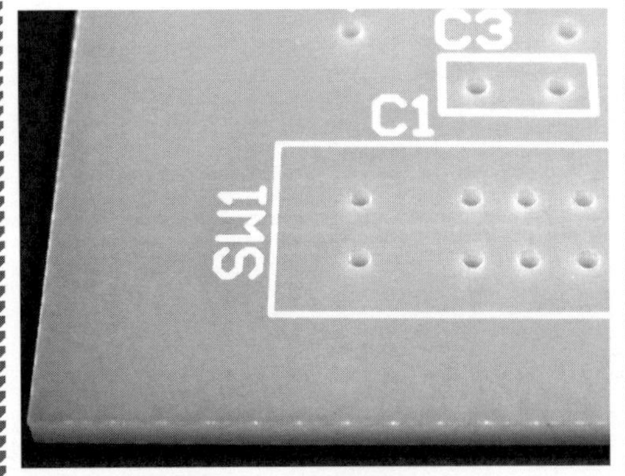

写真A 両面生基板から作った片面基板
見かけは通常の片面基板と変わらない

外形加工は主にプレスなどで行います．民生品では片面が多いです．小ロットの場合は，特に必然性がない限り，ガラス・コンポジットなどで代替すると，金型などの初期費が削減できるのでコスト面で有利になります．

● ポリイミド

フレキシブル基板や高機能多層基板に使用されます．ポリイミドは柔軟素材のため，単体ではルータ加工が困難です．主にプレス打ち抜きで外形を加工します．試作や小ロットの場合はレーザで加工します．

● アルミ基板(金属ベース基板)

LED照明の普及に伴い近年使用されています．放熱に優れます．**写真3**にパワーLEDのアルミ基板を示します．片面・両面基板にアルミや銅など熱伝導の良い金属を接着しています．放熱が良いため，手はんだは困難です．金属基材に絶縁層を施して作り上げるものなど種類があります．

表面処理

昔の基板製作では，何も注文しなければ，共晶(有鉛)はんだレベラ，または電解金めっきが標準でした．近年はRoHS指令に伴い，鉛フリー化が進み，多様化しています．

過渡期にもてはやされた耐熱プリフラックスは今でも多く使われています．鉛フリー・レベラを使う場合，実装用鉛フリーはんだと同じ成分を指定することが重要です(**図2**)．

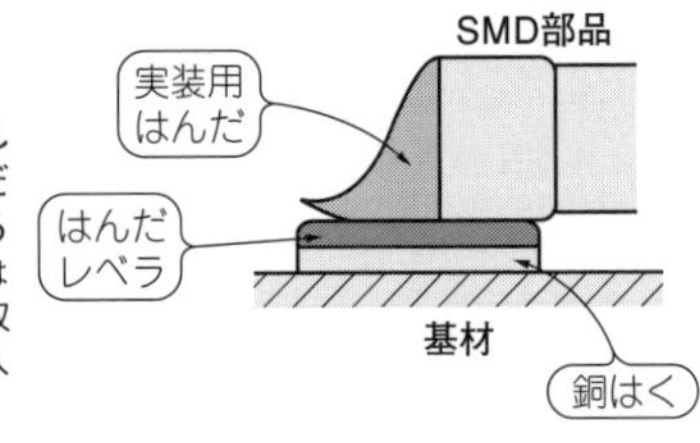

図2 レベラに使うはんだは実装に使うはんだと同じ成分を指定する
実装はんだとレベラのはんだ成分が異なると熱収縮の違いでクラックが入りやすい

● スルーホールめっき

図3にスルーホールめっきの表面を，**図4**にスルーホールめっきの断面を示します．生基板材にランド/ビアの穴開けを施した状態で，無電解/電解銅めっき処理を施して，穴の中までめっきしています．穴内面の他，表面の銅はくにもめっきが施されるので，外層の銅はくは厚くなります．スルーホール基板の製造時に行われる処理で，依頼者が製造業者に細かく指定することは少ないです．

● はんだレベラ

ソルダ・レジストでパターンをマスクしてから，溶融はんだに漬け込み，余分なはんだを熱風で吹き飛ばす処理です．ランドやパッド，スルーホール内の銅はくが露出している部分に数十μmのはんだ皮膜が形成されます．**図5**にはんだレベラの特徴を示します．

● 金めっき，金フラッシュ

下地としてニッケルめっきを行った後に施します．めっき厚を合計すると4 μm前後です．

金めっきは電解金めっきとも呼びます．**図6**に示すように必ず電極が必要です．耐摩耗性に優れています．

金フラッシュは，無電解金めっきとも呼びます．めっき処理時に電極は不要です．めっき厚は薄く低価格です．全面に金フラッシュめっきを施すことが可能です．

● 耐熱プリフラックス

RoHS指令に伴い，広く普及したもので，処理後は無色の皮膜となり，ランドやパッドが銅色のままの見た目に仕上がります．1年程度で劣化しやすく，一度リフローにかけるとはんだ濡れ性が著しく劣化します．SMD(表面実装部品)だけ先に実装しておいてリード部品を後日手はんだするような目的には不向きです．

ソルダ・レジストとシルク印刷の処理

ソルダ・レジストは，余分な部分に，はんだが付かないようにする役割があります．近年はグリーン以外のいろいろな色が使われています．レアな色を指定すると思わぬコストアップになるので注意が必要です．

シルク印刷は，銅はく厚でデコボコの表面に印刷するので一般の印刷とは少し趣が異なります．

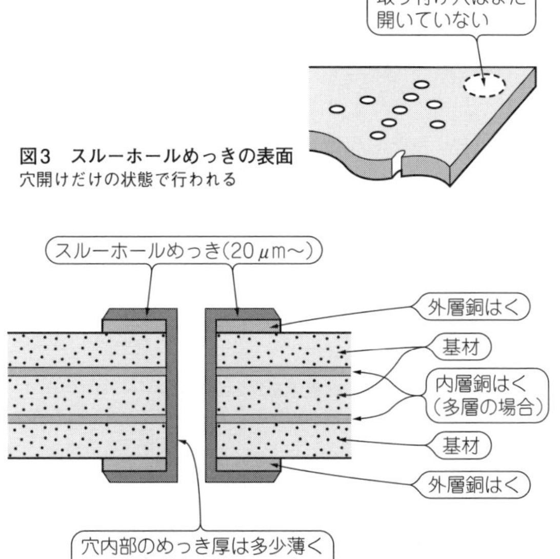

図3　スルーホールめっきの表面
穴開けだけの状態で行われる

図4　スルーホールめっきの断面(エッチング後)

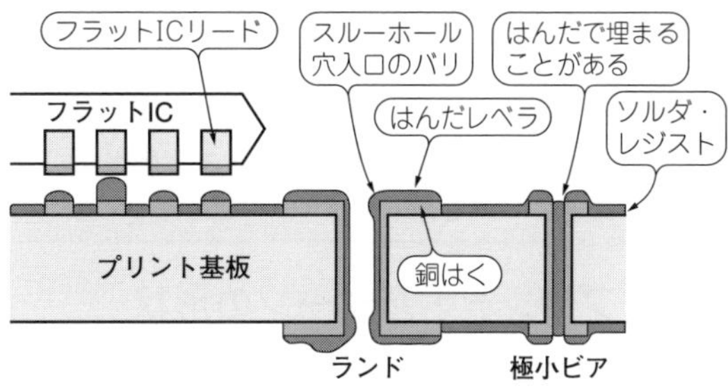

図5　塗膜の厚みにはムラができやすいため，多ピンSMDの手実装時に浮きやすく，位置決めの難易度が上がる
0.3 mmなど微細ビア穴ははんだで埋まることがある

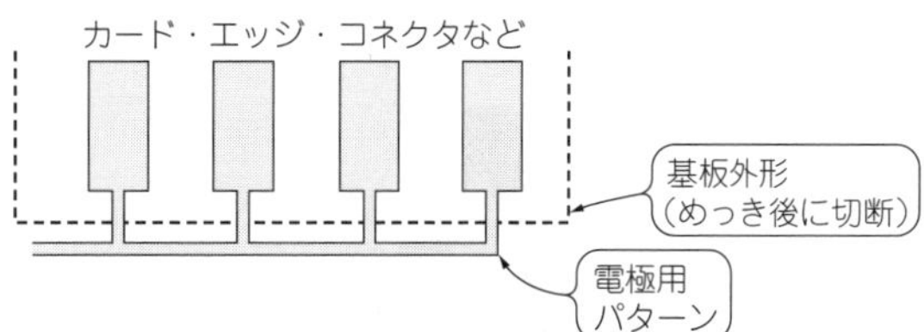

図6　端子部などの電解金めっきは電流を流すための電極が必要
めっき厚が均一で耐候性良，経時変化も少なく，はんだ濡れ性も良いので，SMDの手実装にも適する

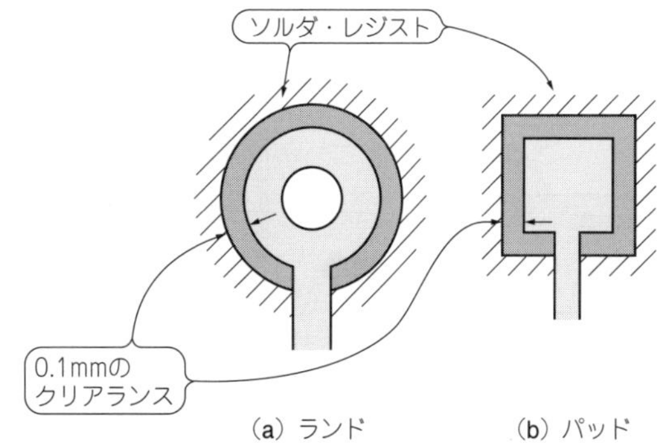

図7　ソルダ・レジストのクリアランス
約0.1 mm程度のクリアランスを設ける．CADでクリアランスを作成できないときは，業者に編集を依頼する

● ソルダ・レジスト

はんだ付けの際，余計な部分にはんだが付かないようにするためのマスクをソルダ・レジスト(単にレジストとも)と呼びます.

図7に示すのは，ソルダ・レジストのクリアランス(間隔)です．パッドやランドに約0.1 mm程度のクリアランスを設けるのが一般的です.

ソルダ・レジストはエッチング用フォト・レジストと同様に，露光・現像で作ります．色はグリーンが多用されていますが，ブルー，白，赤なども存在します．海外規格にブルーを用いるなどの使い分けをすることはありますが，規定は存在しません.

● 文字・図形印刷(シルク)

シルク・スクリーン印刷法で部品名やロゴなどを基板表面に印刷することを，シルク印刷(または単に「シルク」)と呼びます．色は白が多いです.

ソルダ・レジストと同様に，パッドやランド付近は0.1 mm以上のクリアランスをとります．**図8**に文字印刷の最小寸法を，**図9**にクリアランスを確保するためのシルク・カットを示します.

プリント・パターンの形状

プリント・パターンは「プリント(印刷)」によって形成されるわけではありません.「エッチング」という腐食作用によってパターンが形成されます．エッチングは基板に対して水平方向にも腐食させてしまいます(**図10**)．目標通りのサイズにするにはノウハウが必要です.

● 銅はく厚

標準値は18 μmか35 μm[注3]です．70 μm，105 μmなども選択できます．両面基板では，標準18 μmの銅はく厚がスルーホールめっき処理で約20 μm程度増えた状態を35 μmとして説明される場合もあります．混同を避けるため基板の製造業者と打ち合わせが必要です.

● 最小パターン幅

銅はく厚が18 μmのときは，一般的に150～200 μm程度を目安にします．近年では100 μm，50 μmなど微細パターンも増えてきています．銅はくが厚いと最小パターン幅も増えます．製造業者と事前に十分な打ち合わせが必要です.

注3：私が取引している業者では，特に指定しなければ18 μmになる.

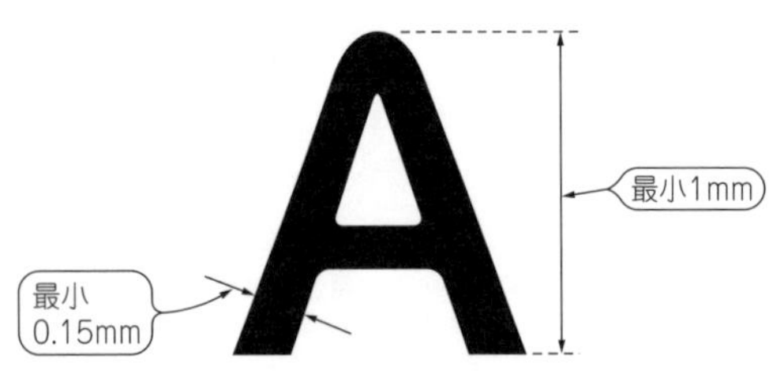

図8　文字印刷の最小寸法
一般に文字は高さ1 mm，線幅は0.15 mmが最低ラインで，それを下回ると文字がかすれたり印刷の難易度が上がる．白抜き文字はつぶれやすいので，サイズ・線幅とも上記の数倍にする

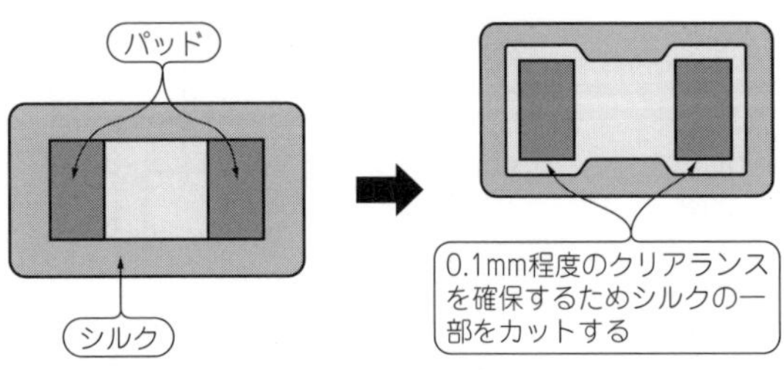

図9　シルク・カット
パッドとシルクのクリアランスが0だと輪郭のにじみや印刷時のずれでパッドに被る恐れがあるのでシルク・カットで対処する．出力データをチェックしてシルク・カットの依頼を受けてくれる業者もある

図10　エッチングは水平方向にも腐食させてしまう
18 μmの銅はく厚でも両面基板や多層基板の表面層はスルーホールめっきのため厚みが増えることも考慮する

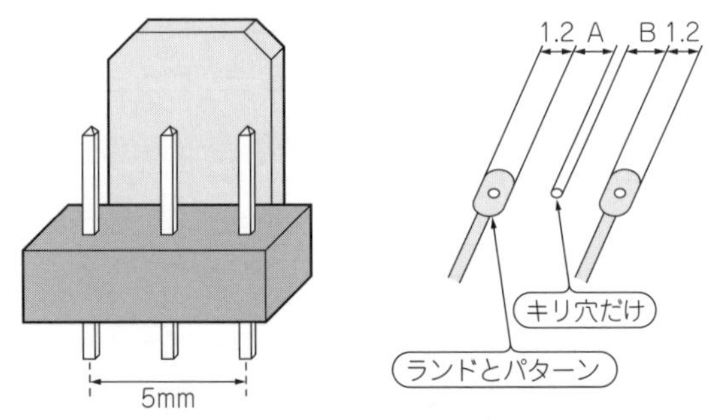

図11　高電圧を入力するときのパターン間隔を広げる工夫
コネクタ部でも工夫する

● 最小パターン間隔

最小パターン幅と同様に，最小パターン間隔も設定します．最小パターン幅とセットでL・S(ライン・スペース)とも呼び，同じ値を採用することが多いです．たとえば，最小パターン幅が200 μmのとき最小パターン間隔も200 μmにします．狭すぎるとショートなどのトラブルが起こります．

● 絶縁距離(沿面距離)

扱う電圧が高い(100 V ～)ときは，要求される規格に沿ってパターンとパターンの間に2～4 mmの距離をとります．コネクタ部は，**図11**に示すように工夫することで距離をとります．

● パターンの電流容量

温度上昇からみると，35 μm厚で1 mm幅のパターンのとき電流容量は2 A程度といわれています．安全性を考慮して1 mm幅あたり1 Aで計算すると良いです．電流容量は断面積に比例するので，18 μm厚では約1/2倍の2 mm幅あたり1 Aで計算すると良いです．**図12**に示すようにビアも断面積を考慮して穴径を決めます．

100 MHz以上の高周波や高速スイッチングの高調波成分は「表皮効果」によって電流容量が減少するので，より広いパターン幅が求められます．**図13**に示すのは上記を考慮したパターンの例です．

ランド/パッド/ビア

部品の端子を接続するためのパターン部分を「ランド」，「パッド」と呼びます．リード部品の足を挿入するための穴を持つものを「ランド」，SMD用の穴のないものを「パッド」として区別します．

各層間の導体をつなぐために基板に開けた穴を「ビア」と呼びます．外から見るとランドとビアは似ていますが，ビアは「穴に部品の足(リード)が通らない」，「(後述する)サーマル・ランドを施さない」などの違いがあります．

● ランド(LAND)

スルーホール基板の場合は，めっき・はんだレベラで狭くなるぶんを考慮し，「仕上がり径」を目標としたドリルで穴開けされます[注4]．一般に，ランド径は穴径(仕上がり径)より0.4 mm以上とると良いです．はんだ付けする部分はソルダ・レジストを避けて，はんだレベラなどの表面処理が施されます．

図14に示すランドの穴とランドのサイズは，リード部品(特にコネクタやスイッチなど外力が加わる部品)の保持の役割を持たせるため，表面積を確保します．片面基板では可能な限り大きめのパッドを使います．隣接ランドと距離が取れないときは小判型にします．

注4：業者によって扱いが異なるため，事前確認が必要．指定ドリル径で開けた後，めっきで狭くなり部品の挿入が困難になる例は多い．

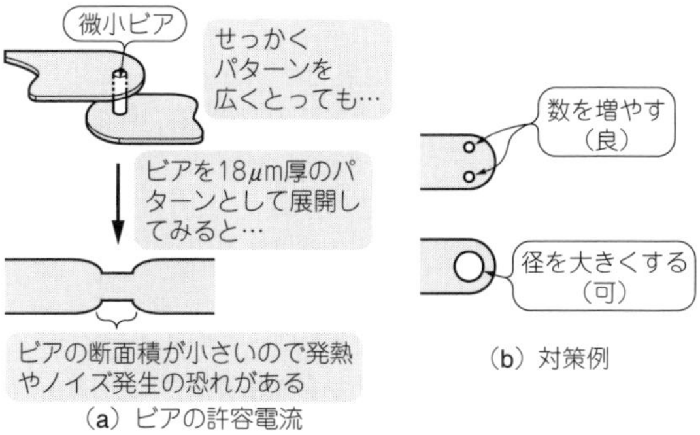

微小ビア
せっかくパターンを広くとっても…
ビアを18μm厚のパターンとして展開してみると…
ビアの断面積が小さいので発熱やノイズ発生の恐れがある
(a) ビアの許容電流
数を増やす(良)
径を大きくする(可)
(b) 対策例

図12 ビアの電流容量も考慮する
ビアもパターンの一部と考え，断面積を考慮して穴径を決める

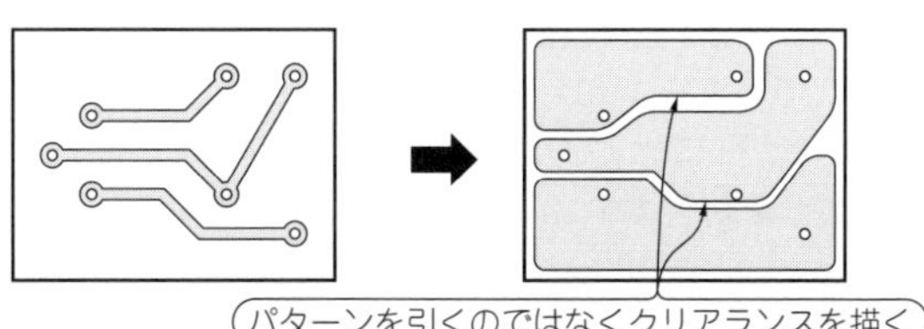

図13 電流容量を考慮したパターンの例

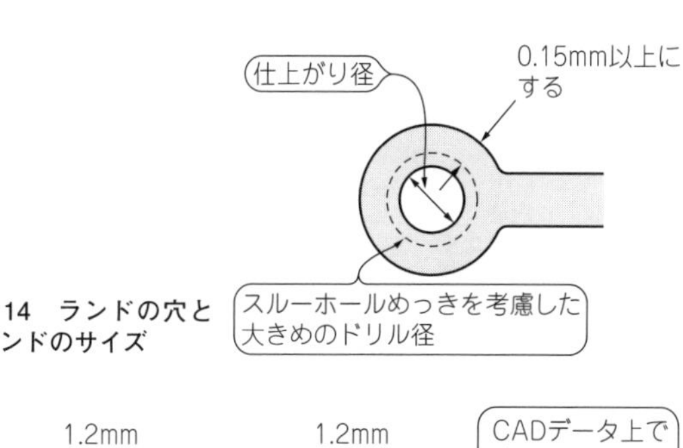

図14 ランドの穴とランドのサイズ

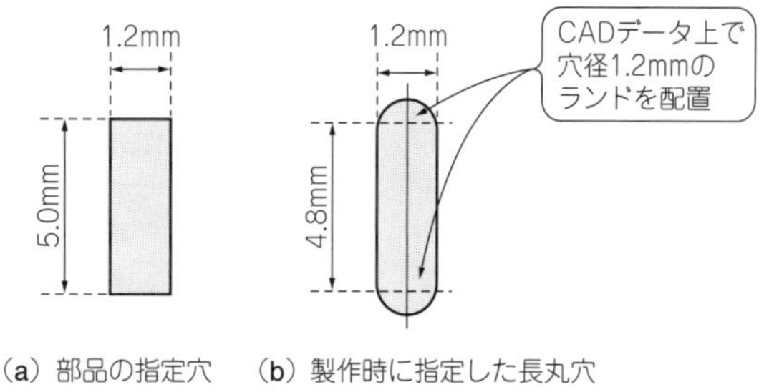

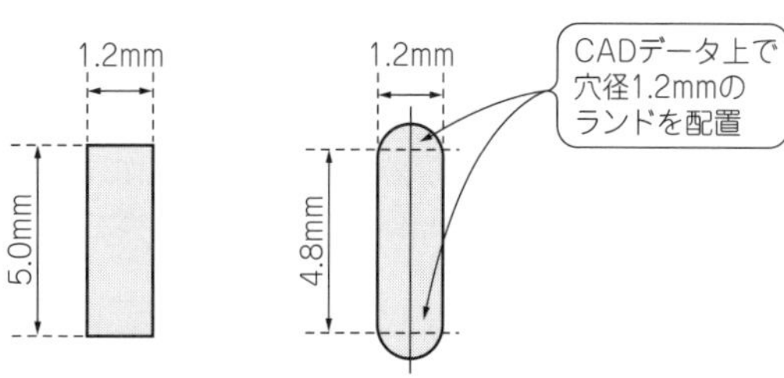

図15 角穴指定のランドを長丸に修正してドリル加工に置き換えた例
部品脚の角がだれていたため，幅を少し狭めて4.8 mmとした

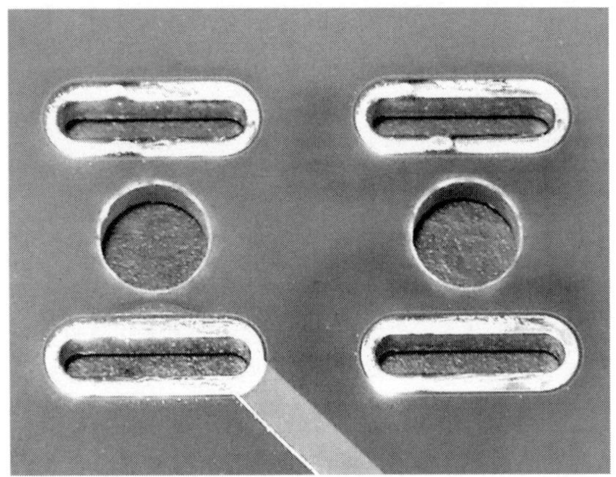

写真4　出来上がった長穴ランド

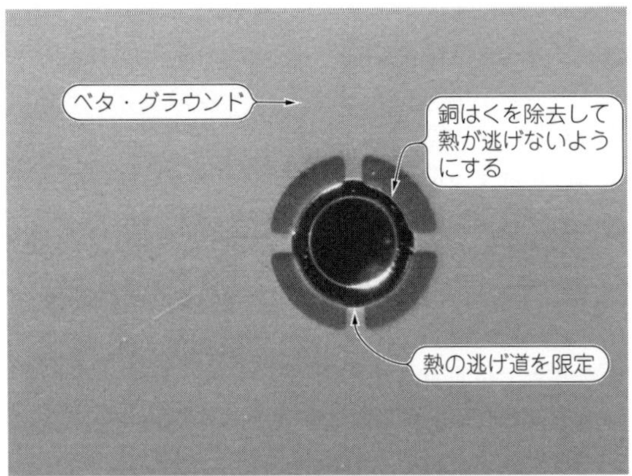

写真5　サーマル・ランドの形状

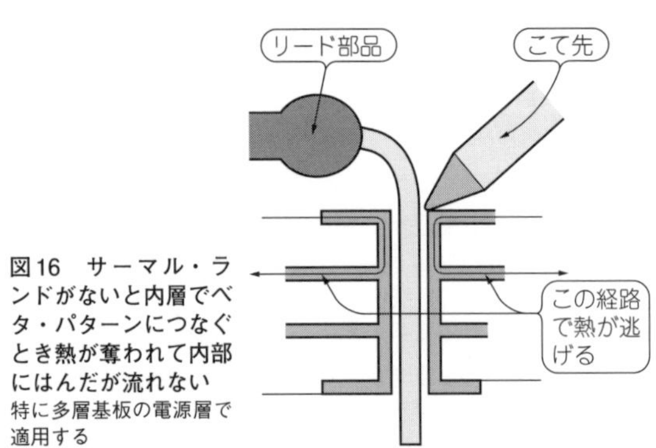

図16　サーマル・ランドがないと内層でベタ・パターンにつなぐとき熱が奪われて内部にはんだが流れない
特に多層基板の電源層で適用する

● 長穴ランド

連続ドリルやルータ切削で穴を開けるので，必ず角はドリル径のRが存在します．真の角穴は開けられません(どうしても角穴が必要な場合は，金型を起こしプレス加工をする)．

図15に，角穴指定のランドを長丸に修正してドリル加工に置き換えた例を示します．出来上がった長穴ランドを**写真4**に示します．CADで指定できない場合は，長穴の両端位置に2カ所ドリルを配置して，外形レイヤ(メカニカル・レイヤなど)で指定します．あるいは外形レイヤだけで指示します．

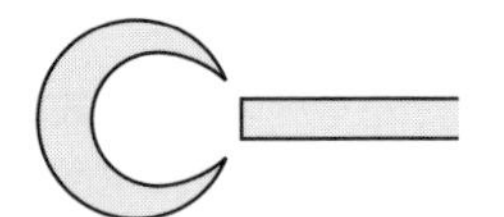

(a) わずかなドリルのずれでパターンが切れてしまう

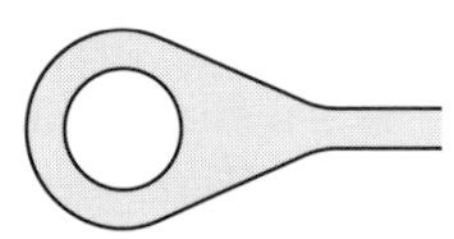

(b) 対策…ティアドロップ形状

図17　微小ビアでのパターン切れを防ぐ方法
ティアドロップ形状にするとよい

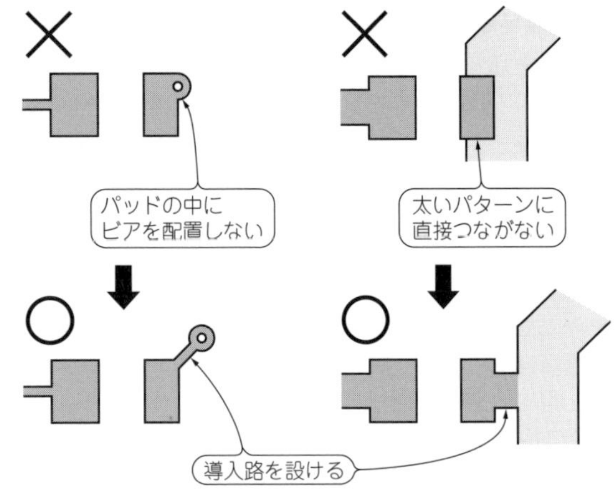

図18　パッドの中や直近にはビアを設けない
実装トラブルになるので必ず離す．パッドと太いパターンを直接接続すると熱のバランスが変わるので導入路を設ける

● サーマル・ランド

サーマル・ランドは，ベタ・パターンにランドを配置するときにはんだ付け性を確保するために使う形状です(**写真5**)．

図16に示すように，内層でベタ・パターンにサーマル・ランドなしでつなぐと熱が奪われて内部にはんだが流れません．

サーマル・ランドを怠ると，はんだ付けはともかくとしても，部品を外すときに困難を極めます．

● ビア(VIA)

ビアは，各層間の導体をつなぐものです．部品のリードは通りません．仕上がり径はCADで指定したドリル径より小さいです．部品を取り付けないのでソルダ・レジストで埋めてしまうことが多い[注5]です．

微小ビアは，**図17(a)**に示すようにわずかなドリルのずれでパターン切れが起こることがあります．**図17(b)**のようにティアドロップ形状にすることでパターン切れを防ぎます．

注5：CAD出力のままでは逃げていることも多いので，別途指定が必要．穴の中まではソルダ・レジストが埋まらない．

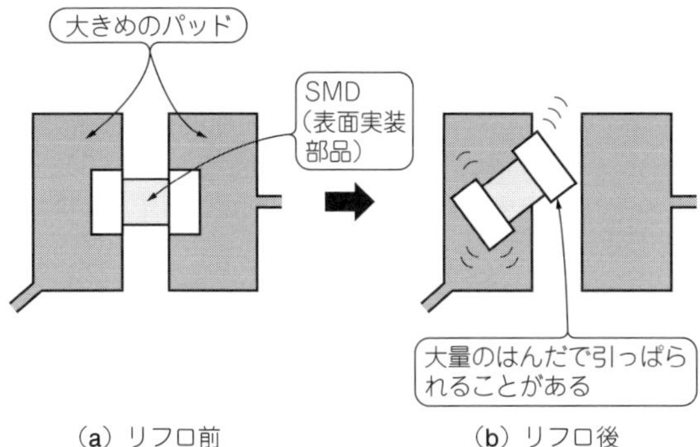

図19　手付け専用基板としてわざと大きめのパッドを使うこともあるが…
大は小を兼ねない

● パッド(PAD)

SMDのリード(端子)を接続するパターンです．ランドと違って穴はありません．はんだ付けする部分はソルダ・レジストを避けて，はんだレベラなどの表面処理が施してあります．二端子部品などはCADにあらかじめ「1608」「1005」などの標準フット・プリントが用意されています．使用する部品のメーカが特定されているときは，メーカ推奨のパッド・サイズを必ず確認し，必要なら標準フット・プリントと差し替えます．パッドの中や直近にビアを配置すると熱のバランスが変わるなどの問題が発生するので**図18**に示すようにパターンを離します．**図19**に示すように，大は小を兼ねませんが，手付け専用基板としてわざと大きめのパッドを使うこともあります．

面付け/部品実装

リード部品だけを実装する基板ではバラ納品が主流でしたが，SMD部品を実装する基板は，通常シート単位で納品します．したがって，最低基本サイズに基板を複数枚割り当てる面付け作業が発生します．また，面付けした基板でも長方形以外の異型基板を配置する方法がいろいろあります．

● 面付け

小さい基板を生基板のサイズに合わせて，複数枚配置することを「面付け」と呼びます．面付けしたものを「シート」と呼びます．部品の実装もシート単位で行うことが多いです．

面付けは，適当な生基板のサイズを業者に問い合わせて自分で行うこともあります．余白や実装の関係もあるので，CADから1枚分のデータ出力を基に業者で面付けの編集をしてもらうこともできます．

写真6にシートに面付けした基板を示します．バラ基板で，注文数が面付け数未満と少ないときも，生基板のサイズ分のコストがかかります．または，最大面付け枚数分製造されます．業者によってシートで余った基板を次回ロットのためストックしてもらえることもあります．ただし，シートでリフロする場合はシート単位となります．

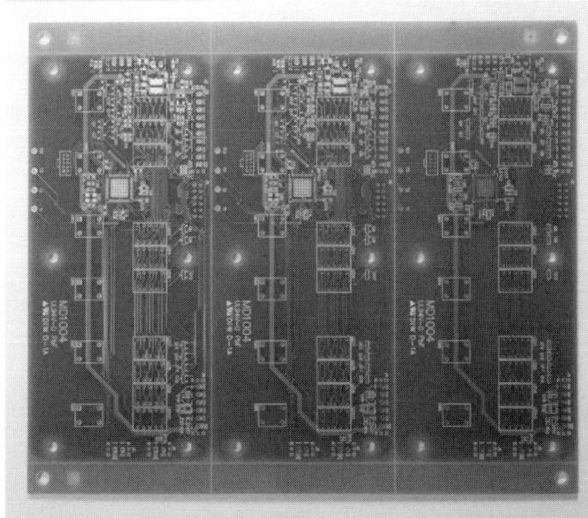

写真6　シートに面付けした基板

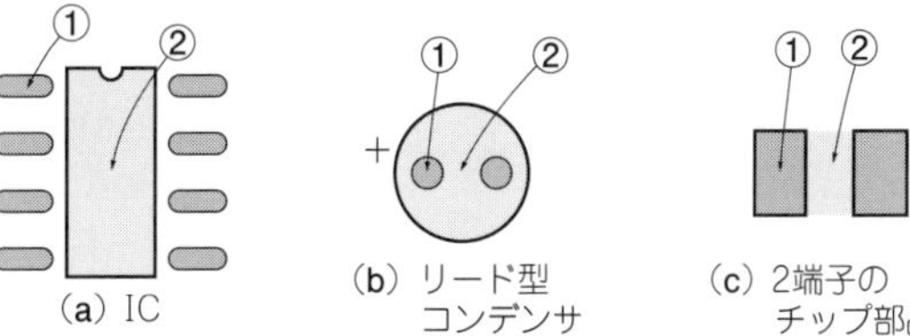

図20　部品の原点は，CADの違いや部品ライブラリの登録方法でばらつく
実装業者はすべて心得ており，部品表からパッケージを洗い直し，部品の位置決めをするので，一般的にはそのまま提出して問題ない

● メタル・マスク

リフロ実装でソルダ・ペースト(クリームはんだ)を基板に塗布する際のステンレス板のマスクです．CADから出力したメタル・マスク・データ(CAD上ではPasteレイヤなどの名称)から，面付けを考慮してシート分のマスクを作成します．一般には基板製造業者から実装業者に直接納入されるので，目にする機会は少ないです．メタル・マスクの余白や位置マークなどは実装業者で異なります．

● 部品位置情報

マウンタ装置でソルダ・ペーストを塗布した基板に部品を置くための位置情報です．「ピックアップ・データ」など呼ばれ，ガーバ・データ出力時あるいは個別にCADから出力します．**図20**に示すように部品の原点が中心であったり1番ピンであったり，CADの

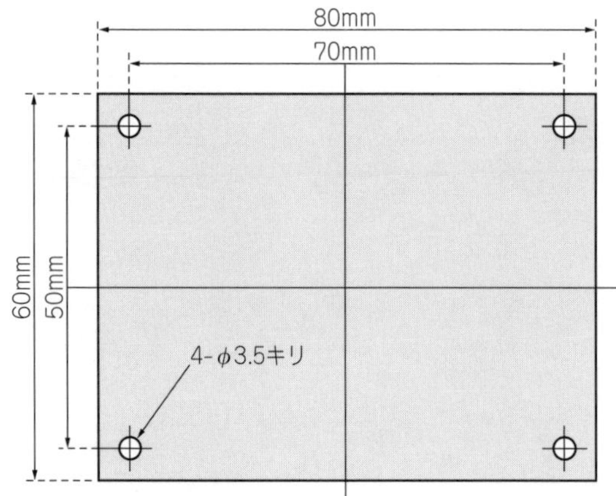

図21　取り付け穴指示図の例
外形レイヤに穴と寸法を書き込む．指示は「キリ」の他，「バカ穴」「スルーホール無し」など記載

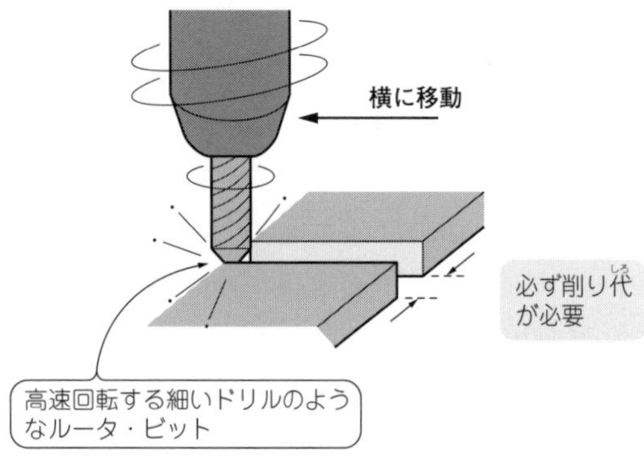

図22　ルータ加工は直線でも曲線でもカットできる

違いや部品ライブラリの登録方法でばらつくので，「BOM」と呼ばれる部品表を実装業者に渡します．

● 取り付け穴

スルーホールめっきをしない，ただのキリ穴です．エッチングやスルーホールめっきが終わった後の工程で開けられます．**図21**に取り付け穴指示図の例を示します．指定する方法はいくつかあります．

▶ランドで指定する方法

ランド径を穴径より小さくしてデータとして配置します．ランド径と穴径が同じだと皆既日食のようにわずかにパターンが残ることがあるので，ランド径を必ず小さくし，スルーホールめっきをしない旨を別途指示します．

▶外形データで指定する方法

ガーバ・データで外形レイヤ(メカニカル・レイヤなどと呼ぶ)に機械図面として書き込みます．念のため注文時に一筆入れておくと万全です．

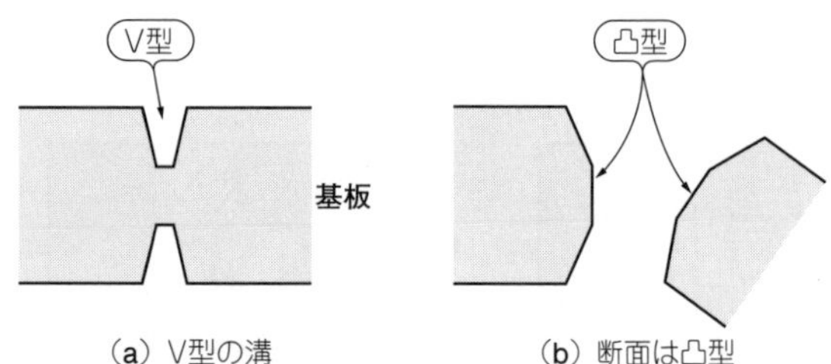

図23　基板の切断はVカット加工で行う
手で分離するときは部品が未実装の基板で行う．部品を実装した後の基板はゆがんで実装部品に影響するので避ける

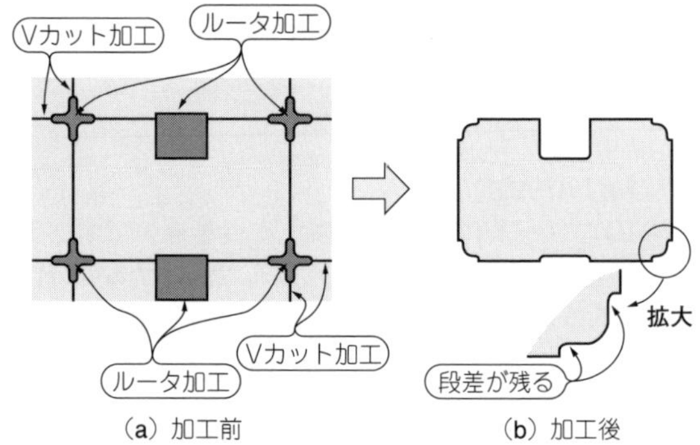

図24　Vカットとルータを併用すると多彩な形状が作れる
四隅のR形状や凹型形状も可能．多少の切り込み段差が残るが，シート状態でSMD実装ができる

外形加工

● ルータ加工

横方向に切削できるルータ・ビットを使って基板の外形を加工します(**図22**)．直線カットもルータ加工で行えます．ルータは一見万能のようですが，ルータ・ビット径(1 mm，1.2 mmなど)のぶんだけ削り代(しろ)が必要です．また，切り離してしまうとシート単位の実装ができなくなるので，工夫のしどころです．

● Vカット加工

図23に示すように，基板の表裏に厚みの1/3程度のV字型の溝をつけます．Vカットをした後は，そのまま部品の実装まで行い，最後に刃の薄い専用のカッタで切断します．部品の実装後に基板を容易に分離できることが利点です．面付けに際し，削り代はほとんど不要ですが，Vカットする場所とパターンやパッドは約0.5 mmほど間隔を空けます．

● 異形形状

「四隅の角を取りたい」，「逃げ加工をしたい」などの場合，ルータとVカットを併用することで異形形状に対応できます．ただし，**図24**に示すように，ルータ加工とVカットのつなぎ目で段差が残ります．

● プレス打ち抜き

大量生産や紙フェノール基板などで使われます．金型を起こすための初期費用がかかります．角穴加工が可能です．シートでは，プレス打ち抜き後に再びはめ込んだままにする「半抜き」のような状態で部品を実装することもあります．

検　査

業者によって検査をするかしないかは，ばらばらなので，発注時にしっかり確認しておきましょう．とくに多層基板の内層検査は要確認です．ただし，小ロットでは，依頼者がしっかり検品することも重要です．

● 画像検査(AOI)

基板の表面を画像で検査します．近年導入され始め，普及しています．基板の両面や積層前の多層基板の内層を検査します．スルーホールの中の検査はできませんが，パターン，ランド，穴の入口形状のめっきの良否推定は多少できます．一般的には，検査項目についての指示がなくても全数の画像検査が行われています．

● チェッカ(フライング・チェッカ，専用チェッカ)

コンタクト・ピンを実際に接触させて，導通と断線を検査します．ロボットのように数本のピンを自在に移動させて検査するフライング・チェッカと，その基板のために専用に製作した専用チェッカがあります．基本的には発注時に基板検査を指示した場合のみ行う検査です．専用チェッカは具体例として1ロットで1000枚以上の場合に製作できます．もちろん製作のためのコストがかかります．

（初出：「トランジスタ技術」2015年7月号）

デザイン・ルールはこの3つを押さえればOK！「最小配線幅」，「最小クリアランス」，「アニュラ・リング」 Column 2

プリント基板を設計するに当たり，製造可能/不可能を決めるデザイン・ルールが存在します．いくつかの基板メーカはインターネット上でルールを公開しています．これらを参考にして設計を進めます．図AはP板.comのWebサイトに掲載されているドキュメントの一部です．

私が初めて基板を作ったときは，デザイン・ルールは難解であり，基板製造工程などを熟知していないと理解できませんでした．しかし専門の設計者以外が基板設計することが多くなり，製造仕様書も理解しやすい書き方になってきました．場合によっては箇条書きで済まされることもあります．

図Bに示す最小配線幅，最小クリアランス(銅はく間の間隔)，アニュラ・リング(ビアやパッドの円形銅はく半径と，穴半径の差)だけ最初に理解すれば，製造業者が受け付けてくれる基板を設計できます．

高品質な基板を製造するときは，基板設計に気を配ります．

「製造中にエッチング液がたまるので鋭角曲げのプリント・パターンを描かない」，「各層の残銅率が極端に違わないようにする」などさまざまなテクニックやノウハウがあり，怖いプロの先生方が目を光らせています．しかし，最近は製造プロセスや材料などが改良されてきたこともあり，4枚以上のロットで歩留まりを気にする必要がないときには，そのまま製造できてしまうケースが多くなりました．

前述した最低限のいくつかのルールだけ守っていれば，基板製造にトライすることができます．プロのノウハウは後からゆっくり学んでいきましょう．

〈善養寺 薫〉

（初出：「トランジスタ技術」2018年12月号）

4. 7 パターン幅

・ 最小パターン幅は標準 0.127mm(特注：0.1mm、0.075 mm)とします。
　※銅箔厚 70 μ m 時は 0.15mm とします。
　※特性インピーダンス指定時は、0.127mm 以上とします。

・ 最小ライン幅は右図 W の寸法とします。

W

	ライン幅公差
0.40mm≦W	±0.15mm
0.127mm≦W＜0.4mm	±0.10mm
0.075mm≦W＜0.127mm	±0.025mm

図A　P板.comの製造仕様書はわかりやすく書かれている

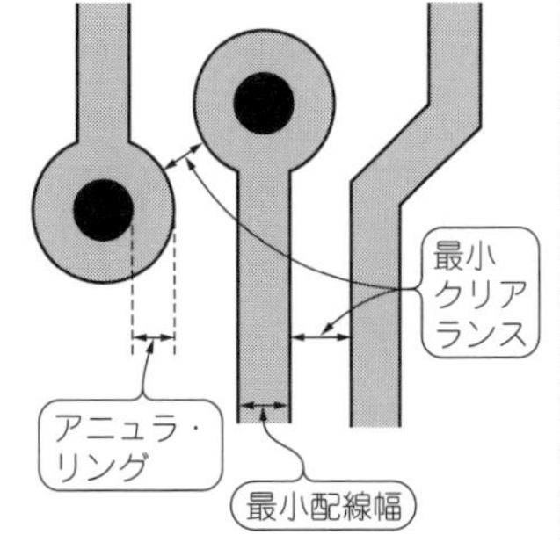

図B　デザイン・ルールはまず最小配線幅，最小クリアランス，アニュラ・リングを理解すればよい

穴径は部品リードを挿入しやすく，ランド径ははんだ付けしやすく　Column 3

● 穴径

DIP部品はプリント基板のスルーホールに挿入してはんだ付けします．スルーホールの設計基準を決めるときには，部品リードを挿入しやすい穴径と，はんだ付けしやすいランド径の両方を考慮します．

穴あけ加工にはドリルを利用します．穴径は基板メーカが持っているドリルで決まります．

スルーホールの内壁は銅めっきされるので，**図C**に示すように，指定した穴径よりも少し大きめのドリルが使われます．そのため，穴径の仕上がりは，指定値よりもわずかに大きくなります．

通常，基板メーカには[mm]単位で穴径を指定します．穴径を指定すると，基板メーカがドリル径に変換します．0.1 mm刻みで穴径を指定すれば問題はありません．層間を接続するために利用されるマイクロ・ビアを0.05 mm刻みで指定したい場合は，発注先の基板メーカが対応できるか確認しておいた方がよいでしょう．

部品のリード径やプリント基板の穴径にも公差がありますが，基板メーカには指定できません．穴径を決めるときにはこれらの公差を考慮します．リード径や穴径の公差がわからない場合は，**表A**を参考にして決めます．

自動機で実装する場合は，マシンの位置決め精度も考慮しますが，手付けの場合は不要です．むしろ穴径が大き過ぎると部品が傾きやすくなるので，手付けの場合は機械実装よりも小さくした方がはんだ付けしやすくなります．

図Dに示すようにスルーホールに十分なはんだが入っているか，反対側から目視で確認しましょう．

● ランド径

ランド径は穴径に対して穴周りの銅はくのプリント・パターンの幅を確保して決めます．部品リードを挿入しないビアの場合は片側0.15 mm以上，部品リードを挿入するスルーホールの場合は片側0.25 mm以上が望ましいでしょう．

ランド径が小さい方が，はんだごてをあてるときに隣のランドと接触する可能性が低くなります．

片面にしかプリント・パターンがなくてスルーホールを形成しない基板に部品リードをはんだ付けする場合は，ランドにのったはんだだけでリードを支える必要があります．はんだを多くのせられるようにランド径をさらに大きくします．

＊　　＊　　＊

レジストはできるだけランドに重ならないようにします．レジストのずれを考慮し，ランドに対して片側0.05 mm以上，直径なら0.1 mm以上大きくします．

〈**中 幸政**〉

（初出：「トランジスタ技術」2017年10月号）

表A　手付け，または機械実装するときの穴径の目安
穴径を決めるには，部品リード径と基板の穴径の公差を考える．不明な場合は，一般的な値を参考にして決める．部品のリード断面形状が円形の場合，*D*は直径である．断面形状が矩形の場合，*D*は対角線の長さである

実装方法	穴　径	備　考
手付けの場合	$+0.1\ \mathrm{mm} < D < +0.2\ \mathrm{mm}$	最小値はϕ 0.8 mm
機械実装の場合	$+0.2\ \mathrm{mm} < D < +0.3\ \mathrm{mm}$	

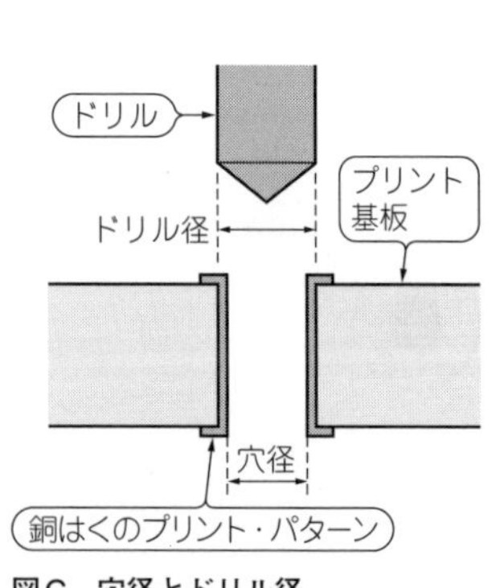
ドリル
ドリル径
プリント基板
穴径
銅はくのプリント・パターン

図C　穴径とドリル径
スルーホールの内壁は銅めっきされるので，仕上がりはドリル径よりも小さくなる．基板メーカは指定の穴径より径の大きいドリルで加工する

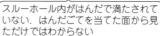

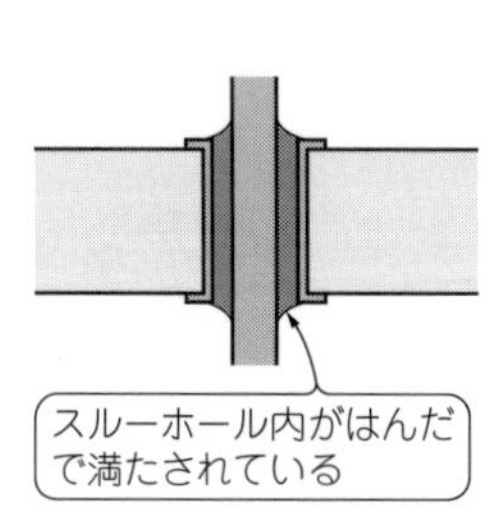
スルーホール内がはんだで満たされている
（a）適正

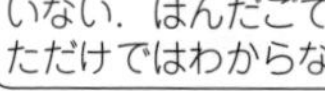
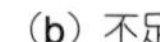
スルーホール内がはんだで満たされていない．はんだごてを当てた面から見ただけではわからない
（b）不足

はんだごてを当てた反対側にはんだが盛り上がってしまっている．部品の下で発生すると，隣接するランドとはんだブリッジを起こすことがある
（c）過多

図D　スルーホールの断面
ベタに接続されている端子とそうでない端子では，はんだが溶けるスピードが異なる．この違いを理解しておかないと，はんだが不足したり，多くなったりする

Appendix 1

一度でキマる部品配置のコツ

基板設計は，配線ではなく部品配置ですべてが決まるといっても過言ではありません．そして基板設計で一番時間をかけ頭を使うのはこの作業です．配置が悪ければ配線は最悪になります．ですから回路や信号の流れを考えながら，配置は慎重に進めなければなりません．この配置が決まれば，あとは配線をすいすいと進めることができます．

初めのうちは，理想の配置が思い浮かばず苦労するかと思いますが，何枚か基板設計を重ねていくうちにだんだんと頭の中に映像が浮かんで来るようになります．

〈浜田 智〉

 1．あとで変更の効かない機構部品の位置を確認する

まず位置が固定される部品を配置します．この例としてはスイッチやコネクタ，LEDの表示器などがあります．またアンテナのように，周囲にパターンや金属物の禁止領域のあるものも要注意です．きょう体の設計担当者から正確な場所の情報を図面で入手しましょう．

〈森田 一〉

 2．配線のしやすさを考えて部品の向きや配置を決める

ICを配置するときは，大物から配置して，高速の信号ラインや電源のラインが極力短くなるように検討します．データ線やアドレス線といった本数の多いバス・ラインは，配置を誤るとすべてのラインを交差させなければなりません．例えば**図1**(a)のようにICを同一面に置いた場合，ピンの並びが合っていれば配線は容易です．(b)のように並びが合っていないと配線を表裏に回すことになります．(a)の状態から，何らかの都合で片方のICを裏側に置くと，配線パターンでひねる必要が生じます．

〈森田 一〉

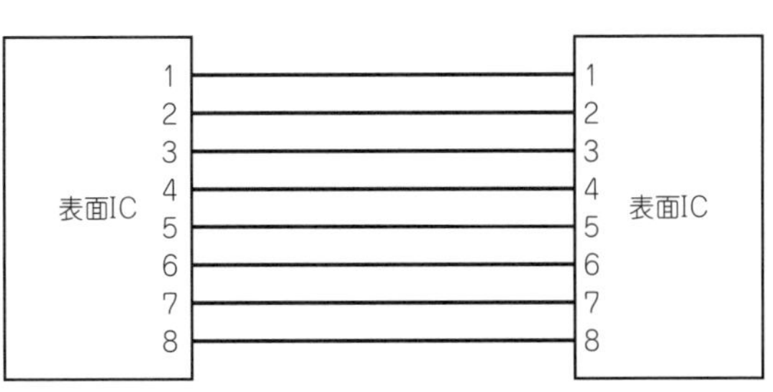

(a) IC同一面，端子配置がそろっているとき

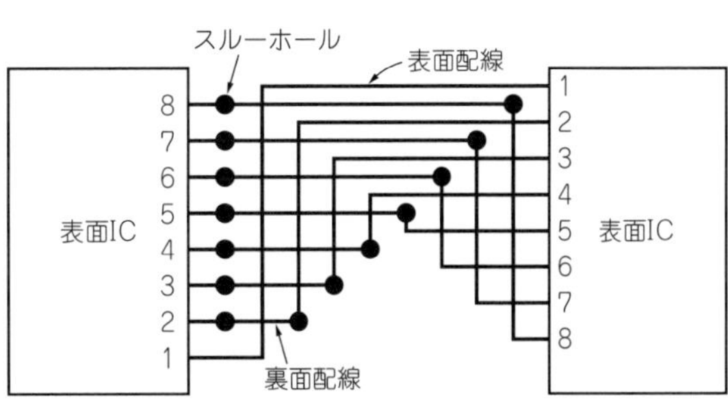

(b) IC同一面，端子配置が不ぞろいのとき

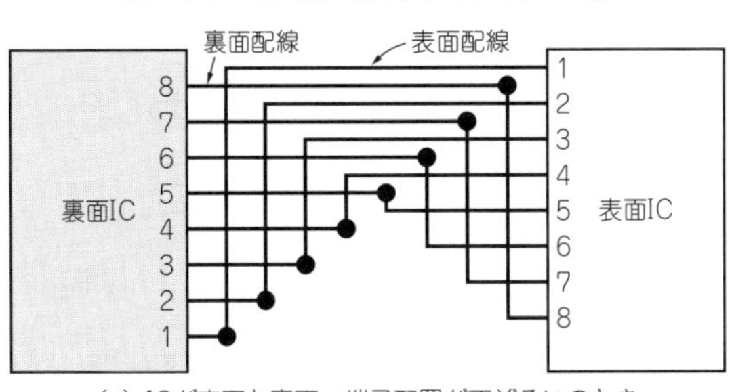

(c) ICが表面と裏面，端子配置が不ぞろいのとき

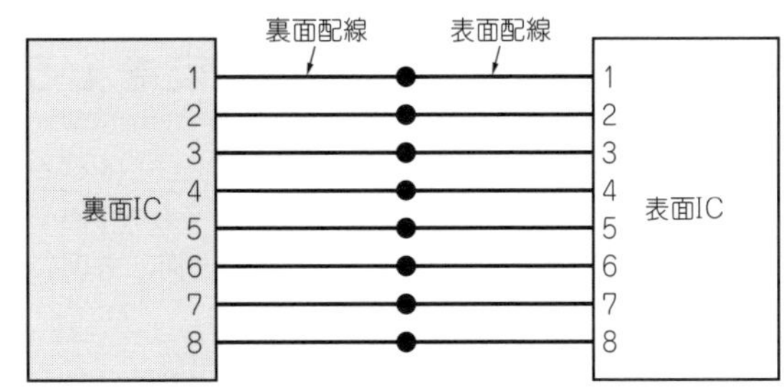

(d) ICが表面と裏面，端子配置がそろっているとき

図1　部品の置き方ひとつで配線のしやすさが大きく異なる

3. 回路ブロックを結ぶ幹線配線とブロック内の一般配線を整理する

街の道路と同じで，配線は幹線道路と一般道路に分けられます．つまり各回路ブロックどうしを結ぶ配線と，回路ブロックの中だけで完結している配線です．それを**図2**のように街を設計するようにして部品を配置し，さらに幹線道路にあたる配線スペースを確保します．〈浜田 智〉

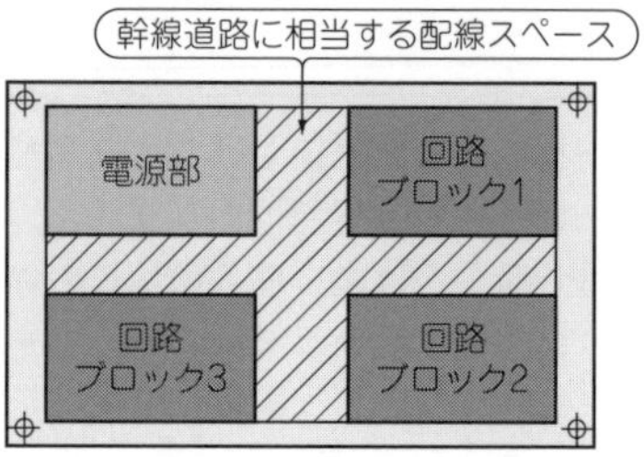

幹線道路に相当する配線スペース
電源部
回路ブロック1
回路ブロック3
回路ブロック2

図2　部品配置のコツは回路を機能ごとに分けることから始まる

4. 第1層と第4層に信号を，第2層と第3層に電源またはグラウンドを割り当てる

4層基板になれば各層で役割を分けることができます．部品面の第1層とはんだ面の第4層は信号線をメインにします．そして内層の第2層と第3層は電源やグラウンドの配線とします．

信号線を表面側にすることで，試作の場合に簡単に配線の改造ができます．ただし，不要放射を抑えたい基板では，信号線を内層にもってくることもあります．〈浜田 智〉

5. 部品を配置するときの座標の原点を基板の中央とする

ミリ系の部品が増えてきましたが，まだまだインチ系の部品が多いのが実情です．ですから部品配置や配線のグリッドは，インチ系の2.54 mm，1.27 mm，0.635 mmといった寸法体系を使うことが多くあります．ところが基板の外形やコネクタの配置はミリ系で寸法を決めていかないと，外部とのやりとりに支障をきたします．ミリ系とインチ系でグリッドの間隔が異なる場合に，注意が必要です．

そこで，**図3**のように基板中央に座標原点を持っていくと，インチ系，ミリ系とグリッドを切り替えても，放射状に両者のずれが広がるだけなので，部品配置のバランスをとりやすいです．〈浜田 智〉

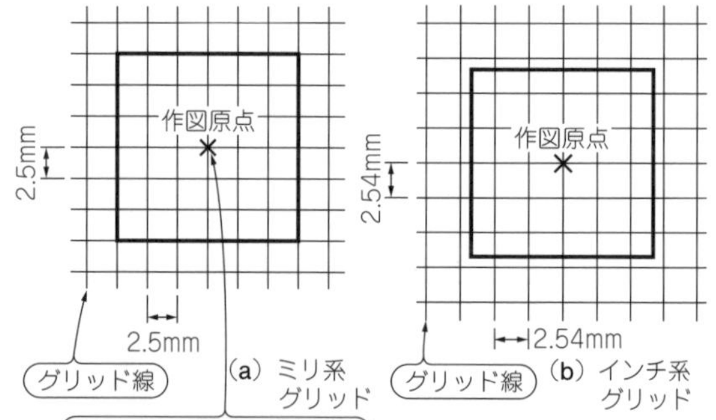

▶図3　基板中央に座標原点を持っていくと，インチ系，ミリ系とグリッドを切り替えても，放射状に両者のずれが広がるため部品配置のバランスをとりやすい

6. 極性のある部品の方向をそろえる

例えば電解コンデンサを基板上にずらずらと並べることも多いと思います．数個並んでいるうちの1個を逆の方向に取り付ける場合，誤ってほかと同じ方向に部品を取り付けてしまいがちです．

このようなミスを防止するためにも，電解コンデンサやダイオードなどの極性のある部品は，なるべく基板上で方向を統一すると誤実装が減ります(**図4**)．〈浜田 智〉

(初出：「トランジスタ技術」2010年7月号)

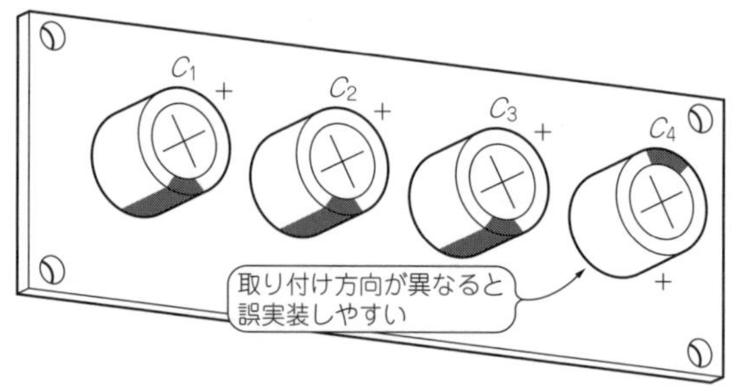

図4　1個だけ逆方向に取り付けるような配線パターンを作らない

第4章 安定・確実に動作する電子回路を実現するために…

プリント基板設計指南7カ条

黒河　浩美 Hiromi Kurokawa

プリント基板設計において特に重要と思われる点を7カ条にまとめました．ここでは，基板設計を始めたばかりのA君が先輩のBさんの力を借りながら疑問に向かい，理解を深めていく過程を追います．

昨今は信号の高速化，電源の低電圧化に伴い，信号配線には規定が多くなり、電源配線においても低インピーダンスでの配線が必須となります．本章を基板設計における基本として活用ください．

第1条　電源とグラウンドの設計を最優先すべし

バス信号などのように，本数の多い配線を優先して配線し，電源やグラウンドの配線設計を後回しにしてはいないでしょうか．特にLSIやコネクタ周辺など，配線が集中するところでは電源/グラウンドを優先して設計するようにします．バスを先に設計してしまうと，電源やグラウンドの配線が細くなったり，パスコンを電源端子の近くに配置できなくなることがあります．

1-1 多端子のLSIでもバス優先で設計しないこと

電源/グラウンドと信号線は，どちらを優先的に配線しているでしょうか？　最近のLSIは端子が非常に多く，500～2000ピンを超えるLSIも使われるようになっています．**写真1**はBGA(Ball Grid Array)というパッケージを採用したLSIの外観です．樹脂基板の底面に碁盤の目のように，はんだでできたボールが付いているのが特徴で，これがプリント基板上のパッドとはんだで接続されます．各辺に4列の端子が出ている例ですが，信号数の増加に伴って端子数は増加の一途をたどっています．

図1は内部の構造を示したもので，**図1(a)**はPBGA(Plastic BGA)と呼ばれ，樹脂基板上にLSIチップを載せて樹脂で封止したものです．**図1(b)**はTS-BGA(Tape Super BGA)と呼ばれ，LSIチップの発熱を効率良く放熱させるためヒート・シンクに直接貼り付けた構造をしています．

写真1[(1)]
BGAの外観(PBGA，35mm)

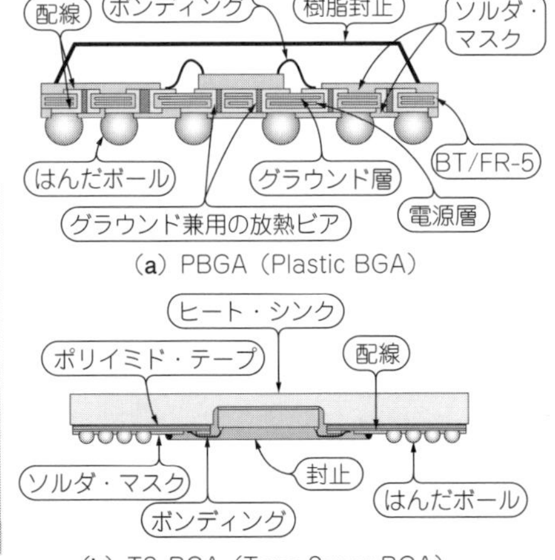

図1[(1)]　**BGAの構造**

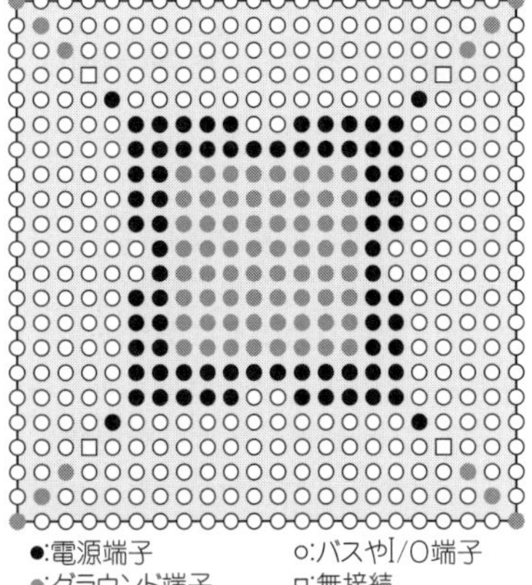

図2[(2)]　**BGAの端子配列の例**

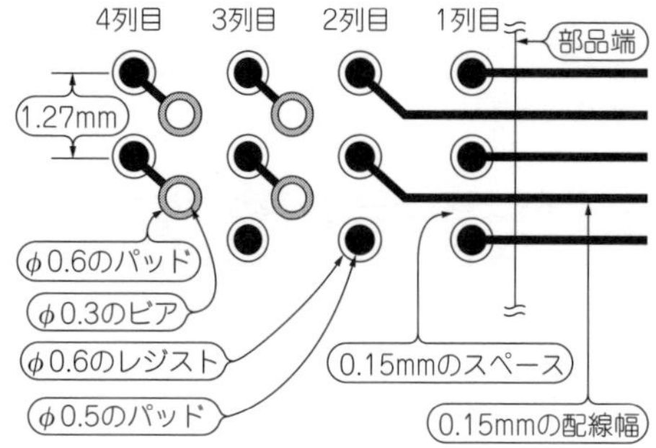

図3[3] **BGAの配線のサイズや間隔**

図2は端子の配置例を示したもので，内側の8×8端子がグラウンド，その周囲の2列が電源，それより外側の端子がバスやI/Oとなっています．このピン配置を見ると，LSIの外周から主要な部分がほとんどデータ・バス，アドレス・バスで埋まってしまっています．こうなると，バスをまず引き出すことに主眼が置かれるのは当然かもしれません．

図3は端子のピッチが1.27 mmのBGAの配線例で，配線幅とスペースがそれぞれ0.15 mmの場合，2列目までを1層目で配線し，それより内側の配線はビア(via)で別の層から引き出さなければならないことを示しています．

図4は，より具体的な設計例を示したもので，親切な半導体メーカではこのような配線例をアプリケーション・ノートで公開しています．**図4(a)**は1層目の配線で，**図3**で説明したように2列目までが配線されています．**図4(b)**は2層目の配線で，さらに内側の2列の配線が外側に引き出されています．配線幅とスペースをそれぞれ0.12 mmとすれば，**図3**のパッド間に通せる配線は2本となるので，1層で3列目まで引き出せることになります．つまり，配線幅を細くすることによって基板の層数を低減することができるのです．

1-2 クリアランスによって電源とグラウンドを分断しないこと

このように，特に多ピンのLSIではバス信号の配線によって基板の層数が決まり，コストも決まってしまうので，基板設計者の関心は自然に「バス配線をどのように引くか」となるわけです．ここで注意したい点は，**図2**で示したようにグラウンド端子がパッケージの中心に集中し，その外側に電源端子があるということです．LSIの電源端子は電源層，グラウンド端子はグラウンド層と直接接続されているので，一見何の問題もないように思えますが，**図3**の例では3列目からすべてビアが必要になるので，電源やグラウンド層と接続されないビアにはすべてクリアランスを設けなければなりません．

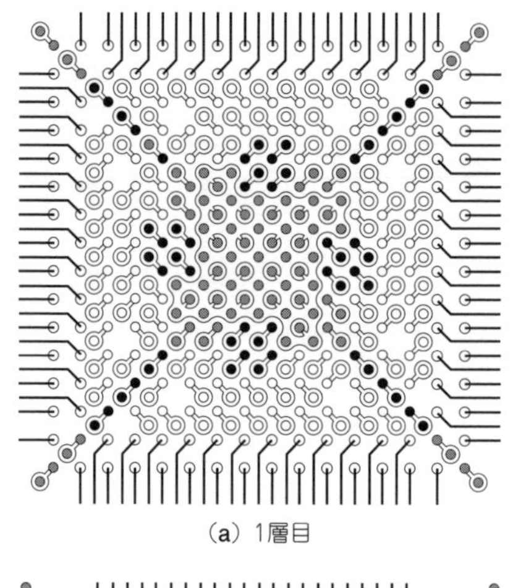

(a) 1層目

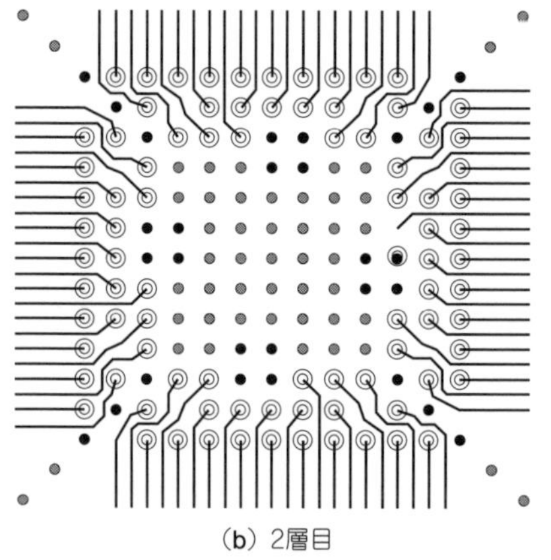

(b) 2層目

図4[2] **BGAの配線例**

クリアランス(clearance)とは，**図5**のようにバスやI/Oの信号用のビアを電源層/グラウンド層とショートさせないために設けるものです．BGAやバス，コネクタ周辺などの配線が集中するところではクリアランスも集中し，**図6**のように電源やグラウンド層を分断してしまうことになります．

LSIを安定動作させるには，安定した電源/グラウンドの確保が必要です．基板設計の最初の段階で，LSIの外の電源/グラウンドから電源端子/グラウンド端子までのルートをできるだけ太いべた面で(または細い場合でもできるだけ短く，しかも多くの配線で)接続するように考えておかなければなりません．外側のバス配線にばかり気を取られてしまうと，クリアランスの存在すら忘れてしまうものです．

ここで，2人の主人公に登場してもらいます．どうやらLSIの電源とグラウンドの配線について議論しているようです．

*　　*　　*

B先輩(以下**B**)：最近，ずいぶん頑張っているようだね．どんな調子？

A君(以下**A**)：はい，何とか皆のレベルになろうと頑

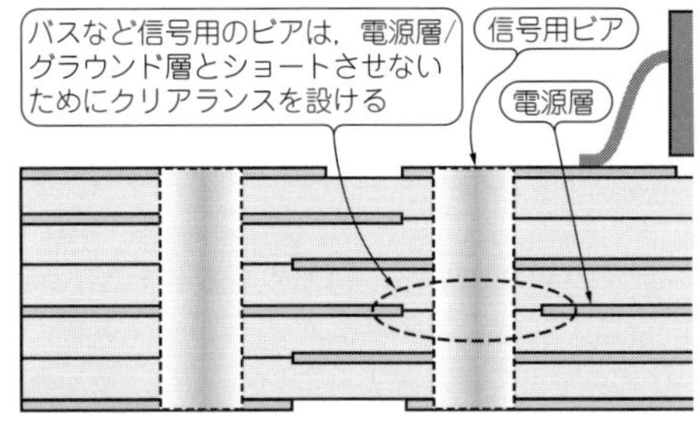
バスなど信号用のビアは，電源層/グラウンド層とショートさせないためにクリアランスを設ける
信号用ビア
電源層

図5　ビアと内層のクリアランス

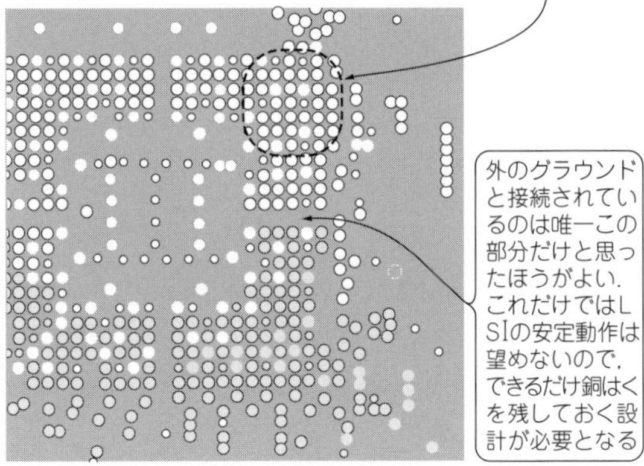
クリアランスが集中するところは，細い配線でグラウンドを結んでいるようなもの．クリアランス径によってはグラウンドが切れてしまうことがある．クリアランス径はパッドのピッチ間隔より必ず小さくしておく
外のグラウンドと接続されているのは唯一この部分だけと思ったほうがよい．これだけではLSIの安定動作は望めないので，できるだけ銅はくを残しておく設計が必要となる

図6　BGA周辺のグラウンド層の例

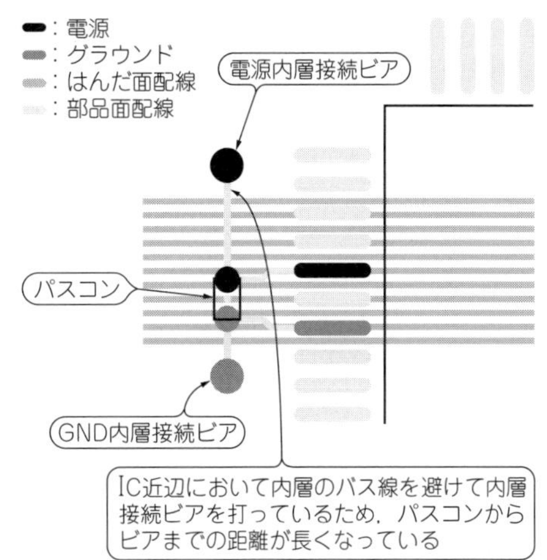
：電源
：グラウンド
：はんだ面配線
：部品面配線
電源内層接続ビア
パスコン
GND内層接続ビア
IC近辺において内層のバス線を避けて内層接続ビアを打っているため，パスコンからビアまでの距離が長くなっている

(a) ビアとパスコンが離れてしまった例

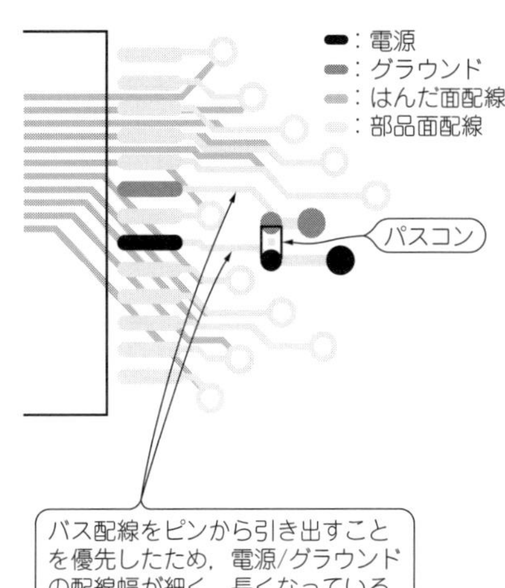
：電源
：グラウンド
：はんだ面配線
：部品面配線
パスコン
バス配線をピンから引き出すことを優先したため，電源/グラウンドの配線幅が細く，長くなっている

(b) 配線幅が細くなってしまった例

図7　バスを先に配線した結果，パスコンの電源とグラウンドの配線がないがしろにされた悪い例

張っているところです．最近設計した基板について，客先から「電源とグラウンドの設計がいまいちだね」と言われてショックを感じています．自分としては十分に考慮して設計したつもりなのですが，いったい何が悪いのかがよくわかりません．

B：ちょっと見せてごらん(といって基板全体をながめていると，LSIの周辺で**図7**に示すような設計をしているところを見つけた)．

A：何かわかりましたか？

B：[**図7(a)**の箇所を見て］バスは美しく配線されているね．きっと信号を先に配線してから電源とグラウンドを配線したんだね．バスが通っているところにはビアを入れることができないので，電源とグラウンドを配線するにはバスをよけてビアを打たなければならない．でも，ちょっと電源のビアからパスコンまでの距離が長いね．それに配線自体も細いのが気になる．[**図7(b)**の箇所を見て］こちらのパスコンはLSIからずいぶん離れた位置にあるね．LSIからパスコンまでの配線も，バスと同じような細さで心細いな．

A：確かにご指摘のとおり，バスがすべて配線できるかどうか不安だったので，まずバスから配線し，電源とグラウンドはバスを設計し終えてから空いたスペースに配線しました．

B：そのような考え方では電源とグラウンドの立場がなくなってしまう．電源とグラウンドは回路の基準になるところなので，もっとも大切な配線なのだよ．LSIが動作するたびに電源電圧が変動したのでは回路動作は不安定になってしまう．だから，電源配線は回路が必要とする電力を十分に供給できるように，またグラウンドはさまざまなLSIが同時に動作してもできるだけ安定したレベルを保つように，広く，太く，短く配線しなければならないんだ．例えば，このような配線にしてはどうだろうか(…と，**図8**のように問題の部分を書き直してみる)．

A：なるほど，**図8(a)**ではLSIにできるだけ近いところにパスコンを配置し，そのすぐそばにビアを置いているということですね．もちろん，電源/グラウンド配線はすべて太く，短くが鉄則ですね．そこまで設計してからバス設計に移る．でもこのバス配線ではバラバラであまり美しくありません．

B：まだそんなことを言っている．基板設計の目的は，美しい配線をするということではなく，回路が確実に動作するようにすることなんだ．**図8(b)**を見てごらん．バスを電源配線から少し離すだけで，このように太い配線にすることができた．パスコンもLSIの電源とグラウンド端子のすぐそばにあるので理想的だよ．

A：ここでもバスは分かれてしまっていますが，これは問題ないということですね．

B：むしろバスは離れていたほうがいいんだ．クロストークという問題があるからね．

A：なるほど．ところで，この設計法は両面や片面基板でも応用できますか？

B：両面や片面基板の設計ではなおさら注意が必要で，まず電源とグラウンドの配線を最初に行い，配線領域を充分に確保しておかなければならない．配線は充分に電力が供給できるだけの幅にすることが大切だ．

A：電源やグラウンドの領域を確保しておくと，今度はバス配線が大変になりそうですが，このあたりは兼ね合いを見ながら設計すればよいということですね．

B：そのとおり．基本的には回路図の流れに沿って基板を設計するわけだから，信号の流れは自然に頭に入っているはずだ．その流れを考えながら，電源とグラウンドのスペースを確保するということ．多層基板についても考え方は同じで，内層に電源層とグラウンド層があるということで，どこでも内層に接続できると簡単に配線してはいけない．**図9**のように，最初に電源端子とグラウンド端子から配線を引き出してパスコンに接続し，ビアで内層に接続してから信号の配線に移るんだ．基板上でもっとも重要な配線は，この電源とグラウンドだということを理解しておくように．

A：電源とグラウンドが基板上でもっとも重要だとは思いませんでした．

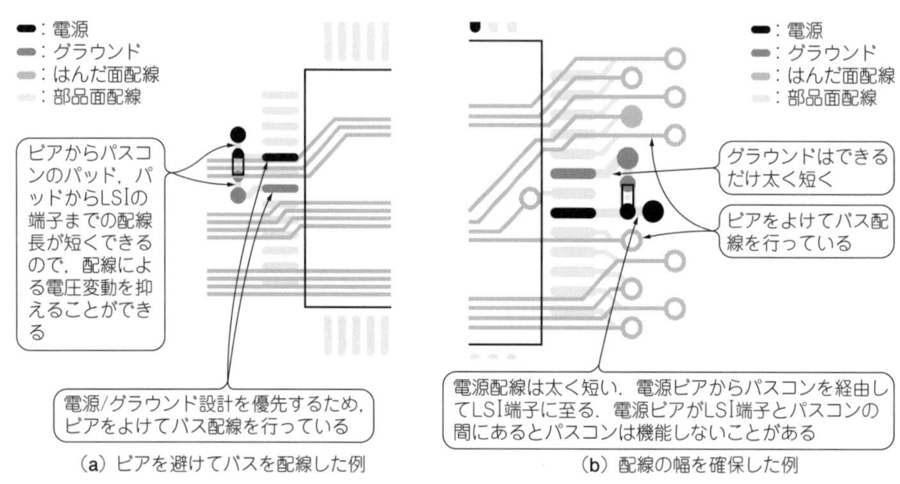

：電源
：グラウンド
：はんだ面配線
：部品面配線
ビアからパスコンのパッド，パッドからLSIの端子までの配線長が短くできるので，配線による電圧変動を抑えることができる
電源/グラウンド設計を優先するため，ビアをよけてバス配線を行っている
(a) ビアを避けてバスを配線した例
：電源
：グラウンド
：はんだ面配線
：部品面配線
グラウンドはできるだけ太く短く
ビアをよけてバス配線を行っている
電源配線は太く短い．電源ビアからパスコンを経由してLSI端子に至る．電源ビアがLSI端子とパスコンの間にあるとパスコンは機能しないことがある
(b) 配線の幅を確保した例

図8　電源とグラウンドの配線を優先した良い例

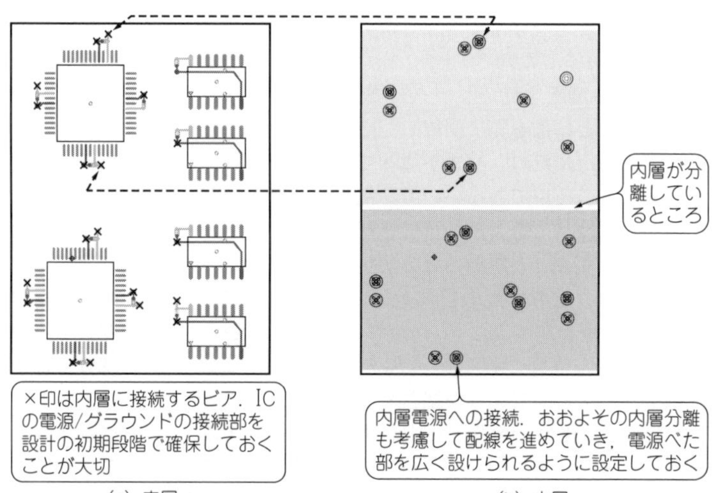

内層が分離しているところ
×印は内層に接続するビア．ICの電源/グラウンドの接続部を設計の初期段階で確保しておくことが大切
内層電源への接続．おおよその内層分離も考慮して配線を進めていき，電源べた部を広く設けられるように設定しておく
(a) 表層
(b) 内層

図9　多層基板の電源とグラウンドの設計例

＊　＊　＊

LSI周辺の電源とグラウンド設計がたいへん重要であるということを理解していただけましたか？　繰り返しになりますが，クリアランスの径をどのように決定するかが安定な電源/グラウンドを設計するうえで重要です．LSIのパッド・ピッチより小さく設計しないと，クリアランス間に銅はくが存在しなくなってしまいます．電源/グラウンドでもっとも怖い断線となってしまうのです．

◆引用文献◆

(1) テキサス・インスツルメンツ；Ball Grid Array Application note AN-1126，2003年8月．

(2) ザイリンクス：ファインピッチBGAパッケージのボード配線ガイドライン，XAPP157，2002年4月．

(3) インテル；Ball Grid Array Packaging Databook，2000年．

第2条　電源/グラウンドはべた構造か太いパターンにすべし

実際の基板では，回路図に表現できないことがたくさんあります．例えば配線．回路図には配線の長さや幅，厚みなどが表現できません．最近はあまり使われなくなったリード付きの部品も，リードの長さや実装方法まで回路図に指定することは高周波回路以外ではありません．回路図上では部品間の電源/グラウンド接続は単純に線で表現されていますが，基板を設計する際には，その線がパターンという配線になり，実際の基板では銅はくとなって電力を伝える重要な役割を担っています．

配線はただのパターンではなく，銅はくでもなく，電気的に表現すれば「抵抗とインダクタンスの集まり」といえます．抵抗は電流が流れれば発熱しますし，インダクタンスは回路の動作周波数が高くなるに従って電気を通さなくなるように働きます．配線を太くすれば抵抗値は下がりますし，配線を太く，短くすればインダクタンスも下がります．電源やグラウンドとして使うパターンはできるだけ太く，短くすることが望ましく，その意味ではべた面の構造が最適なのです．

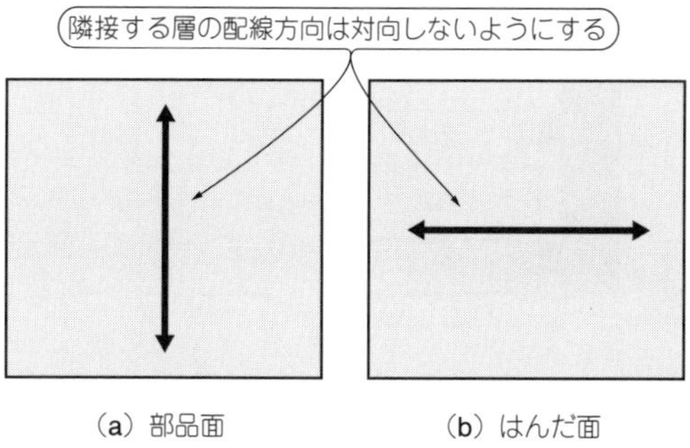

隣接する層の配線方向は対向しないようにする

（a）部品面　（b）はんだ面

図1　両面基板での配線方向

2-1　電源は幹，枝，デバイスの順で配線すること

ここでいう電源やグラウンドのべた構造とは，基板のさまざまな位置に点在するLSIに充分な電力を供給するためのパターンのことで，このエリアをいかに確保するかがたいへん重要です．

＊　＊　＊

B：両面基板と多層基板とでは配線方法が異なるんだ．まず両面基板の電源，グラウンドの配線方法について説明しよう．両面基板では，当然のことながら両面に電源，グラウンド，信号が配線されるね．この条件で電力を充分に供給する電源配線/グラウンド配線を行うのは非常に難しいことなんだ．そこで，ある程度の規則性をもって配線することがポイントになってくる．

A：規則性とはどういうことですか．

B：各層の配線の方向を決めることだ．**図1**は両面基板の配線方向を示しており，部品面は配線を縦方向に，はんだ面では横方向にしておく．部品面，はんだ面を同じ方向にすることは配線効率を著しく悪くするし，層間の信号の間で互いに影響し合ってしまうこともある(クロストークという)．この規則性については多層

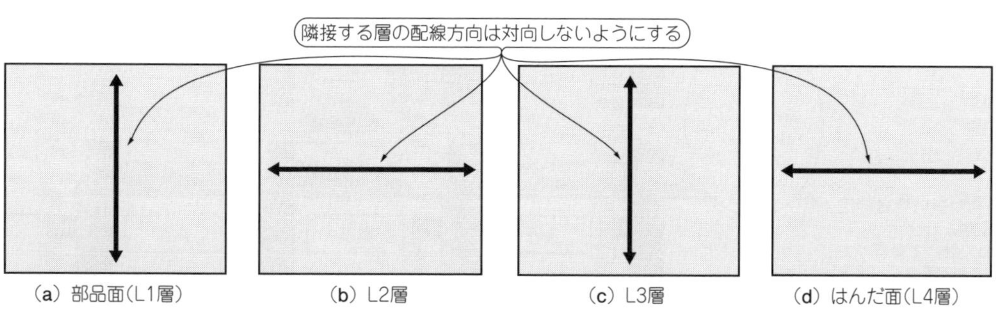

図2　多層基板での配線方向

基板でも同じだ(**図2**).

A：こうしておくことで，信号をまとめておき，電源とグラウンド配線のエリアを確保するということですね.

B：そういうことだ. 信号の配線方向が決まったら，その方向に従って電源の供給源から幹線となる太いパターンを配線する. 幹線は樹木の幹，各デバイスを果実としたときに，果実が実る枝を幹から生えさせるように枝線を配線するわけだ. **図3**はこの状態を示しており，電源供給源から太い幹線でデバイスの近くまで配線し，そこから枝線で個々のデバイスまで電力を供給する.

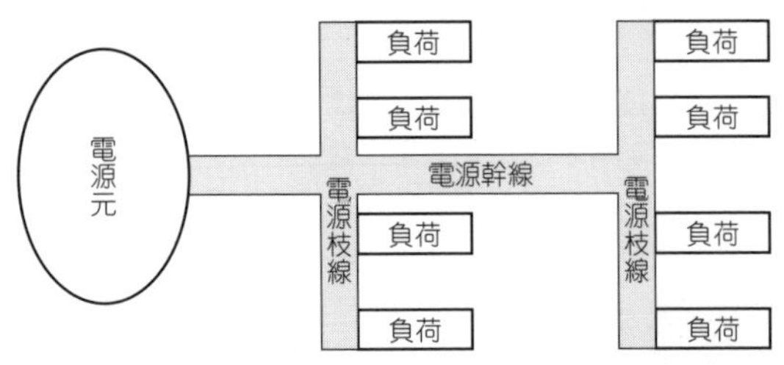

図3　幹線と枝線

A：樹木も根っこから電源のような栄養を取り，それを各枝の果実に与えているのですから両面基板の電源と同じイメージですね.

2-2 グラウンドは電源パターンと並行に配線し配線幅は3倍以上にすること

このとき注意しなければならない点はグラウンド配線です. 電源とグラウンドは(後で述べますが)密接に結合させておかなければならないので，両面基板の電源配線/グラウンド配線は**図4**のようにできるだけ近くで並行に配線する必要があります.

＊　　　＊　　　＊

A：電源配線とグラウンド配線は並行にするわけですね？

B：単に並行に配線するだけではだめなんだ. 問題はグラウンドのパターン幅で，どのような場合でも電源パターンより太く，できれば3倍以上にしてほしい.

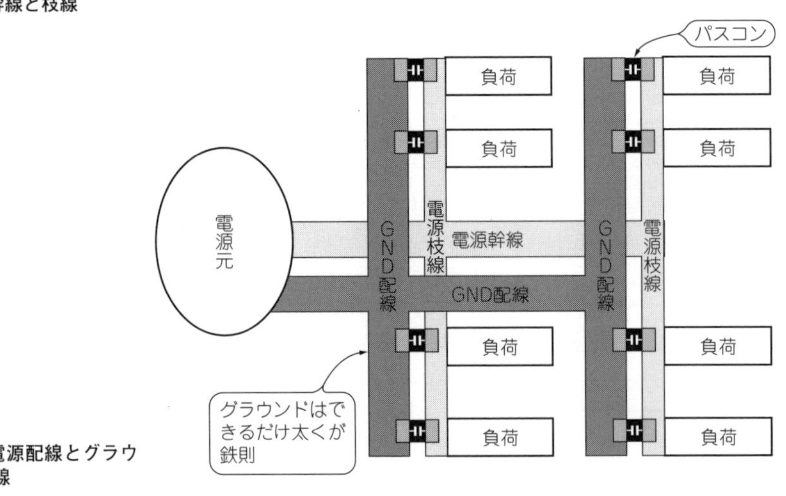

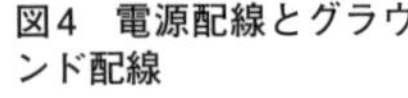

図4　電源配線とグラウンド配線

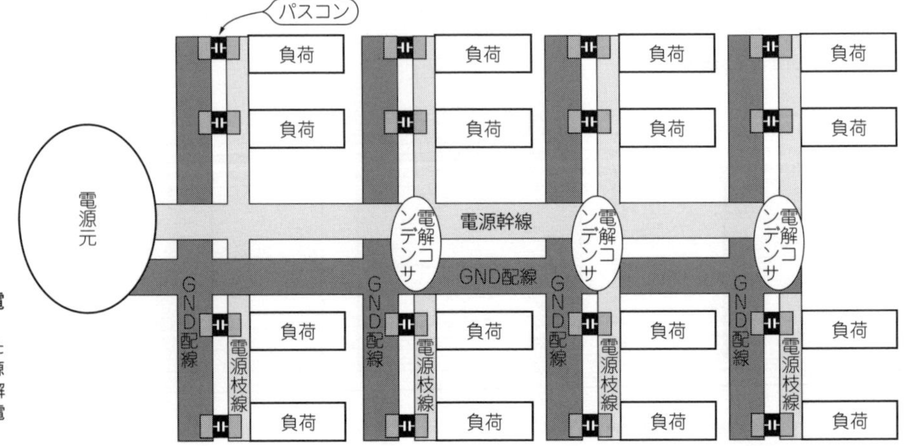

図5　負荷が多い場合の電源の配線方法
電源GNDに対して負荷がたくさんつながる場合は，電源供給元から離れた場所に電解コンデンサなどを配置して電源供給を助ける必要がある

上水道と下水道では，下水道のパイプのほうが太くなっているけど，これは家庭が使った下水だけでなく，雨水も流さなければならないためだね．太くしておくことで通常の雨であれば路地にあふれることはない．同じように，基板上でもグラウンドを広く設けることによって，急激な電流変化が発生しても電圧変動を低く抑えることができる．空き領域をべたグラウンドで埋めることは，特に片面や両面基板ではグラウンドの強化につながるので必須だね．

A：どのような場合でもグラウンドは大切なのですね．

B：そのとおり．ここで，負荷が多い場合の電源，グラウンドの対応について説明しておこう．**図5**はその具体例で，電源供給源から離れた幹線，枝線の分岐点に電解コンデンサやセラミック・コンデンサを入れて電源を安定化する方法だ．負荷電力のすべてを電源供給源から直接送らずに済むのでノイズ面でも有利だね．

A：両面基板では安定したグラウンドを基板全体に設けなければいけない理由がわかりました．多層基板の場合はどうでしょうか．一般的には電源とグラウンドを内層で面にするので，このようなことは考えなくてよいと思いますが….

2-3 クリアランス径はできるだけ小さくすること

多層基板でも基本は同じです．異なる点はA君がいうように，内層に電源面，グラウンド面があるということです．しかし，面だから安定な電源/グラウンドになっていると安心していては，思わぬ落とし穴に落ちてしまいます．第1条でも説明したとおり，内層のビアのクリアランスは大敵です．ビアを密集させてしまうと，**図6**のようにクリアランスによって接続されているはずの内層の電源やグラウンドが切断され，電源が供給されなくなったり，プレーンが細い配線になってしまうことがあります．

＊　＊　＊

A：そのようなとき，基板設計者としてできることは何かありますか？　ビアを使わなければ信号が配線できないので困ります．

B：基板設計者としてできることはあるよ．クリアランス径を小さくして，面にできるだけ銅はくを残しておくこと．このクリアランス径は小さいほど良いのだが，基板が作れなければ意味がないので，設計前に製造メーカとよく打ち合わせをしておく必要がある．

A：基板設計は板挟みですね，自分に務まるか心配になってきました．

B：大丈夫．ここで勉強をして充分に情報を集めることができれば問題ないさ．話が脱線したけど，このように多層基板においても内層のプレーンだからと思い込んで安心するのではなくて，基板内で使用する電源の電流値から出した配線幅よりも細くなっているところがないか，配線をするときから気に留めて配線することだね．

A：ビアによってクリアランスがつながってしまう範囲で，許される範囲はありますか？

B：動作周波数によっても異なるし，径にもよるけれど，3個～5個までのクリアランスなら許される範囲だろう．**図7**のように，クリアランスをひとまとめにするのではなく，3個程度で区切っておくんだ．こうすることで，銅はくが残ったところに電流が流れるようになるというわけだ．

2-4 回路図は実基板を忠実に表現していない点に注意すること

回路図では，部品間の接続は単純に線でつながって表現されていますが，基板設計では線がパターンになり，製造段階では銅はくとなって電流を伝える大切な役目を担っています．この銅はくは電気的にいえば，低い周波数では抵抗，高い周波数ではインダクタンスとなって，電流を妨げたり信号波形に影響を与えたりします．＋5V，＋12Vという基板上の電源配線には，直流しか流れていないと思うかもしれませんが，LSI

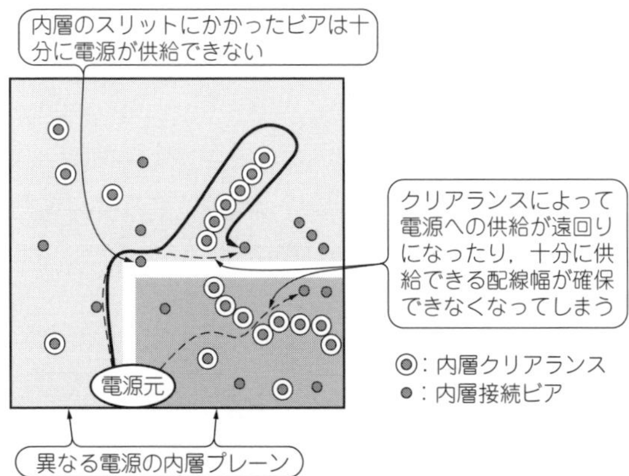
内層のスリットにかかったビアは十分に電源が供給できない
クリアランスによって電源への供給が遠回りになったり，十分に供給できる配線幅が確保できなくなってしまう
電源元
◎：内層クリアランス
●：内層接続ビア
異なる電源の内層プレーン

図6　ビアのクリアランスによる内層切れ

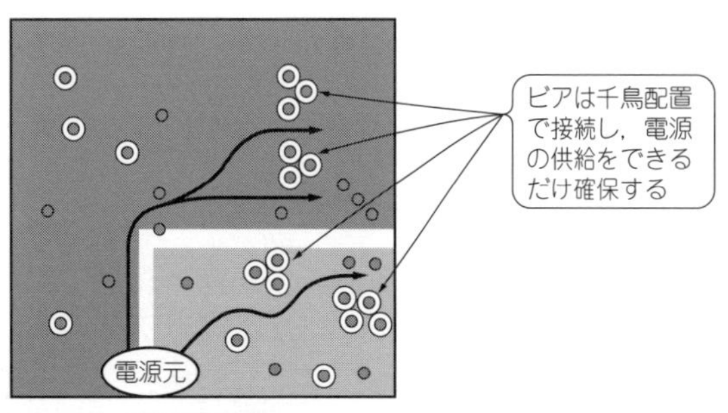
ビアは千鳥配置で接続し，電源の供給をできるだけ確保する
電源元

図7　ビア接続の良い例
ビア接続をくふうすることによって電源供給部のエリアが十分に確保でき，安定した電源が供給できるようになる．クリアランス間の銅はくの残りは0.2mm程度を確保することを目安とする

4 プリント基板設計指南7カ条

の動作に応じて高い周波数の電流も同時に流れているのです．したがって，配線の抵抗やインダクタンスが回路にどのような影響を与えるかを理解したうえで基板設計を行うことが重要です．

● 直流と交流の相違

直流と交流の違いについてはいまさら説明するまでもありませんが，簡単におさらいをしておきましょう．

図8で，横軸は時間，縦軸は電流の大きさを示しています．時間が経つにつれて右方向に移動していくと見ればよいのですが，この図は時間が変化しても電流は一定です．**図9**は電池と電球が接続された簡単な回路です．この回路の電流は，電池の＋側から電球，電球のもう一方の端子から電池の－側へと常に同じ方向に流れます．このように，時間が経過しても電流の大きさや向きが変化しないものを直流といいます．

それに対して，**図10**のように電流の大きさや方向が時間の経過とともに変化するものを交流といいます．**図11**は，**図9**の電源を電池から交流電源に変えたものです．時間的に電流が変化しているわけですから，電球を凝視していれば点滅が見えるかもしれません．商用周波数(関東では50 Hz，関西では60 Hz)では，1秒間に50回，60回の点滅が繰り返されるというわけです．

● 電圧変動の原因の1つは配線に流れる電流

図12の回路でもう少し説明しましょう．電源，配線抵抗，回路に流れる電流をON/OFFするためのスイッチと負荷抵抗，負荷抵抗の両端電圧を測定するための電圧計，回路に流れる電流を測定する電流計が接続されています．電圧，電流，抵抗は一般にV，I，Rという記号で表します．この回路では，電源電圧をV_1，配線抵抗をR_1，負荷抵抗をR_2としています．ここで，スイッチをONにすると，回路に流れる電流Iは，

$$I = \frac{V_1}{R_1 + R_2} \cdots\cdots (1)$$

となります．これは小学校の理科で習うオームの法則です．例えば，電源電圧V_1を5 V，配線抵抗R_1を10 Ω，負荷抵抗R_2を40 Ωとすれば，電流は式(1)から，

$$I = \frac{5}{10 + 40} = 0.1 \text{ A}$$

となり，電流計の指示は0.1 Aになります．配線抵抗と負荷抵抗には同じ大きさの電流が流れるので，負荷抵抗R_2の両端の電圧V_Rはオームの法則から，

$$V_R = IR = 0.1 \times 40 = 4 \text{ V}$$

となります．ここで，スイッチのON/OFFを繰り返してみると，ⓐ点の電圧は**図13**のようになります．縦軸は電圧［V］，横軸は時間［s(秒)］です．スイッチをOFFにすると回路には電流が流れないので，ⓐ点には電源電圧5 Vがそのまま現れます(電流が流れないので配線抵抗の影響は受けない)．この状態でスイッチをONにすると，上式で計算したように電圧は4Vまで下がります．図はスイッチが時間的にON/OFFを繰り返したときのⓐ点の電圧が4 Vまたは5 Vになることを示しています．

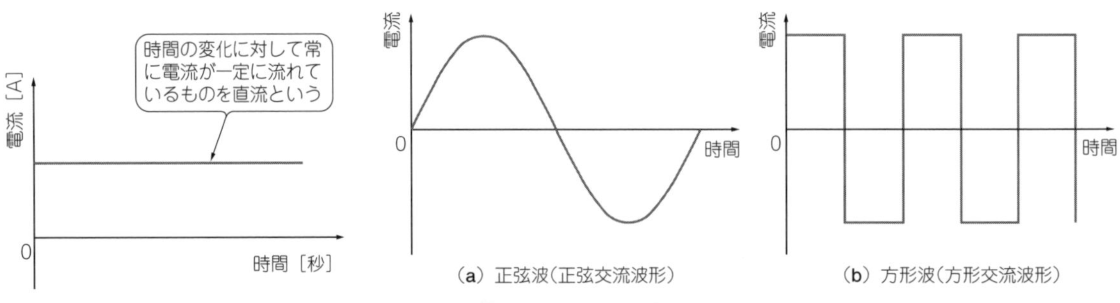

図8 直流電流の流れと時間の関係

図10 交流電流の流れと時間の関係

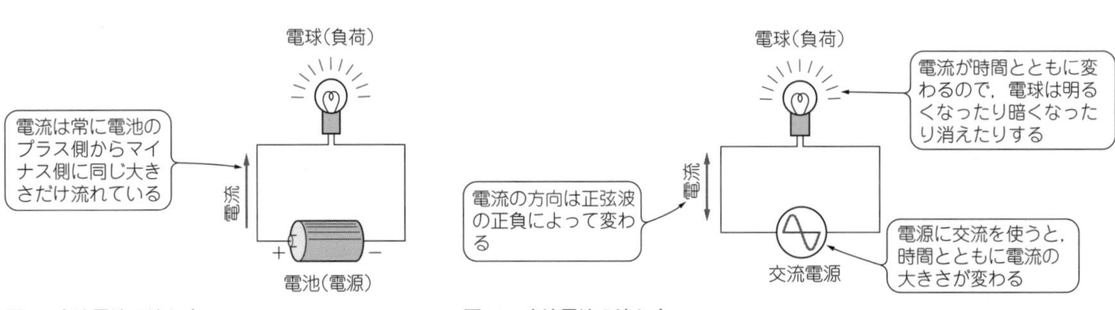

図9 直流電流の流れ方

図11 交流電流の流れ方

● 配線の抵抗は小さいほうが電圧変動は少なくなる

前例では，配線抵抗を10 Ωとしました．例えばこの値を1 Ωにすると，負荷抵抗の両端電圧V_Rはどのように変化するでしょうか．前と同じように，式(1)を使って回路全体の抵抗と電圧から回路に流れる電流を求め，負荷抵抗の両端電圧を求めます．

$$I = \frac{V_1}{R_1 + R_2} = \frac{5}{1 + 40} = 0.1\ \mathrm{A}$$
$$V_R = IR = 0.12 \times 40 = 4.8\ \mathrm{V}$$

配線抵抗が10 ΩのときのV_Rが4.0 Vであったのに対して，1 Ωまで抵抗を小さくすることによって4.8 Vまで電圧を上げることができます．つまり配線抵抗を小さくすれば，回路に電流が流れないときと流れたときとの電圧V_Rの変動が小さくなるということです．

● 高速信号にも電源とグラウンドが重要

高速信号に対してきれいな信号波形を作るにも，電源/グラウンドが重要です．電源とグラウンド配線を太く，短くして，インダクタンスの影響を徹底的に下げることが重要です．

＊　＊　＊

A：配線の抵抗というのは，オームの法則がそのまま使えるのでわかりやすいのですが，インダクタンスと聞くと，なぜか拒否反応が出てきてしまいます．

B：インダクタンスとは，簡単にいえば周波数が高くなるほど抵抗値が高くなり，電気を通さなくする度合いだね．例えば，ある配線の1 cm当たりの抵抗を3.4×10^{-3} Ωとし，同じ配線のインダクタンスを5.3×10^{-9}Hとする．この配線に，立ち上がり時間が1.5 ns，ピーク電流50 mAの電流が流れれば，抵抗とインダクタンスによる電圧降下は，それぞれ約0.2 mV，0.18Vとなり，インダクタンスによる電圧降下のほうが約1000倍も大きくなるわけだ．インダクタンスは配線幅を広くすれば小さくなっていくので，周波数が高い回路の電源/グラウンドは配線幅を広くとらなければならないわけだ．

A：説明のなかに，聞きなれない単位がいろいろ出てきましたが，配線のインダクタンスが電圧降下に深く影響していることがわかりました．もう少し詳しく説明していただけませんか？

B：それでは，インダクタンスの概要について説明しておこう．

● 配線が太いほどインダクタンスは小さくなる

図14に示すように，プリント・パターンはインダクタンスがLのコイルに置き換えることができます．このコイルのインダクタンスLとインピーダンスZの関係は，

$$|Z| = \omega L = 2\pi f L \quad \cdots\cdots (2)$$

となります．ここで，Zはインピーダンス(電流の通しにくさを表す)，ωは角周波数，fは周波数，Lはインダクタンス値を表しています．式から，インピーダンスの値は，動作周波数が高くなればなるほど，またインダクタンスが大きくなればなるほど高くなるという関係にあることがわかります．

それでは，プリント基板の導体にはどれほどのインダクタンスがあるのでしょうか．**図15**は基板下がグラウンド層で覆われ，その上に厚さhの誘電体(ガラス・エポキシ)，誘電体の表面に幅wのパターンがある両面基板の例です(マイクロストリップ線路)．このパターンのインダクタンスLは，

$$L\,[\mu\mathrm{H/cm}] = \frac{\mu_0 \mu_r}{2\pi}\left(\log_e \frac{5.98h}{0.8w + t} + \frac{1}{4}\right) \cdots\cdots (3)$$

で求められます．ここで，μ_0は真空中の透磁率(磁束の通しやすさ)で$4\pi \times 10^{-9}$H/cm，μ_rは比透磁率といい真空中の透磁率と比べて何倍になるかを示したもの，hはグラウンド面から配線までの距離，wは配線幅，tは銅はくの厚みです．例えば，$t = 0.005$ cm(50 μm)，$h = 1.6$ mmとして配線幅wを1 mm，5 mmにしたときのインダクタンスの差がどのようになるか算出してみます．

$$L = \frac{4\pi \times 10^{-9} \times 1}{2\pi}\left(\log_e \frac{5.98 \times 0.16}{0.8 \times 0.1 \times 0.005} + \frac{1}{4}\right)$$
$$\fallingdotseq 2 \times 10^{-9}(\log_e 11.26 + 0.25)$$
$$\fallingdotseq 2 \times 10^{-9} \times 2.67$$
$$= 5.34 \times 10^{-9}\mathrm{H/cm}$$

上式から，配線幅が1 mmのときのインダクタンス

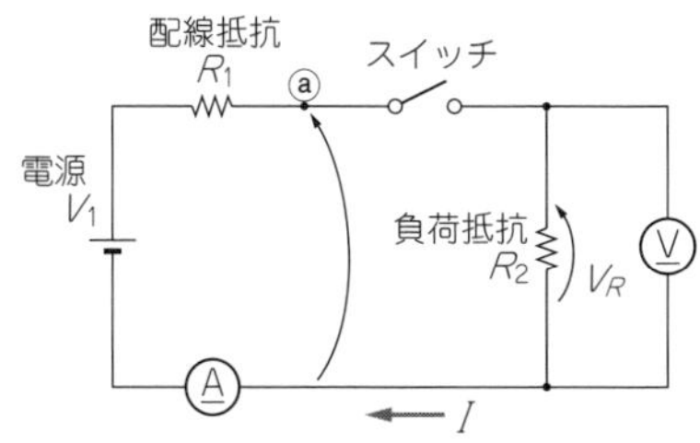

図12　負荷の変動と電圧/電流の変化

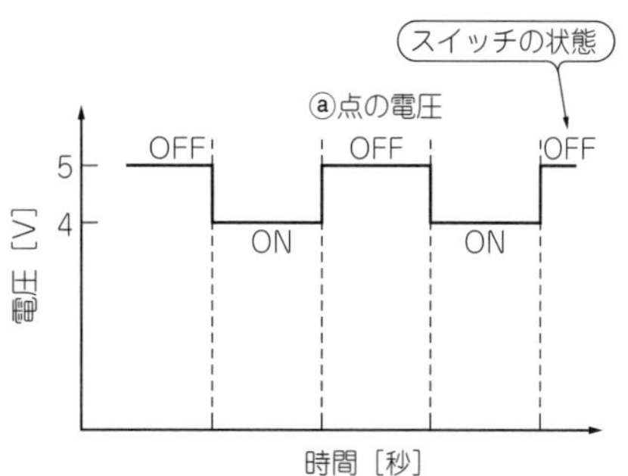

図13　負荷変動に対する電圧の変化

が5.34 nH/cmとなりました．同様に，5 mmの配線では2.22 nH/cmとなり，配線幅を広く取ったほうがインダクタンスが小さくなることがわかります．

● 電圧の変動はインダクタンスが小さいほど少なくなる

上で求めた配線のインダクタンスが電圧変動にどう関係するかを見てみます．配線長は3 cmとします．この配線に流れる電流の変化を，立ち上がり時間2 ns (2×10^{-9}秒)，ピーク電流50 mAとします(**図16**)．インダクタンスを考慮する場合は，ある単位時間のなかでどれだけ電流が流れたかを計算しなければなりません．単位時間に流れる電流は，

$$\frac{di}{dt} = \frac{50 \times 10^{-3}}{2 \times 10^{-9}} = 25 \times 10^{6}\text{A/s}$$

となります．分母のdtは単位時間を意味しており，diはその時間tの中でどれだけ電流Iが変動したかを示しています．この例では，2 nsという短い時間の中で0→50 mAと変動したことになるので，分母はdt = 2 ns = 2×10^{-9}s，分子はdi = 50 mA = 50×10^{-3}Aとなります．これを計算すると単位時間(1秒間)当たりの電流が出てきます．

電圧はオームの法則によって，抵抗×電流で求めますが，ここでは抵抗の代わりに配線のインダクタンス，電流の代わりに単位時間当たりの電流を入れて，配線インダクタンスLによる電圧降下V_Zを算出します．

$$V_Z = L\frac{di}{dt} = 5.34 \times 10^{-9} \times 3 \times 25 \times 10^{6} = 0.401\text{ V}$$

インダクタンスを3倍しているのは，求めたインダクタンスが1 cm当たりの値で，本例の配線長が3 cmであるためです．配線幅1 mmの場合，電源供給源からIC電源端子までの配線による電圧変動は0.4 Vにもなりますが，配線幅5 mmと太くすることによって電圧変動は0.167 Vまで低下します．

電圧変動は，インダクタンスが大きいほど，電流の単位時間当たりの変動が大きいほど大きくなることがわかります．

＊　＊　＊

B：配線のインダクタンスが電圧変動に大きく関わることがわかったかな？

A：よくわかりました．両面基板ということで，バスなどほかの信号から先に配線してしまいましたが，配線の影響でこれほど電源電圧が変動してしまうと，ICが誤動作するということもあるわけですね．これからは，電源やグラウンドはインダクタンスが低くなるようにできるだけ太い配線で設計します．電圧変動に対しては電源やグラウンドをべつべつの層で設計できる多層基板が良いということですね．

B：そのとおり．

● 配線幅が細くても長さが短ければインダクタンスは小さくなる

どのような配線でも，ただ太くすれば良いというものではありません．

＊　＊　＊

B：ところで，今までの説明のなかで気がついたことはないかな？　配線幅1 mmと5 mmのインダクタンスを計算した結果は，それぞれ5.34 nH/cm，2.22 nH/cmとなった．この単位に注目してみよう．

A：単位はnH/cm(ナノ・ヘンリー・パー・センチ・メートル)というのですね．これは，1 cm当たりのインダクタンスということですね．

B：その考えを応用して，5 mm幅の配線3 cmと，1 mm幅の配線1 cmではインダクタンスはどうなるかな？

A：5 mm幅の配線は3倍にすると6.66 nH，1 mm幅ではそのままなので5.34 nHです．ということは，太い配線でも長くなるとインダクタンスが大きくなるということですね．

B：そのとおり．細い配線でも短ければインダクタン

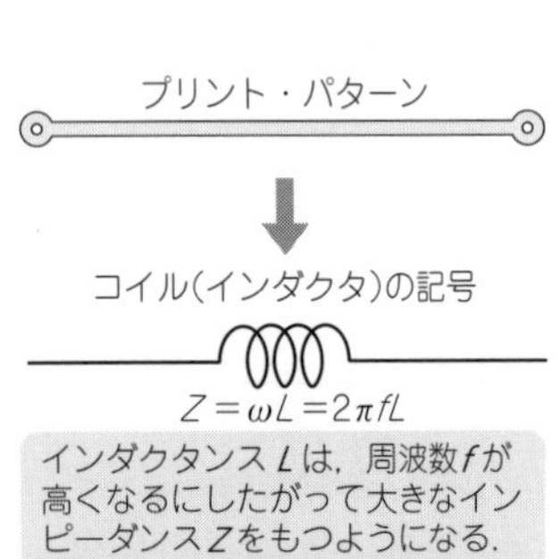

プリント・パターン
コイル(インダクタ)の記号
$Z = \omega L = 2\pi fL$
インダクタンスLは，周波数fが高くなるにしたがって大きなインピーダンスZをもつようになる．つまり高い周波数の信号や電流は通りにくくなるということ

図14　配線のインダクタンスは周波数によってインピーダンスをもつ

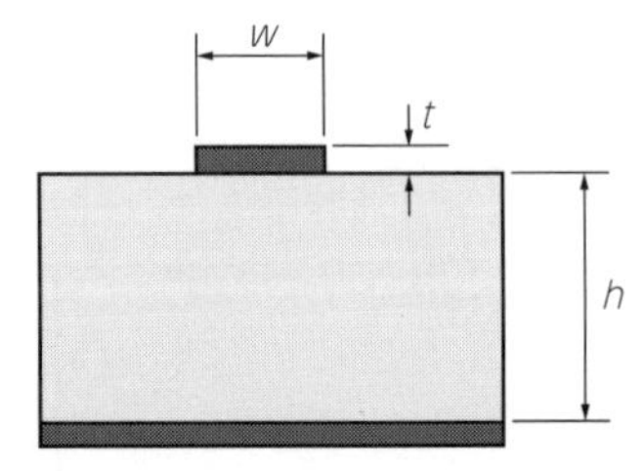

図15　プリント基板配線のインダクタンス

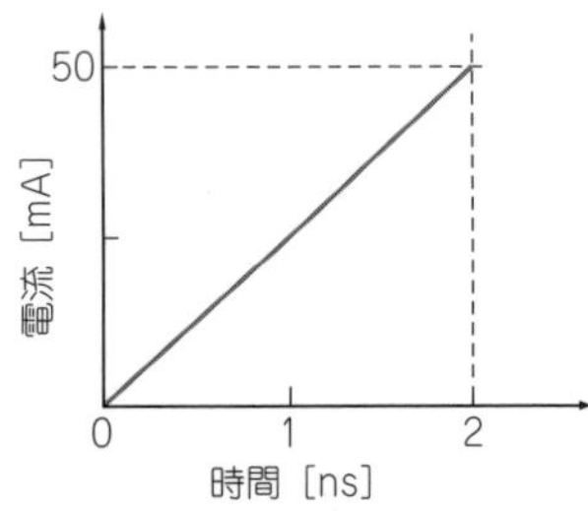

図16　配線に加えた電流波形

スは小さくなるということだね．ただし，配線スペースがあるのに無理をして細くする必要はないよ．

A：よくわかりました．

2-5 基板の電源入力部の配線をよく考えること

基板上の電源供給源の設計は非常に重要です．この回路の部品配置，配線方法によって，基板内で使われる電源を充分に供給できるかどうかが決まります．ここでは，その電源供給源の設計方法について考えてみましょう．

基板上の回路に供給している電源の供給源には，例えば**図17**のような回路があります．基板の外部から19 Vを入力し，IC_{12}(3端子レギュレータ)で＋12 Vを作り，さらにIC_{13}(3端子レギュレータ)で5 Vを作っています．

簡単な回路ですが，回路図どおりに部品の並びを守りつつ，コンデンサの役割をも考慮しながら部品の配置を検討します．ここで大切なことは，部品配置の検討と同時に配線幅も考慮しておくことです．**図18**は部品の配置を終了したところです．基本的には，スペースが許すかぎり回路図に従って配置します．大電流が流れる電源部は電流がスムーズに流れるように，できるだけ直線上に配置します．12 V，5 Vの各電源を基板内部に配線するため，供給源の配線を強化できるスペースを確保しておくことも重要です．また，電位の異なる電源回路が電気的に干渉する可能性のある部品は分離して配置しておきます．グラウンドも大切です．電源部のGNDはインピーダンスがもっとも低いので，ここで安定なGNDを基板内に供給できるようにビアを多く打てるように配慮してください．

＊　＊　＊

A：一見して単純な回路に見えますが，いろいろ考慮しながら設計しなければならないということですね．

B：まだまだあるよ．例えば発熱部品，ここでは3端子レギュレータIC_{12}とIC_{13}だけど，電流が流れると発熱する可能性がある．熱に弱い部品(電解コンデンサなど)や熱で特性が変わる可能性のある部品(セラミック・コンデンサなど)は，できるだけ発熱部品から離しておかなければならない．実際に，発熱部品のすぐ脇に電解コンデンサを置いて，しばらく使っているうちにコンデンサ内部の電解液が蒸発して故障の原因になった例もあるんだ．

A：配置の検討ひとつをとっても大変なことですね．

B：そしてもっとも大切なことは，電源/グラウンドをいかに短く，太く設計するかということ．基板に余裕がある場合は，どうしてもその基板の面積を有効に活用しようと広いエリアに部品を広げて部品配置をしたくなるんだけど，その気持ちをぐっと抑えて，部品配置の鉄則である「部品をコンパクトにまとめて配置する」ように設計すべきだね．そうすれば配線を短くすることができるからね．本来は部品のピンどうしをつなげるくらい近くに配置したいところなのだけど，実装上の制約が出てくることもあるので，組み立てラインの基準と照らし合わせながら設計することも必要だね．

A：コンパクトに設計する意味がわかりました．

B：次に配線の説明をしよう．まず，配線をするうえ

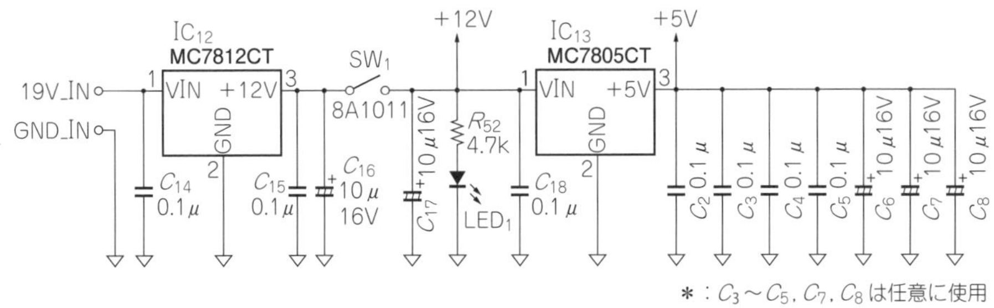

図17　基板内部の電源供給部分の回路例

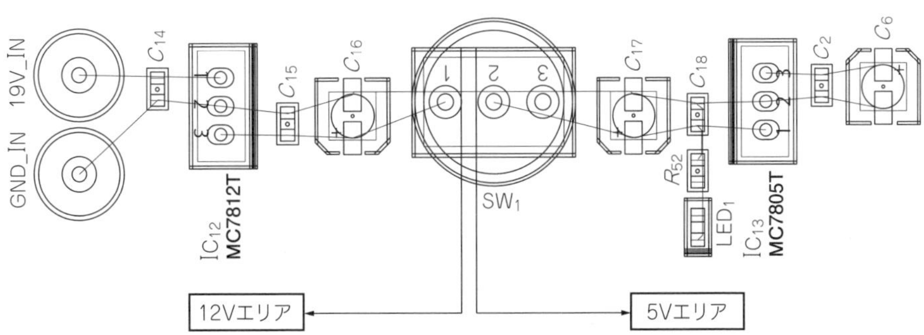

図18　図17の回路の部品配置

で配線の幅を何ミリにすればよいかを判断する．ここでは「1mm幅当たり1A」という原則を参照して決定しよう．この回路図では19Vは2A，そのほかの電源に1Aを流すとしたとき，それぞれの配線幅は何ミリになるかな？

A：19Vは2Aなので最低配線幅は2mmです．+12Vと5Vは各1Aなので1mmとなります．

B：この太さは最低配線幅ということなので，それ以上に幅を広げることができるのであれば，できるだけ太くしておこう．配線幅が決まったところで配線をするのだが，配線はまず必要最低限の配線幅で配線を行い，配線スペースに余裕があるところは**図19**のようにべたで設計する．

ここでのポイントは，配線エリアに余裕があるからといって，電解コンデンサの配線エリアを必要以上に広くしてはいけないということなんだ．**図20**の配線例では，部品のパッドが配線の一部に掛かる程度なので，パッド脇から電流がすり抜けてしまう．これでは電解コンデンサは100％の力を発揮することができない．**図21**のように，電解コンデンサのパッド部の配線を絞って，電流を電解コンデンサに集中させなければならない．

A：はい，電源は水が流れるように配線し，各配線幅は極力太い配線を行うが，電解コンデンサ部は電解コンデンサを通るイメージで配線するということですね．

B：そのとおり．

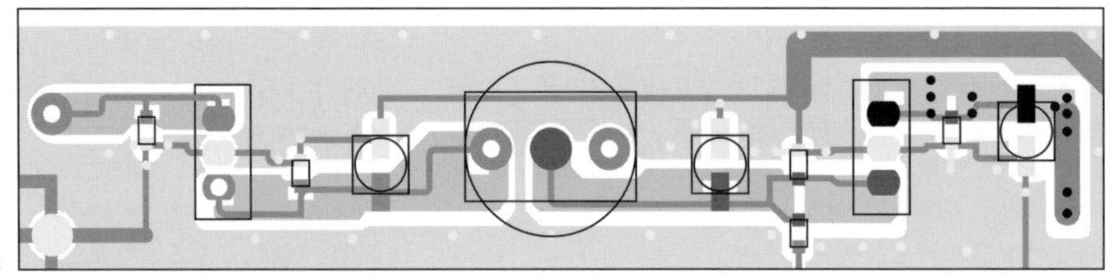
図19　図17の回路の配線

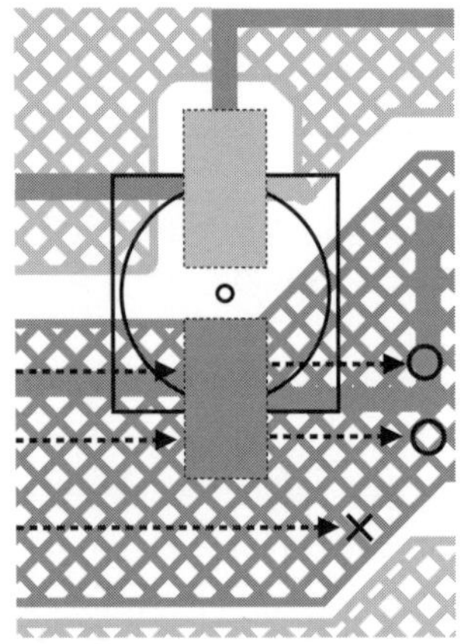
図20　電解コンデンサの良くない配線例

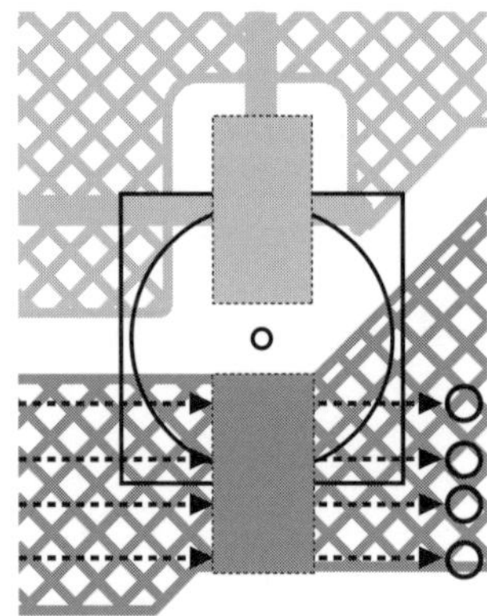
図21　電解コンデンサの正しい配線例

基板用語には方言がある　Column 1

プリント基板の設計，製造の世界で使う用語(に限りませんが)には，標準語と方言があります．企業内では，一度流布された用語は(まちがっていても)そのまま一般化して伝えられ，報告書にも使われるようになります．

私の職場では，ビアとスルーホールを区別せず，すべてスルーホールとしていました．また，パッドは使わずすべてランドとしていました．ビアやパッドと言う言葉を知らないからではありません．これでないと現場で話が通じないからです．

なお，英語で会話するときは，via hole，padが通じます．

〈漆谷 正義〉

(初出：「トランジスタ技術」2007年6月号)

第3条　電源/グラウンドはアナログ回路とディジタル回路で分離すべし

昨今では，ディジタル回路，アナログ回路，高周波回路，パワー回路などが，1枚のプリント基板上に混載されることが一般的です．そのなかでも，特に扱いに注意しなければならないアナログ回路用とディジタル回路用の電源とグラウンドの分離方法について説明します．

3-1 アナログ・エリアとディジタル・エリアを分けること

電源とグラウンドの種類には，アナログ回路で使用するアナログ電源/グラウンドと，ディジタル回路で使用するディジタル電源/グラウンドがあります．例えば，3.3 V電源の元でアナログ回路用とディジタル回路用に分けて使用することがありますが，このアナログ電源/グラウンドとディジタル電源/グラウンドの分離は，もっとも注意しなければいけないところです．

分離方法の基本を**図1**に示します．図のように，電源の元にあたる場所にデカップリング・コンデンサとして電解コンデンサ，また並列に0.1 μF程度のセラミック・コンデンサが配置されていることが一般的です．ここが電気的にもっともインピーダンスが低くなっているところです．この場所で，アナログ回路用の電源/グラウンドとディジタル回路用の電源/グラウ

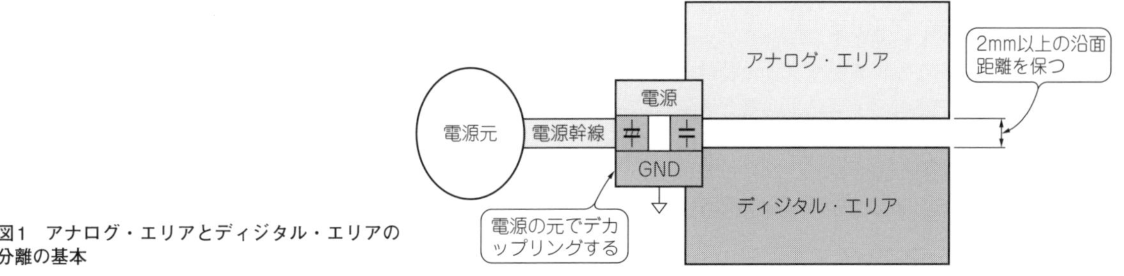

図1　アナログ・エリアとディジタル・エリアの分離の基本

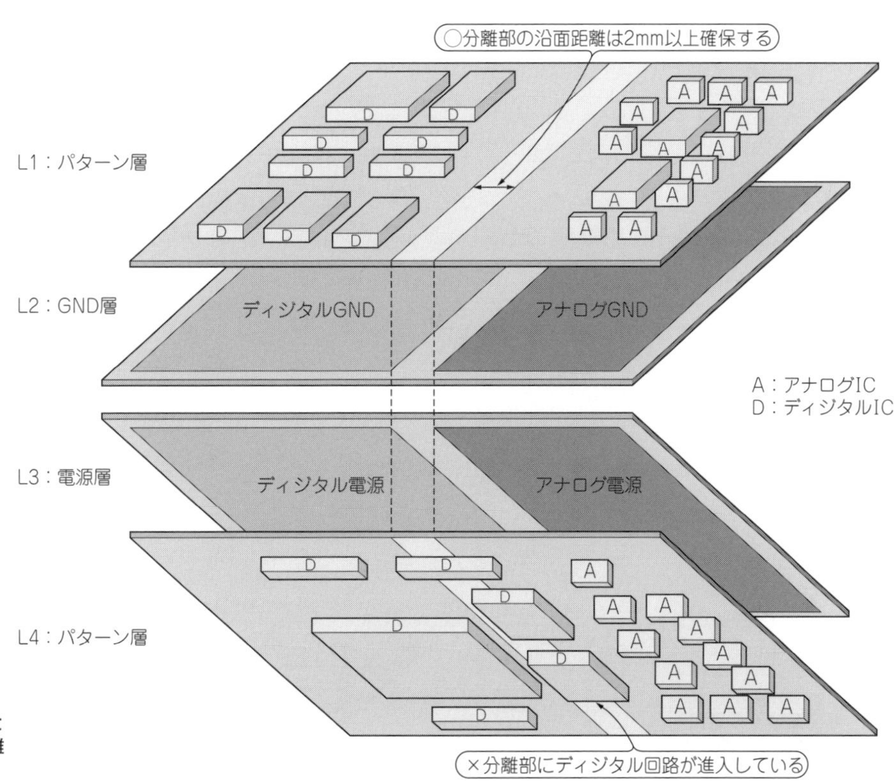

図2　アナログ・エリアとディジタル・エリアの分離が不十分な例

4 プリント基板設計指南7カ条

ンドに分離します．分離する際の注意事項としては，各回路用の電源/グラウンドの距離を2mm以上離すべきということです．

図2は，せっかくアナログとディジタルの電源/グラウンドを分離したにもかかわらず，一部の層で部品がスリットに被って実装されている例です．これでは分離した意味がありません．**図3**のように明確に分離しておく必要があります．

＊　　＊　　＊

A：アナログ電源/グラウンドとディジタル電源/グラウンドは，本当に明確に分けておく必要があるのですね，でもそれはなぜですか？

B：アナログ信号の周波数は一般にそれほど高くはない．波形も一般的には正弦波を扱っているので，ノイズの問題より外部のノイズの影響を受けるほうに気を配らなければならないんだ．それに比べてディジタル信号で扱う信号波形は立ち上がり時間が短く，しかも電圧波形の振幅が大きい．このように，遅い信号と速い信号が同じ基板上に混在する場合，アナログ回路はディジタル回路からの影響をまともに受けてしまう．

ノイズを出しやすいディジタル回路とノイズに敏感なアナログ回路は十分に距離を離しておくことが必要なんだ．当然，電源だけでなく，グラウンドについてもアナログとディジタルで分けて設計することが望ましいということだね．もしグラウンドを同一でよいとする回路設計者がいたら，「グラウンドを共通にして良いのでしょうか．アナログ回路が誤動作したり，グラウンドからノイズが発生する原因になると考えられますが」などと提案しながら話を進めることが重要だ．

＊　　＊　　＊

ただし，アナログでもそれほど微小信号を扱わない場合，例えばパワー系に近い信号などでノイズの干渉に強い場合などには，電源/グラウンドを共通にすることもあります．設計する基板がどのような回路構成になっているか，どのような動作をするかを理解したうえで基板設計に入ることが重要です．

3-2 アナログ・エリアとディジタル・エリアの接続に注意すること

回路というものは難しいもので，アナログ回路からディジタル回路に信号を受け渡さなければならないことがあります(逆の場合もある)．このような場合は，信号のリターン経路がスリットによって遮断されてしまいます．どのように設計すればよいでしょうか．

＊　　＊　　＊

A：アナログ回路のような静かな信号とディジタル回路のようなバタバタとしている回路の間を信号が通るのですか？　難しいですね．どうしたらよいのでしょうか？

B：とても難しいということは事実だね．信号の種類，

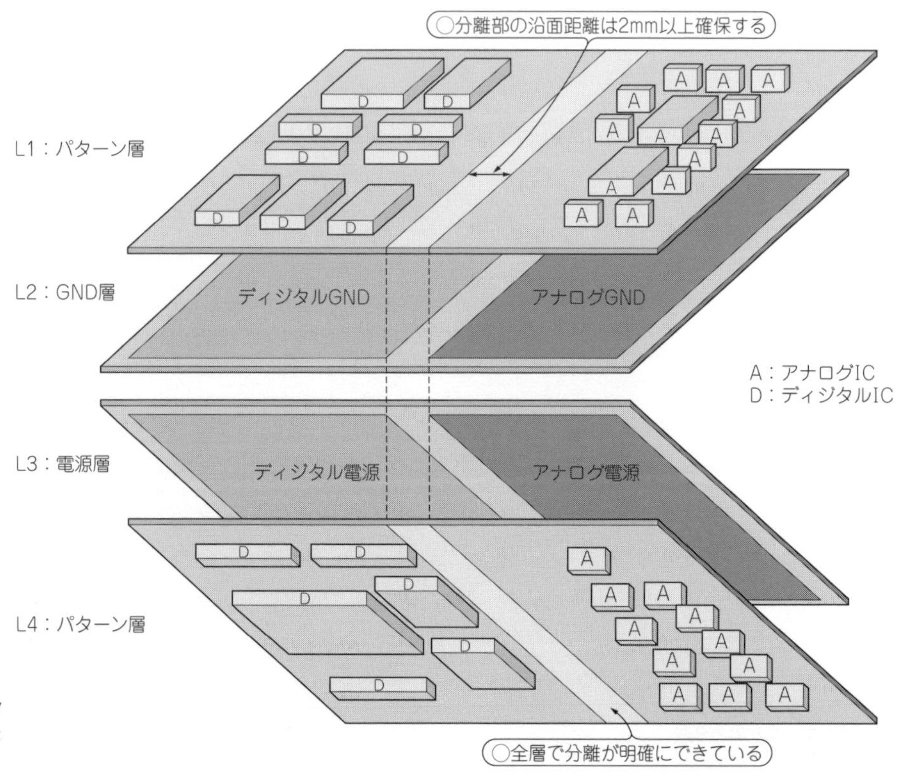

図3　部品配置から電源/グラウンドまで分離した例

スピードなどによって対応策が異なることもあるんだけど，**図4**で示すようにアナログ回路とディジタル回路を渡る配線の横にジャンパ部品のパッドを配置し，パッドの片側(アナログ回路)にはアナログ・グラウンドを接続し，もう一方のパッド(ディジタル回路)にディジタル・グラウンドを接続しておく．

もしアナログとディジタル回路を接続する配線のリターン経路が影響してノイズを出しているような場合には，このパッドをショートしてようすを見ることもできるからね．ただし，これは回路設計者の許可が必要になるので，事前に確認を取っておく必要があるよ．

A：アナログ回路とディジタル回路が混在する基板設計には充分な注意が必要なのですね．

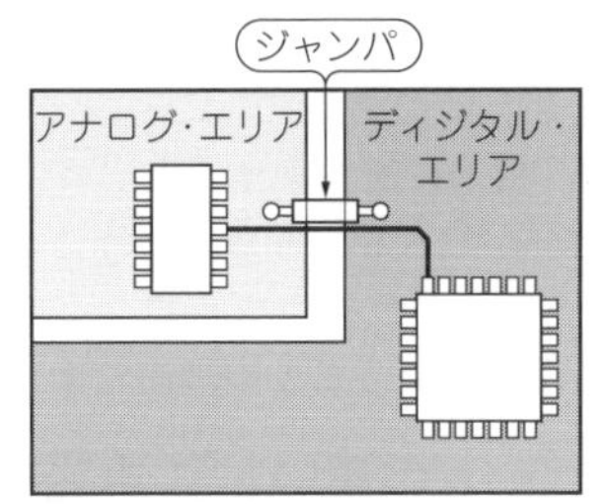
ジャンパ
アナログ・エリア
ディジタル・エリア
ジャンパをアナログ・エリアとディジタル・エリアの境目に配置し，両端をそれぞれのGNDに接続する

図4　アナログ・エリアとディジタル・エリアの接続

第4条　基板端はグラウンドで囲んでグラウンド層と接続すべし

いろいろな基板を見ていると，実装密度や配線密度の関係からでしょうか，むりやり基板内に部品を押し込めて配線している例に出会います．そのような基板では必ずといってよいほど，基板端ぎりぎりにまで信号配線を通していたり部品が載っていたりしています．このような基板を見るたびに，正常に動作しているのかな，放射ノイズで苦労していないかな…などと心配になってしまいます．ここでは，板端の設計をどのようにすればよいかについて考えてみます．

4-1　基板端の配線をアンテナにしないこと

「基板端の設計には要注意」…これは基板設計者の合い言葉です．板端に配線してはいけないことには理由があります．

*　　　*　　　*

B：板端は何ミリくらいまで配線領域にしてよいと思う？

A：基板端から何ミリまでということですが，基板製造が可能な所まで配線領域ということで設計してはいけないのですか？

B：基板製造上で問題がなければ，基板端まで配線しても問題はないと思うよ．しかし実際には，ノイズ面で板端配線は非常に問題が多いんだ．基本的に，グラウンド面と信号の下面まで(誘電体の厚み)をhとすれば，20h以上の距離を取って板端から内側に配線することが望ましいね．

A：板厚の20倍ですか？　ずいぶん内側に配線する必要があるのですね．

B：その理由を説明しよう．**図1**は板端から離れたところにある信号線だね．信号がHレベルの場合，配線にはプラスの電荷が存在している．また，信号に対向するグラウンド面にはマイナスの電子があり，電荷と電子の間には電界が発生しているわけだ．実線の矢印は電界の方向と強さを示す電気力線だね．2つの導体間に電位差があれば，そこには電界が発生する．この電界は，層間厚さhの間隔によって強くも弱くもなる．**図1**のグラウンドの位置が信号に近づけば，電荷と電子の間の電界が強くなり，結果的にグラウンドへの電界の広がりは少なくなる．この電界を外に出さないためには，信号とグラウンドの間隔をできるだけ短くしておく必要があるわけだ．

ところで，**図2**の場合は向かって右側の電界の広がりにグラウンドが対応できていない．したがって，電子と結びつくことのできない電荷は基板端から外側に発散していってしまう．これが板端からノイズが発生

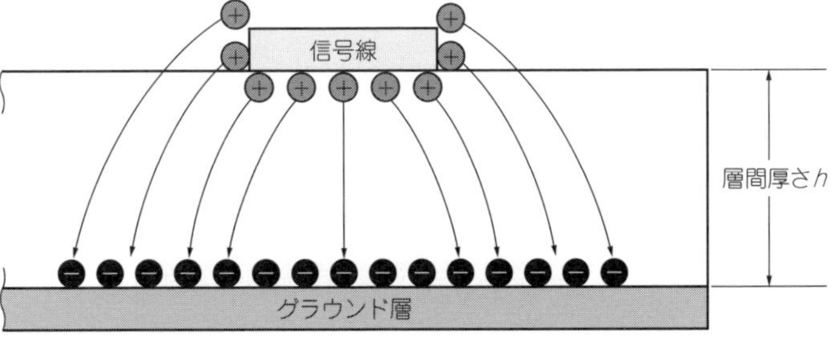
信号線
層間厚さh
グラウンド層
信号線の電荷がグラウンドの電子と結びついて電界を作る(矢印は電気力線を示している)．層間厚さhが大きくなれば電気力線はグラウンド面に広がる方向となり，電界が外側に出やすくなる

図1　配線とグラウンド層での静電結合のようす

する原因だよ．この状態は，配線の一部がアンテナになっていることと同じだね．

A：なるほど，板端に配線をするということは，グラウンドとの結合が取れなくなるということなのですね．

B：配線はできるだけ安定なグラウンドの真上に置かなければならないということの理由だよ．

4-2 スピードの速いLSIや発振回路を基板端に配置しないこと

部品配置上で気を付けるべき点のうち，もっとも大切なことは基板端への部品配置です．ここでは，板端に配置しても問題のない部品と，そうでない部品について説明します．

*　　*　　*

A：板端に配置してはいけない部品と，配置してもよい部品というのがあるのですか？

B：そうだね，基本的にはスピードが速い部品，水晶振動子やCPUなどは板端に配置しないほうが無難だよ．

A：板端に配置しても問題のない部品とはどのようなものですか？

B：コネクタなどは指示によって板端に配置することが多いんだが，抵抗，コンデンサ，LEDやスイッチなどは問題ないだろう．

A：なぜ板端近くに速い部品を配置してはいけないのでしょうか？

B：これも高速の信号線を板端に配線してはいけないことと同じ理由だよ．高速で動作する部品はそれ自体から発生する電磁界が非常に強く，しかも信号線と違って周囲360°に広がるように伝わるので，よほど安定なグラウンドがなければ対称性が保てなくなる．また，高周波電流が電源層/グラウンド層に流れるので，もし電源とグラウンドのインピーダンスが基板全体で高くなっていたり，板端に電源かグラウンドの一方しかなかったりすると，共振を起こしてしまうことがあるんだ．

A：共振とはどういうことですか？

B：ビール瓶の縁に息を吹きかけると，誰が吹いても同じブーンという音が出るよね．これは空気の振動が，ビンの底と縁で異なるためだ．底は空気が漏れないのであまり振動しないけれど，縁は激しく振動する．ビンの中に水を入れれば，その量によって音が高くなっていくのは誰でも一度は経験しているよね．振動する長さが短くなるので音が高くなるわけだ．

同じように，基板端に高速の電流が流れるようなLSIなどがあると，そこは低インピーダンス回路になっているので磁界の発生が主体となるが，基板端のインピーダンスが高いままになっていると，LSIと板端の距離によっては激しく共振を起こすことがある．こういった理由で，高速で動作する部品はできるだけ基板中央に配置するべきなんだ．

A：驚きです．基板上の電源，グラウンドにもビール瓶と同じような現象が出ていたのですね．こういった現象を防ぐ手段はないのでしょうか．

B：基板端などのように電源/グラウンドが振られやすい場所(インピーダンスが高い場所)に抵抗やパスコンを入れて終端する方法がある．ただ，これらの手法のなかにはすでに登録された特許が数多くあるので，思いつきで設計するのはやめたほうが無難だ．要は，基板端のインピーダンスを下げればよいわけだから．

A：基板設計の分野にも特許がたくさん出ているというところが気になりますね．

4-3 基板端はグラウンドで囲んでおくこと

4-1項でも述べましたが，基板端に配線を通してしまうことの影響は非常に大きいのです．一般的には，**図3**のように板端から基板内側に0.5～1 mmは製造上の問題で部品も配線も置くことができない禁止エリアとなりますが，グラウンドは図のように基板の板端周囲を囲むように配線することが望ましいです．設計の初期段階(基板外形作成時)で周囲をグラウンドにしておくと，部品配置や配線の領域を少なくしてしまいますが，最初からこのエリアには配置も配線もできない

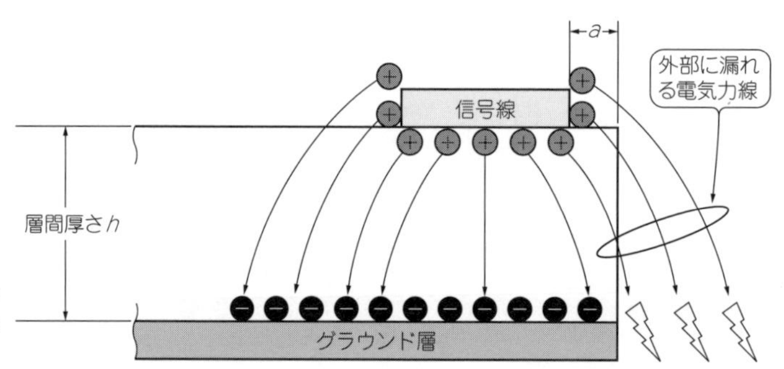

a
外部に漏れる電気力線
信号線
層間厚さh
グラウンド層
板端近くの配線は，GNDとの結合が非対称となり，電界の一部が基板外に放出される．これがノイズとなる．aの寸法は20×h以上とし，電界の対称性を保つ必要がある

図2　板端での配線とグラウンド層での静電結合のようす

とあきらめてしまえば何とかほかのエリアで設計できるはずです.

まずは周囲をグラウンドで囲いますが，ただ囲っただけではパターンの位置によって電位が変わってしまう可能性があります．**図3**で示すように，約20～40 mm間隔でビアをグラウンドに落とします．両面基板であれば，部品面とはんだ面に同じ形状のグラウンドを配線して上下のグラウンドをビアで接続します．また，多層基板の場合は，部品/はんだ面と内層のグラウンド層間をビアで接続します．こうすることによって，電源はともかくグラウンドは板端まで安定になります.

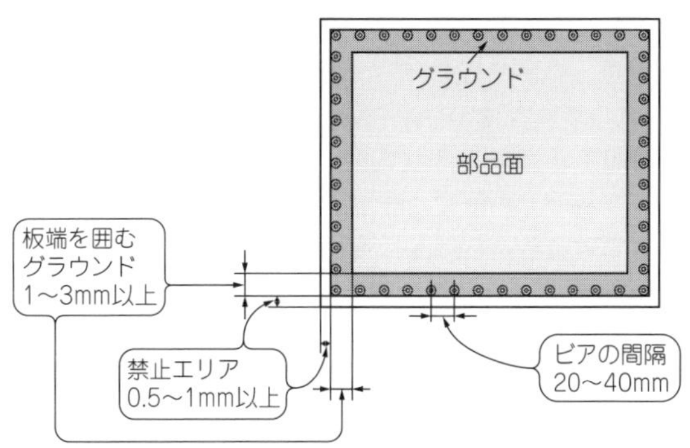

図3　基板の板端のグラウンド設計
基板の周囲をグラウンドで囲うように配線し，反対側のグラウンドに向けてビアを打つ

＊　　＊　　＊

A：グラウンドで周りを囲うだけではなく，さらにビア接続をするのですか？　何だかいろいろとくふうしなければならないようですが，なぜ周囲をグラウンドで囲って，そのうえさらにビアで接続するのでしょうか？

B：基板の周囲はもっともノイズを出しやすく，受けやすい場所なんだ．受けやすいということは何となくわかるかな？

A：端だからノイズが入りやすいということですか？

B：基板は一般に，筐体やシールド・ケースに入っていることがほとんどだけど，その筐体が金属などでできている場合は，逆に影響を受けやすくなることがある．基板と筐体間の寄生容量と相互結合による影響によるものだ．ほかにも，電源供給源のグラウンド電位と，離れた場所におけるグラウンド電位の差は0Vになっていないことが多く，これが予期しないコモン・モード電流を生むこともある．グラウンドに電位差があるということは，グラウンド間に電流が流れているということなので，できるだけ双方のインピーダンスを下げて，位置による電位差を低減しなければならない．そのために，20～40 mm間隔でビアを打つわけだ.

A：なるほど，でも0Vのグラウンドが場所によっては0Vではないというのは驚きですね．もしも0Vでないグラウンドに部品を配置し，電源を供給してしまうと正しい電源が供給できないということになるのでしょうか？　つまり，その部品は誤動作を起こす可能性が高いということになるのでしょうか.

B：だからグラウンドの設計は難しいんだよ．ただ単純に，つなげればよいということではないのだよ.

第5条　フレーム・グラウンドとシグナル・グラウンドをしっかり分離すべし

フレーム・グラウンド(flame ground；FG)は基本的には筐体やシャーシなど，製品のなかでもっとも低いインピーダンスと考えられるグラウンドをいいます．シグナル・グラウンド(signal grouind；SG)は，電子回路における信号グラウンド(共通電位)で使われているグラウンドのことです.

5-1　フレーム・グラウンドをおろそかにしないこと

同じグラウンドという名前が付いているのに，なぜグラウンドを分けなければならないのでしょうか．同じグラウンドであることは確かなのですが，その役割は実は異なります．例えば，電化製品(冷蔵庫，電子レンジ，洗濯機など)を購入し，設置する際に緑色の配線が電源のコネクタと一緒に付いているのを見たことはありませんか？　説明書には「このケーブルは＊＊と接続してアースを取ってください」などと書かれています．簡単にいえば，これがフレーム・グラウンドです.

＊　　＊　　＊

B：このケーブルが何のために付いているかわかるかい？

A：金属に接続しておくことが多いですよね，でもなぜだか理由はわかりません.

B：このケーブルを大地のグラウンドに接続することで，機器から発生する漏れ電流が人体に流れないようにしているんだ．感電の防止だね．それだけでなく，大地のグラウンドは非常に安定(インピーダンスが低い)なので，このグラウンドを製品の基準グラウンド(0 V)にするという役割もある．**図1**はFGとSGの分離方法の一例だ．基板の四隅はフレームと接続されているフレーム・グラウンドだね，基板内のSGとは，図のように抵抗やコンデンサなどで接続する方法が一般的に行われている．ただし，FGの影響を嫌って独立させている場合もあるので，システム設計者の指示をもらうべきだね．

＊　＊　＊

静電ノイズを回路のグラウンドに侵入させないためと，基板のどの位置に静電ノイズが侵入しても四隅の取り付けねじから外部に流れるように，基板端のもっとも外側に1 mm程度のFGを配線し，その内側に3 mm以上のギャップを取ってSGを取る方法もあります．ただし，この場合は**図1**のように部品で相互を接続することはほとんどありません．

5-2 コネクタはフレーム・グラウンドに接続すること

外からノイズが侵入する可能性があるコネクタのシェルはFGパターンに接続し，直近でフレームに落とせる配置，配線にします．

図2はノイズが侵入する可能性が高いコネクタ周辺の例です．頻繁に抜き差しするコネクタや筐体に接続されている場所は，人が触れる機会が多い場所です．特に冬の乾燥した時期などは「パチッ！」と静電気が飛んだ経験があると思います．環境にもよりますが，10 k～30 kVの静電気を体や衣服に帯電してしまうことがあります．その静電気を一瞬で放電してしまうのですから，基板上の電子部品にとっては重大問題です．通常は0 Vのグラウンドが10 k～30 kVにもち上がってしまうわけですから，基板設計方法によっては誤動作を起こしたり，部品が破壊されたりするのです．

＊　＊　＊

A：30 kVというのは，ちょっと想像がつきません．

B：電流はとても少ないので，人間はショックを感じる程度で済むが，電子部品のなかにはとても薄い膜でトランジスタの絶縁を取っているLSIなどもあるので，少しの電圧がかかってもすぐに絶縁破壊を起こしてしまう．LSIが動作しなくなった原因を突き止めるために，メーカに調査を依頼することがあるよね．その結果，LSIの表面に「ポチッ」と黒い穴が開いた写真と「静電気による破壊です．取り扱い方法などをご確認ください」というメッセージが戻ってくることがある．結果は静電気による破壊だが，原因は多種多様で，半導体メーカにはわからないことが多いんだ．

＊　＊　＊

基板設計の段階で，敏感な部品はできるだけ静電気にさらされないようにしなければなりません．具体的には，どこに静電気の侵入場所があって，その静電気がどのような道筋で回路に入るかを理解したうえで，FGとSGを分ける必要があるのです．FGとSGをRC部品で接続する方法以外に，**図2**に示したように何カ所かパターンで接続しておき，あとで配線をカットできるような手法もお勧めです．

＊　＊　＊

A：静電気がこれほど基板に悪い影響を及ぼすとは思いませんでした．Bさんのいうように，客先からは基板以外の構造や静電気試験など，品質に関わる情報もつかんでおくことが必要ですね．

B：最近は静電ノイズなど外部からのノイズ耐性を上げることにとても敏感な客先が多いので，なおさらシステムの構造を知っておく必要があるね．基板設計だけ考えていれば良いという気持ちでは，いつまで経っても問題は解決できないからね．

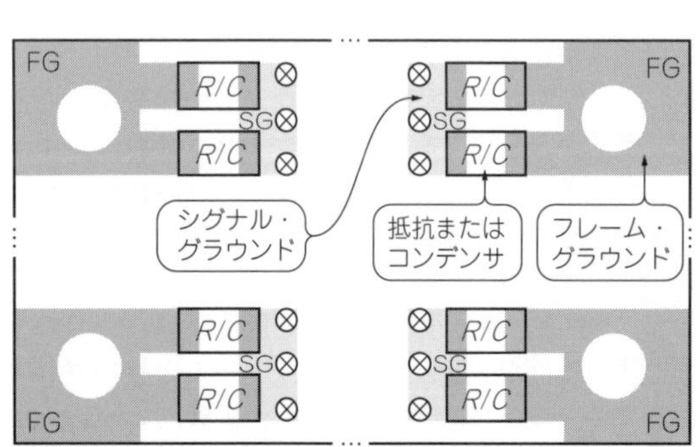

図1　フレーム・グラウンドとシグナル・グラウンドの分離と接続

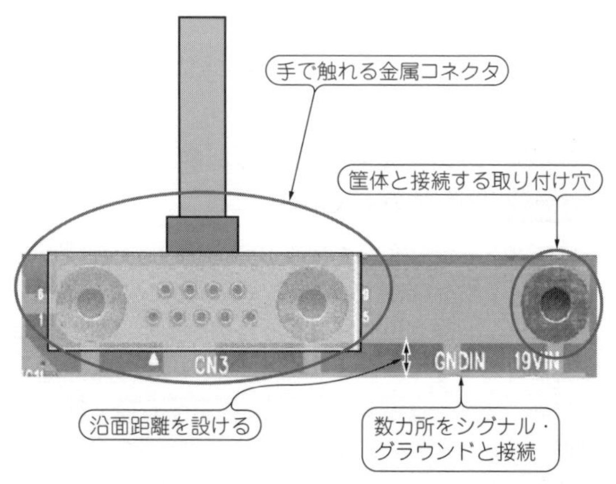

図2　外部と接続するコネクタはフレーム・グラウンドに接続する

第6条 パスコンはICの電源端子の直近に配置すべし

最近開発されている製品の共通点として，回路規模が非常に大きくなっていることが挙げられます．その影響かどうかはわかりませんが，回路設計者本人にしかわからないような書き方をしている回路図をよく見かけます．その典型例がパスコンです．

6-1 パスコンを忘れないこと

バイパス・コンデンサ（略してパスコン）は，LSIの電源/グラウンド・ペアに1個は必須です．回路図には隅のほうにまとめて書かれていることが多いので，何個かのパスコンが忘れられることが多いのです．

＊　＊　＊

B：ICの近傍にパスコンがない回路図を見たら，回路設計者に「パスコンの数は足りていますか？　足りない場合はどうしたら良いですか？」と確認する必要があるよ．

A：回路設計者はICの電源端子数に合わせてパスコンを回路図に記入していると思うので，不足ということはないと思いますが．

B：すべての回路設計者がそのように設計してくれると助かるんだけど，現実はそうでないことも多いんだよ．回路規模が大きくなってくると，1枚の回路図に1個のLSIしか描けないこともあり，500ピンを超えるようなLSIでは複数ページの回路図ということもめずらしくないからね．ましてや，その図面上にLSIの電源，グラウンド，パスコンをすべて記入してほしいなどと要求するのは酷というものだろう．

というわけで，LSIの電源，グラウンドとともにパスコンを別のページにまとめて描くことが定着している．このような回路図で基板設計をすると，何個かのパスコンを忘れてしまうこともある．念には念を入れて確認するということだよ．回路設計者によってはパスコンの重要性を認識していない人もいるようだし．

A：よくわかりました．基板設計者もLSIのピン配置を理解して，より良いパスコンの配置をしなければならないということですね．では実際に配置をするときなのですが，どのようなことに注意して配置すればよいですか？

B：パスコン配置の基本はICの電源ピンの直近！　これだけだ．実装条件で遠くになってしまうことがあるかもしれないが，それはICにとってもその基板にとっても良いことではない．ICを配置したら，次には必ずパスコンを配置する．この順番を守るべきだ．

A：何だかとても力強い言葉ですが，もしもICから離れた位置に配置してしまった場合はどうなるのですか？

B：絶対にICのピン直近にパスコンを配置しなければならないのだから，本来はそんなことを考えてはいけないんだ．でも，パスコンの役割を理解できていないと遠くに配置することもあるかもしれないから，ここで少しパスコンの役割を考えながら，パスコン配置の際に注意しなければならないことを確認しておこう．

6-2 パスコンの役割と環境条件を忘れないこと

● パスコンは短時間で充放電を繰り返す電池のような役割をする部品

コンデンサは小さな充電可能な電池と考えることができます．コンデンサの容量が小さければ充放電はあっという間に終了してしまいます．**図1**はコンデンサの充放電の状態を調べる回路です．スイッチがOFFしていると，電源から配線抵抗R_1を通ってコンデンサCに電荷を充電し，充電を完了すると電流は流れなくなります．ここで，一瞬スイッチがONすると，コンデンサに充電した電荷はスイッチを通って負荷抵抗R_2に流れ込むという仕掛けです．スイッチはICのON/OFF動作をわかりやすくしたもので，Cはパス

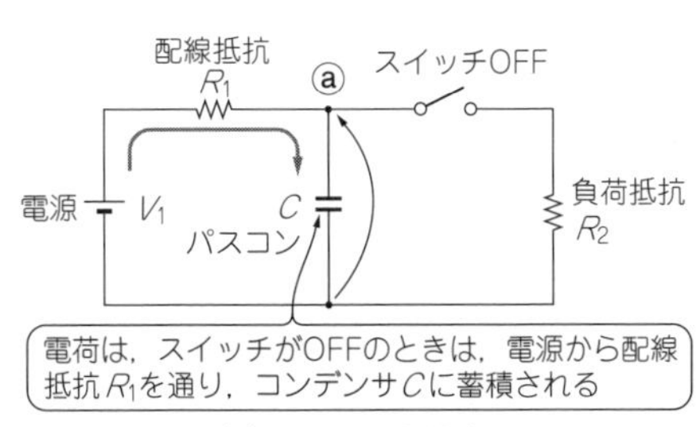

(a) スイッチOFF時

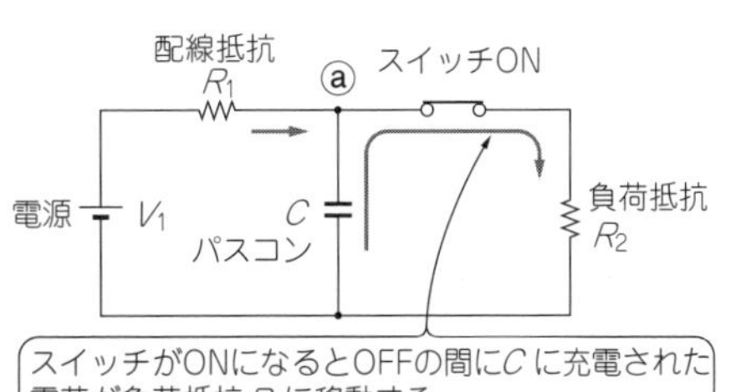

(b) スイッチON時

図1　コンデンサの充放電

コン，負荷抵抗はICの中にある内部インピーダンスに該当します．実際のICでは，このON/OFFの動作が非常に速いのです．

2枚の導体にそれぞれ$+Q$，$-Q$という電荷があり，導体間に電圧Vがかかっているとすれば，電荷Q［C］，電圧V［V］，静電容量C［F］の間には，

$$Q = CV \cdots\cdots (1)$$

という関係が成り立ちます．これが充電の状態を説明する式です．

また，t［秒］の時間にQ［C］の電荷が移動すると，電流i［A］との関係は，

$$Q = it \cdots\cdots (2)$$

で示すことができます．これはt秒間の間，電流iで放電したことを説明する式です．つまり上の2つの式で，充放電を説明していることになります．

● パスコンはできるだけLSIやICの電源端子のそばに配置する

図2は，パスコンがICの電源端子とグラウンド端子の近傍に接続されているようすを示したものです．電源の配線にインダクタンスが書かれていますが，こういう部品が実際に入っているわけではなく，2-4項の中(p.67)で説明した電源パターンのインダクタンスぶんを表しています．電源パターンはこのインダクタンスのため，電源供給源では規定の電圧を出しているにもかかわらず，IC(負荷)側の電源電圧はICの動作時の電流の変化によってリプル電圧を発生させます．2-4項の例(p.68)では，負荷電流が流れたときに0.4 Vもの電圧降下が発生しました．パスコンは，ICの電源電圧が変動したとき，いち早く電荷を放出させ(放電)，リプル電圧を抑える働きをするのです．もちろん，ICがOFFしているときは，電源電圧は供給源と同じになるはずなので充電しています．このように，ICがONで放電，ICがOFFで充電を繰り返しています．

最近のLSIは消費電力が大変大きいので，個別のパスコンではまかないきれないことも多いのです．このようなときは，LSIの周囲に少し大きめの容量(例えば1 μF～10 μFなど)を入れて，小さな電池の代わりをさせることもあります．私たち基板設計者の苦労を考えて，最新のLSIにはパスコンを組み込んでいるものもあります．まだ一部ですが，効果は大変大きいようです．無理をしてパスコンを配置する必要がないので，基板設計が楽になります．

● コンデンサの基本はエネルギーを蓄えること

コンデンサのもっとも簡単な構造は，**図3**に示すように2枚が平行に並んだ板です．この2枚の板の間に電気エネルギーを蓄える(電荷を蓄積する)ことができるのです．ここでいう電荷とは，電気を帯びた小さな粒のことで，電荷が流れるように移動することを「電流」といいます．いま，縦a［m］，横b［m］の導体(電気を流す物体)が間隔d［m］で平行になっている場合，静電容量C［F］は，

$$C\,[\mathrm{F}] = 8.854 \times 10^{-12} \times \varepsilon_r \times \frac{ab}{d} \cdots\cdots (3)$$

で求めることができます．ここで，ε_rは比誘電率です．式からわかることは，静電容量C(電荷を蓄えられる量)は誘電率と導体の面積に比例し，導体間の間隔に反比例するということです．もう少しわかりやすくいえば，導体の面積が大きいほど，間隔が狭いほど電荷を蓄える量が増えるということです．

例えば，$a = b = 100$ mm $= 0.1$ m，$d = 1$ mm $= 0.001$ m，$\varepsilon_r = 1.0$(空気の比誘電率)とすれば，

$$C = 8.854 \times 10^{-12} \times 1.0 \times \frac{0.1 \times 0.1}{0.001} = 88.5 \times 10^{-12} = 88.5\ \mathrm{pF}$$

となります．これだけ大きな板を向かい合わせても，たかだか88.5 pFしか電荷を蓄えておくことができません．

この結果から見ると，プリント基板の電源層とグラウンド層の間に蓄えられるエネルギーは知れたものです．とても基板上に載っているLSIのリプル電圧を賄うわけにはいきません．

● パスコンの容量はICのリプル電圧をどうするかで決まる

パスコンがなぜICの電源ピン直近に必要かという理由について説明します．もう一度，**図1**を見てくだ

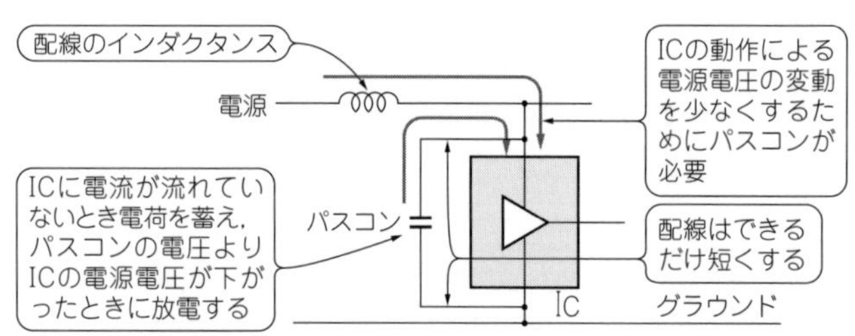
配線のインダクタンス
電源
ICの動作による電源電圧の変動を少なくするためにパスコンが必要
ICに電流が流れていないとき電荷を蓄え，パスコンの電圧よりICの電源電圧が下がったときに放電する
パスコン
配線はできるだけ短くする
IC
グラウンド

図2　パスコンの役割は電源の補助

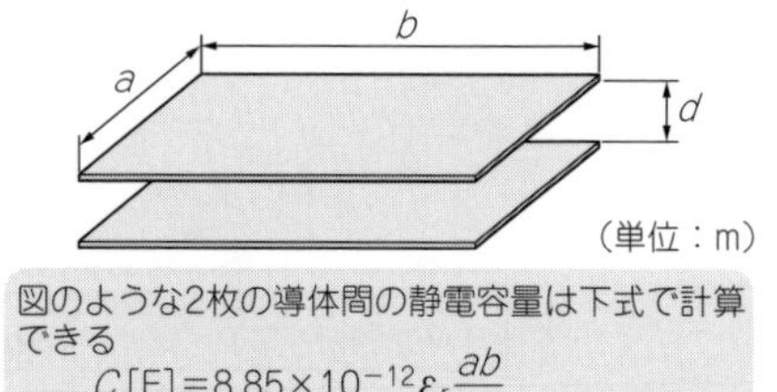
b
a
d
(単位：m)
図のような2枚の導体間の静電容量は下式で計算できる
C[F]=8.85×10⁻¹²εr ab/d

図3　コンデンサのしくみ

さい．スイッチがOFFのとき，Cに蓄積される電荷量Q_1は，コンデンサCを0.1 μFとすれば，

$$Q_1 = CV_1 = 0.1 \times 10^{-6} \times 5 = 0.5 \times 10^{-6}\text{C}$$

となります．このとき，コンデンサの両端電圧は5Vで安定となっています．ここでスイッチがONすると，Cに蓄積されていた電荷は一挙に負荷抵抗R_2に向かい，エネルギーを消費します．例えば，負荷抵抗R_2を125Ω，電圧を5Vとすれば，流れる電流はオームの法則から，

$$i = \frac{V_1}{R_2} = \frac{5}{125} = 0.04\ \text{A}$$

となります．ここで，スイッチのON時間がわかれば，放電される電荷の量が算出できます．例えば，ON時間をt = 10 ns = 10 × 10^{-9}sとし，放電する電荷の量をQ_2とすれば，

$$Q_2 = it = 40 \times 10^{-3} \times 10 \times 10^{-9} = 0.4 \times 10^{-9}\text{C}$$

となります．Q_1はスイッチがOFFしているときの電荷量，Q_2はスイッチがONしたときの電荷量なので，差は放電後に残った電荷の量ということになります．この電荷をQとすれば，

$$Q = Q_1 - Q_2 = 0.5 \times 10^{-6} - 0.4 \times 10^{-9} = 0.4996 \times 10^{-6}\text{C}$$

となります．この値とコンデンサの容量Cから，放電後のCの両端電圧V_2を計算すると，

$$V_2 = \frac{Q}{C} = \frac{0.4996 \times 10^{-6}}{0.1 \times 10^{-6}} = 4.996\ \text{V}$$

となります．もともとの電圧からこの値を引いたものがリプル電圧と呼ばれるもので，この値が大きいと電源やグラウンドが不安定になったり，ノイズを発生させたりするのです．**図4**は電圧変動のようすで，スイッチONと同時に急激にコンデンサ両端の電圧が低下し，スイッチOFFで少しずつ充電していきます．

パスコンの容量値は，このようにICのON時間とそのとき流れる電流，ICの電源-グラウンド間の電圧変動をどうするかによって決まります．ちなみに，パスコンを0.01 μFと1/10にすると，リプル電圧は0.4Vまで増加します．

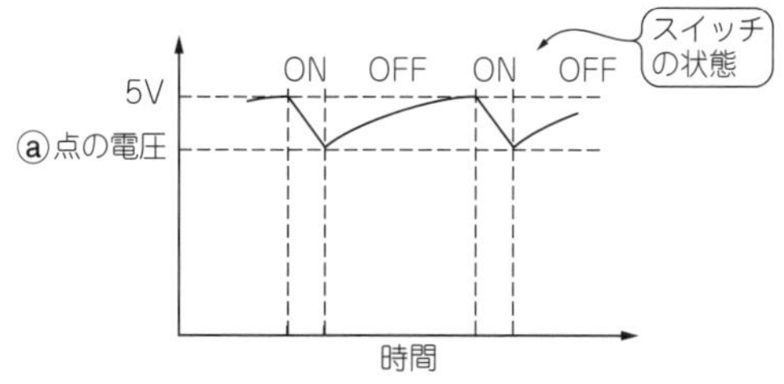

図4　図1で発生するリプル電圧

6-3 LSIの電源とパスコンの距離はできるだけ短くすること

パスコンの働きは急激に電圧の変動を起こさせないようにすることです．そのためには，ICやLSIとパスコンはできるかぎり近くに配置しなければなりません．

＊　＊　＊

B：さて，ずいぶん難しい話になってしまったけれど，パスコンが電源/グラウンドの急激な変動を緩和する部品であるということがわかったかな？

A：パスコンが高速で充放電をする部品であること，その働きが電源/グラウンドを安定にしていることがよくわかりました．

B：**図1**でコンデンサCがない場合はどうなるだろうかということを考えてみたかい？

A：いいえ．

B：じゃあ，ここで考えてみよう．例えば，抵抗R_1が12Ω，R_2が120Ωだとしよう．

A：このとき，スイッチがOFFの状態ではⓐ点には電流が流れないので5Vのままですね．そしてスイッチがONした瞬間にドカンと電流が流れて，ⓐ点の電圧はR_1とR_2の分圧比の値になります．もとの電圧の9/10になるので，5.0 − 0.5 = 4.5Vということですね．

B：よくわかったね．ここまでわかるようになると，もう単なる基板設計者ではないね．

A：いやあ，それほどでも～．

B：パスコンがないと抵抗の分圧比まで電圧が急激に落ちてしまうことがわかったね．**図4**では，時間に伴う電圧の変化はゆるやかになっている．

A：そうですね，急に変化させないのがパスコンの効果ということですね．

B：配線にはインダクタンスぶんがあって，これが電流の流れを妨げているわけだ(2-4項)．個々のICが動作するたびに電圧が変動するので，変動を抑えるためにそれぞれのICの電源端子のすぐそばにパスコンを置くというわけだ．小さな部品ながら大変重要な役割をしているのだよ．

6-4 パスコンは電源供給源とLSIの電源端子の間に入れること

パスコンの役割がわかったところで，今度はパスコンの性能を引き出すための配線方法について考えます．役割が理解できていればこの説明は簡単に理解できるでしょう．

＊　＊　＊

A：両面基板の設計を行う際，回路図にまとめてパスコンが描かれていたため，**図5**のように，部品面の1カ所に回路図と同じようにまとめて配置してしまいました．パスコンの役割を知っていれば，できるだけ

LSIの電源端子のそばに配置しようとしたでしょうが，基礎がわかっていないというのは恐ろしいですね．**図6**は，この場合のLSIとパスコンの電源-グラウンド経路を表していますが，パスコンのグラウンドとLSIのグラウンドの間には何の関係もありません．LSIのグラウンドも細いですし，電源とグラウンド配線の結びつきもあったりなかったりで，設計思想が見えないところが寂しいですね．

B：あまり自分を責めてはいけないよ．設計の問題がこれだけ指摘できたということは，それだけよくわかったということなのだから．

A：そこで，今度は**図7**のように各電源端子のそばにパスコンを移動し，グラウンドを強化するためにべた面を多く入れました．電源配線も太く短くを意識しました．ただ，両面基板ということもあり，信号の流れを考慮してパスコンをはんだ面に配置したところがちょっと心配です．

B：そうだね．基本は**図8**のように，ICと同一の面に配置することが望ましいんだけど，どうしても同一面に配置できないときでも基本の流れだけは守るべきだ．**図9**はその一例で，IC下のビアで電源層と接続し，パスコンを通って再びビアで部品面に切り返し，ICの電源端子に配線している．このときグラウンドは，パスコンとグラウンド端子の間でグラウンド層に接続してもかまわない．

A：これでパスコンの配置・配線方法が明確になりました．

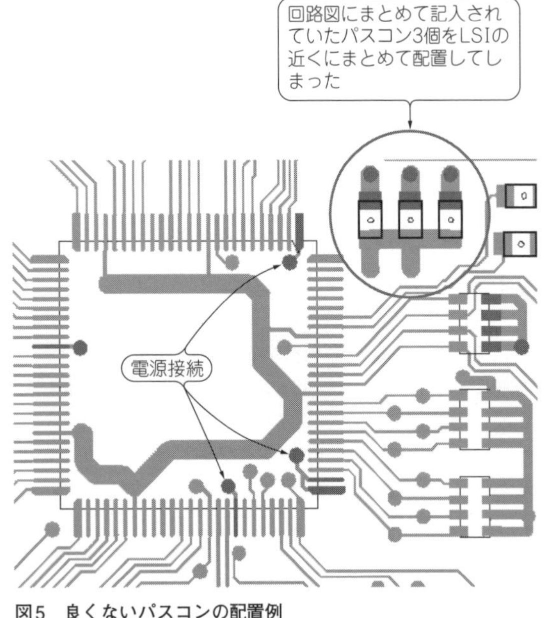

図5　良くないパスコンの配置例

図6　図5における電源とグラウンドの経路

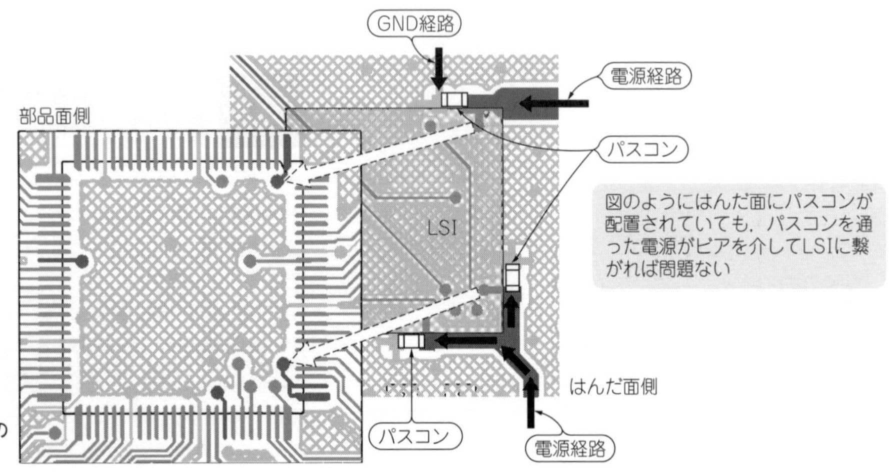

図7　改善したパスコンの配置例と電源の経路

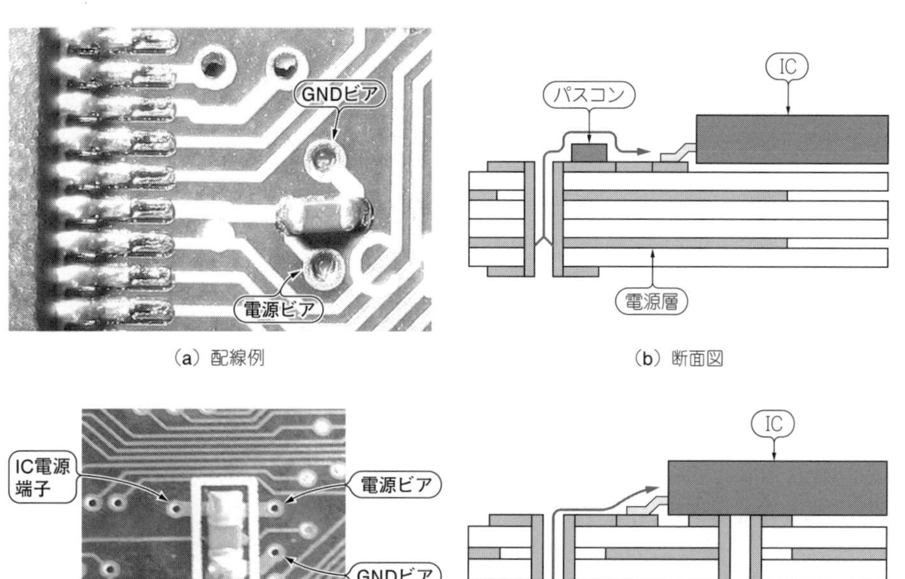

図8　パスコン配線の実例

（a）配線例　（b）断面図

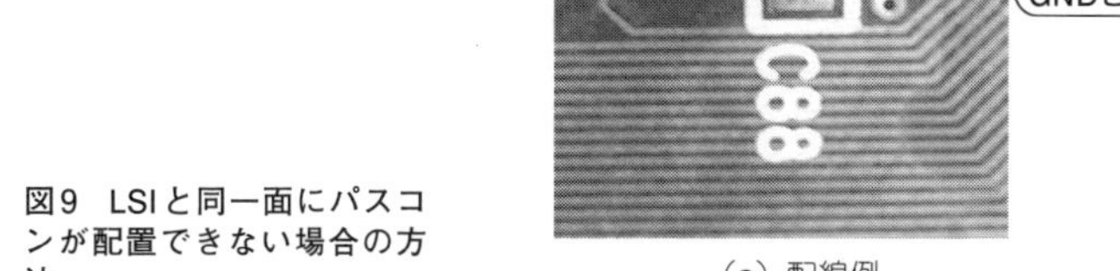

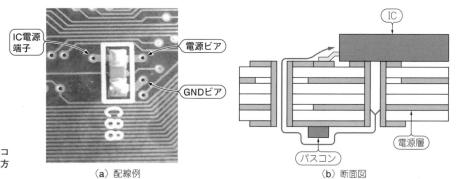

図9　LSIと同一面にパスコンが配置できない場合の方法

（a）配線例　（b）断面図

第7条　層構成をよく考えて基板を設計すべし

プリント基板は，信号電流が戻る経路をしっかり作っておくことによって，オーバーシュート/アンダーシュートやリンギングのないきれいな信号を伝送することができます．ここでは，リターン経路の重要性と層構成/パターン設計について考えてみることにします．

7-1　信号のリターン電流の経路を考えて設計すること

信号電流が戻る経路とは何でしょう．**図1**の回路のように，電池と豆電球があったとします．豆電球を光らせるには，もちろん電池のプラス側と豆電球の一方の端子，マイナス側と豆電球のもう一方の端子をリード線で接続すればよいわけです．回路（ループ）が途中で分断されていては光りません．ここで，プラス側のリード線をバス信号と考えた場合，マイナス側のリード線の代わりになる配線（または面）がどこかになければ，信号は役目をなさなくなります．

図1の例と同じように，信号電流も信号線を通って目的の回路に到達したあと，どこかの経路を通って必ず信号の発生元に戻っています．

片面基板では信号配線のすぐそばに広いグラウンドや電源のべたを設けているのが普通ですが，これは単に安定な電源やグラウンドを作っているだけでなく，いくつかの信号の戻り電流（リターン電流）が重複しても，電位が振れないようにしているのです．ただし，配線できる面が片面だけという制約は大きく，交差ができてしまうところにジャンパ線を入れたりすると，途端にリターン電流の考えなど吹き飛んでしまいます．

両面基板では，設計によってはジャンパ線を使わなくても配線できるようになりますし，どちらかの面に電源やグラウンドを作っておけばよいので，設計の自由度は高くなります（**図2**）．

片面や両面基板のように，ややもするとリターン経路を忘れがちな（というよりできないと最初からあき

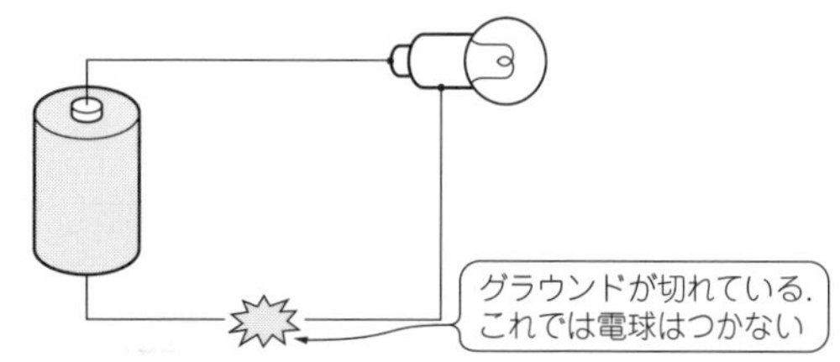

図1　電池と豆電球の回路

らめることが多い)基板を設計する際，お勧めの方法があります．**図3**は信号ラインごとに，横にグラウンドが配線されています．このグラウンドの起点と終点が信号と同じ場所であればリターン経路となります．

＊　　＊　　＊

A：多層基板の場合は，信号層とグラウンド層が別になっているので，リターン経路はいちいち考える必要はありませんね．信号層とグラウンド層が隣り合っていればの話ですが．

B：そのとおり．リターン電流は，信号配線からもっとも近いインピーダンスの低い面(または配線)から戻るんだ．信号の横にあるグラウンドもその1つだね．電源層も広い面で設計されていればインピーダンスが低いと考えられる．ただし，電源をリターン経路として使う場合に気をつけなければならない点があるんだ．

A：それはどういうことでしょうか？

B：特に多層基板では，同じ基板中でさまざまな電源を設計しなければならないことが多くなってきた．1枚の電源層に複数のべた電源層を入れるので，それらの電源の間にはどうしても境界(スリット)ができてしまう．電源層と対向する面の信号がスリットの上をまたぐと，リターン経路は途切れてしまうよね．そうなると，リターン電流は基板だけでなくフレームのようにほかの低インピーダンスの場所を探して流れるようになる．この経路が複雑になるほどノイズが出てしまうわけだ．**図3**の信号ラインの横のグラウンド(ガード)は，このようなところでも力を発揮する．

A：なるほど，リターン電流はインピーダンスが低いところを戻るということですね．スリットは要注意ですね．

B：内層のスリットは落とし穴なので，設計をするときも検図をするときにも対向する層を重ねて見ることが大切だよ．

＊　　＊　　＊

10 MHzを超えるような信号は一般に電磁波といわれています．電磁波は電界と磁界が関係しますが，これを知っておくとプリント基板を設計する際に，なぜリターン経路を考えることが重要なのかがよくわかります．ちょっと復習しておきましょう．

電位差があるところには必ず電界が存在します．**図**

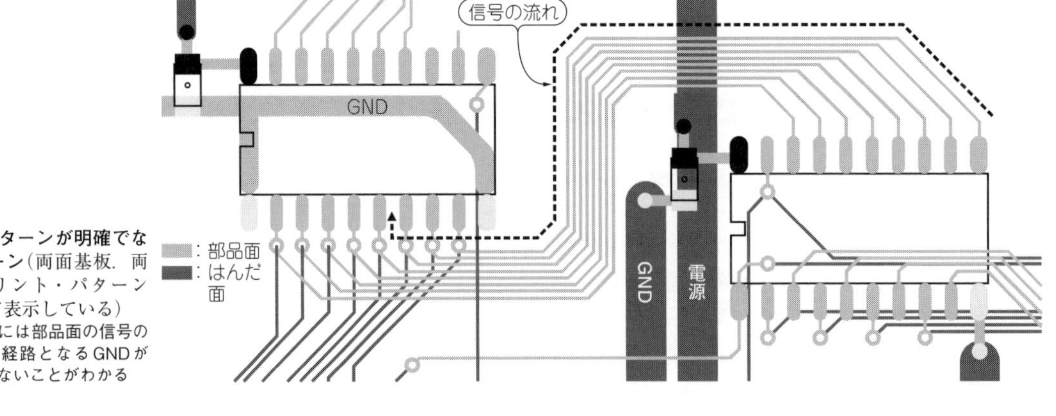

図2　リターンが明確でないパターン(両面基板．両面のプリント・パターンを重ねて表示している)
はんだ面には部品面の信号のリターン経路となるGNDがまったくないことがわかる

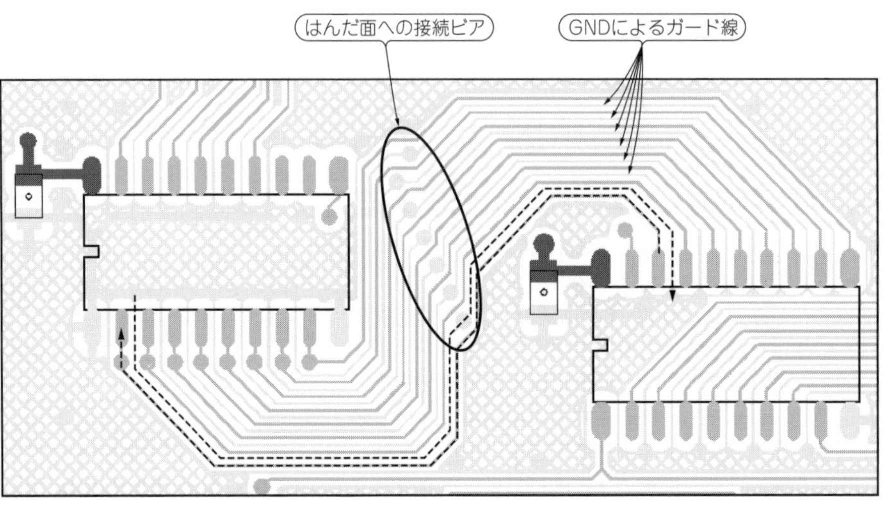

図3　リターンとガードを配置したパターン(両面基板)
すべての配線に対してGNDによるガード線が入っているため，問題なくリターン電流の経路が確保されているとともに，GNDの配線距離が長い箇所にビアを打ち，はんだ面のGNDと接続してループ面積を少なくしている

4は2本の銅線の間に発生している電界のイメージです．プラス側からマイナス側に描かれた矢印線を電気力線といい，電界の方向と強さを表しています．電気力線が込み入っていれば電界が強いということを表します．ここで，クーロンの法則を思い出してください．**図5**は電荷Q_1，Q_2を帯びた2つの粒A，Bが距離rだけ離れているようすを示しています．この2つの粒の間には，

$$F\ [\mathrm{N}] = \frac{Q_1 Q_2}{4\pi\varepsilon_0 r^2}$$

という力が働きます．ここで，$\varepsilon_0 = 8.85\times10^{-12}\mathrm{F/m}$です．この式からいえることは，2つの粒の間に働く力Fは，2つの電荷量に比例し，距離の2乗に反比例するということです．つまりQ_1，Q_2が大きいほど，距離rが短いほど，引き合う力は強くなるということです．

プリント基板上の電源層とグラウンド層，信号配線とグラウンド層(または電源層)の状態にも同じことがいえます．信号がICの出力(ドライバ)から負荷に進むということは，信号とグラウンド間に電界があるということです(信号振幅が5Vということは信号とグラウンド間の電位差が5Vなので，信号側に+の電荷，グラウンド側に−の電子が存在し，それぞれが互いに結びつき合って負荷方向に移動していると考えられる)．先の例でリターン経路がないということは，電子が流れるルートがないということなので，電荷と電子の結びつきがなくなり，電界が外側に飛び出してしまうということになるのです．つまり，信号は正常に伝わることができなくなり，結果的にはノイズを出すことにもつながります．

図6は信号配線とグラウンド間の結合が悪い例と良い例を示しています．層間の厚みを薄くすることは，信号を安定に伝送する意味でもたいへん重要なことなのです．

図7は信号の下にリターン経路が確保できていない状態で，信号線では電荷がスムーズに移動していますが，グラウンドにはスリットがあるため，なんとかして元に戻ろうとしている状態を表しています．結びつきが悪くなるとノイズが出るのは，この電荷の粒たちが必死にもがいている状態なのです．信号は電圧だけでなく，電流も流れていますから，**図8**に示す「右ねじの法則」に従って磁界を発生します．つまり，信号ラインでは電界と磁界がドライバICから負荷に向かって移動していることになります．

7-2 配線パターンの特性インピーダンスを計算すること

最近のプリント基板では，インピーダンスを整合させる必要のあるものが増えてきています．インピーダンスの整合を取るには，層構成，配線幅，銅はくの厚

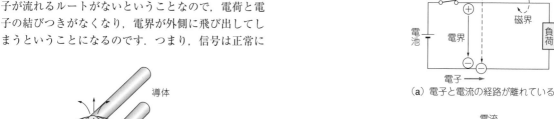

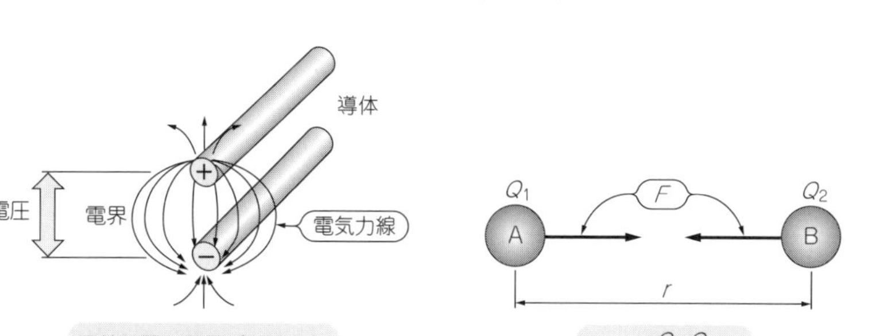

図4　電界の発生するようす

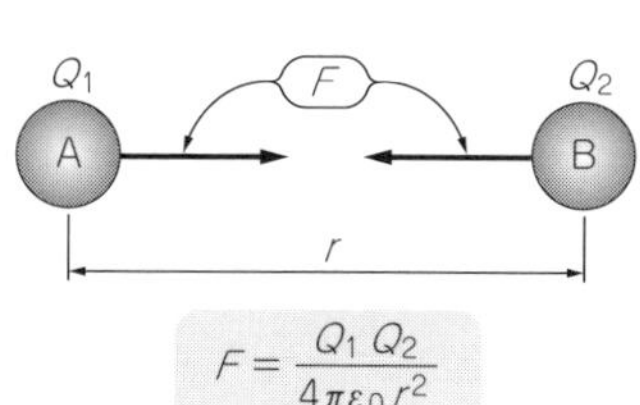

図5　電界の間に働く力

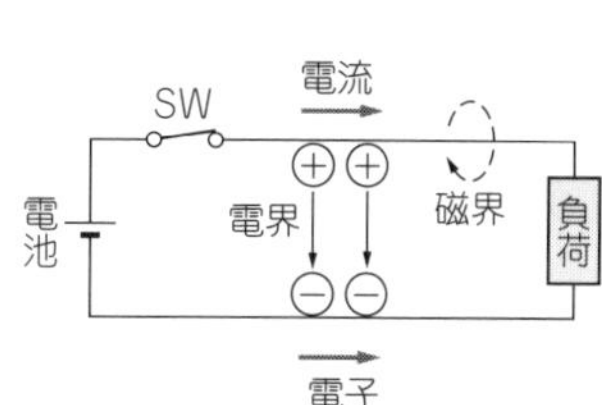

図6　信号配線とグラウンド間の結合

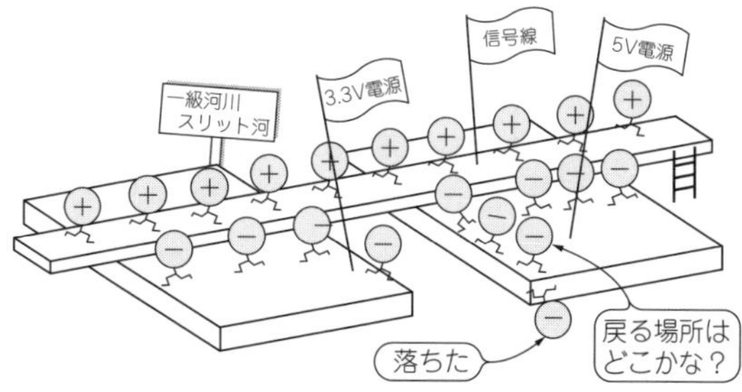

図7　グラウンド層にスリットがある場合のようす

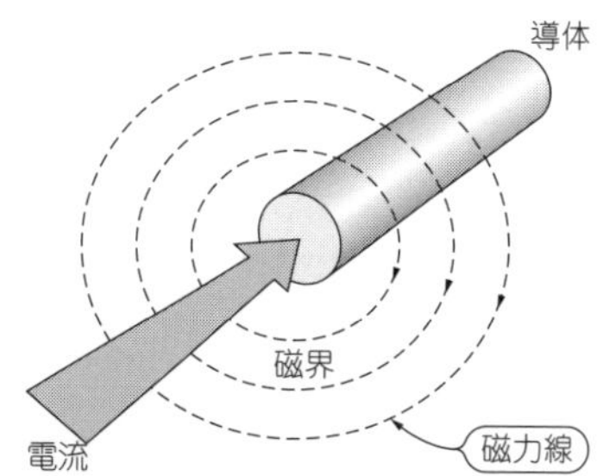

図8　右ねじの法則による磁界の発生

み，各層間の厚みなどの条件を調べておかなければなりません．特に多層基板では，安定なグラウンドをどの層に設定するかがとても重要で，インピーダンス整合やリターン経路を確保するということだけでなく，動作スピードの速いLSIの実装面に隣接する層は，できるだけ安定な面を確保しなければなりません．グラウンド層だけでなく，電源も配線のインピーダンスを下げるという意味では非常に大切な役目をします．

基板配線のモデルを**図9**に示します．実際に目に見えるのは基板材料と配線パターンだけですが，この配線は長さ方向にインダクタンスが，グラウンド(電源の場合もある)との間にキャパシタンス(寄生容量)が存在します．もし，配線の横にもグラウンドがあれば，それと配線の間にも寄生容量ができるので，これも配線に影響を与えます．これらが細かく分布して図のようになっていると考えてください(LやCは見えていない)．

左側のIC(ドライバICと仮定)から信号が出力された瞬間を考えると，信号が伝播するにはある時間が必要なので，Ⓐ点にはまだ信号は届いていません．ある時間を経過してⒶ点がHレベルになったとしても，その時点ではまだⒷ点はLレベルのままです．このように，信号はドライバICから出力して，徐々に負荷まで伝わります．この信号を進行波といいます．進行波は電圧と電流で表すことができ，Ⓐ点，Ⓑ点のそれぞれの電圧と電流の比は一定になります．電圧と電流の比はオームの法則では抵抗になりますが，ここではインダクタンスとキャパシタンスを扱っているので，この比例係数のことを特性インピーダンスといいます．特性インピーダンスZ_0は，

$$Z_0\ [\Omega] = \sqrt{\frac{L}{C}}$$

で表します．例えば，$L = 400\ \mathrm{nH/m}$，$C = 120\ \mathrm{pF/m}$の定数をもつ配線では，

$$Z_0 = \sqrt{\frac{L}{C}} = \sqrt{\frac{400 \times 10^{-9}}{120 \times 10^{-12}}} \fallingdotseq 57.7\ \Omega$$

となります．

図10はマイクロストリップ・ラインと呼ばれる構造の断面を示したものです．左側の断面図を標準として右側の2つの図を比較すると，右上の図は配線が太くなっているのでグラウンドとの容量が増え，特性インピーダンスは低くなります(上式のCが増える)．右下の図は配線とグラウンドの間隔が短くなっています．これも容量が増えるので特性インピーダンスは低くなります．

図11の右は配線の横にグラウンドがある場合です．これも配線とグラウンド間の容量が増えるので，特性インピーダンスは低くなります．**図12**はスルーホール(またはビア)の場合ですが，これは基準となるグラウンドがないので特性インピーダンスでは表現できません．あえて言うならば，内層に存在するクリアランスとスルーホール間の容量がクリアランス径によって変わってしまうので，高速信号ではこの容量が無視できなくなります．DDRなどの高速バスでは，配線当たりのスルーホール数を制限していることもあります．

▶ストリップ・ラインのインピーダンス

図13は，信号配線が誘電体の真中にあり，両側がグラウンドで囲まれた構造になっています．この配線構造をストリップ・ラインといいます．この配線の特性インピーダンスZ_0は次のように求めることができます．ただし，基材の比誘電率をε_r，誘電体の厚みをb [mm]，導体幅をw [mm]，導体厚をt [mm]とします．

$$Z_0\ [\Omega] = \frac{60}{\sqrt{\varepsilon_r}} \log_e\left(\frac{4b}{0.67\pi w(0.8 + t/w)}\right)$$

例えば，$\varepsilon_r = 4.7$，$b = 0.4\ \mathrm{mm}$，$w = 0.15\ \mathrm{mm}$，$t =$

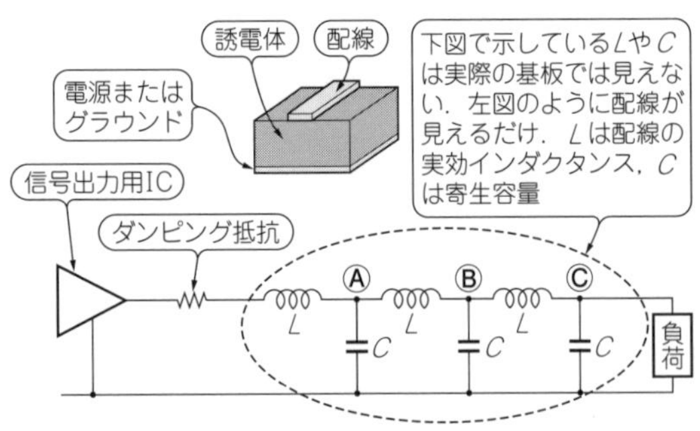

図9　基板上の配線パターンのモデル

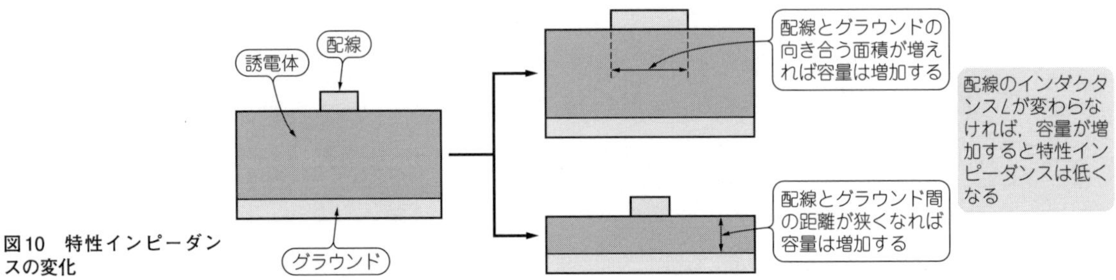

図10　特性インピーダンスの変化

0.035 mmのストリップ線路の特性インピーダンスZ_0は，

$$Z_0=\frac{60}{\sqrt{4.7}}\log_e\left(\frac{4\times0.4}{0.67\times3.14\times0.15\times(0.8+0.035\div0.15)}\right)$$
$$\fallingdotseq 44\ \Omega$$

となります．この式から，誘電体の厚みbを薄くするか，パターン幅wを広くすることによって特性インピーダンスが低くなることがわかります．

▶マイクロストリップ・ラインのインピーダンス

図14はマイクロストリップ・ラインの断面図です．ストリップ・ラインとの違いは，配線が空気にさらされているということです．この配線の特性インピーダンスZ_0は，基材の比誘電率をε_r，誘電体の厚みをh［mm］，導体幅をw［mm］，導体厚をt［mm］として，

$$Z_0\ [\Omega]=\frac{87}{\sqrt{\varepsilon_r+1.14}}\log_e\left(\frac{5.98h}{0.8\,w+t}\right)$$

で計算することができます．例えば，$\varepsilon_r=4.7$，$h=0.2$ mm，$w=0.15$ mm，$t=0.035$ mmの場合，

$$Z_0=\frac{87}{\sqrt{4.7+1.14}}\log_e\left(\frac{5.98\times0.2}{0.8\times0.15+0.035}\right)$$
$$\fallingdotseq 35.18\times2.04\fallingdotseq 71.8\ \Omega$$

となります．

誘電体の厚み，パターン幅などをさまざまに変えることにより目的の特性インピーダンスにすることができますが，高速バスなどでは特性インピーダンスをできるだけ安定にするため，ストリップ・ラインが多用されています．

以上が特性インピーダンスの計算方法となります．少し難しいですが，式は覚えなくてもよく，この式をExcelなどで作成して活用することです．

7-3 ダンピング抵抗はLSIの出力端子の直近に配置すること

ダンピング抵抗はパスコンと同様に，配置する位置や配線方法によって，まったく意味がない部品になってしまいます．ICの出力を理解して配置配線する方法を説明します．

＊　＊　＊

A：ICの入出力端子の情報を知ることが重要ということですが，基板設計上でどのようなメリットがあるのでしょうか．汎用部品の場合はデータシートを入手すれば理解できますが，ASICなど，独自に設計されたLSIではわからないことが多いです．入出力端子の情報が入手できない場合はどうすればよいのでしょうか．

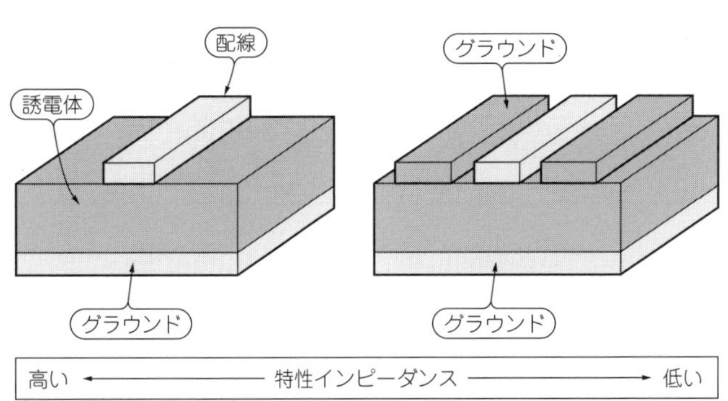

図11　ラインの特性インピーダンスが変化する要因
配線の近くにグラウンドがあると，配線-グラウンド間の容量が増加して特性インピーダンスは低下する．距離が短ければ短いほど容量は大きくなるので特性インピーダンスも下がる．グラウンド配線が片方の場合は，そのぶんの容量が減るので，特性インピーダンスは高くなる

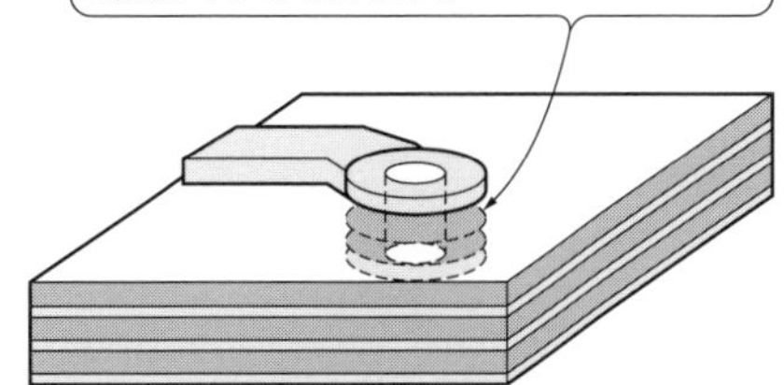

内層クリアランスとビア間の距離が短くなるほど容量は大きくなる．高速信号ではこの容量が無視できず，1ネット当たりのビア数を規制している場合もある

図12　ビアの特性インピーダンスが変化する要因

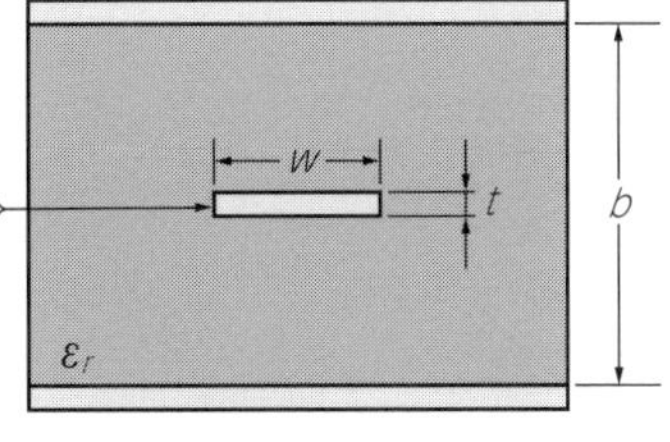

$$Z_0=\frac{60}{\sqrt{\varepsilon_r}}\log_e\frac{4b}{0.67\pi w\left(0.8+\frac{t}{w}\right)}$$

図13　ストリップ・ラインのインピーダンス

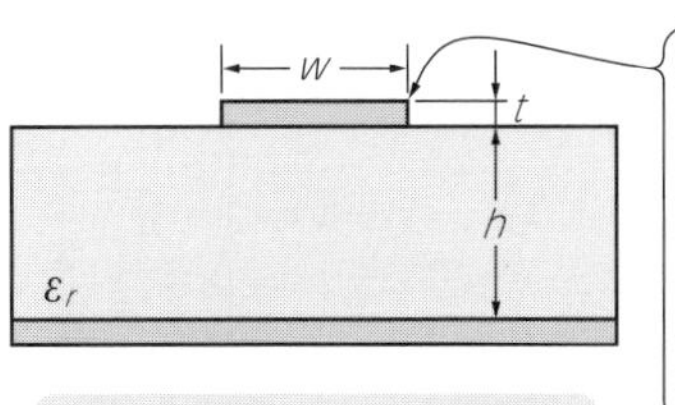

基板の表面に配線がある構造．配線の一方は空気，もう一方が誘電体に接していることから，実効比誘電率はε0＝1（空気）とεr（基板材料の誘電率）の平均と考える

$$Z_0=\frac{87}{\sqrt{\varepsilon_r+1.414}}\log_e\frac{5.98h}{0.8w+t}$$

図14　マイクロストリップ・ラインのインピーダンス

B：ICの入出力部を理解することによって，ダンピング抵抗の配置を明確にすることができるんだ．ダンピング抵抗はICの出力端子のすぐそばに配置しなければならない(**図15**)．なぜそのようにしなければならないかわかるかい？

A：回路図によっては位置が不明確な場合があります．なぜICの出力端子のすぐそばに置かなければならないのでしょうか．

● ダンピング抵抗の効果

図16はダンピング抵抗の効果を説明しています．ダンピング抵抗は，ドライバICから信号が出るときには，ドライバICの内部インピーダンスと配線の特性インピーダンスの整合をとるように働き，負荷側から反射電圧V_{1R}が戻るときには，配線の特性インピーダンスと「ダンピング抵抗＋ICの出力インピーダンス」が等しければ整合終端と同じ働きをしてエネルギーを吸収します(再度負荷側に反射を起こすことはない)．

図17にICの出力インピーダンスを考慮したときのダンピング抵抗値の求め方を示します．出力インピーダンスr_Oを28 Ω，配線の特性インピーダンスZ_1を70 Ωとすれば，ダンピング抵抗Z_2は，

$$Z_1 = r + Z_2$$

から，

$$Z_2 = Z_1 - r_O = 70 - 28 = 42\ \Omega$$

と求めることができます．このように，ダンピング抵抗とICの内部インピーダンスは2つを足し合わせて1つの整合終端の機能をするので，ダンピング抵抗はIC出力端子のすぐそばに配置しなければならないと

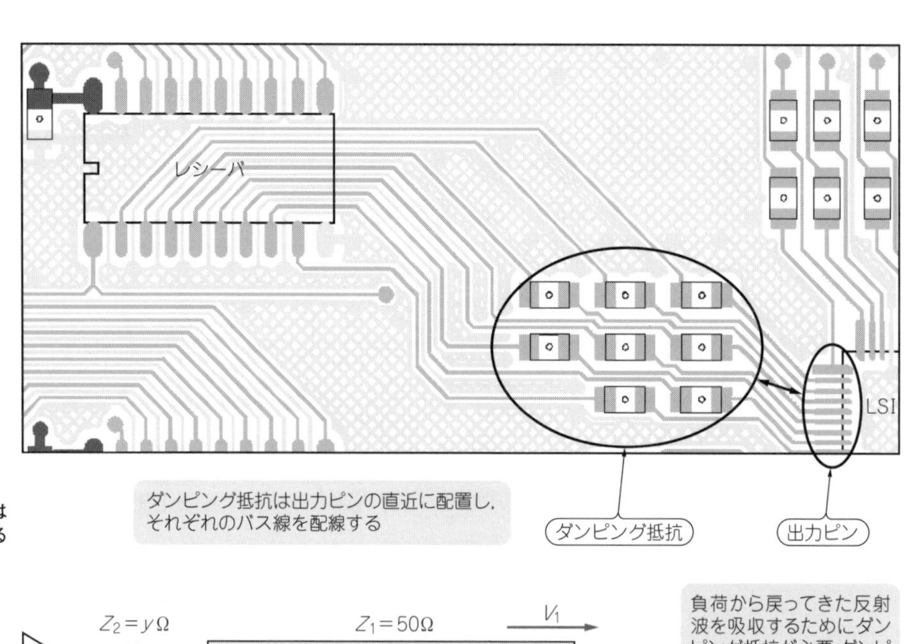

図15　ダンピング抵抗は出力ピンの直近に配置する

図16　ダンピング抵抗の役割

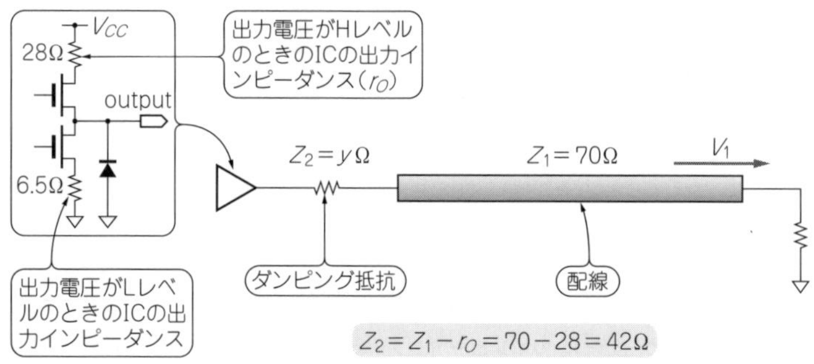

図17　ダンピング抵抗の抵抗値の求め方

いうことになるのです．ダンピング抵抗を負荷に近いところに配置したり，配線の真中付近に配置した基板を見ることがありますが，これはダンピング抵抗の働きを理解していない証拠です．

● インピーダンスと反射係数

ダンピングの位置によってどのようなことになるか電気的に説明します．これは反射という現象をダンピング抵抗によって吸収するということです．

図18は現実的な回路で反射を考えたものです．この回路にはドライバICの出力側にダンピング抵抗がありません．受け側のIC(レシーバIC)の入力側にも抵抗がないので，入力容量だけがグラウンドとの間に存在する状態です(開放端と考えられる)．ICの出力にダンピング抵抗がなかったり，レシーバICの入力側に整合用の抵抗がないこのような回路では，配線との接続点で反射を起こします．延々と反射を繰り返すことはありませんが，高速信号のエネルギーを消費するものがないので，何度か行ったり来たりを繰り返すことになります．これが，信号の立ち上がりや立ち下がり時に波形を乱すことになります．

図19をもとに，反射係数ρについて説明します．反射はこの図のように，配線の特性インピーダンスZ_1と負荷抵抗Z_2が異なる場合に，その接点部分で発生します．今，進行波の電圧をV_1とすれば，この接点部分の反射係数をρ_1として，

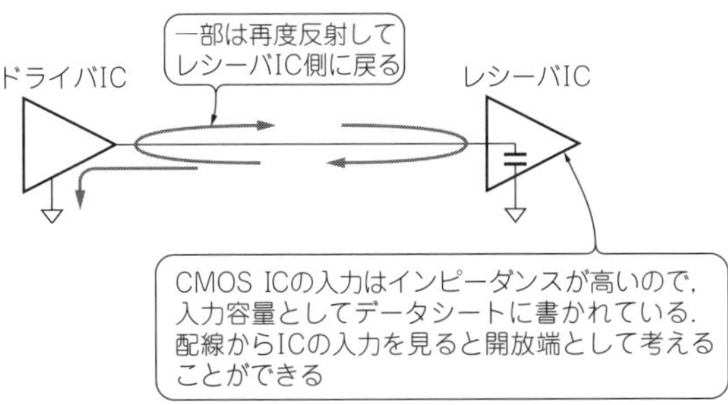

図18 反射の起きるようす
ドライバICとレシーバICの間で何度か反射を繰り返す．配線を伝わる信号の速さは1ns(10^{-9}秒)で約150 mmなので，配線の長さによる遅延時間と反射波が信号波形を乱す

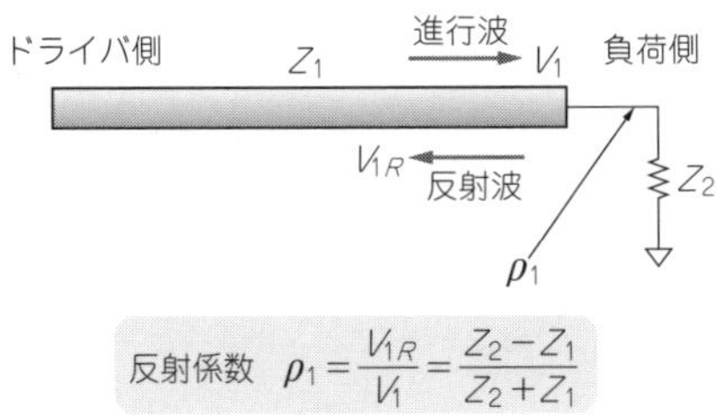

図19 負荷側での反射係数

$$\rho_1=\frac{V_{1R}}{V_1}=\frac{Z_2-Z_1}{Z_2+Z_1}$$

で求めることができます．同じように，**図20**では負荷で反射した反射波をV_{1R}として，ダンピング抵抗Z_3と配線の接点における反射係数ρ_2は，

$$\rho_2=\frac{V_{2R}}{V_{1R}}=\frac{Z_3-Z_1}{Z_3+Z_1}$$

で求めることができます．

具体的な例で話を進めましょう．**図21**は負荷がオープン(開放状態)になっている場合です．このとき，$Z_2=\infty$なので，配線の特性インピーダンスを$Z_1=50\ \Omega$とすれば，反射係数ρ_∞は，

$$\rho_\infty=\frac{Z_2-Z_1}{Z_2+Z_1}=\frac{\infty-50}{\infty+50}=1$$

となります．このときの電圧は，進行波の電圧を$V_F=1.65\ \mathrm{V}$とすれば，進行波と反射波を加えたものに等しいので，

$$V_2=V_F+(V_F\rho)=1.65+(1.65\times1)=3.3\ \mathrm{V}$$

となります．

図22は負荷が$0\ \Omega$の抵抗でショートしている場合です．$Z_2=0\ \Omega$ということなので，反射係数ρ_0は同じように，

$$\rho_0=\frac{Z_2-Z_1}{Z_2+Z_1}=\frac{0-50}{0+50}=-1$$

となります．このときの電圧も求めてみましょう．同じように進行波の電圧$V_F=1.65\ \mathrm{V}$とすれば，

$$V_2=1.65+(1.65\times(-1))=0\ \mathrm{V}$$

です．ショートしているわけですから，電圧が出るはずはありません．

それでは，$Z_2=50\ \Omega$で整合終端されている場合はどうなるでしょうか．**図23**はそのときの状態を示したものです．このときの反射係数と電圧を求めてみます．

$$\rho_{50}=\frac{Z_2-Z_1}{Z_2+Z_1}=\frac{50-50}{50+50}=0$$

$$V_2=1.65+(1.65\times0)=1.65\ \mathrm{V}$$

となり，整合終端の場合は反射係数は0，電圧は反射電圧$V_{1R}=0$なので，進行波の電圧がそのまま見えることになります．**図24**は反射電圧が発生しない状態

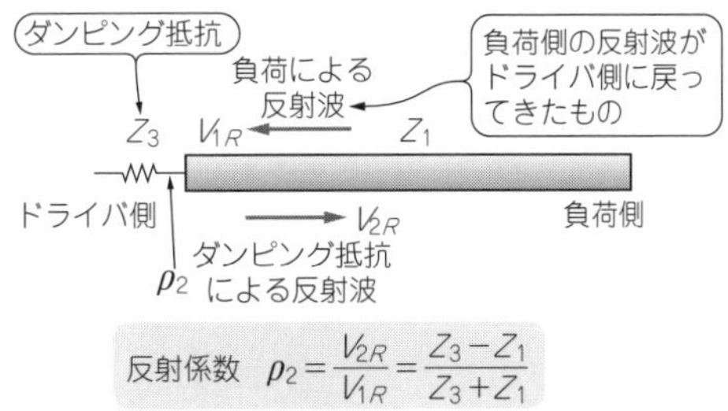

図20 戻り側での反射係数

を説明したもので，Z_2ですべてのエネルギーが消費されます．

● 双方向の信号ラインのダンピング

ダンピング抵抗の必要性とその配置位置が明確に理解できたと思います．ただし，データ・バスのように双方向にデータが伝送されるような場合は，どこにダンピング抵抗を付ければよいか悩むところです．このようなときは，どのように設計すればよいでしょうか．

＊　＊　＊

A：確かに双方向のバスというと難しいですね．どちらもドライバICにもなり，レシーバICにもなるということですから，いっそのこと両方のIC直近に入れたらどうでしょうか．

B：そういう考え方が一般的だね．それぞれのICの出力に対して整合を取るという考えだね．でも，それでは部品がどんどん増えてしまう．客先の指定ということで，1個しか入れられないときは困るんだ．このような要求は結構多いので，考えておいたほうがよいだろうね．

＊　＊　＊

ICの出力インピーダンスの求め方についてはすでに説明しましたが，出力インピーダンスが低いICは，そのままでは配線との整合がうまくいかないので，信号波形に反射の影響が出てしまいます．したがって，バスに接続されているICのなかで，もっとも出力インピーダンスが低いところにダンピング抵抗を入れるという方法も考えられます．

これは，基板設計者にはなかなか判断できませんし，評価もできません．そのようなときに活躍するのが伝送線路シミュレータです．ダンピング抵抗をどこに付ければよいかなどは，比較的簡単に検証できます．データ・バスやアドレス・バスには複数のICが接続されるので，どこで分岐すればよいかなどについても悩みます．実際に配線したあとで後悔するより，設計のまえにおおよその配線長や分岐を考えて，いくつかのケースで検証してみることです．面倒なようですが，試作評価のやり直しなどを考えれば，ぜひ実施すべきでしょう．最近はパソコンで動作する安価なシミュレータも出回っているので，CADとのデータ変換が問題なければ活用することを考えるべきでしょう．

7-4 信号の途中に特性インピーダンスを乱すものを置かないこと

ガード配線は実際に行うとたいへん難しいものです．クロックなど重要な信号を配線する場合，両側にガード線をしっかり配線し，途中で切れることがないようにしなければなりません．また，ガードと信号の間隔を一定に保つ必要もあります．これらはすべて，7-2項で説明した特性インピーダンスを乱すことになるのです．せっかく厳密に特性インピーダンスを計算しても，これを乱す配線が周辺にあってはなんにもなりません．ここでは，ガードを行う際の注意事項とともに，そのガードによる影響について説明します．

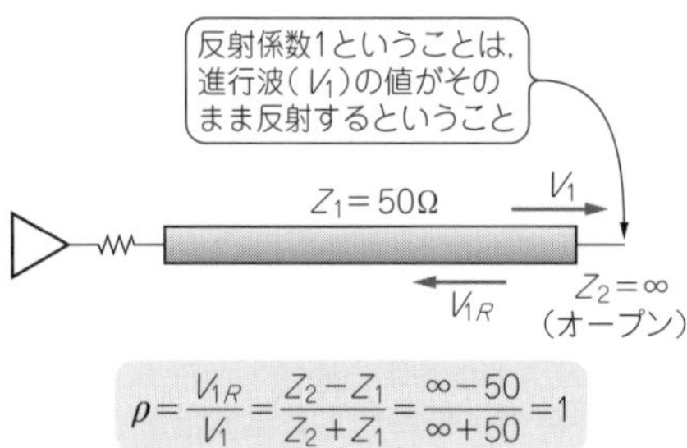

図21　開放端での反射係数

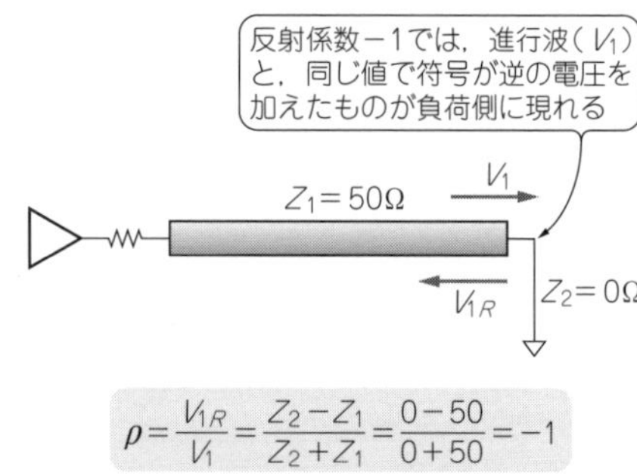

図22　ショート端での反射係数

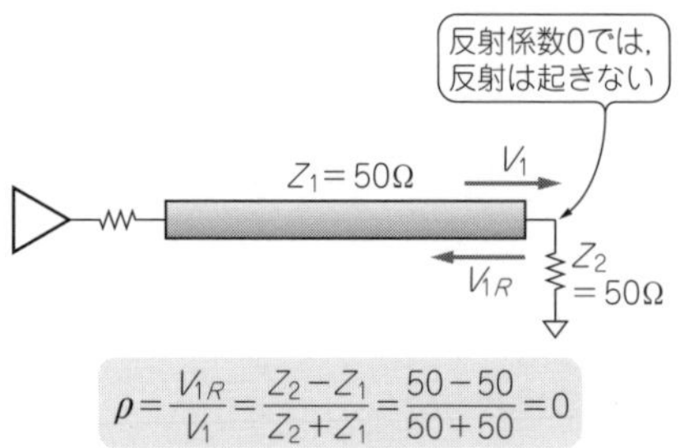

図23　整合終端での反射係数

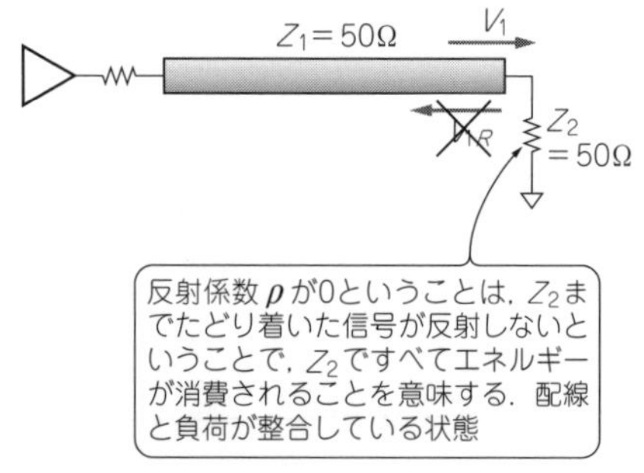

図24　整合終端の意味

● **ガードが途切れないようにする**

途中でガードが途切れていたり，信号との間隔が不ぞろいになっていると問題を起こすことがあります．

＊　　＊　　＊

B：A君は，ガードの配線をどのタイミングで行っているのかな？

A：いつでもよいのではないでしょうか？　ガードは，ある程度つながっていればよいと思っているので，どのタイミングでも可能だと思います．

B：それは完全に間違った考え方だね．ガードは非常に難しい配線なんだ．**図25**のように途中で切れてしまうと，その部分の配線の特性インピーダンスは変わってしまう．**図26**の例も同様に，信号線との間隔が変わってしまうことによって特性インピーダンスが変わる．信号線とグラウンド間の寄生容量が変わるためだね(寄生容量はグラウンドに近ければ大きくなり，遠ざかれば小さくなる)．ガード配線はこのようにたいへん重要なので，クロック信号を引く際には必ずガードのエリアも確保しておくことだ．また，配線中にビアを打つことによってガードとの間隔が不ぞろいになることもあるので気をつけるべきだ(**図27**)．このような場所については，**図28**のようにべた面で補強するなどして間隔を一定に保つようにしておく．

A：ガードとは単にグラウンドを配線のまわりに置くだけではないということがわかりました．

● **ガード配線の幅は信号より太くする**

ガードの太さを気にしたことはあるでしょうか？ここではガードの太さによって信号に起きる影響を説明します．

＊　　＊　　＊

A：ガードの線幅は信号線と同じではいけないのですか？

B：あまり気にしない設計が多いのだけど，できれば信号線の3倍以上は欲しいところだね．

A：なぜそれほどに太くなければいけないのですか？

B：ガード配線は基本的にグラウンドで行う．グラウンドは，できるだけインピーダンスを低くしておかなければならないので太いほうが良いわけだ．ガードを必要とする信号はスピードが速かったり，立ち上がり時間が短いものが多いので，信号線と同じ幅にしておくと，クロストーク(となりの配線が影響を与える現

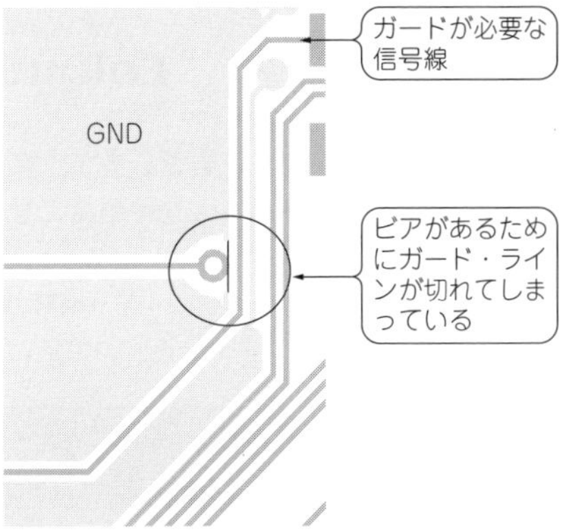

図25　ガードが途中で切れている例

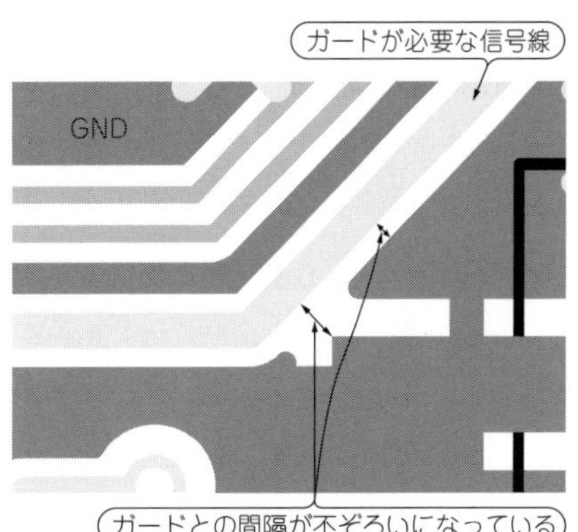

図26　ガードの間隔がそろっていない例

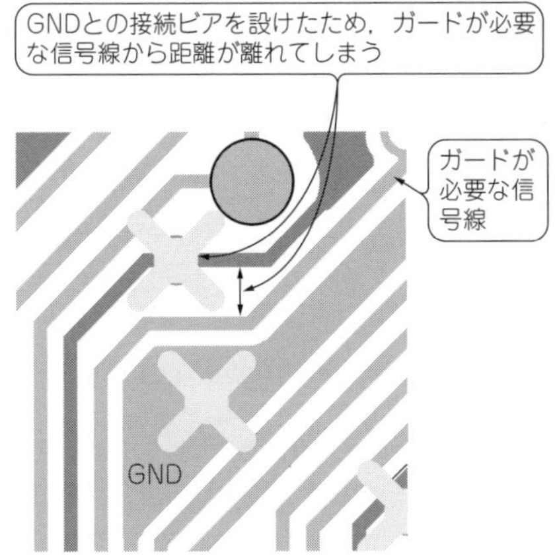

図27　ビアによって間隔がそろっていない例

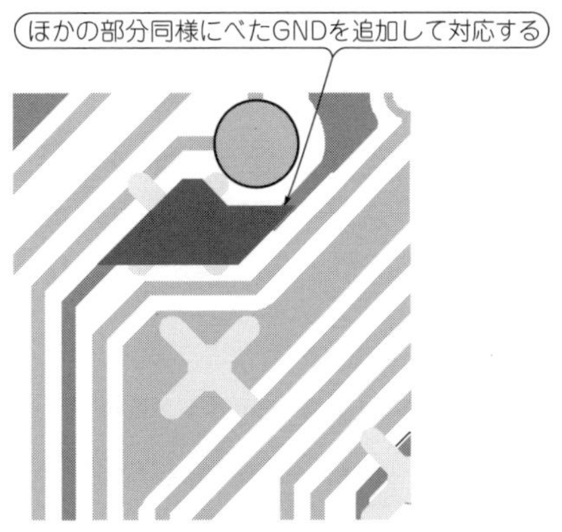

図28　ビアによる間隔を修正する方法

象)によって信号線と結合し，グラウンド・レベルを揺らしてしまうことがあるんだ．こうなると，もはやグラウンドではないよね．信号線の影響を吸収してしまうほど安定なグラウンドが必要なのだから．

A：ガードをするということは，ガードされる信号線を大切に守る役割をしているようですね．大切に扱うように心掛けます．

● ガード配線は途中と両端でグラウンド層と接続する

ガード配線を，途中1カ所もグラウンドに落とさずに配線したりしてはいけません．前項でも説明しましたが，始点と終点の2カ所だけにビアを打つだけでは，配線が長い場合には問題を起こすことがあります．

縄跳びを思い出してください．両側の人が勢いよく縄をまわすと，中心部分が上下に振れているように見えますね．これと同じで，ガード配線もビアを打たないところは自由に振動してしまうのです．配線が長ければ，この振動はノイズの問題を発生させる可能性があります．

＊　＊　＊

A：ガード配線はグラウンド層につなげる必要があるのですか？　何カ所か接続されていれば問題ないのではないですか？

B：ビアの接続も適当ではだめだよ．左右のバランスを考えなければいけないし，接続する間隔も決めておかなければならない．基本的には**図29**のように，左右同じ場所に30 mmの間隔でグラウンド層と接続することだ．

A：基板端のグラウンド接続と同じですね．

B：そのとおり．原理も同様だよ．必ず接続するようにしてほしいね．また，ガードの端点は必ずビアによってグラウンド層と接続しておくことだ．

（初出：「トランジスタ技術」2005年7月号　別冊付録）

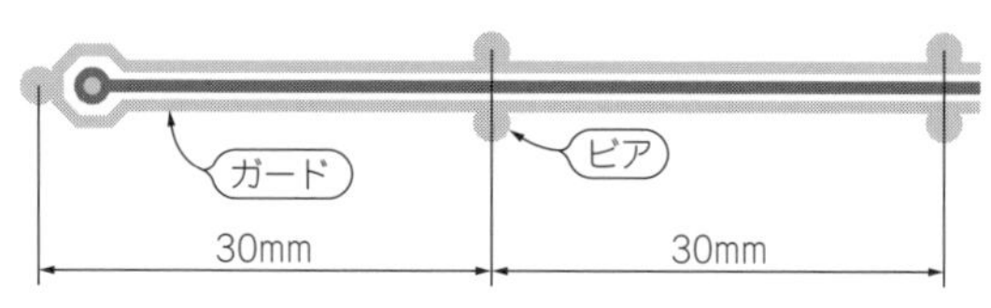

図29　ガード・ラインのビア接続

ノイズ放射の大きい信号を内層に入れた基板の実例　Column 2

マイクロストリップ・ラインは電磁波を放射するので，いくら整合が取れている配線パターンでも，放射の観点から，長く引き回せません．

その場合は**図A**のL3やL4のように，2つの内層グラウンドで信号を挟み込んだストリップ・ライン構造にすれば，放射がかなり改善されます．プリント基板の表面では，できるだけ信号線が見えないようにします(**写真A**)．

〈西村 芳一〉

（初出：「トランジスタ技術」2010年7月号）

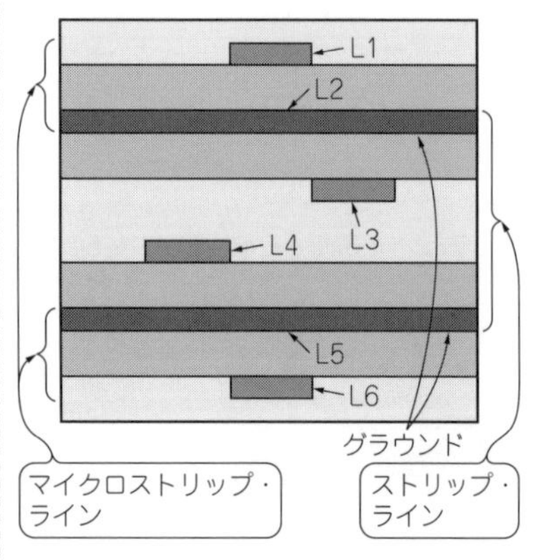

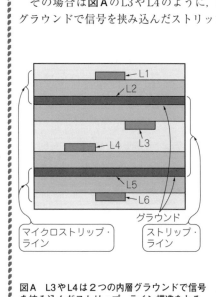

図A　L3やL4は2つの内層グラウンドで信号を挟み込んだストリップ・ライン構造をとる
マイクロストリップ・ラインは電磁波を放射する．放射の観点からは長く引き回せない

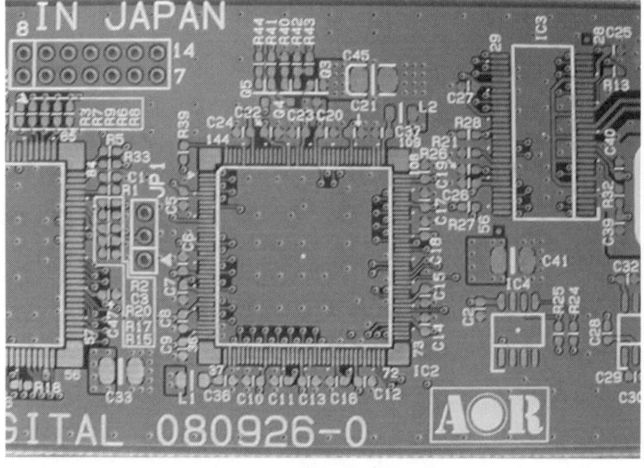

写真A　放射ノイズが気になる信号線を内層に取り入れグラウンドで挟み込んだ基板
通常のディジタル基板では，マイコンやFPGA，メモリ間を結ぶデータ・バス線が表層に多数引き回してあるが，この基板上にはそういったバス配線が見当たらない

第5章 1μV以下の微小信号を増幅するアンプを例に

実例に学ぶ基板設計 要点10［アナログ回路編］

Takazine/漆谷 正義/志田 晟/エンヤ ヒロカズ
Masayoshi Urushidani/Akira Shida/Hirokazu Enya

本稿では，オーディオ・アンプ(出力40 W@負荷2 Ω，スルー・レート160 V/μs)を例に，アナログ回路のプリント基板の作り方を紹介します．

0 Vと3.3 Vの2状態しかなく，回路が安定しているディジタル回路と違って，アナログ回路はとても繊細で，雑音や温度，湿度など，動作環境の影響をもろに受けます．配慮の足りないプリント基板を作ると，発熱による温度上昇で特性が劣化したり，配線の寄生成分によって発振したり，簡単にトラブルに見舞われます．

アナログ回路のプリント基板を設計するときは，次のような点に注意する必要があります．

(1) 信号が通る配線長をできるだけ短くする．アンプの場合は，特にフィードバック部をコンパクトにまとめる
(2) 各回路の基準電位(GND)のプリント・パターンを1点で接続する
(3) 電源供給用のプリント・パターンを広く描く
(4) 正電源と負電源に接続するデカップリング・コンデンサ(パスコン)を回路の近くに配置する
(5) カップリング・コンデンサをアンプの近くに配置する

すべての希望を同時に叶えることはできません．信号品質を第一に，(1)と(2)を優先しました．

例題基板は，次の制約を考慮して作りました．

- 基板は平面で部品実装は片面だけである
- 基板の銅はくのプリント・パターンは2層だけである
- パワー・トランジスタと温度補償トランジスタはヒートシンクに付けるために1面に並べる
- 発熱の多い部品から電解コンデンサを離す

要点① 配線を流れる信号の種類(交流/直流など)，電流の大きさ，インピーダンスなどを考慮する

写真1に示すのは，実際のオーディオ・アンプの基板です．プリント・パターンの見かけが，マイコン基板やFPGA基板と違うのがわかるでしょうか．

写真1 本稿の例題…オーディオ・アンプの基板(表面)
プリント・パターンの広さがいろいろだったり，素直に曲げているところが少なかったりする

プリント・パターンの広さがいろいろだったり，垂直に曲げられているところが少なかったり，芸術作品みたいです．どのプリント・パターンにも，広さや形状，接続方法に理由があります．大電流信号と小電流信号を分離したり，GNDに流れる電流の種類を選んだり，電流のフローを制御しています．

要点② 信号ラインを最短で配線して，回路を極力小さくまとめる

アンプには，入力した信号を正確に増幅する性能が求められます．

正確に増幅するためには，むだな配線がなくなるように，部品の配置に気を配って，部品どうしを最短で接続することが重要です．

出力部から入力部へ戻るフィードバック部は，インピーダンスが数百kΩと高く，電圧レベルもとても低いため，ノイズの影響をもろに受けます．ノイズの影響を受けないように，抵抗やコンデンサをOPアンプのすぐ近くに配置して，配線を短くします．

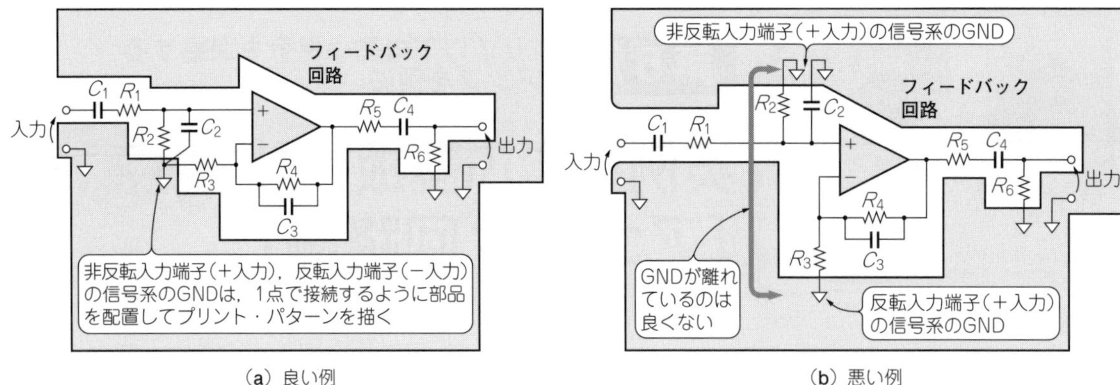

図1　OPアンプ周辺回路のGNDのプリント・パターン
(a)，(b)はベタ・アースで同じように見えるが，OPアンプは非反転入力端子(＋入力)と反転入力端子(－入力)の差分を増幅するので，信号増幅の基準になるGNDは1点に集約する

要点③ 信号GNDを1点で接続して，GNDに流れる電流の影響を最小限にする

OPアンプは，非反転入力端子(＋入力)と反転入力端子(－入力)のわずかな電圧差を増幅します．動作基準であるGNDを雑に配線すると，大きな誤差が発生します．対策の基本は，＋入力と－入力につながる抵抗，コンデンサのGND配線を1点で接続することです．

図1に示すのは，OPアンプ回路のプリント・パターンの良い例と悪い例です．**図1(a)**に示すように，R_2，C_2，R_3のGNDを1点でつなぐのが，高性能増幅を実現するための基本です．

図1(b)のようにすると，＋入力につながる抵抗とコンデンサ(R_2，C_2)のGNDと，－入力につながる抵抗(R_3)のGNDの間にわずかな電位差が発生します．OPアンプは，100 dBを超える高いゲインをもっているので，このわずかな電位差を入力信号といっしょに増幅します．

図2に示すように，たとえGNDをベタにしても，銅はくの抵抗は0 Ωではないので，Ⓐ点とⒷ点の電位は同一にはならず，Ⓐ点とⒷ点の電位差が増幅されて誤差になります．

要点④ 電源供給ラインは広く短く

パワー・アンプの出力端子と負荷の間や，負荷のGND配線など，大きな電流が流れる信号ラインのプリント・パターンは広く短く描きます．出力10 Wのアンプは，2 Ω負荷時に10 Aもの電流を出力します．電源に流れる電流とその戻り電流(リターン電流)が流れるGNDも同様です．

図3に示すのは，アンプ基板と電源部，スピーカ出力端子までの接続です．

電源部の平滑コンデンサ(C_1とC_2)には，変動の大きい電流(リプル電流)が流れており，GNDに流れ込

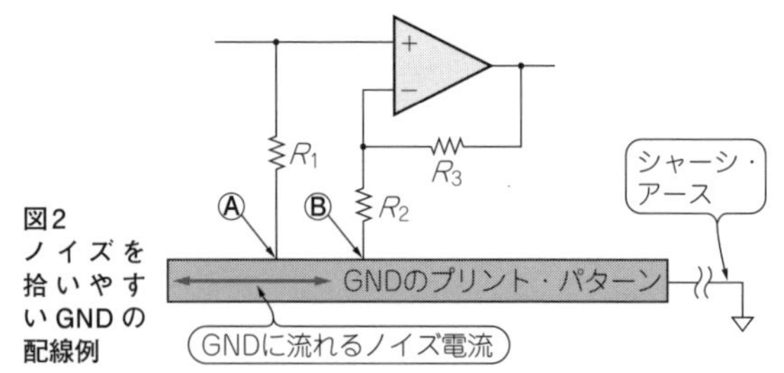

図2　ノイズを拾いやすいGNDの配線例

んでいます［**図3(b)**］．アンプ側のパスコン(C_3とC_4)にもリプル電流が流れており，GNDに流れ出しています．リプル電流はとても大きいので，GNDの電位は揺さぶられています．この変動するGNDを入力信号の基準とすると，アンプから大きな誤差信号が出力されます．

対策は，リプル電流が流れ込むGND(記号P-GND)とは別に，独立した信号系のGND(記号S-GND)を用意することです［**図3(a)**］．P-GNDとS-GNDは，どこかで接続する必要があります．接続するときは，電源部の付け根，または1点でシャーシにつなぎます．

要点⑤ プリント・パターンの形状と抵抗値

導体の電気抵抗率は1.68×10^{-8} Ω·m(20 ℃)です．**図4**に示す銅はくのプリント・パターンの電気抵抗R［mΩ］は次式で表されます．

$$R = 0.0168 \times \frac{L}{WT} \cdots\cdots (1)$$

ただし，L：パターン長［mm］，W：プリント・パターン幅［mm］，T：銅はく厚［mm］

例えば，$T = 35\ \mu$m(一般的な銅はくパターンの厚み)，$L = 5$ mm, $W = 5$ mmで計算すると，$R = 0.48$ mΩです．

式(1)からわかるように，Tが同じなら，Wが大きくても，LとWが同じなら抵抗値は同じです．$T = 35\ \mu$m，$W = L = 100$ mmのプリント・パターンも，

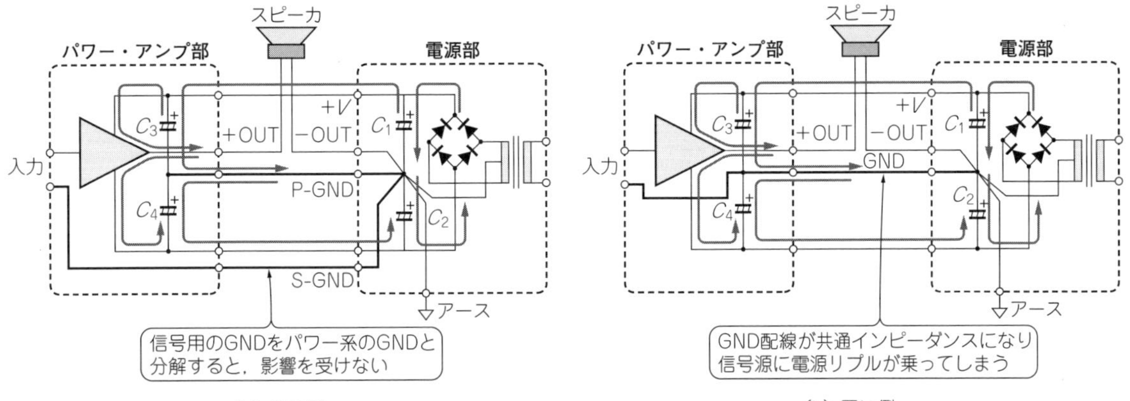

図3 電源ラインに流れる電流
アンプでは10 A程度流れることを想定して，配線とプリント・パターンを引くとよい．信号系のGND（記号S-GND）には大きな電流を流さないようにする

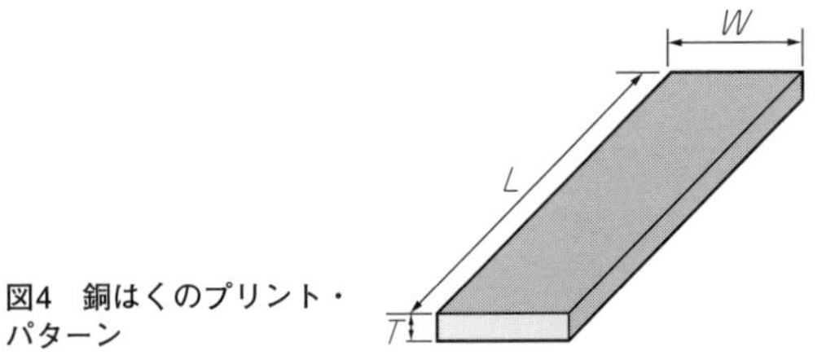

図4 銅はくのプリント・パターン

表1 銅はく35 μmのプリント・パターンの温度上昇と許容電流

導体幅［mm］	許容電流［A］		
	10℃上昇	20℃上昇	45℃上昇
0.1	0.24	0.7	0.9
0.2	0.8	1.2	1.7
0.5	1.4	2	3
1	2.2	3	4.2

抵抗値は約0.5 mΩです．これをスクエア抵抗［Ω/sq］といいます．

つまり，形状が相似の2つのプリント・パターンの抵抗値は同じです．

要点⑥ プリント・パターンの温度上昇と許容電流

表1に，銅はくの厚みが35 μmのプリント・パターンの温度上昇と許容電流の関係を示します．

1 mm幅のプリント・パターンに流せる電流の最大値は，銅はく厚が35 μmのとき約1 Aです．これは，温度上昇の限度値から算出した許容電流の実効値です．

オーディオ・アンプは，常に変動する音楽信号の再生装置ですから，通常，最大出力が続くことはあり得ません．一般的に，最大出力の1/3のときに温度上昇が最大になると考えます．したがって，最大出力10Aのアンプの場合，プリント・パターンの幅は，10 mmの1/3(3.3 mm)以上あれば実用上は問題ありません．なお，電源とパワー・アンプの配線とスピーカ端子までの内部配線には，AWG 20(0.5 SQ)をおすすめします．

要点⑦ 正負電源のパスコンは近づけて配置する/GNDの配線幅を広くする

図5に示すように，正電源と負電源ラインのパスコンは近づけて配置したほうが，リプル電流を最短ルートで電源に戻すプリント・パターンを描きやすくなります．パスコンを離して配置すると，センタをつなぐGNDパターンの面積がどうしても大きくなってインピーダンスが上がります．そうなると，パスコンの効きが悪くなり，電源リプルが残ります．パスコンを近くに配置できない場合は，**図5(b)**に示すように，GNDパターンの幅をできるだけ広くします．

〈Takazine〉

（初出：「トランジスタ技術」2017年10月号）

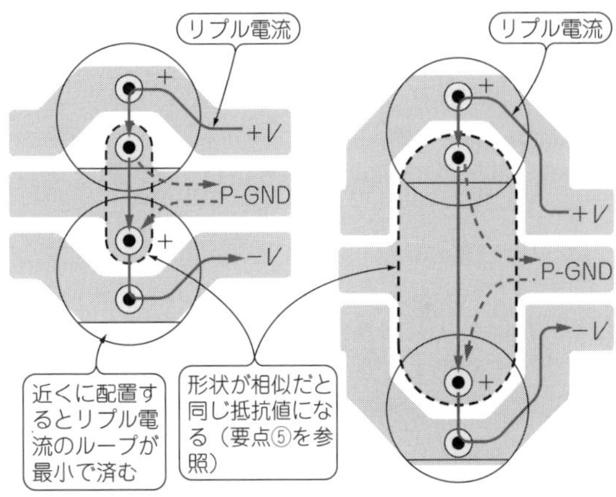

図5 正電源と負電源につながるパスコンの配置例
(a)のように正電源と負電源にパスコンを近づける．(b)のように離れてしまう場合は中央のGNDの配線パターン幅を広くとることでインピーダンスが高くなるのを防ぐことができる．ただし面積は大きくなる

パスコンでひずみを抑える　Column 1

図Aに示すのは，パスコンを流れる電流の経路です．

アンプが正電圧を出力している間は，パスコンの＋端子→アンプ→スピーカというルートで電流が流れて，パスコンの－端子に戻ってきます．点線の矢印は，アンプの出力電圧が負になったときの電流の流れです．このように，正と負の2つのパスコンとスピーカをつなぐGND配線には大電流が流れます．

もしパスコンがないと，大きな振幅の信号がアンプに入った瞬間，アンプ部の電源電圧が降下して入力に比例した出力ができなくなり，出力信号が大きくひずみます．電源インピーダンスが高いとアンプ回路の安定性にも影響し，最悪の場合は発振することもあります．

〈Takazine〉

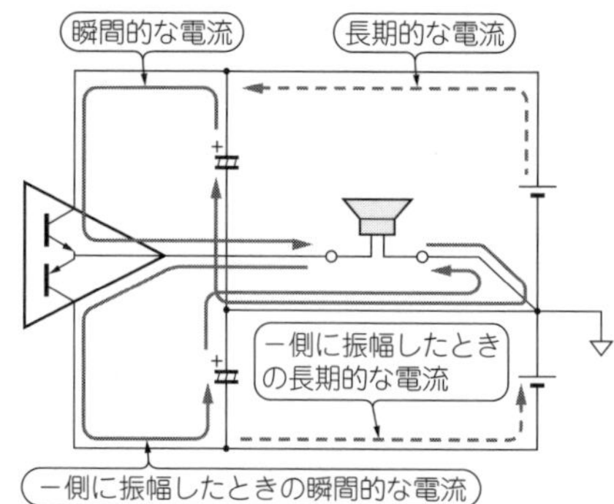

図A　電源とGNDの配線に流れる電流
音楽信号は交流なので＋側と－側に振幅する．正電源/負電源とGND間に配置されている2つのパスコンにつながる配線にも交互に電流が流れる

KiCadワンポイント活用①　手はんだ向きのフットプリント　Column 2

● チップ抵抗の場合

表面実装部品を手ではんだ付けする場合は，KiCadに登録のあるフットプリントの中から，ランド・サイズが大きくはんだの乗りやすい“Hand_solderingタイプ”を選ぶとよいでしょう．

図Bに示すのは，1608サイズの抵抗/コンデンサの通常パッドとHand_Solderingパッドの形状です．標準パッドは0.75×0.8 mm，Hand_Solderingパッドは0.75×1.2 mmで，通常より0.4 mm大きいです．

パッド・サイズは大きいほど手はんだが容易ですが，部品の実装密度が低くなり，Hand_Solderingパッドを利用すると，1608サイズと2012サイズを使ったときの差がなくなります．小型化を狙うなら通常部品用のパッドを使うべきです．またリフロ実装を行うとはんだ量が多いので，はんだブリッジが発生するデメリットもあります．

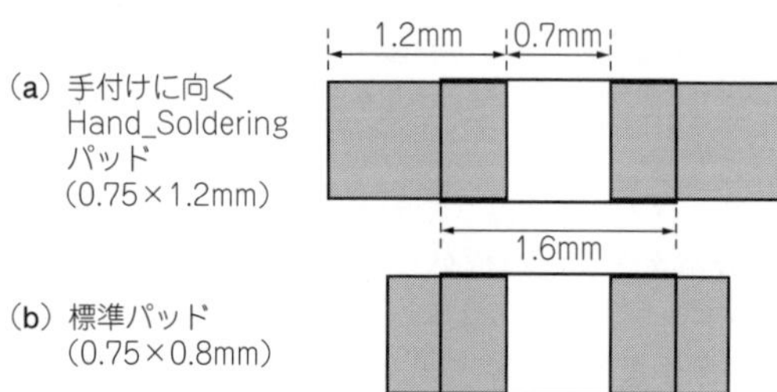

図B　KiCadに登録されている表面実装部品のフットプリント
手付けする場合は(a)のHand_Solderingパッドを利用するとよい

● マイコンの場合

ARMマイコン STM32F401のパッケージ(0.5 mmピッチ，100ピンLQFP)の手付け用フットプリントは次のように選ぶとよいでしょう．

図Cに示すように，KiCadに用意されている同じパッケージのフットプリントは0.25×1.0 mmです．データシートに記されている推奨パッド(0.3×1.2 mm)より小さく，手実装は困難です．こんなときは少し大きいTQFP用のフットプリント(0.3×1.5 mm)を利用するとよいでしょう．ただし，はんだブリッジに気をつけてください．

〈エンヤ ヒロカズ〉

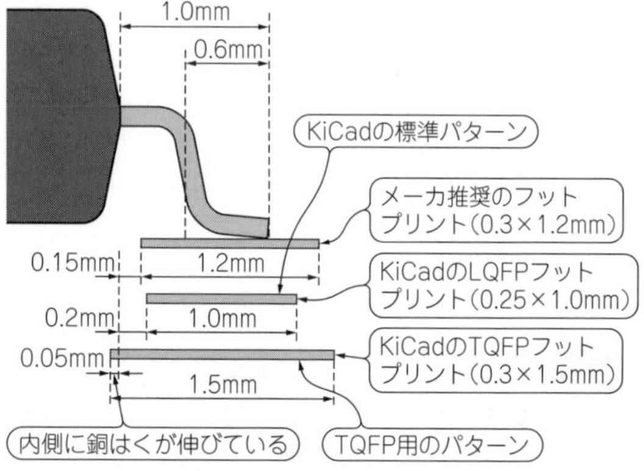

図C　LQFPを手付けする場合は，ひと回り大きいTQFP用のフットプリントを使うとよい

要点⑧ 熱の逃げ道をプリント・パターンで確保する　Column 3

● 半導体デバイスの発熱

GNDやV_{CC}のプリント・パターン幅など，「電気の通り道」には気を遣っても，「熱の通り道」は見落としがちです．プリント基板には，電気配線以外に，部品の固定，スイッチやセンサなど外部から力が加わる場合の機械的応力の確保，素子の放熱などの役割があります．放熱については，プリント基板の銅はく部分がその役割を担います．

一般に，半導体のジャンクション温度T_Jが10℃上がると，寿命が1/2になり，故障率が2倍になると言われています．極端な温度上昇は素子の破壊につながるので，すべての部品は，許容温度以下で使います．

● 事例

図DにISMバンドのRF回路の一例を示します．周波数が13.5 MHzと高いので，デッド・タイムを十分取っても，フルブリッジのMOSFETがある程度発熱してしまいます．

図EにMOSFETの端子配置を示します．NチャネルとPチャネルのMOSFETが，SO-8パッケージに2個入っています．コンパクトですが，発熱量は2倍になります．

図F(a)に，この発熱を効率良く放熱できるプリント・パターン例を示します．熱は**図F(a)**内の矢印のように，ジャンクション温度T_J→ケース温度T_C→プリント・パターン温度T_P→外囲気温度T_Aと，78℃/W程度の小さな熱抵抗で流れていきます．

図F(b)に，放熱できないプリント・パターンを示します．プリント・パターン幅が狭いと，熱の有効な通路にはなりません．基板の基材は，空気と同じく熱伝導率が小さいので，熱がほとんど逃げません．135℃/W程度と熱抵抗が大きくなり，パッケージの温度が上がります．この結果，ジャンクション温度が大きく上昇します．オートルータを使うとたいていこのような配線になるので，手配線を推奨します．　〈漆谷 正義〉

図D　周波数13.5 MHzのフルブリッジ回路
コイルL_1に高周波磁場を発生させる

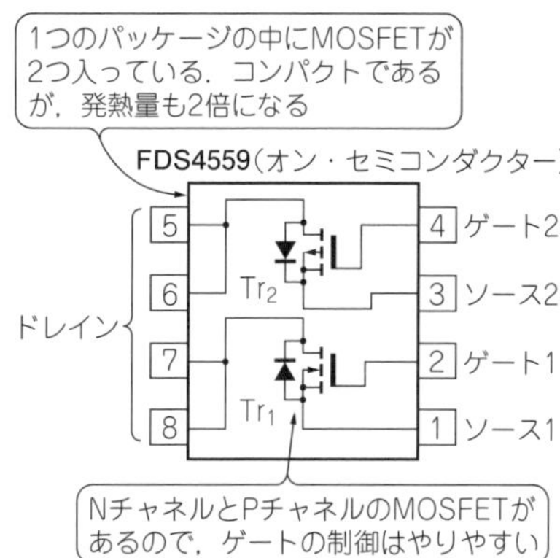

図E　2個入りMOSFETの端子配置
コンパクトだが，発熱量が2倍になる

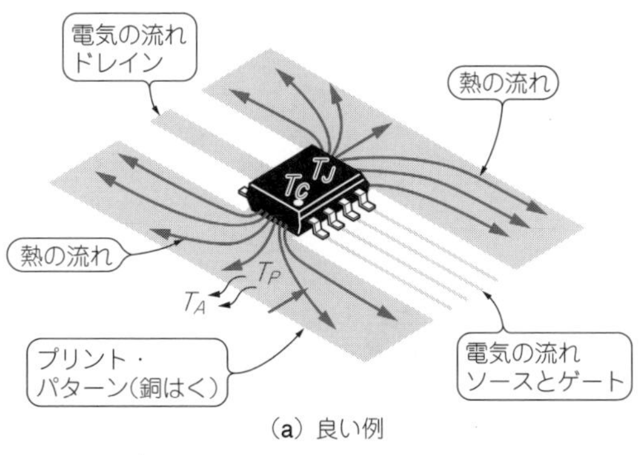

(a) 良い例

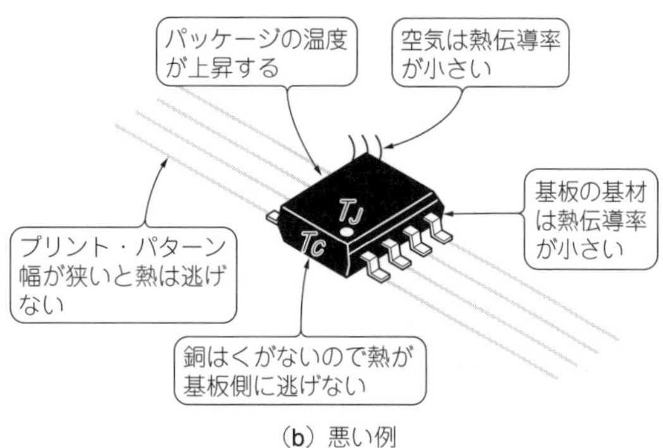

(b) 悪い例

図F　図EのMOSFET周辺のプリント・パターン
(a)はパッケージの下面と両サイドに面状のプリント・パターンを配置している．(b)は電気配線以外に有効な熱の逃げ道がない

Column 4

要点⑨ フォトカプラで1次側と2次側を絶縁するときはGNDパターンの沿面距離を確保する

● 安全規格

ベタGNDのプリント・パターンにより，GNDのインピーダンスを下げて，ノイズの回り込みや発振を防止できます．しかし，沿面距離(＊1)や空間距離が必要な部分にまで張り巡らせると，ショートや感電事故などのトラブルの原因になります．

日本や米国の商用電源AC100～115 V，欧州のAC200～240 Vは，電子機器では1次側です．電子回路はDCで動くため，2次側となり，その間を絶縁することで，人体への感電事故や火災事故を防いでいます．このため，PSE(国内)，UL(米国)，IEC(欧州)などの安全規格は，プリント基板の絶縁について詳しく定めていて，該当商品の販売や輸出は，その承認が必要です．

● 信号を伝達しつつ入力と出力を絶縁する素子フォトカプラ

安全規格以外でも，交流電源で動き，人体への接触部分がある機器については，感電防止のため，機器のGNDと絶縁します．この目的でよく使われるものに，**図G**に示すフォトカプラがあります．

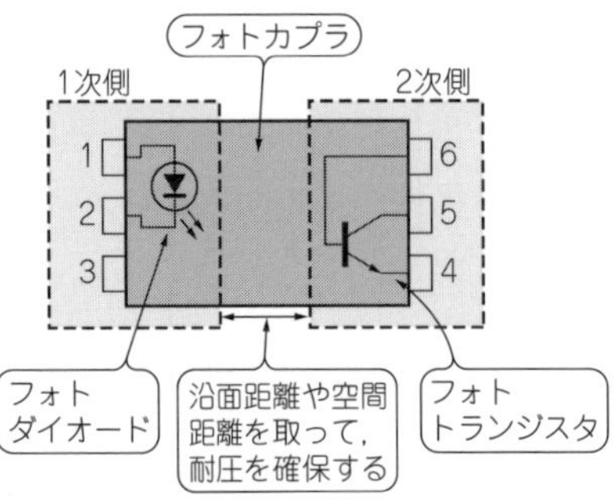

図G　フォトカプラにより，2つの回路を絶縁する
1次側と2次側は距離を取って絶縁する

フォトカプラの発光側を1次回路，受光側を2次回路と呼びます．この間は，V_{CC}，GND，信号回路のすべてを分離します．絶縁を確保するために，帯電部分の沿面距離，空間距離を十分に取ります．

● 事例

図H(a)に沿面距離を取った良い例を示します．フォトカプラの1次側と2次側の部分で，ベタGNDのプリント・パターンを区切っています．さらに念を入れて，フォトカプラ取り付け部分に丸穴を開けて空間距離も確保しています．

図H(b)に悪い例を示します．基板全面にベタGNDのプリント・パターンを貼ったために，2次側回路と，1次側GNDが近接して，沿面距離(例えば3.2 mm以上)が確保できていません．

プリント基板の沿面距離が厳しく管理される理由の1つに，基板の汚染があります．大気中の汚染物質による銅はくの腐食，各種のマイグレーション(浸食)などにより，基板の絶縁は徐々に劣化します．製品が使われる10年程度のスパンで安全を確保するには，沿面距離，空間距離の確保が重要です．

＊　＊　＊

ベタGNDのプリント・パターンの副作用が出るのは，RF回路の場合です．浮遊容量の原因となり，差動線路などはインピーダンス・コントロールしないとミスマッチによる反射や減衰が発生します．アナログ回路とディジタル回路のベタGNDのプリント・パターンは分離するか切れ込みを入れるのが原則です．浮遊容量を減らすためには，ベタGNDのプリント・パターンをメッシュ形状にします．

〈漆谷 正義〉

(＊1) 2つの導電性部分間の，絶縁物の表面に沿った最短距離．

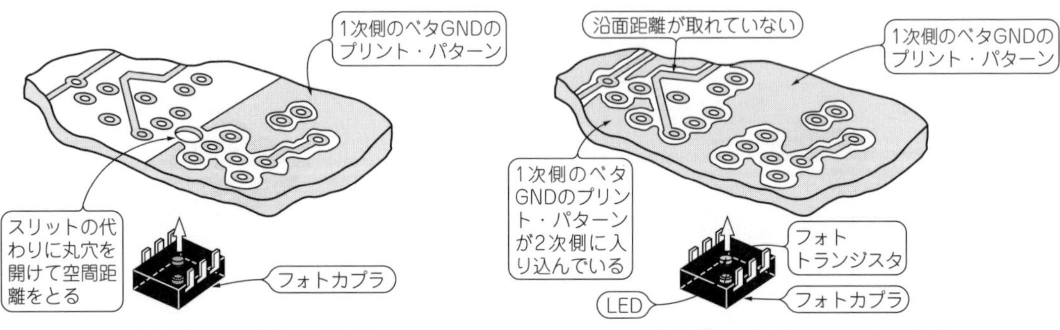

図H　フォトカプラ周辺のプリント・パターン
(a)ではベタGNDのプリント・パターンは1次側で区切られている．(b)ではベタGNDのプリント・パターンが1次側に入り込んでいる

要点⑩ RFチップのサーマル・パッド直下には複数のビアを配置して放熱＆発振対策

Column 5

● 事例

GHzを超えるRF ICアンプは**図I**に示すように裏面に信号や電源ピンとは別にサーマル・パッドと呼ばれる金属パッドがあることが多くなっています．このパッドはデバイス内の熱を放熱するサーマル・パッドとしての役目もありますが，デバイスの主信号のGNDにもなっています．

GHz帯用の高周波アンプやRFトランジスタを利用する基板の層が両面の場合，部品面と反対側の裏面はベタGNDのプリント・パターンにするのが基本です．RFアンプのGNDピンとベタのプリント・パターン間はGNDビアを使って接続します．

通常，**図J(a)**に示すようにRFアンプのGNDピン直下にGNDビアを配置し，ベタGNDのプリント・パターンとのインピーダンスを下げます．GNDビアはGNDピン直近に複数配置します．

図J(b)に示すように，GNDピンまたはGNDパッドからプリント・パターン経由でビアを使ってベタGNDのプリント・パターンに接続すると，数GHzのアンプでは発振を起こしてうまく動作しません．

これは，**図K**に示す回路でわかるように，ビア自身とビアまでのプリント・パターンのインダクタンスがGHz帯では無視できない大きさとなり，アンプのGNDピンが十分低いインピーダンスでGND基準面に接続されなくなるためです．

数倍程度に増幅される周波数が2.5 GHzの場合，高周波アンプ自体は10 GHz程度までゲインがある場合が普通です．ビアまたはプリント・パターンで0.1 nHのインダクタンスがあると，10 GHzでのインピーダンスはX_L = 6.28 Ω (= 0.1 × 10^{-9} × 2 × 3.14 × 10 × 10^9)と，無視できない大きさになります．

● 高周波信号は金属を貫通できない

サーマル・パッドをできるだけたくさんのビアで基準GNDに接続するのが基本です．単に金属をつないでも，RF信号のGNDとして適切なプリント・パターンにならない場合があります．高周波信号は金属を貫通できず金属の表面しか伝わっていきません．

図Kの場合，右と左の信号ピンのすぐ隣のGNDピンがベタGND層に最短接続されるようにプリント・パターンを描き，ビアを配置します．

〈志田 晟〉

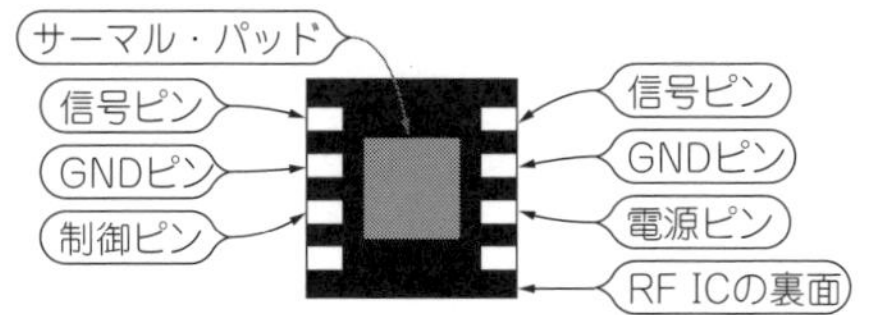

図I 高周波アンプ(RF IC)のサーマル・パッド
信号ピンや電源ピンのパッド以外に部品裏の中央部に金属パッドがある．内部で発生する放熱と回路のGNDを兼ねている

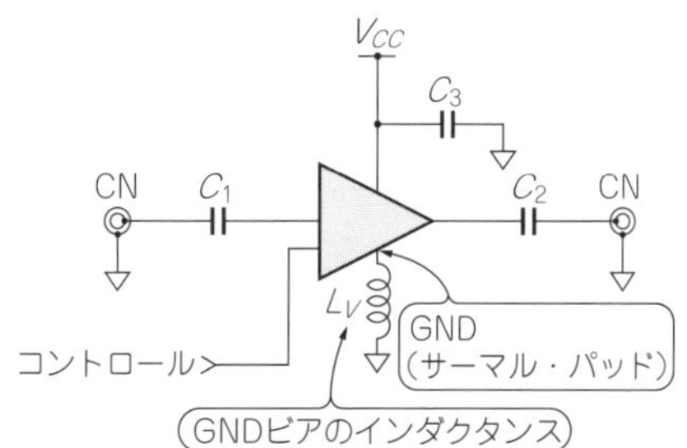

図K 高周波アンプの等価回路
RFアンプのGNDとベタGNDのプリント・パターン間にインダクタンスがあると発振などが発生し回路動作が不安定になる

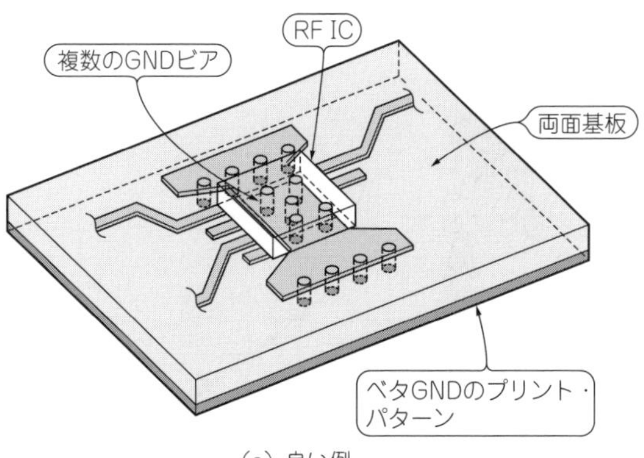

(a) 良い例

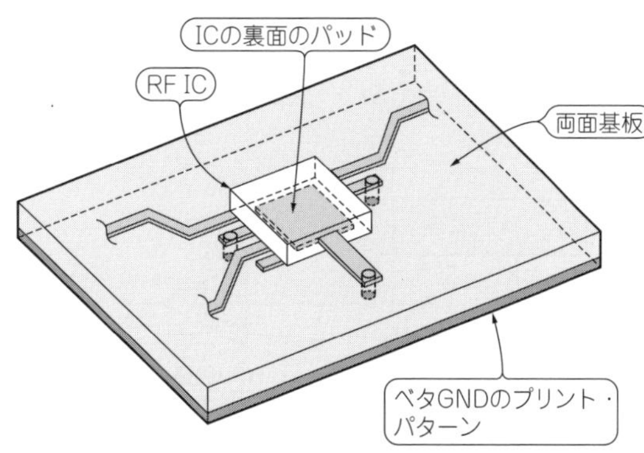

(b) 悪い例

図J RF ICのサーマル・パッド用のGNDビアの配置例
(a)ではサーマル・パッド部直下に複数のGNDビアが配置されている．さらにGNDプリント・パターンをサーマル・パッドよりのばしてGNDビアを配置している．(b)ではサーマル・パッド直下にGNDビアがなくプリント・パターンで引き出してからGNDのプリント・パターンに接続している．インダクタンスが無視できなくなるので回路が発振しやすい

Appendix 2

例題回路：スルー・レート160 V/μsの電流帰還型アンプ

● 電流帰還アンプの特徴

今回製作したのは，アナログ・デバイセズ社のマーク・アレキサンダー氏が1980年代に考案したオーディオ用の電流帰還アンプです．同氏の名前にちなんでアレキサンダー型電流帰還アンプと呼んでいます．最大の特徴は，初段に電圧帰還OPアンプを用いることで最終段からのフィードバックが初段にもおよび，電流帰還アンプとしてはひずみがたいへん小さくできること，高速アンプにできることです．多くの電流帰還アンプは初段にダイヤモンド・バッファを使っています．初段にフィードバックがかからず，大信号入力時にひずみが増えてしまうという欠点がありますが，アレキサンダー型はその欠点をフィードバック技術によって克服しています．この回路は1990年に特許を取得しています．

図1に，一般的な電流帰還アンプの回路ブロックを示します．1段増幅のため位相回転が少なく，フィードバックをかけても動作が安定しているという利点があります．

● 回路構成

図2に本器の回路を示します．

2回路入りのOPアンプを使い，片方では信号増幅，もう一方でDCサーボ回路を組んでいます．2つの回路の合成出力を±電源端子から取り出してカレント・ミラーへ入力しています．電流帰還アンプはDC安定度が良くないという欠点を2回路入りOPアンプ1つでキャンセルしている点がアレキサンダー氏のオリジナルの回路と異なる部分です．

クローズド・ループ・ゲインは次式で表されます．

$$A_V = \left(1 + \frac{R_8}{R_9}\right)\left(1 + \frac{R_7}{R_9 + R_8}\right)$$

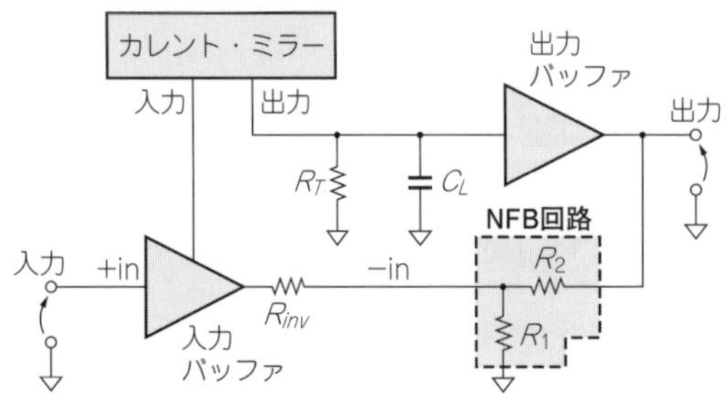

図1　電流帰還アンプの回路ブロック
電圧増幅率1倍の入力/出力バッファ，カレント・ミラー回路で構成されている．入力バッファの出力部が−入力端子であり入力インピーダンスが低いのが電流帰還アンプの特徴である

図2の回路定数で計算するとA_V = 28.9倍(約29 dB)となります．

一見するとOPアンプでは駆動できないような小さい抵抗値がフィードバック抵抗(R_8 = 47 Ω, R_9 = 27 Ω)に使われていますが，出力バッファからR_7を介して強力に駆動されるため問題ありません．

カレント・ミラー回路はウィルソン・カレント・ミラーを使って精度を向上させています．出力バッファは3段ダーリントン回路にして，2 Ω負荷時でも十分に駆動できるように考えました．±20 V電源を使用したときに8 Ω負荷時10 W，4 Ω負荷時20 W，2 Ω負荷時40 W出力(ノンクリップ)になります．

今回は，新日本無線のMUSES01というJFET入力の超高級OPアンプを使ってみました．JFET入力の場合，入力バイアス電流が極端に小さいので入力カップリング・コンデンサC_0，DCサーボ回路の基準点の入力抵抗R_{13}とコンデンサC_2を省略できます．

● 性能

図3に計測したひずみ率特性を示します．一般的な電圧帰還アンプと同等までひずみ率が小さくなっています．その他の特性は次のとおりです．

- 周波数特性：10 Hz～500 kHz(−3 dB)
- スルー・レート：160 V/μs，*SN*比：118 dB
- ダンピング・ファクタ：560(1 kHz，基板出力端子)
- 在留ノイズ：10.5 μV(A - Wait, 入力ショート)
- ひずみ率：0.0025 %(20 Hz～20 kHz，8 Ω 1 W出力時)

〈Takazine〉

(初出：「トランジスタ技術」2017年10月号)

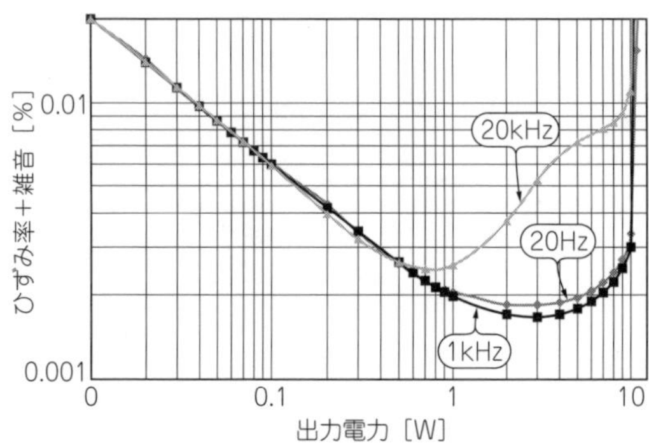

図3　8 Ω負荷時のひずみ率特性(±18 V電源)
電流帰還アンプとしてはとても低ひずみな特性になっている．オーディオ・アナライザVP-7722A(パナソニック)で計測した

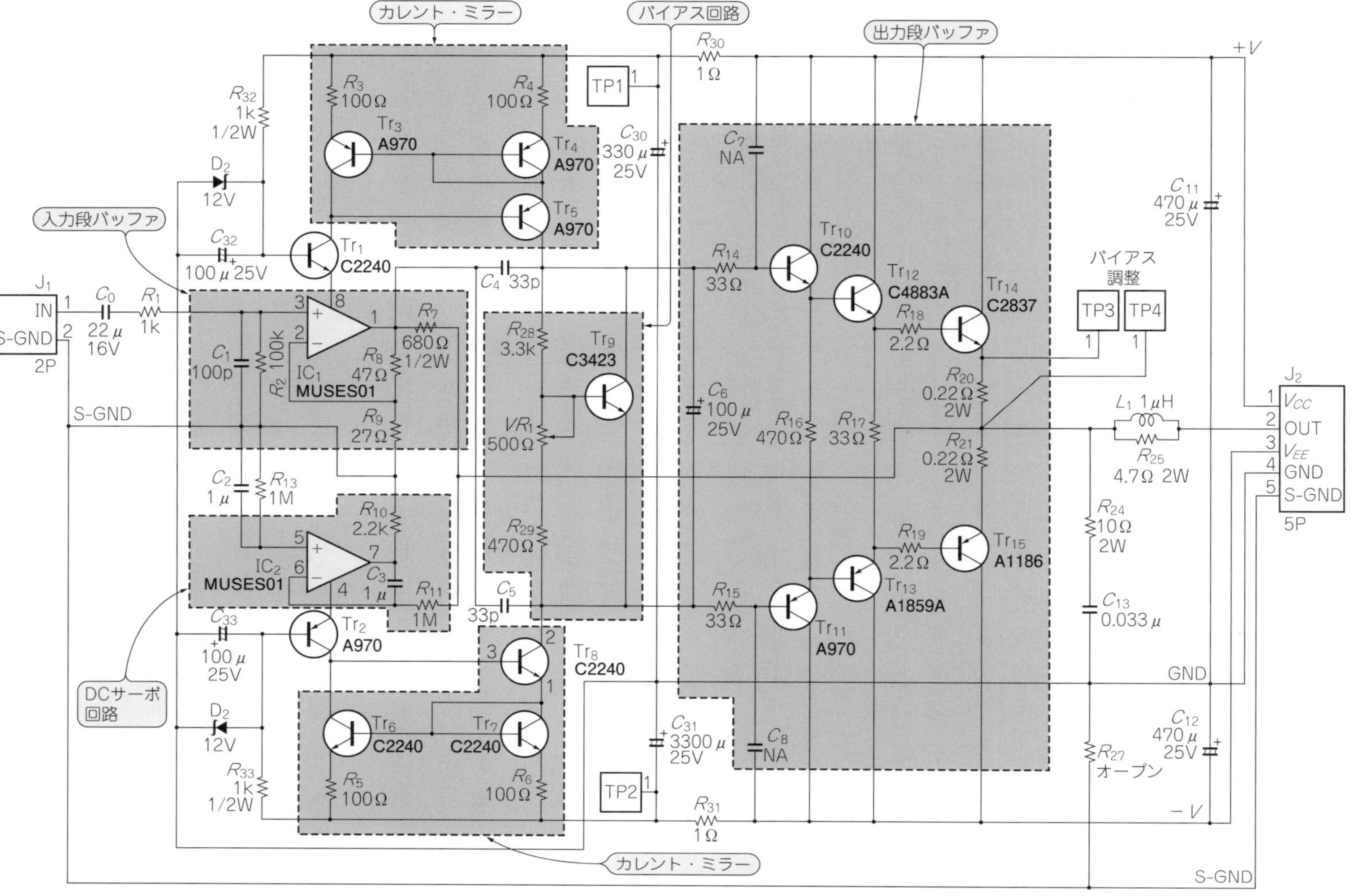

図2　第5章の例題回路…アレキサンダー型電流帰還アンプ
初段に一般のOPアンプを使用した．初段にまでフィードバックがかかり低ひずみにできる

第6章 ディジタル回路の動作チェック用信号源「パターン・ジェネレータ」を例に

実例に学ぶ基板設計 要点10 [汎用ディジタル回路編]

中 幸政／志田 晟 Yukimasa Naka/Akira Shida

本章では，ディジタル回路のデバッグ用信号源「パターン・ジェネレータ」を例に，ディジタル回路のプリント基板の作り方を解説します．

クロック周波数が数十MHzのマイコンやプログラマブル・ロジックICなどのディジタル回路が誤動作した経験はありませんか．

プリント基板の作り方が悪いと，ディジタルIC間の信号電圧が誤って伝送され，データが化けたり，通信エラーが発生したりします．例題回路はディジタル回路の実験にも使えます． **〈編集部〉**

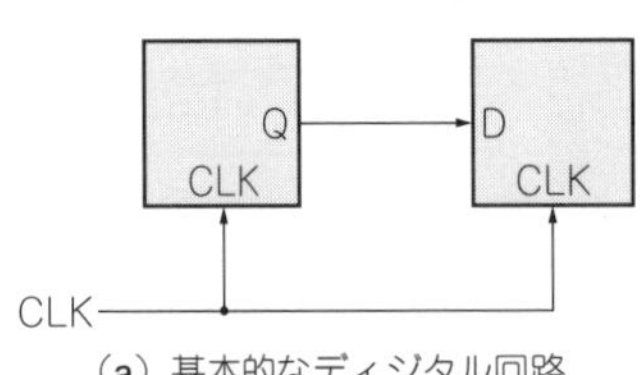

(a) 基本的なディジタル回路

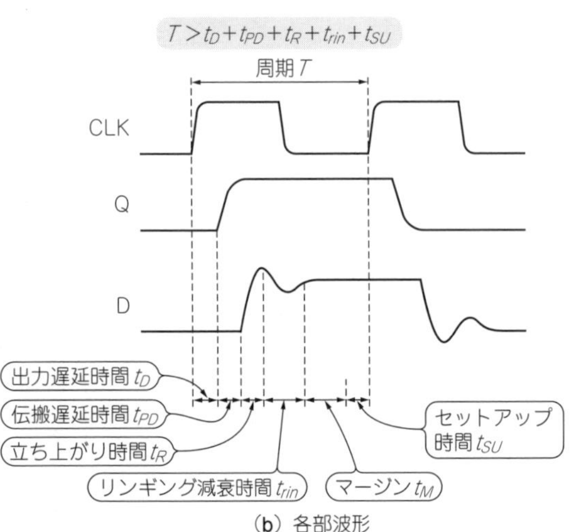

(b) 各部波形

図1 基板を設計するときは，プリント・パターンによる伝搬遅延時間，立ち上がり時間などの影響をできるだけ少なくする
回路を設計するときは，これらも考慮した十分なマージンを確保しておく

ディジタル信号の配線

要点① 配線長はできるだけ短くする

プリント・パターンを短くすると，隣接配線の信号漏れ(クロストーク)や不要な輻射ノイズが減少します．

ディジタル回路を安定して動かすには，**図1**に示す出力遅延時間t_D，信号ラインのプリント・パターンの伝搬遅延時間t_{PD}，立ち上がり時間t_R，リンギングの減衰時間t_{rin}，セットアップ時間t_{SU}などの合計を信号の周期よりも小さくします．

t_Dとt_{SU}は回路で決まります．信号ラインのt_{PD}やt_Rなどは，基板設計の影響を受けます．そのため信号ラインのプリント・パターン長も考えて十分なマージンを確保することが重要です．

基材の誘電率は真空よりも高いので，プリント・パターンを伝搬する信号は，真空中を伝搬する光速よりも遅く伝わります．信号の伝搬速度v_Pは次式で求まります．

$$v_P = \frac{c}{\sqrt{\varepsilon_r}} \text{ [m/s]}$$

ただし，v_P：伝搬速度［m/s］，ε_r：比誘電率，c：光速(2.99×10^8 m/s)

一般的なFR-4の比誘電率は4.1～4.8なので，v_Pは

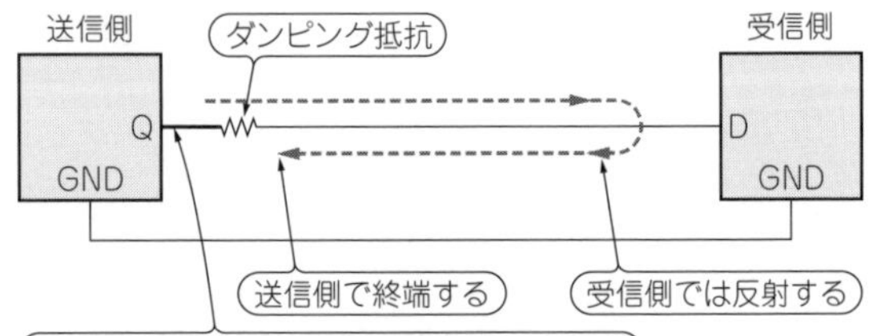

図2 ダンピング抵抗を入れると高速に立ち上がったり，立ち下がったりするディジタル信号の波形が乱れずに伝わる
ダンピング抵抗は受信端からの反射波を送信端で終端するのが目的である．送信端のすぐ近くに配置して最短距離で配線する

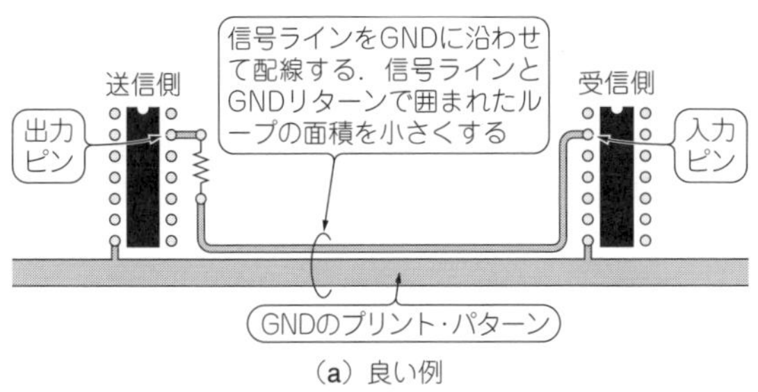

（a）良い例

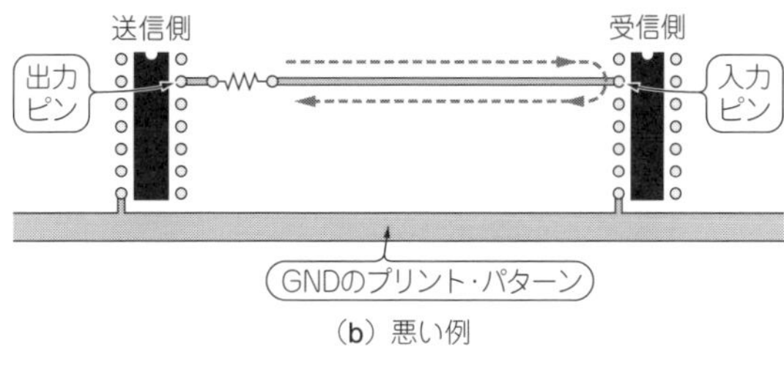

（b）悪い例

図3　信号線とGNDのリターン経路で囲まれた閉回路の面積を小さくすると配線のインダクタンスが下がる

光速の半分以下になります．信号が1 nsで伝搬する距離は，約15 cmです．この数字だけ見ると数十MHzなら伝搬速度は気にしなくてもよさそうですが，実際には反射があるので，信号はプリント・パターンを何往復もします．反射が繰り返されている期間はリンギングが発生します．リンギングが収束する時間は，実際の配線長の数倍以上になります．

要点② ダンピング抵抗と送信側のICの出力端子は最短距離で接続する

プリント・パターンを短くできないときは，リンギングを抑制するために，受信端を終端するか，送信端にダンピング抵抗を追加します．

動作周波数が数十MHzの場合，後者の方法が一般的です．反射波は送信側のICまで返ってきますが，送信端で終端するので，受信端には返りません(**図2**)．送信端では反射波によるリンギングが発生しますが，受信端ではそれを抑制できます．

具体的には送信端にプリント・パターンの特性インピーダンスとほぼ等しい抵抗を直列に挿入します．

伝送路から見た送信端の出力インピーダンスは低いので，合成インピーダンスは挿入したダンピング抵抗の値にほぼ等しくなります．

ダンピング抵抗は，送信側ICの送信端子のすぐ近くに配置し，最短距離で配線します．試作基板が完成したら，受信端の波形を観測して，リンギングが小さくなるようにダンピング抵抗の値を調整します．

要点③ 信号ラインのプリント・パターンを広くすると配線容量が増える

プリント・パターンを広くすると，配線インダクタンスは低くなりますが，静電容量が増えるので遅延が発生します．配線インダクタンスを低くしたいときは，プリント・パターンをできるだけ短くします．

要点④ 閉回路を小さくする

長い配線のインダクタンスを低くするには，基板の裏側のプリント・パターンをベタGNDにします．または信号ラインをベタGNDに沿って配線します．

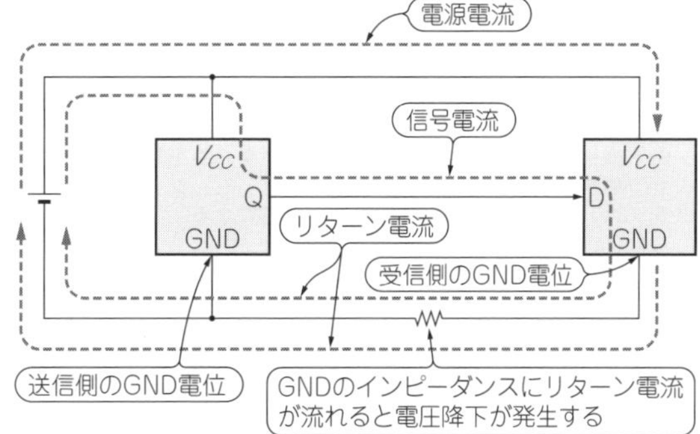

図4　ICのGND端子には電源のリターン電流が流れる
プリント・パターンにもリターン電流が流れるGNDのプリント・パターンにインピーダンスがあると，場所によって電位差が生じる

信号ラインに流れる電流とGNDに流れるリターン電流の経路は閉回路です．**図3**に示すように閉回路で囲まれた面積が小さいほど配線インダクタンスが低くなるので，不要な輻射ノイズを低減できます．

GND配線

要点⑤ GNDは塗りつぶし(ベタ)状にする

図4にディジタル回路の電源と信号ラインに流れる電流の経路の例を示します．

電源と信号ラインのリターン電流はGNDのプリント・パターンを流れ，配線のインピーダンスの影響で電圧が降下します．その結果，送信側と受信側のICのGND電位に差が現れます．

ディジタル回路の入出力の信号レベルは，GNDの電位を基準にしています．送信側と受信側のICでGNDの電位が異なると，信号の電圧レベルが変わるため正しく伝送できなくなります．

電源と信号のリターン配線は共通のインピーダンスをもちます．電源のリターン電流による電圧降下で，信号の基準電圧が変動します．

プリント基板上の全GND端子の電位を一致させるには，インピーダンスを低くします．そのため，**図5**

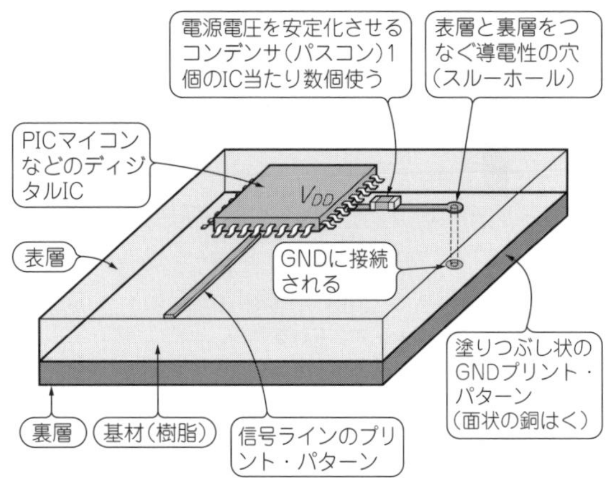

図5　マイコンやプログラマブル・ロジックICなどの信号ラインの下層には塗りつぶし(ベタ)のGNDパターンを利用する
ベタGNDのプリント・パターンが広いほどインピーダンスが低くなるので，どの場所の電位を測っても0Vに近い値になる

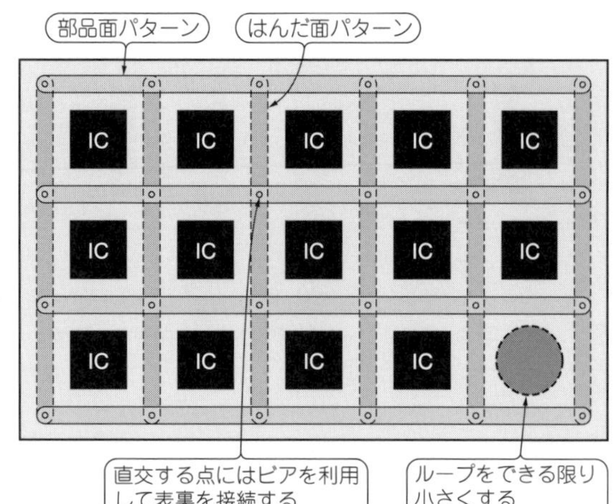

図6　GNDメッシュ配線
GNDのプリント・パターンは配線抵抗を下げるだけでなく，配線インダクタンスも下げることが重要．できるだけ目の細かいメッシュ配線を心がける

に示すGND面を塗りつぶして配線する方法(ベタGND)が広く採用されています．

特に数百MHz以上の高周波を扱う回路では，多層基板を使ってGND専用の層を作り，全面ベタのプリント・パターンにします．多層基板は両面基板よりもコストが高くなります．

● GNDのプリント・パターンは配線抵抗だけでなく，インピーダンスを低くする

配線抵抗は，銅はくのプリント・パターンを太くしたり，厚くしたりすると低くなります．GNDのプリント・パターンに流れるリターン電流は直流とは限りません．ディジタル回路の消費電流はスパイク状に流れるため，高周波成分を含みます．そのため，インピーダンスを低くすることが重要です．

要点⑥ メッシュにすると配線インダクタンスがさらに小さくなる

ベタGNDのプリント・パターンの面積を大きくすればGNDの配線抵抗は下がります．配線インダクタンスを低くするには，**図6**のようにメッシュ状に配線します．

ポイントは，メッシュの目をできるだけ細かくすることです．プリント・パターンで囲まれたループ状の面積が小さいほど配線インダクタンスを小さくできます．そのために，表裏を接続するビアを効果的に配置します．

ビアの有無は，GNDのプリント・パターンの抵抗値には影響しませんが，インピーダンスには大きく影響します．努力がむだにならないように慎重に検討しましょう．

要点⑦ 基板の外周をGNDパターンで囲む

両面基板は，電磁波が放出されやすくなります．基板の外周をGNDパターンで囲むと不要な輻射ノイズの低減だけでなく，外来ノイズの影響も受けにくくなります．

電　源

要点⑧ パスコンはICの電源端子のすぐ近くに配置する

● 回路動作の安定だけでなく不要な輻射ノイズも少なくなる

ICや電子回路の電源には，スパイク状の電流が流れています．

電源やGNDのプリント・パターンはインピーダンスを持つので，スパイク状の電圧降下が発生して回路の動作に悪影響を与えます．

対策として，**図7**に示すように電源とGNDの間にコンデンサを挿入し，電源電流に重畳した高周波成分をバイパスします．このコンデンサをバイパス・コンデンサ(パスコン)と言います．スパイク状の電流はパスコンにチャージされた電荷で供給されます．ICの電源端子の電圧変動は緩和され，電源やGNDのプリント・パターンに流れる電流も平滑化されます．

ICの電源電圧が一定になると，回路の動作が安定するだけでなく，電源やGNDのプリント・パターンに流れる高周波成分の電流が減少するので，不要な輻射ノイズも少なくなります．

プリント・パターンが長いと，配線のインダクタン

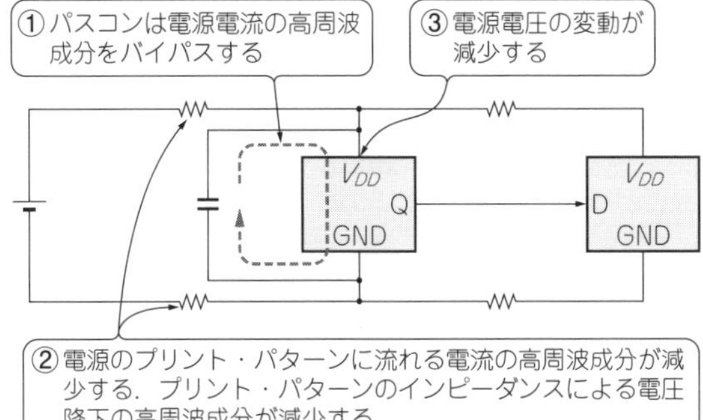

図7　パスコンによる効果
ICの近くにパスコンを挿入すると，電源電流のスパイク状の高周波成分がバイパスされて，ノイズを低減できる

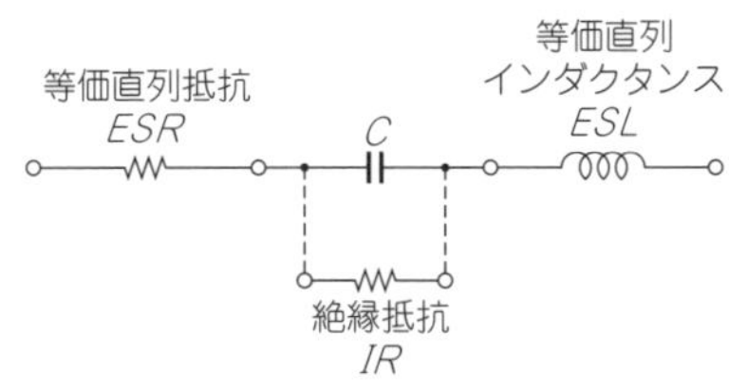

図8　コンデンサの等価回路
現実のコンデンサには，抵抗成分*ESR*とインダクタンス成分*ESL*が含まれる

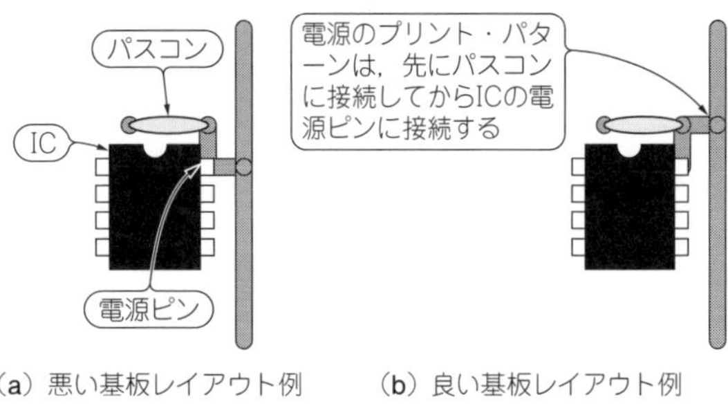

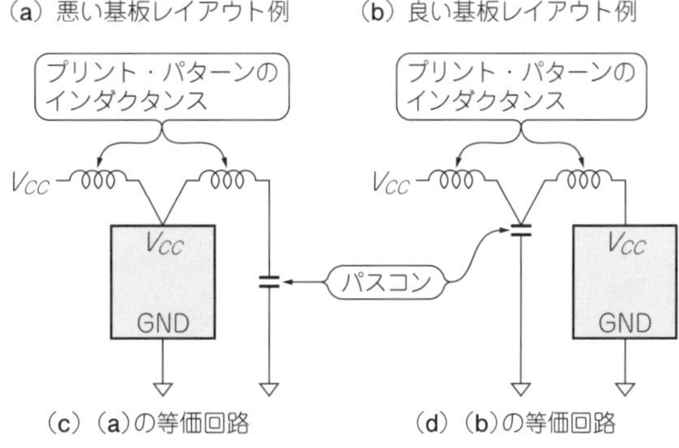

図9　パスコンの配線方法
良い例では，プリント・パターンのインダクタンスとパスコンでT型ローパス・フィルタが構成されている

スが大きくなります．パスコンの効果を高めるためには，**図7**の破線で示すようにループをできるだけ小さくします．具体的には，パスコンの端子とICの電源/GND端子を最短距離で接続します．

コンデンサの端子は，ICの電源ピンとGNDピンが離れていたら，リード線が届きません．このような場合は，電源ピン側に近づけて配置します．GNDはベタのプリント・パターンにしてインピーダンスを低くします．

両面基板の場合，電源ラインをベタのプリント・パターンにしていないことが多いので，インピーダンスが高くなります．**図7**の破線で示すループのインピーダンスを低くするには，できるだけプリント・パターンを短くします．

● パスコンに適したコンデンサ

図8にコンデンサの等価回路を示します．現実のコンデンサには等価直列インダクタンス*ESL*（Equivalent Series Inductance）が存在します．高周波領域においては，コンデンサの本来の静電容量成分*C*と*ESL*により直列共振する周波数が存在します．この共振点よりも高い周波数ではコンデンサとして機能しません．

プリント・パターンやコンデンサのリード線が長いと，*ESL*が大きくなったのと同じ影響が出ます．

パスコンに適しているのは，*ESR*と*ESL*が共に小さいコンデンサです．積層セラミック・コンデンサが広く使われています．特にチップ・コンデンサはリード線がないので，それだけ*ESL*が小さくなります．

要点⑨　プリント・パターンとパスコンでT型ローパス・フィルタの構成にする

パスコンの配線方法にも工夫点があります．**図9**に示すように，電源のプリント・パターンを先にパスコンに接続してから，ICの電源ピンに接続します．

プリント・パターンの配線インダクタンスとパスコンでT型ローパス・フィルタを構成します．ICの消費電流の高周波成分が電源のプリント・パターンに戻りにくくなるので，電源のインピーダンスによる電圧変動が少なくなります．

〈中 幸政〉

（初出：「トランジスタ技術」2017年10月号）

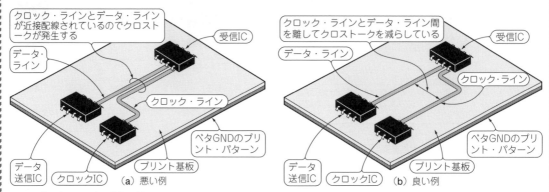

要点⑩ プリント・パターンはおしゃべり好き！ 接近させせちゃいけない　Column 1

近づけるほど，長く沿わせるほど，そして周波数の高い声ほど漏れる

図A　ディジタル回路の隣接配線
(a)はクロック・ラインとデータ・ラインが長く近接して配線されているため干渉しやすい．(b)はクロック・ラインとデータ・ライン間を離しているため電磁的な結合を受けない

プリント・パターンの近くに他の配線が並行して配置されていると，配線間に信号の結合が起きます．この結合をクロストークといいます．**図A**にディジタル回路の2本の信号配線例を示します．**図A**(**a**)のようにクロックのプリント・パターンの隣にデータ・ラインが並んで配線されていると，**図B**(**a**)に示すようにデータ・ラインにノイズが誘起されます．クロックの立ち下がりに同期してデータが送りだされ，受信IC側ではクロックの立ち上がりでデータを取り込んでいるため，誤動作が起きやすくなります．**図A**(**b**)のようにクロック・ラインとデータ・ライン間を離すと，**図B**(**b**)のようにクロストークの誤動作が起きにくくなります．

● クロストークの大きさ

図Cにマイクロストリップ線路間のクロストークの基本を示します．移動する信号先端の変化している部分から周囲に電磁界が広がり，クロストークをもたらしていることを示しています．各ラインの長さあたりの容量とインダクタンスをCとL，信号源電圧をV_S，線間の容量をC_M，相互インダクタンスをL_Mとすると，クロストークの大きさは次式で表されます．

$$V_{NE} = 0.25\left(\frac{C_M}{C} + \frac{L_M}{L}\right)V_S \quad \cdots\cdots (1)$$

$$V_{FE} = 0.5l\left(\frac{C_M}{C} - \frac{L_M}{L}\right)\frac{dV_S}{dt} \quad \cdots\cdots (2)$$

式(1)と式(2)でV_{NE}は近端クロストーク，V_{FE}は遠端クロストークです．式(2)からわかるように線路間が結合する長さlは短いほど，クロストーク電圧（遠端ノイズ）は小さくなります．クロック信号の立ち上がり時間が短いほどクロストークが大きくなります．プリント・パターンが近接している長さはできるだけ短い方がクロストークが少なくなります．通常数mm以下に抑えるようにします．　**〈志田 晟〉**

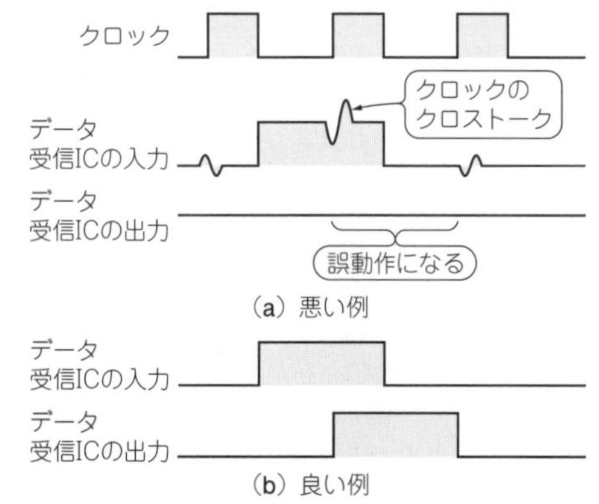

図B　図Aの波形例
クロックの立ち上がり，立ち下がりにより隣のプリント・パターンにクロストーク・ノイズが現れる．受信ICではクロック・タイミングのデータを見るため，そこにノイズが重なるとデータを誤って読み取る

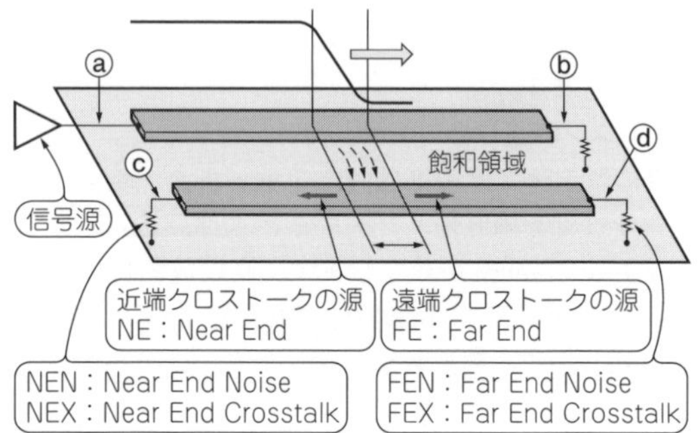

図C　クロストークのメカニズム
マイクロストリップ線路間のクロストークの基本．移動する信号先端の変化している部分から周囲に電磁界が広がりクロストークをもたらしている

Appendix 3

例題回路：ディジタル回路の動作チェック用信号源「パターン・ジェネレータ」

● 用途

ディジタル回路をテストするときは，出力端子の信号をロジック・アナライザで観測します．その入力端子には外部から信号を加えます．外部から加える信号をスティミュラスまたはテスト・ベクタと言います．

パターン・ジェネレータは，このスティミュラスを発生させる回路です．複数のディジタル信号を同期させて変化させることができます．本器はディジタル回路テスト(デバッグ)用の信号源として利用できます．

● 仕様

本稿の例題であるパターン・ジェネレータは，Excelで作ったディジタル信号パターンを信号源にできます．複雑なタイミングを作らずにディジタル信号パターンを連続して出力したいだけなら，Excelが便利です．

主なスペックは次のとおりです．

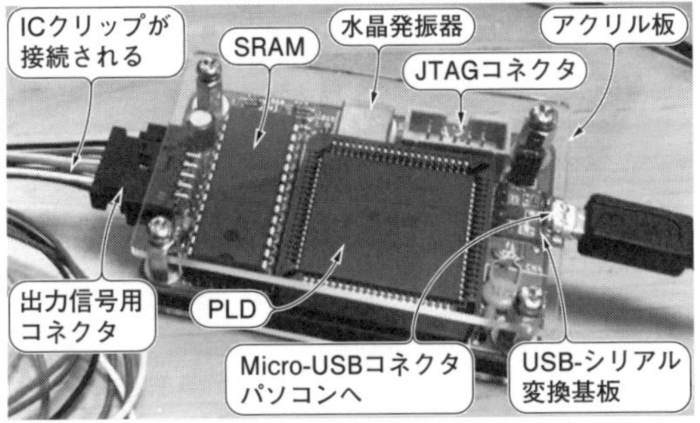

(a) 表面

(b) 断面

写真1　製作した8チャネル/最大出力周波数5 MHzの実験用パターン・ジェネレータ
DIP部品だけでコンパクトに設計した．外形は76×51×20.6 mm，(a)の右側のmicro-USBコネクタをパソコンに接続して使う．信号パターンは左側のコネクタから出力される．実装密度を上げるため，(b)に示すように抵抗とダイオードをSRAMのソケットの下に実装している．ケースの代わりにCタイプの基板サイズのアクリル板を使った

- 出力信号数：8ビット，出力電圧：5 V TTL
- 最大負荷電流：I_{OH} = －3 mA(V_{OH} = 2.4 V)，I_{OL} = 3 mA(V_{OL} = 0.45 V)
- 内部クロック：10 MHz固定
- 各チャネルのデータ長：32 Kバイト
- パソコンとのインターフェース：USB
- 電源：5 V，消費電流：110 mA
- ジッタ：5 ns，立ち上がり/立ち下がり時間：6 ns，スキュー：7 ns

● DIP部品で高密度実装

今回は，はんだ付けが苦手な人でも試作できるようにDIP(Dual Inline Package)部品だけで設計しました(**写真1**)．DIP部品を使うとSMD(Surface Mount Device)部品よりも基板が大きくなりがちですが，できるだけ小型化するために部品を重ねたり，両面実装したりして工夫しています．

外形寸法は電子部品通販ショップで買えるCタイプ(72×48 mm)の基板に近づけました．Cタイプの基板用のアクリル板でサンドイッチしてケースの代わりにしています．四方の壁がないので，クレジット・カードよりも小さくできました．

アクリル板には保護フィルムが貼られています．はがすときに静電気が発生するので，帯電を除去してから組み立てます．

● 回路構成

図1に本器の回路を示します．CN_1はUSB-シリアル変換基板です．CN_1を経由してパソコンから信号パターンを受信し，いったんSRAMに記憶します．その後SRAMから読み出してコネクタCN_2に出力します．

前述したとおり，基板への実装はすべてDIP部品にしました．PLDだけはDIPパッケージがありませんので，PLCCパッケージのPLDをソケットに装着してDIPに変換しています．

SRAMはSMDよりも割高ですが，DIPパッケージを選びました．1列タイプのICソケットを使うと，SRAMの下に抵抗やダイオードを実装できます．

＊　＊　＊

GND配線を塗りつぶし状(ベタ)にすると，インピーダンスが低くなり，回路の基準電位となるGNDが安定して通信エラーのような誤動作が少なくなります．

配線ミスによるデバッグや手直しの手間も削減できます．プリント基板開発ソフトウェアを使えば配線ミスはCADがチェックしてくれます．

＊　＊　＊

今どきは，DIP部品よりもSMD部品のほうが安く手に入ります．SMD部品のはんだ付けに自信のある方はSMD部品に置き換えるのもよいと思います．

PLD，SRAM，USBの構成はディジタル信号解析をするのに汎用的な回路構成です．すぐに思いつくのは，信号パターン出力と入力を交互に繰り返す，ロジック・テスト治具です．ロジック・アナライザがなくてもディジタル回路のテストができそうです．他には，周波数カウンタやパルス・カウンタなども作れそうです．

今後はこのような実験もしてみたいと考えています．

〈中 幸政〉

（初出：「トランジスタ技術」2017年10月号）

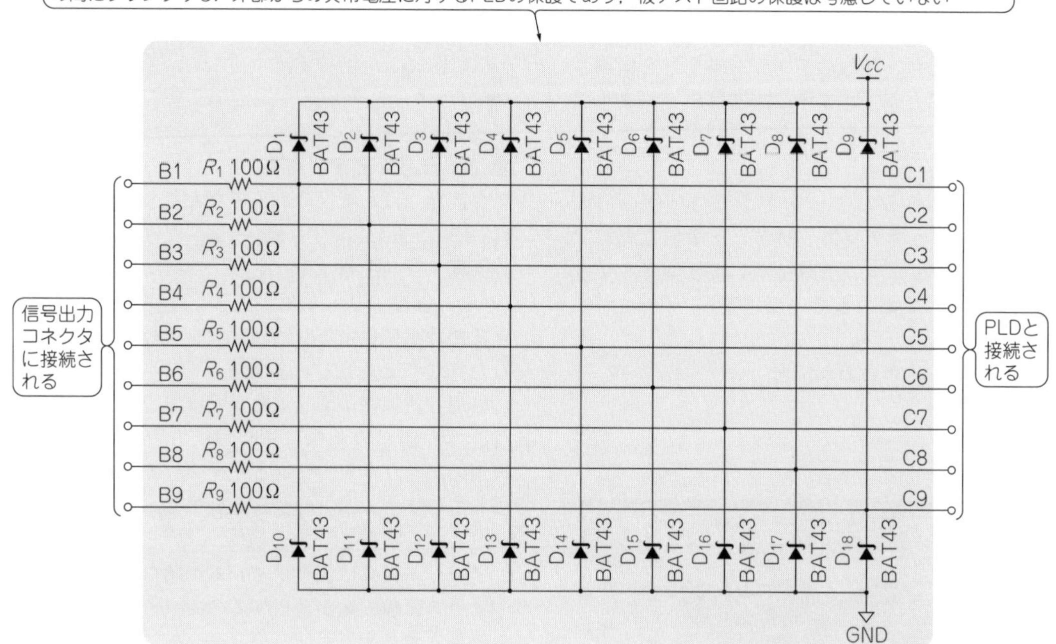

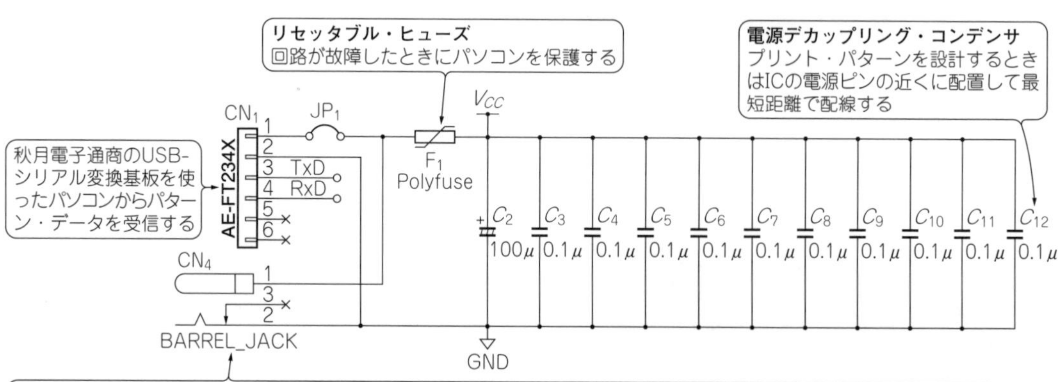

図1　回路図
主な部品はPLDとSRAMと水晶発振器だけの回路とした．パソコンとのインターフェースにはUSB-シリアル変換基板を使った．小型なので，USBコネクタのように使える

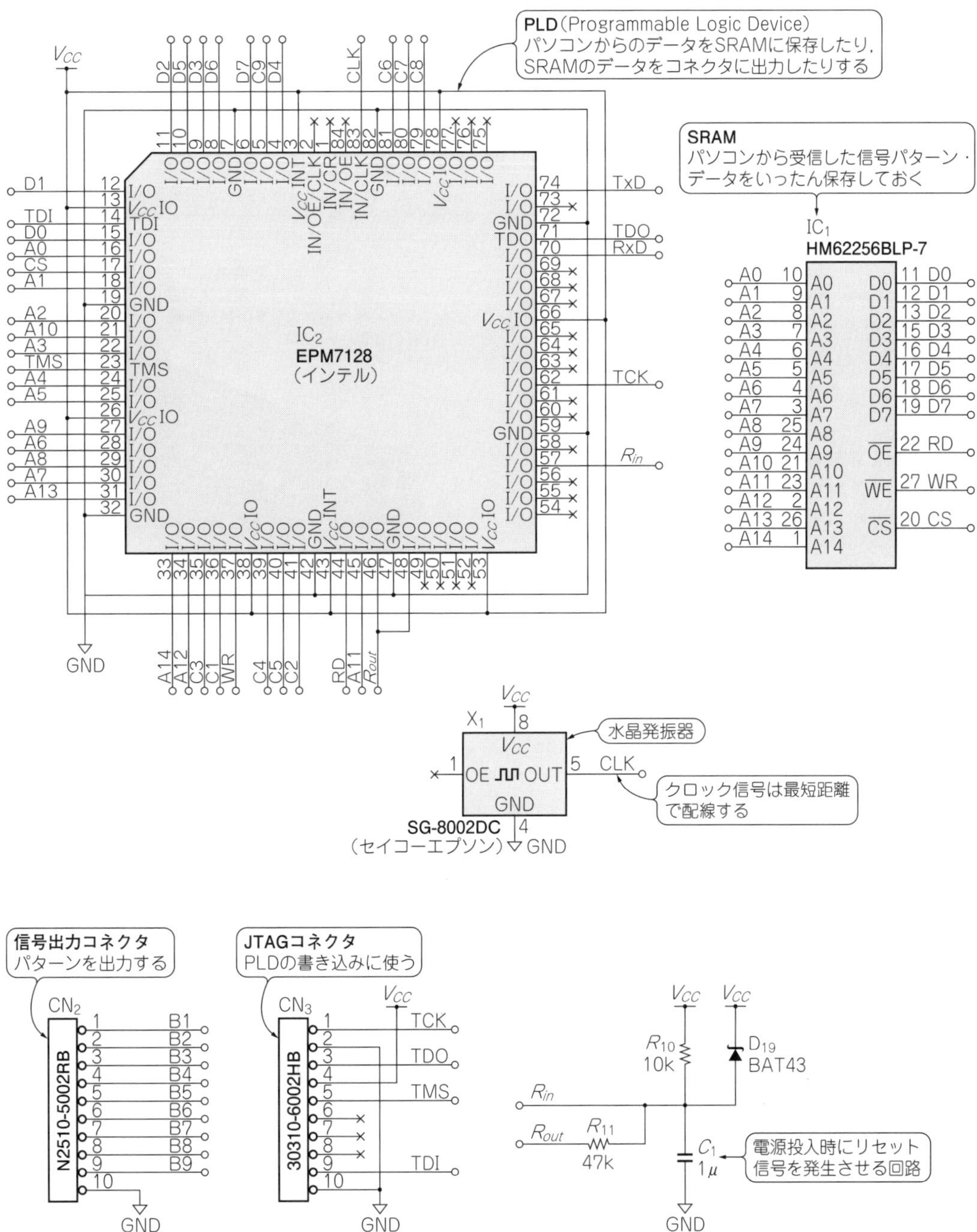
PLD(Programmable Logic Device)
パソコンからのデータをSRAMに保存したり，SRAMのデータをコネクタに出力したりする
SRAM
パソコンから受信した信号パターン・データをいったん保存しておく
IC_1
HM62256BLP-7
IC_2
EPM7128
(インテル)
X_1
水晶発振器
クロック信号は最短距離で配線する
SG-8002DC
(セイコーエプソン)
信号出力コネクタ
パターンを出力する
CN_2
N2510-5002RB
JTAGコネクタ
PLDの書き込みに使う
CN_3
30310-6002HB
R_{10}
10k
D_{19}
BAT43
R_{11}
47k
C_1
1μ
電源投入時にリセット信号を発生させる回路
GND

悪い例
よい例

第7章 100MHz超のFPGAエフェクタ基板を例に

実例に学ぶ基板設計 要点10［高速ディジタル回路編］

長谷川 将俊/加藤 史也/志田 晟/高橋 成正
Masatoshi Hasegawa/Fumiya Kato/Akira Shida/Narimasa Takahashi

前章のディジタル回路基板のクロック周波数は数十MHzでした．本章では，動作クロック周波数が100 MHzを超える超高速ディジタル基板を作るときの要点を紹介します．例題基板は，高速信号処理が得意なFPGAを搭載した楽器用エフェクタ(**写真1**)です．

100 MHzを超えるディジタル信号は，アナログ信号と同じくとても繊細で，プリント・パターンの長さや幅，基板の厚みなどが，その波形に大きく影響します．〈**編集部**〉

要点① 等長配線を行う

写真1の基板に搭載されているFPGAは，メモリIC(SDRAM)と，DATAやAddressという信号ラインを使ってディジタル信号をやりとりします．この基板の場合，DATAの信号ラインの数は16本，Addressは15本です．

この基板のように，高速なディジタル信号を通すプリント・パターンを描くときは，信号源(FPGA)から出力された信号が相手(SDRAM)に到達するまでに要する時間(伝搬遅延時間)を考える必要があります．

31本の信号が伝搬する時間は，FPGAとSDRAM内の配線長とプリント・パターン長によって，各々異なります．高速ディジタル信号は1周期が短いので，わずかな配線長の差がデータの読み取りエラーの原因になります．

空間系エフェクト用に大容量のSDRAM搭載
電子工作の5Vからギター・エフェクタの9Vまで使える
ギターやベースなどの楽器，パソコン，スマートフォンからの音源
USBからエフェクトの制御やFPGAのコンフィグ更新ができる
すべての音声処理はFPGAワンチップで行う
音声出力．アンプ，スピーカ，イヤホンへ
マイコンからSPIでエフェクトを制御できる．Arduinoの5VのI/Oでもそのまま入力できる

写真1　高速信号処理が得意なFPGAを搭載した楽器用エフェクタ
FPGAやSDRAM，A-D/D-Aコンバータが搭載された基板でディストーション，ディレイ，リバーブなど複数のエフェクトを同時にかけられる．外形は91×55 mm

図1に示すように，SDRAMはCLK信号の立ち上がりのタイミングに合わせて，DATA信号のレベルを読み込みます．このとき，DATA信号のプリント・パターンがCLK信号のプリント・パターンより長い

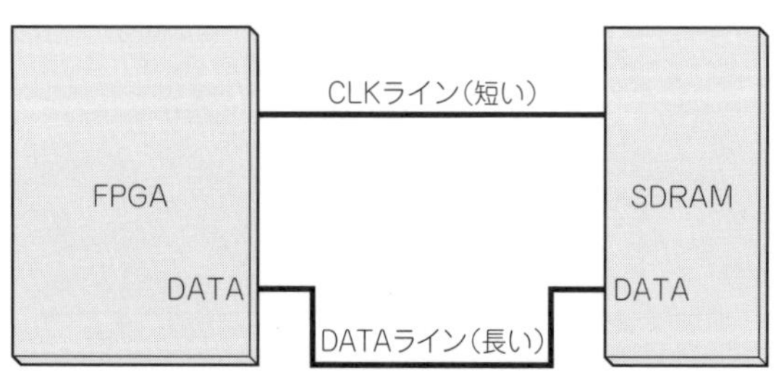

CLKライン(短い)
FPGA
SDRAM
DATA
DATA
DATAライン(長い)

(a) 信号が到達するまでの時間，伝搬遅延が大きくなる

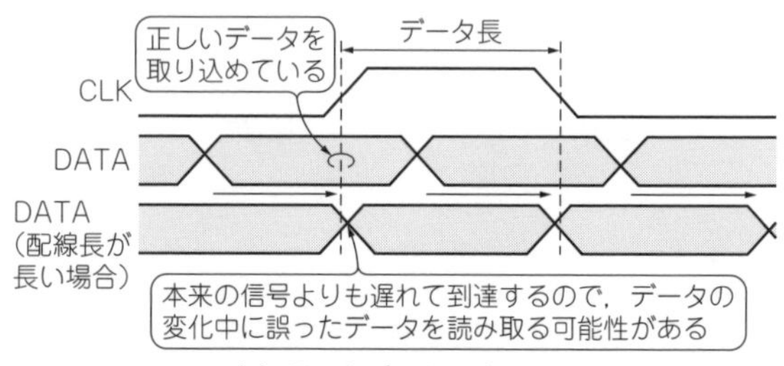

正しいデータを取り込めている
データ長
CLK
DATA
DATA (配線長が長い場合)
本来の信号よりも遅れて到達するので，データの変化中に誤ったデータを読み取る可能性がある

(b) CLKとデータの波形

図1　ディジタル信号の速度が上がってくると，プリント・パターンの長さの違いが通信エラーの原因になってくる
伝搬遅延に対する影響度は信号の周波数やプリント・パターンによって異なる

図2　FPGAとSDRAM間のプリント・パターン
手作業で配線長を合わせ込むのはたいへんなので，基板開発ソフトウェアの機能を活用して配線長を確認したりミアンダ配線を生成したりして対応する．伝送線路シミュレーションなどで配線による影響を確認するとなお良い

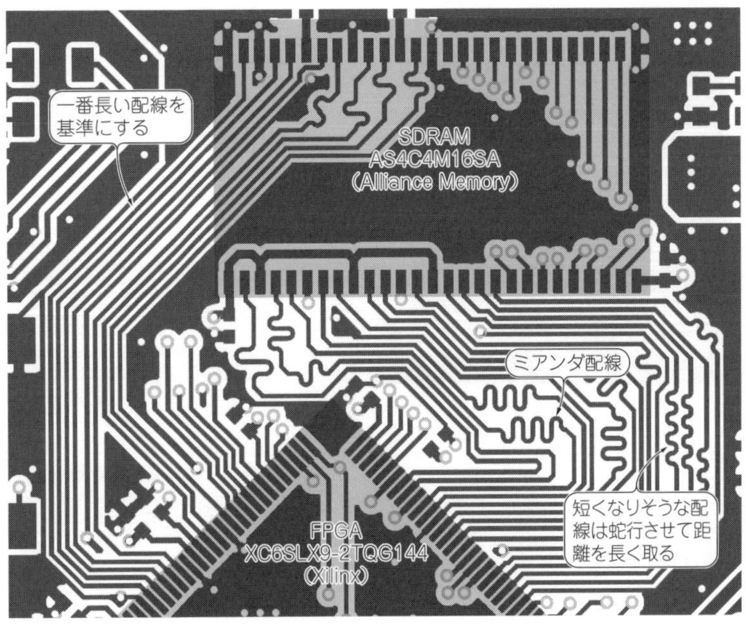

と，読み込みタイミングがずれるので，FPGAとSDRAMは正しくデータをやり取りできません．

最近FPGAは，遅延時間を調節する機能や，クロックの位相を変化させる機能(PLL)をもっていますが，調整範囲には限りがあるので，これらの機能に頼らず，各配線の伝搬遅延時間をそろえておくのが基本です．信号の伝搬時間は，蛇の形をしたプリント・パターン(ミアンダ配線)を利用すると伸ばすことができます．折り返す回数が多いほど，遅延は大きくなります．

ミアンダ配線の折り返された配線どうしの間隔はプリント・パターン幅の3倍以上にします．そうでないと，線間容量の影響で，配線長から期待できる遅れを得ることができません．

銅はくの厚さが配線幅と近いときも，線間容量の影響を受けて，期待どおりの遅延が得られないので，配線どうしの間隔をできるだけ広げます．

図2に示すのは，KiCadが備えるミアンダ配線機能を使って描いたプリント・パターンです．

要点②　数百MHz以上のディジタル回路を作るなら4層以上にする　Column 1

図Aに示すように，4層基板は，表面と裏面の同層に加え，内部にも銅層が2つあります．高速ディジタル回路基板を作るときは，内層の1つをGND，もう1つを電源に割り当てるとよいでしょう．数百MHz超で伝送するときは，内側の2層をどちらもGNDにするとより動作が安定するでしょう．

4層構成にするメリットを次に示します．

- ICへの電源配線時にバイパス・コンデンサを理想に近い位置に付けることができる
- 信号に隣接した層が安定した電位になるので信号品質が向上する
- 内層でベタGNDのプリント・パターンを利用することで電流のリターン経路を確保する

ディジタル信号は表面のプリント・パターンと内層ベタのプリント・パターン間を進みます．表面層と内層間絶縁層を薄く(配線幅と同じぐらいの厚み)した4層基板で設計すると，GNDガードがなくても，信号配線間の干渉を防ぐことができます．

〈長谷川 将俊／加藤 史也〉

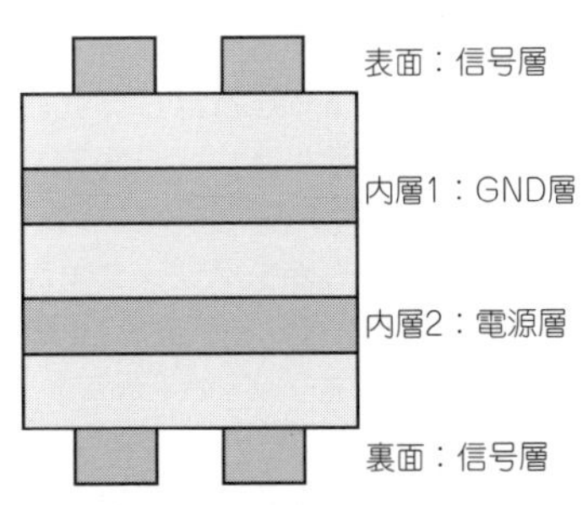

図A　4層基板の構成は内層にGNDと電源を配置する

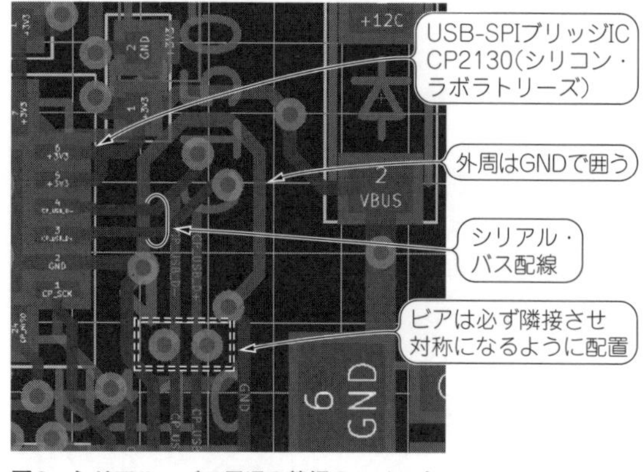

図3 シリアル・バス周辺の基板のレイアウト
KiCadの差動ペア配線機能を使うと，隣接配線や長さの統一，対称なビア配置を自動で実施できる

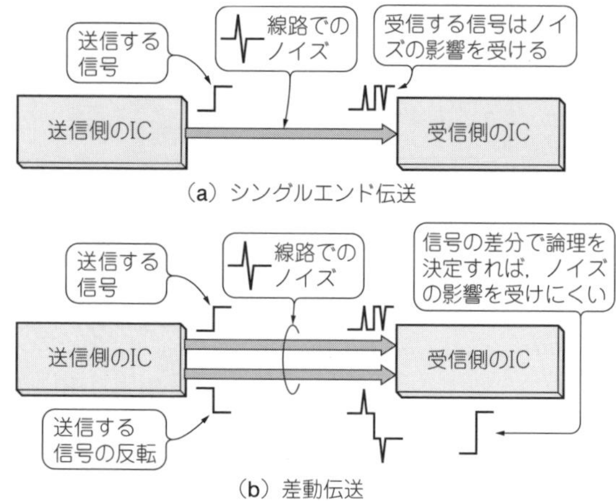

図4 差動通信のコモン・モード・ノイズ耐性
USBやEthernetのように長く引き延ばされている配線のほかにも，PCI Express，HDMI，CAN，RS-485などにも差動信号を用いた通信方式を利用している

要点③ 信号配線の4本に1本はGNDパターンを挿入する

ディジタル信号が通る配線をたくさん並べると，内側のほうの信号レベルが不安定になり通信エラーが発生します．こんなときは，4本に1本のペースでGND配線を挟み込み，GND配線の両端を広いGNDパターンに接続します．片側だけ接続したGNDパターンからはノイズが放射されます．

要点④ 差動信号用のプリント・パターンは隣り合わせて描く

パソコンのシリアル・インターフェース規格 USBとEthernetは，正相用と逆相用の2本のペア線を利用して通信する差動方式を採用しています．**図3**に示すのは，実際の基板のシリアル・バス配線です．

この方式はノイズの多い環境でも，確実にデータを通信できる特徴があります．受信側では，2つの信号のレベル差をとってデータを復元するため，2本の配線にノイズが加わっても，差分を取るとキャンセルされるからです(**図4**)．**図5(a)**に示すように，2本の差動信号ラインは，隣り合わせにして配線します．周囲に放射されるノイズも小さくなります．

要点⑤ ビアは対称に配置する

層と層をつなぐビアも，配線の特性インピーダンスに影響があり，波形を変化させます．差動通信用のペア配線のビアをうつときは，対称に配置してインピーダンスを等しくします［**図5(b)**］．

KiCadワンポイント活用② 安心確実！差動ペア配線の幅や長さをそろえてくれるKiCadのオートマチック機能 **Column 2**

KiCadは，自動的にペア配線の幅や長さをそろえる機能をもっています．手順は次のとおりです．

(1) 回路図エディタで，配線のラベル名の語尾に「+/−」または「p/n」を指定します．
(2) 基板エディタの上部のメニューから，［配線］-［差動ペア］を選択する
(3) ペアの配線のどちらかをクリックする

配線幅や配線の間隔は，KiCad 5.1.4では［ファイル］-［基板セットアップ］の「ネットクラス」で指定します(「dPair幅」と「dPairギャップ」)．

図BはKiCadでのペア配線の実行例です．

〈長谷川 将俊/加藤 史也〉

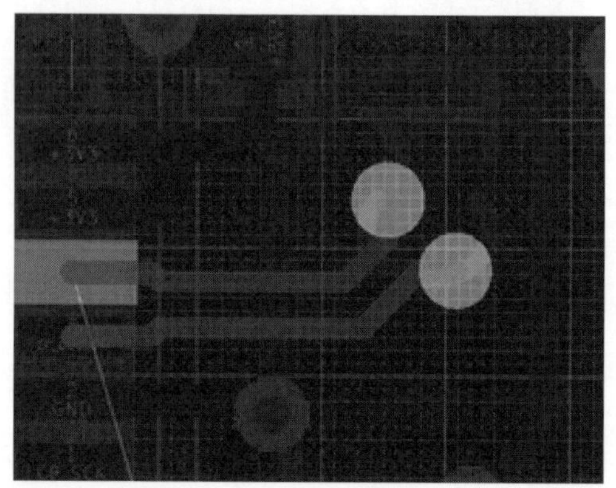

図B ペア配線だけでなくビアの配置も自動で行ってくれる

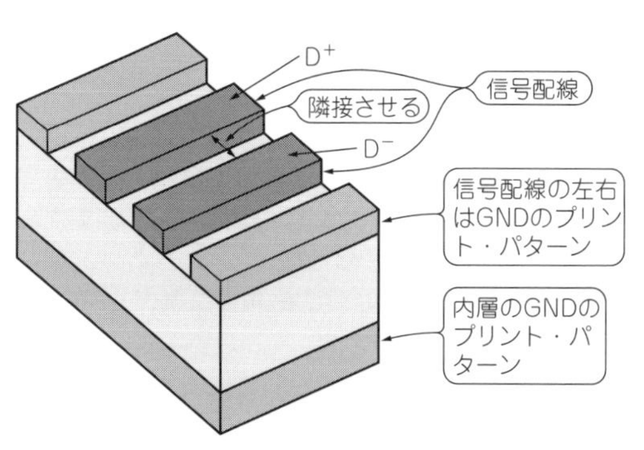

（a）配線を隣接させて周囲はGNDガードを配置する

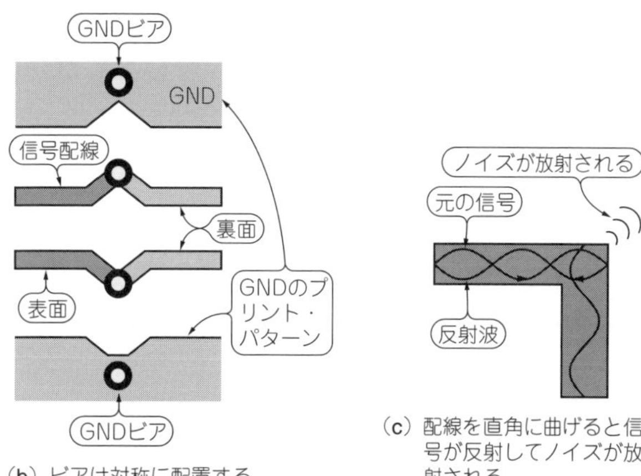

（b）ビアは対称に配置する

（c）配線を直角に曲げると信号が反射してノイズが放射される

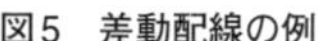

図5　差動配線の例

要点⑥　直角配線は避ける

直角に曲げられたプリント・パターンに数百MHz以上の高速信号を通過させると，反射して不要なノイズが空中に放射されます［**図5(c)**］．直角配線は避けて，周囲にはGNDパターンを配置します．

〈長谷川 将俊/加藤 史也〉

（初出：「トランジスタ技術」2017年10月号）

プリント・パターンの描き方ひとつで電源ノイズは大きくも小さくもなる　Column 3

プリント・パターンのインピーダンスは0Ωではありません．たとえGNDパターンでも抵抗分があります．

図C(a)に示すように，プリント基板上のディジタル回路の動作電流がGNDに流れると，アナログ回路のGND電位が揺れます．

解決策は，ディジタル回路とアナログ回路のGNDを電源付近の1点で接続することです．しかしこれは理想的な話で，実際にはさまざまな制約によって実現できません．現実的な対応は，GNDのプリント・パターンのインピーダンスをできるだけ低くすることです．

アナログ回路と，SDRAMやFPGAなどのディジタル回路がGNDパターンを共有すると，アナログ回路がディジタル回路がGNDに流すスイッチング・ノイズの影響を受けます．

本器(**写真1**)では，**図C(b)**に示すように，基板中央でGNDを分離して，ディジタル系とアナログ系のGNDを分離しています．

〈長谷川 将俊/加藤 史也〉

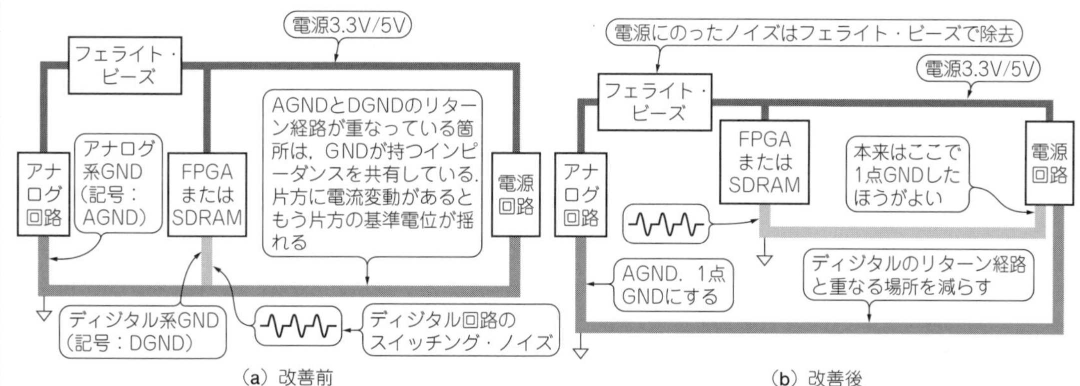

（a）改善前　　（b）改善後

図C　アナログ回路とディジタル回路のGND配線
(a)はFPGAやSDRAMの影響によってアナログ回路のGNDの電位が変動する．(b)のようにGND分離することで，アナログ・リターン電流の経路を制限する．分離のためにGNDを狭めたことによって別の特性に影響をおよぼすこともあるので慎重に検討する

要点⑦ 配線どうしがおしゃべりしなくなる技「GNDガード」 Column 4

● GNDガードの目的

GNDガードは信号ラインと両隣に描かれるGNDのプリント・パターンでクロストークを防止するために利用されています．信号の近くにGNDのプリント・パターンを置くことで，GNDと電磁的な結合が強くなり，それを飛び越えるほかの信号ラインへの結合が減ります．

● 事例

図Dに高速信号の線路間のクロストークを防ぐために信号ラインに沿って配置したGNDガードのプリント・パターンの例を示します．

図D(a)ではGNDガードの両端だけがGNDビアでプリント・パターンに接続されています．最近のマイコンやFPGAなどのディジタル・デバイスはクロックが30 MHz程度と低くても，立ち上がり/立ち下がり時間が1 ns以下と高速動作します．このため，基板上の周波数成分としてはGHzを超えている場合があると考えます．

GNDガードのプリント・パターンが共振器として働くので，共振した成分が信号線にノイズとして結合してきます．

一般的な回路では**図G(b)**に示すように20 mm程度の間隔でGNDガードのプリント・パターンにビアを配置しておけばよいでしょう．

● 基板が共振する

図Eに示すようにGNDビア間の距離が波長の1/2になると共振が起きます．共振が起きないようにするにはビア間隔を共振波長の1/4程度以下にします．通常のFR-4基板の表面層のプリント・パターンを進む信号は空気中に比べて0.6倍程度に波長が短縮しています．

表Aにこの波長短縮を考慮して共振周波数とビア間隔をまとめました．3 GHzの成分でも共振しないようにするにはGNDガードのプリント・パターンのビア間隔は約10 mmにします．

ベタGNDのプリント・パターンがないと，信号ラインとGNDラインとの間のループによってノイズを周囲にまき散らしたり受けたりします．

〈志田 晟〉

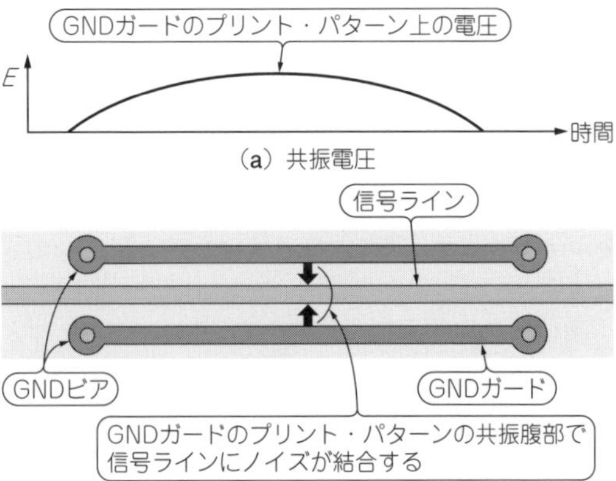

図E GNDガードのプリント・パターンの共振とノイズの結合
GNDガードのプリント・パターン上のGNDビア間隔が1/2波長となる周波数で共振する．中央部では信号ラインが電界的に結合する

表A 共振周波数とビア間隔

立ち上がり時間	基本周波数成分	3倍周波数	0.6×1/4波長	GNDビアの間隔
2 ns	0.5 GHz	1.5 GHz	30 mm	30 mm
1 ns	1 GHz	3 GHz	15 mm	15 mm
0.5 ns	2 GHz	6 GHz	7.5 mm	7.5 mm

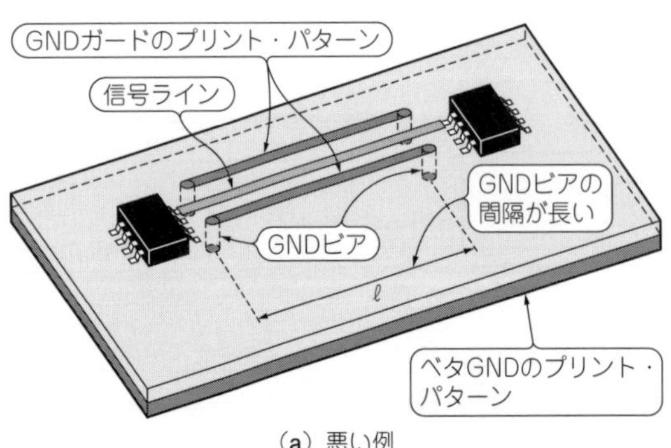

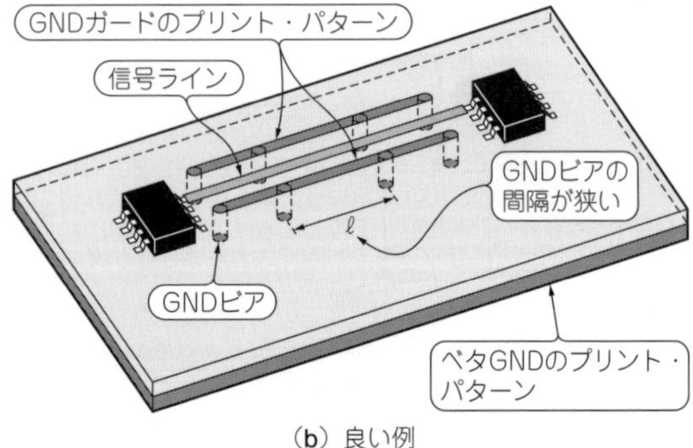

図D GNDガードのプリント・パターン
(a)はGNDガードが信号ラインに沿って配線されている．GNDガードのプリント・パターン上のGNDビアは両端だけに配置されている．GNDガードのプリント・パターンが長い場合，基板に存在する周波数や高調波で共振が起きやすい．(b)は基板で使用している最大周波数の数倍でGNDガードのプリント・パターンにGNDビアを配置している

要点⑧ 信号ラインの裏側にスリットは厳禁　Column 5

● 事例

数百Mbps以上の高速信号が送信ICからレシーバICに内層のベタ上に配置されたプリント・パターンで伝送されると考えます．**図F(a)**に示すように内層のベタGNDのプリント・パターンにスリットがあり，信号ラインがこのスリットをまたいでいることがあります．数百Mbps以上の高速信号の伝送では，このような配線は良くありません．**図F(b)**に示すようにスリット部を迂回して配線します．

● 特性インピーダンスが大きく変わる

ベタGND上のプリント・パターンはマイクロストリップ線路と呼ばれます．**図G**に示すように電気信号はプリント・パターンとベタ層の間のFR-4の部分を進んでいきます．このとき，電気信号は線路断面形状が一定の特性インピーダンスで進んで行きます．

スリットがあると，断面形状が大きく変わるため，特性インピーダンスも大きく変化し電気信号はそこでスムーズに進めず反射を起こします．

信号ライン直下のベタGNDのプリント・パターン上を，信号電流と逆向きにリターン電流が流れます．**図G**は信号ラインを進む電流とベタGNDのプリント・パターン上に対抗して反対方向の矢印で示されています．電流は上下でペアになって信号が進む方向に，ほぼ光速で進んでいきます．

● スリットを迂回することが難しいとき

スリットを迂回するのが難しい場合は，**図H**に示すように信号ラインに沿ったGND線を置いて，スリットのエッジにGNDビアで接続します．

〈志田 晟〉

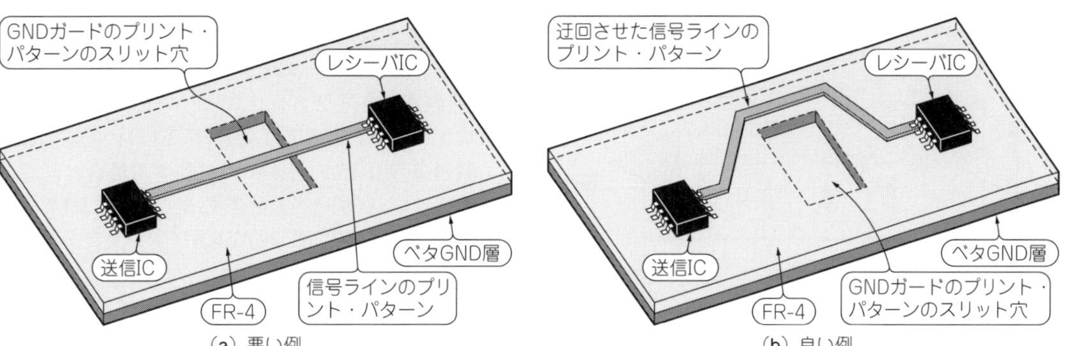

図F　信号ラインがベタGNDのプリント・パターンのスリット部分をまたぐと特性インピーダンスが変わる
(a)はベタGNDのプリント・パターン途中のスリット穴をまたいで信号ラインが配線されている．スリット部をまたがず迂回して信号線と対抗するGND面が連続的に一様に送信ICからレシーバICまでつながっているため信号の乱れが起きない

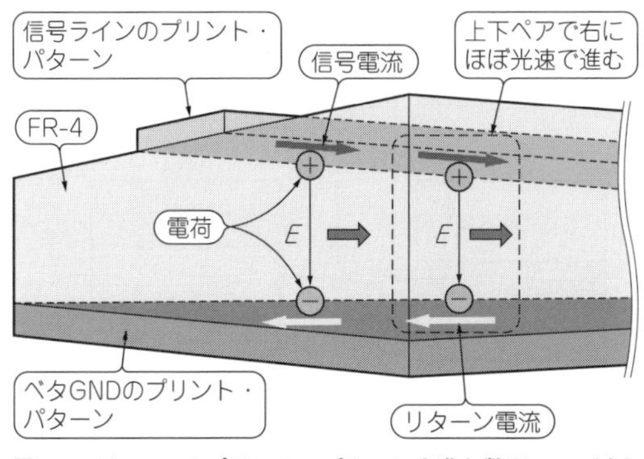

図G　ベタGNDのプリント・パターンを進む数百Mbps以上の電気信号
FR-4内側面から見たところ．高速信号のリターン電流は信号ラインの電流とペアで右側にほぼ光速で移動する

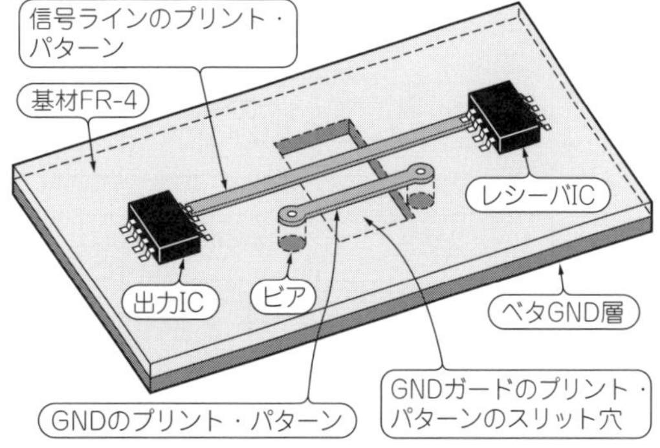

図H　信号線に沿ったGNDプリント・パターンでスリットをまたぐ
信号に沿わせてスリットの端にビアでつないだGNDのプリント・パターンを置くとスリットの影響をあまり受けない

要点⑨ Gbps超の信号がスムーズに伝わる層構成 Column 6

● 特性インピーダンスの計算方法

半導体ICの高速化，部品の微細化，プリント基板の高密度化にともない，高速信号が正しく伝わらないという問題に直面するケースが多くなっています．具体的には，信号の反射，クロストーク・ノイズ，さらに電源ノイズなどの問題があります．

図Iにプリント基板の等価回路を示します．抵抗成分Rを無損失とし，インダクタンスL，キャパシタンスCが連続してつながっているものと仮定します．

信号が送信端（ドライバ）から受信端（レシーバ）に進むとき，伝送線路上の任意の点における電圧と電流は比例します．この比例係数が特性インピーダンス（Z_0）です．Z_0が均一でないと場所によって電流，電圧が異なり，ノイズが発生します．**図J**に示すように特性インピーダンスは，信号の配線幅と絶縁層厚がL成分とC成分に比率で値が決まります．

4層基板では表層（L1，L4）は信号，内層（L2，L3）は電源やGNDプレーン（ベタのプリント・パターン）を割り当てます．

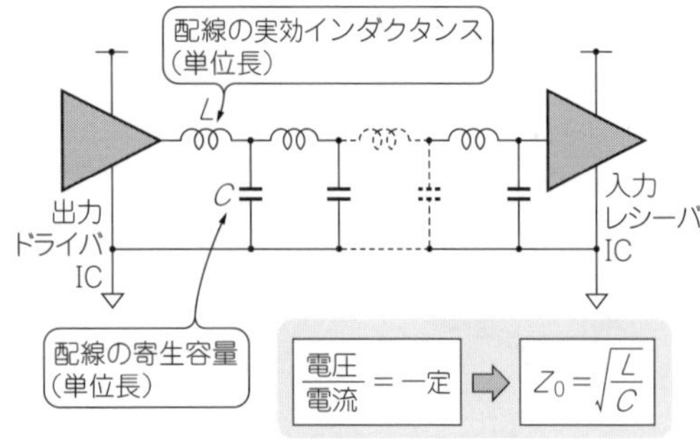

図I　プリント基板の等価回路

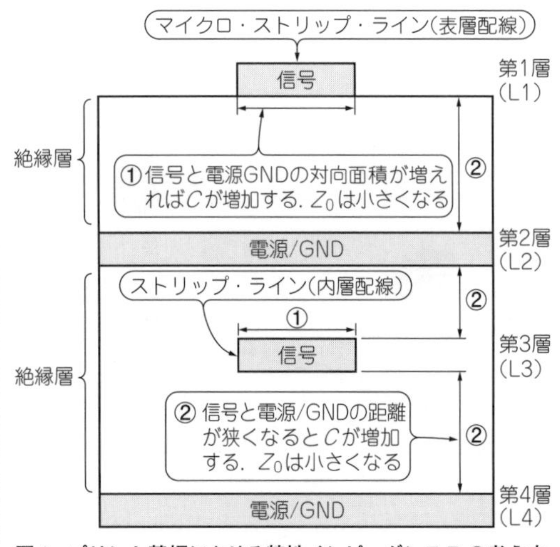

図J　プリント基板における特性インピーダンスZ_0の考え方

● DDR3やLVDSなどのケース

図K（a）はL1-L2間の絶縁層厚が厚いため，信号のインピーダンスは大きくなり整合が難しくなります．配線スペースも限られ，太い配線で多くの信号をひくことは現実的ではありません．表層配線で第2層までの絶縁層が厚い層構成をインピーダンス制御基板に適用することはできません．

図K（b）はL1-L2間の絶縁層厚が薄いため，信号のインピーダンスは低くなります．狭い配線幅で指定のインピーダンスが設定できるため，高密度配線に適しています．しかし，配線幅を100 μm以下にすると，基板製造が難しくなるため，基板メーカへの確認が必要です．

L2とL3の電源-GND間の絶縁層が厚いため，基板内のコンデンサ容量が小さくなります．電源/GNDノイズ対策として，適切なバイパス・コンデンサを実装します．両ケースとも，信号伝送が有利な層はGNDをリファレンスにしたL1層になります．クロック信号など重要な信号は，L1層に配線します．

制約条件などで，L4層に配線する場合は，信号の両側にGNDガードを配置する，またはL3の信号直上のL3電源層に部分的なGNDプレーンを配置するとよいでしょう．

● 電源ノイズによる信号劣化を減らすには

L3層の電源ノイズが信号に影響するため，4層基板は高速信号には向きません．リスクを最小にするため，無理をせずに最初から6層以上の多層基板を採用するのも一案です．

〈高橋　成正〉

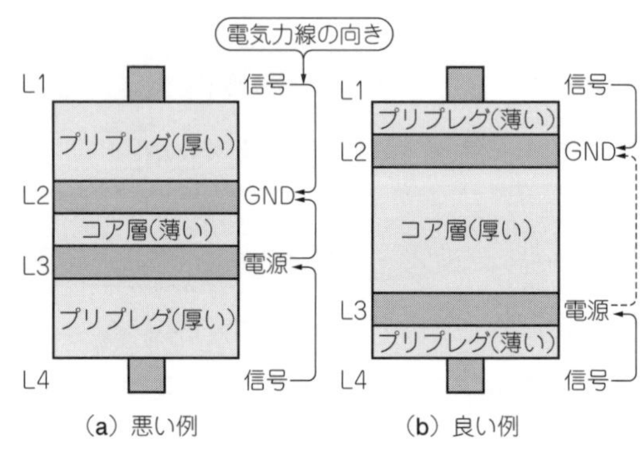

図K　インピーダンス制御基板の層構成

要点⑩ 電圧の異なる電源配線網のリファレンス・プレーンにはスリットを入れてノイズ伝搬をシャットする

Column 7

● 異なる電源どうしの配線は距離を

最新のFPGAには多くの電源配線網があり，どの電源を信号のリファレンス・プレーンに割り当てるか悩ましいです．一般的に3.3 V，5 Vなどの電源はプリント基板に搭載されたほとんどのICで使用されます．これは広い面積のベタのプレーンになっている基板が多いです．

特にDDR3など高速I/Oインターフェースでは，低電圧化が進み1.5 V以下になっています．それぞれの電源はGNDとの間にパスコンを実装し，電源インピーダンスを低減します．

1.5 Vや3.3 Vの電源間は信号間クロストークと同じように，ノイズ伝搬を回避するために，距離を離し，結合を弱める必要があります．

● 事例

図Lに示すように誤ってDDR3信号のリファレンス・プレーンに3.3 Vを割り当てると，3.3 VとDDR3信号間が強く結合し，寄生容量成分を介して，他電源で発生したノイズが，DDR3信号に侵入してきます．

I/Oの動作速度が遅く，電源電圧が高いケースは，ノイズ/動作マージンが潤沢に確保できていたので，誤動作などのリスクは低く，あまり問題視されていませんでした．DDR3など性能が上がった高速インターフェースI/OではNGです．

図Mに示すようにDDR3 I/O電源の1.5 Vに設定することが必須です．1.5 Vと3.3 Vの電源間にスリットを追加して，DDR3信号だけI/O供給電源の1.5 Vプレーンで覆います．

1.5 Vプレーン周囲のスリット(1 mm程度)で，3.3 Vからの電源ノイズをシャットアウトできます．

基板層数が多い場合，上下のリファレンス・プレーンをGNDにするのがベストです．電源-GND間の絶縁層はなるべく薄くしたほうが，電源インピーダンスが低くなり，電源供給が安定し信号の波形もきれいになります．

信号がビア経由でL1層，L4層に配線されるとき，リファレンス・プレーンがGND/電源で分かれているため，信号のリターン・パスが分断されノイズ源になります．対策として，信号ビアの直近にリターン・パス確保用のGNDビアを配置します．スペースがあれば0.01 μF程度のコンデンサを実装するとよいでしょう．

〈高橋 成正〉

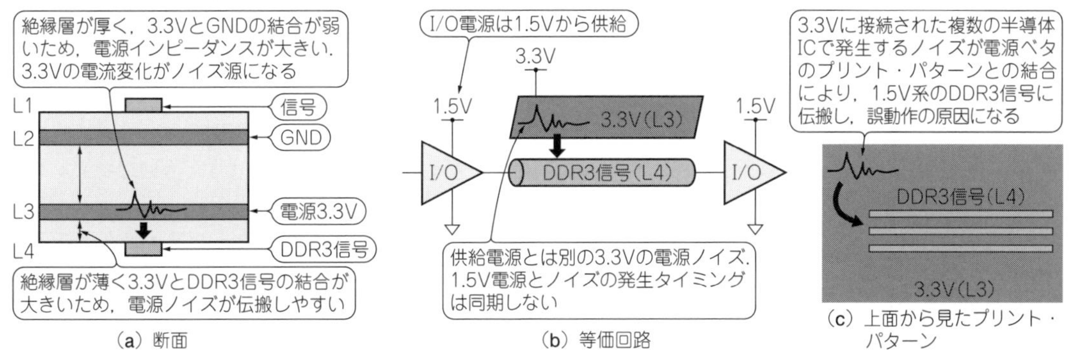

図L　電源配線網のリファレンス・プレーンの悪い例

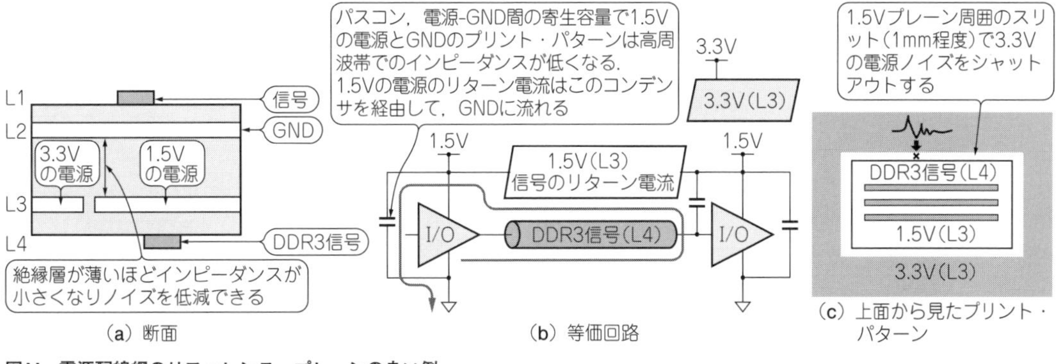

図M　電源配線網のリファレンス・プレーンの良い例

Appendix 4

例題回路：FPGA搭載のエフェクタ・モジュール

FPGAは，プロジェクタや液晶テレビの画像処理，ソフトウェア無線機，測定器など幅広い分野で利用されています．

最近は電子部品通販ショップで約600円で購入できるので，FPGA搭載基板が作りやすくなっています．開発環境は一部制限はありますが，無料で不自由なく使うことができます．ライセンスは無期限なため，安心して開発に臨めます．

並列処理が得意なFPGAを搭載したエフェクタ・モジュールを製作しました．

● スペック

- 同時に複数のエフェクトをかけられるようにする
  イコライザ：GEQ 15バンド，PEQ 15バンド
  ひずみ系：ディストーション
  空間系：ディレイ，リバーブ，コーラス
- チャネル数：2 ch
- サンプリング・レート：96 kHz
- 量子化ビット数：24ビット（内部演算40 bit）
- ライン入力とハイ・インピーダンス入力の両方に対応
- 基板外形：91 × 55 mm
- インターフェース：SPI/USB
- 電源：5～9 V
- 予算：5,000円程度

● ハードウェアの構成

図1に例題回路のハードウェア構成を示します．

▶信号処理部

信号処理はDSP，FPGA，CPUなどいくつかの選択肢があります．今回はエフェクトの並列処理を考えてFPGAを選定しました．

▶インターフェース

今回はArduinoからの制御も想定するため，I/Oは5 V/3.3 V両対応とします．FPGAの手前に5 Vトレラント入力タイプのICを配置します．本モジュールでは，USBからも制御できるようにCPLDを使っています．このCPLDはFPGAのROMにも接続しています．ダウンロード・ケーブルがなくてもFPGAのコンフィグを書き換えられます．

▶アナログ部

入力回路は，音声信号をA-Dコンバータで直接受けると入力インピーダンスを高くできないため，OPアンプを使ったバッファ・アンプを利用しています．**図2**にアンプ回路を示します．

OPアンプはCMOS入力で単電源動作し，フットプリントが小さいTC75W51FK（東芝）を選定しました．

入力には直流成分をカットするためのコンデンサを置きます．エフェクタのような音声信号を扱う回路では，コンデンサの選定を慎重に検討します．積層セラミック・コンデンサは，直流電圧を加えることによって，静電容量が小さくなります．今回はフィルム・コンデンサを採用しました．

C_7は4.7 μFと容量が大きく，フィルム・コンデンサでは面積が大きくなりすぎます．そのため，容量の大きいコンデンサは，体積あたりの容量が大きい酸化ニオブコンデンサを採用しました．

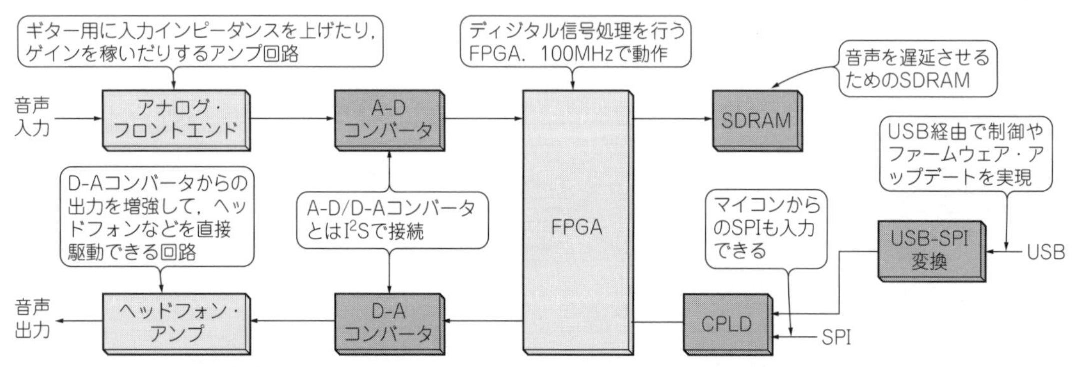

図1　本器のハードウェア構成
それぞれの機能を実現できる回路や部品を選ぶ

R_{25}, R_{27}	動作	ゲイン	入力インピーダンス
オープン	ギター	7.8倍	500kΩ
ショート	Line	1倍	4.7kΩ

図2　ゲイン切り替えができ単電源動作するアナログ入力回路
0Ωの抵抗ジャンパを使って入力インピーダンスとゲインを切り替えることで，スマートフォンやパソコンなどのライン信号，ギターのようなハイ・インピーダンス入力に対応する．電源のフィードバック抵抗は精度の高いものを使用する

D-Aコンバータはそのまま出力するだけでは，ヘッドフォンなどを駆動できる電流を確保できないため，ヘッドフォン・アンプICを使用します．

約1MΩの入力インピーダンスに切り替えると，ギター・エフェクタでも使用できます．

▶電源

LT3467(アナログ・デバイセズ)は，5～9Vから5Vを生成するDC-DCコンバータ(SEPIC方式)です．TPS562201(テキサス・インスツメンツ)は降圧型DC-DCコンバータICです．5V→3.3Vと5V→1.2Vの2系統あります．

● 部品の配置と配線

▶SDRAMとFPGAの配線

SDRAMとFPGAとの間は，信号以外に，クロストークを防ぐためのGNDも配線する必要があります．16ビットのSDRAMでは，約40本の配線を描きます．4本ごとにGNDガードを入れると，約50本になります．

▶部品どうしの配線をイメージして配置する

コネクタや固定穴などを配置します．配線がたくさん通ったり，大電流を流れたりする箇所，アナログ回路や配置が決まっている部品などを順に並べていって詰めていくと，スムーズに配置できます．

ピン・ソケットなどは，部品間隔をすべて2.54mmでそろえておくと，ユニバーサル基板をそのまま積み上げて拡張できます．

▶ディジタル・オーディオ信号の配線

SDRAMと同様にGNDガードの本数を考慮します．A-D/D-Aコンバータでは，データ線以外は共通信号になるため，信号を分配しています．

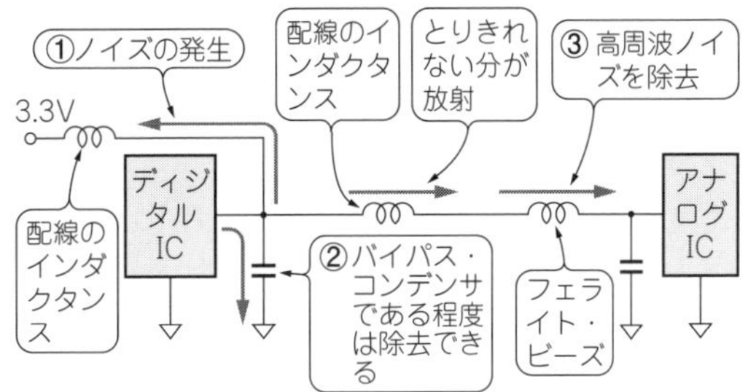

図3　アナログ回路の電源はフェライト・ビーズでノイズを低減する
フェライト・ビーズはL成分として働き，周辺にあるディジタル回路の動作ノイズや，SEPICで発生した高周波ノイズの除去が期待できる．面積に余裕があればリニア・レギュレータで降圧することで電源のスイッチング・ノイズ対策もできる

● フェライト・ビーズで高周波ノイズを除去する

100MHz超の高速ディジタル信号を扱う回路で電源ラインへのノイズ放射が懸念されるときは，チップ・フェライト・ビーズを挿入します．チップ・フェライト・ビーズは，通常のコイルに比べて高周波成分を除去する能力が高いです．

今回は**図3**に示すようにアナログ電源へのノイズ流入を防止するため，その電源の手前に挿入しています．

フェライト・ビーズは，周辺にあるディジタル回路のスイッチング・ノイズや，SEPICで発生した高周波ノイズを除去できます．

〈長谷川　将俊/加藤　史也〉

(初出：「トランジスタ技術」2017年10月号)

Appendix 5

高速ディジタル信号の配線における必須技術「インピーダンス整合」

1. プリント・パターンと送信回路，受信回路のインピーダンスをそろえる

● 配線のインピーダンスはパターンの形状によって変わる

▶インピーダンスを考慮しないと…

高速ディジタル回路では，プリント配線パターンも回路の一部と考えなければなりません．回路図に現れないプリント配線の分布定数が，性能に大きな影響を与えます．

例として**図1**に示す1.6 mm厚の両面FR-4の基板で，線長100 mm，線幅0.15 mmの線で受信端無負荷(開放端)につないだときのステップ応答を調べてみました．**図2**にその波形を示します．大きなオーバーシュートが発生しています．

▶インピーダンスを考慮すると…

今度はインピーダンスを考慮したパターン設計でシミュレーションしてみます．1.6 mm厚，6層，FR-4の基板で，**図3**のような層構造にして，2層目をべたグラウンドとし，1層目に配線した場合のステップ応答を**図4**に示します．基板の層構造とべたグラウンド面の位置，線幅，および終端抵抗値を変えただけですが，波形は全く異なります．

図1と**図3**の差は，パターンとべたグラウンド間の距離と線幅だけです．いずれの場合も配線はマイクロストリップ・ラインの構造をしています．

それぞれの特性インピーダンスを計算すると，**図2**が156 Ωで，**図4**が50 Ωです．**図4**ではインピーダンス整合(インピーダンス・マッチング)を取っているのに対して，**図2**は整合を全く考えずにつないだ結果です．このように，パターンを分布定数回路として扱わないと，わずか100 mmのパターンでもうまく伝達できないことがわかります．

▶高周波回路シミュレータMicrowave Officeを使用

シミュレーションにはAWRの高周波回路シミュレ

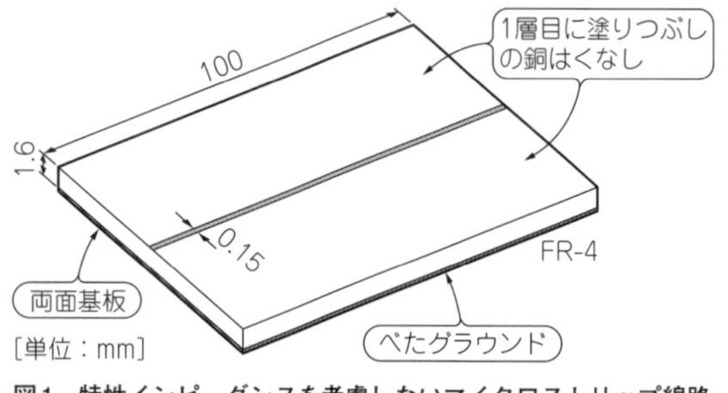

図1　特性インピーダンスを考慮しないマイクロストリップ線路

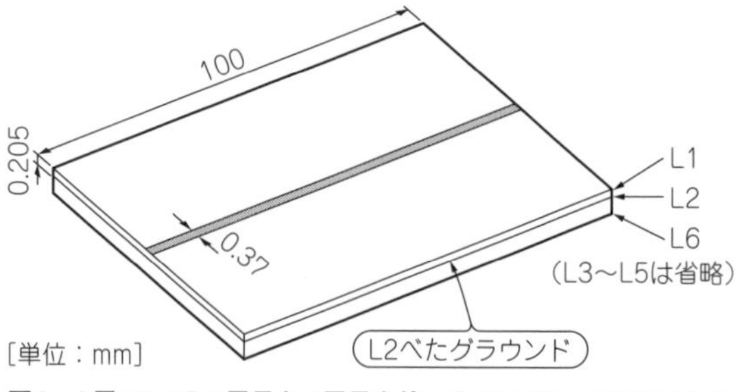

図3　6層FR-4の1層目と2層目を使った50 Ωのマイクロストリップ線路

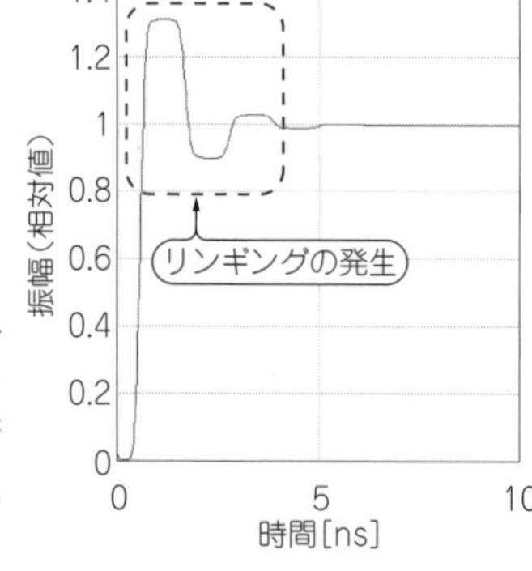

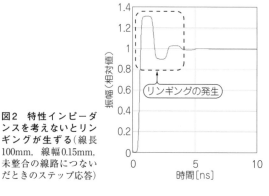

図2　特性インピーダンスを考えないとリンギングが生ずる(線長100mm，線幅0.15mm，未整合の線路につないだときのステップ応答)

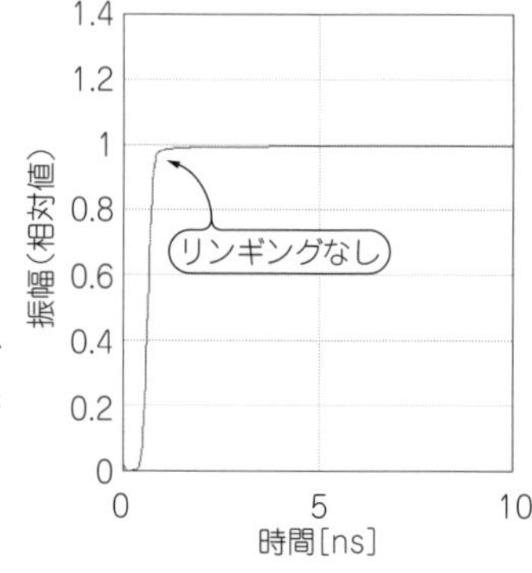

図4　インピーダンス50 Ωに整合していればリンギングなし(線長100mm，線幅0.37mm，50 Ω整合の線路につないだときのステップ応答)

ータ「Microwave Office」を使いました．SPICEでも同じように計算できますが，パターンを集中定数に置き換えることによる回路モデル化が必要で，簡単に計算というわけにはいきません．熟練した技が必要です．従って精度の良い結果を得ることは，とても難しいと思います．

一方，Microwave Officeなどの高周波回路シミュレータのほうは，パターンそのものの物理形状とプリント基板のパラメータを直接入力するだけなので，だれでも精度良くプリント・パターン形状の特性を含む計算が簡単にできます．本稿で示すシミュレーション波形は，Microwave Officeによって計算されたものです．

● 配線の基本「インピーダンス整合」

高速ディジタル回路の配線を設計するとき考えなければならないことは，

- 信号源の送り出しインピーダンス
- プリント基板の材質とパターンの特性インピーダンス
- 受け側の終端(容量と抵抗負荷)

です．ここでのシミュレーションでは，送り出し信号源のインピーダンスを50Ωで考えることにします．

まずは全くパターンの特性インピーダンスを考えなかった場合で，負荷(ここでは7pFのCMOS IC入力を想定している)が伝送特性にどのような影響を与えるかを考えてみます．

▶パターンが156Ω，負荷が680Ωのとき

はじめに，パターンの特性インピーダンスが156Ωの200mm長の配線で，負荷として，680Ω＋7pF(CMOS IC入力容量)のときの受け側の波形をシミュレーションした結果を**図5**に示します．大きいオーバーシュートとリンギングが発生しています．

▶パターンが156Ω，負荷が50Ωのとき

次に，パターンはそのままで，負荷が50Ω＋7pFのときを計算します．もちろん送りも受けも50Ωで，回路図的にはインピーダンス整合が取れているように思われます．しかしパターンの特性インピーダンスは156Ωなので全体としては整合がとれていません．シミュレーション波形が**図6**です．オーバーシュートはありませんが，非整合による反射が干渉して，立ち上がりが階段状の問題のある波形になっています．つまりは，回路図上でいくら50Ωで整合を取っても意味が無いことがわかります．パターンの特性インピーダンスも50Ωにしなければなりません．

▶パターンも負荷も50Ωのとき

最後に，パターンの特性インピーダンスを50Ωにした場合(残りのパラメータは同じ)のシミュレーション結果を**図7**に示します．きれいな信号波形です．

● 基板メーカの資料を活用する

多くの基板メーカには**図8**のような資料があり，それを取り寄せれば，どのような線幅にすれば50Ωのマイクロストリップ・ラインまたはストリップラインになるのかを簡単に知ることができます．

● 便利なツールを利用する

AppCADと呼ばれるソフトウェアが無償で公開されています．これを使えば**図9**のように，簡単に50Ωの特性インピーダンスのパターン幅を計算できます．

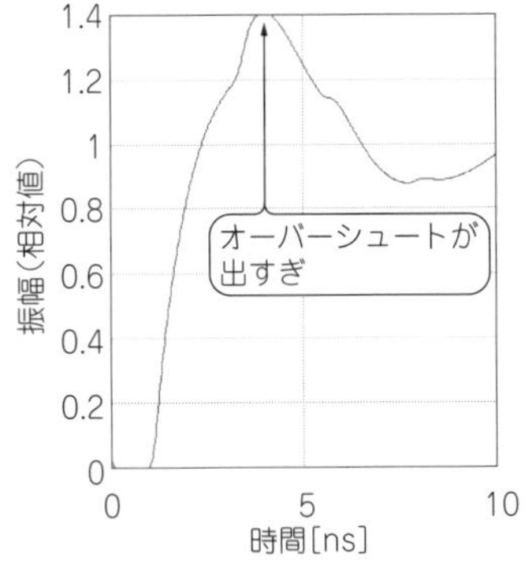

図5　インピーダンス整合なしでCMOS ICの入力を想定した波形はオーバーシュート大(パターン156Ω，線長200mm，負荷680Ω＋7pFのときのステップ応答)

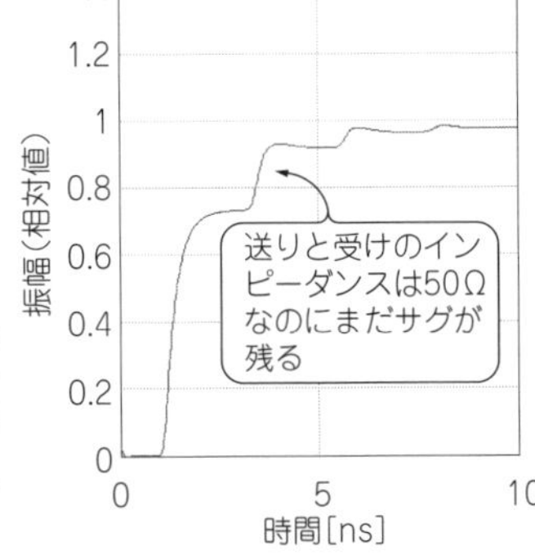

図6　CMOS IC入力が50Ωでもサグが残る(パターン156Ω，線長200mm，負荷50Ω＋7pFのときのステップ応答)

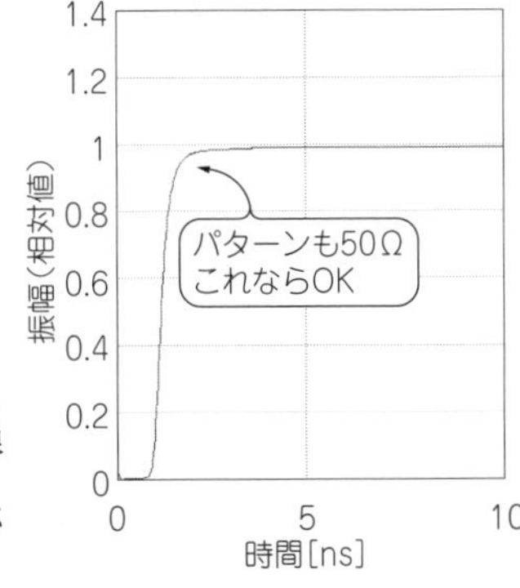

図7　パターン50Ω，CMOS IC入力50ΩならOK(パターン50Ω，線長200mm，負荷50Ω＋7pFのときのステップ応答)

入力のパラメータとして必要なのは，グラウンド・プレーンとパターンまでの誘電体(基板)の厚み，基板の真空を1としたときの比誘電率，それと銅はくの厚さです．一般的にFR-4の材質の場合，比誘電率は4.3くらいです．その値はもちろん基板材料メーカによって変わります．また使用する周波数によっても多少変わります．ただアナログと違って，そんなに神経質に，50Ωぴったりにする必要はないでしょう．

層名称	厚み［μm］	めっき厚	配線幅［μm］(Z_0 = 50Ω)
ソルダ・レジスト	30		——
L1	18	25	370(50.06Ω)
プリプレグ	205		——
L2(GND)	35		——
コア	400		——
L3	35		430(50.07Ω)
プリプレグ	205		——
L4	35		L3と同じ
コア	400		——
L5(GND)	35		——
プリプレグ	205		——
L6	18	25	L1と同じ
ソルダ・レジスト	30		——
	1651	50	
板厚・理論値	1701		

図8　6層FR-4の基板例

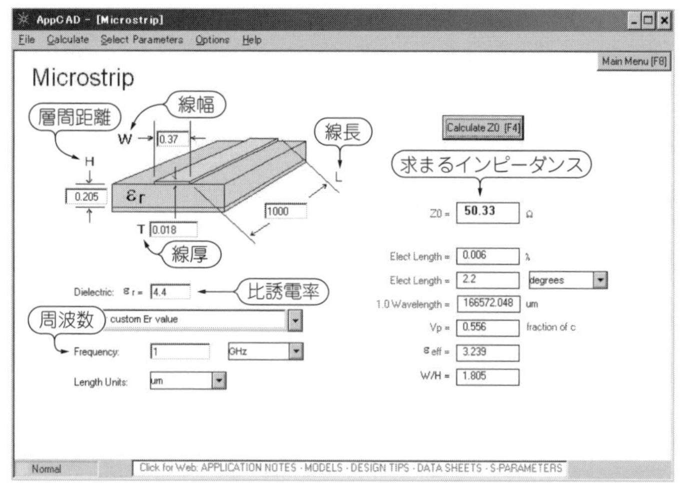

図9　基板の特性インピーダンスを調べることのできる無償ツールAppCAD

FR-4基板を上手に使いこなそう　Column 1

FR-4基板では，信号は通過するだけで減衰します．その1つの原因は，FR-4の絶縁材料の誘電損です．周波数が高くなればなるほど減衰は無視できなくなります．またFR-4の誘電率は周波数で変動するためやっかいです．つまり，FR-4の基板材料は本来，ギガ・ヘルツの信号向きではありません．しかし圧倒的な入手性とコストを考えれば，何とかだましながらでも使っていかなければなりません．

銅を完全導体と考えれば，内部に電界は存在しません．完全導体内部のポテンシャルはどこでも一様になるからです．実際に超伝導体では，その現象をはっきり見ることができます．

実際の銅はくは，ある抵抗値を持ちます．高周波電流が銅はく内部に流れると，銅内部に強い電界を発生させます．それは導体にとって安定ではないので，銅はく表面に電流が追いやられ，電流が表面近くにしか流れない表皮効果が現れます．ですから周波数が高くなるほど銅はくに電流が流れにくくなります．つまり，銅はくによって伝送損失が発生します．

さらにFR-4の基板の表面を拡大してみると，かなりでこぼこしていて平たんではありません．FR-4がファイバ繊維を重ね合わせた構造なので仕方がありません．周波数が低いうちは無視できますが，高周波になると凸凹が影響し，信号の損失となります．また周波数が高くなるほど波長が短くなるので影響は大きくなります．その意味でもFR-4はギガ・ヘルツの信号に向きません．　〈西村 芳一〉

2. インピーダンス設計をしていない場合は，配線の長さを信号の波長より十分短くする

図2と同じ条件で，パターンの長さだけ2倍の200 mmにした線路のシミュレーション結果を**図10**に示します．オーバーシュートの周波数が低くなったのがよくわかると思います．受け側の整合が取れていないので両端で電力の反射があり，その影響です．つまり，パターンが長いと，反射で戻ってくるまでの時間が掛かるので，周期が延びているのです．

ここで何がわかるかと言えば，インピーダンス整合の取れていないパターンを描くときは，その信号の周波数に対して，リンギングが十分無視できるだけパターンの長さを短くする必要があるということです．

ただし実際には，基板の配線では制約が強すぎ実装が不可能となる場合が多いと思います．それにラッチアップの危険性もあります．ちゃんと整合を取っていればその心配はないので，そのように設計すべきです．

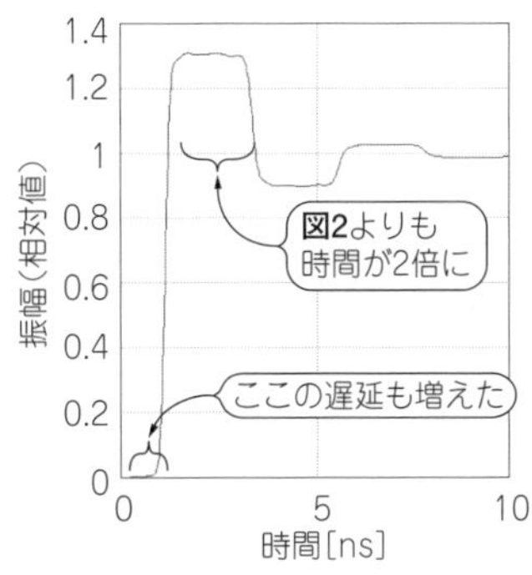

図10　パターンを長くするとオーバーシュートの周波数は低くなった（線長200 mm，線幅0.15 mm，未整合の線路につないだときのステップ応答）

基板上にGHz超の信号がある場合は低損失基板を使う　Column 2

写真AにUSB2.0のインピーダンス整合を取ったマイクロストリップ・ラインの基板を示します．基板の材質はFR-4です．FR-4は使いやすい素材ですが，信号が2 GHzを超えるくらいになると，基板上でパターンを信号が通るだけで，減衰が目立つようになります．基板の誘電体での損失が無視できなくなるのです．

アナログのマイクロ波設計では，そのような場合，高周波用の低損失の基板を使います．**写真B**は筆者が設計した2 G～3 GHzの信号を扱う高周波基板です．しかし，一般的にディジタル回路ではそれほど深く考えなくてもFR-4でほとんどが問題ないでしょう．

〈西村 芳一〉

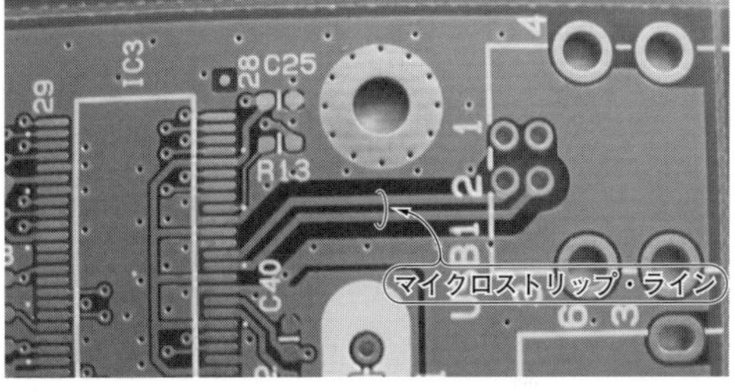

写真A　USB2.0のインピーダンス整合を取ったマイクロストリップ・ライン
数百MHzの信号ならFR-4基板でマイクロストリップ・ラインを形成しておけば問題なく信号伝送できる

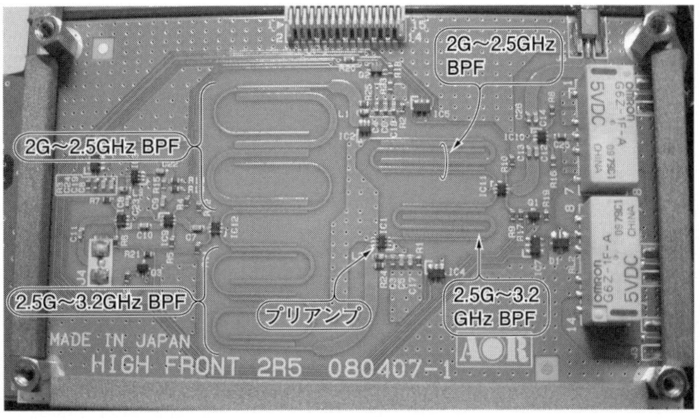

写真B　筆者が設計した2 G～3 GHzの信号を扱う高周波基板
低損失基板には利昌工業のCS-3376を使用．ギガ・ヘルツの信号は高周波基板上で扱うべき

3. インピーダンス整合が取れない場合はダンピング抵抗を信号源の近くに配置する

● プリント・パターンの形状でインピーダンス整合できないときの対症療法

インピーダンス整合を取らないで，送り側にダンピング抵抗を入れてリンギングを抑える対症療法があります．CMOS ICどうしの接続の際に，50 Ωでインピーダンス整合を取れない場合はこの方法に頼るしかありません．

図12に示すのは，線長200 mmのパターンの**図5**と同じ接続で，**図11**のように送り側の信号源に47 Ωの抵抗を挿入した場合のステップ応答です．オーバーシュートが抑えられ，効果があることがわかります．

抵抗を挿入して波形はきれいになりましたが，信号の遅延は増えています．つまり，高速ディジタル信号処理のパターンの対策としては，本当は好ましくありません．

▶パターンの中央部は効果が薄い

抵抗の挿入位置を送り側の信号源近くではなく，**図13**のようにパターンの中間に入れたらどうなるでしょうか．200 mmのパターンの送り側から150 mmのところに47 Ωの抵抗を入れた場合のシミュレーション結果を**図14**に示します．オーバーシュートは減っていますが，あまり効果はありません．もしダンピング抵抗を入れるなら，できるだけ信号源の近くに入れなければ，効果が薄いことがわかります．ですからパターン設計するときには，回路図からダンピング抵抗であることを読み取り，できるだけ信号源の根元に配置する必要があります．

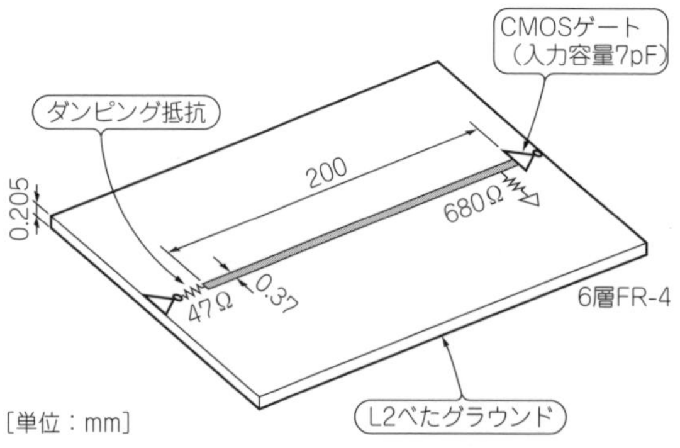

図11　ダンピング抵抗入りインピーダンス156 Ωのマイクロストリップ線路

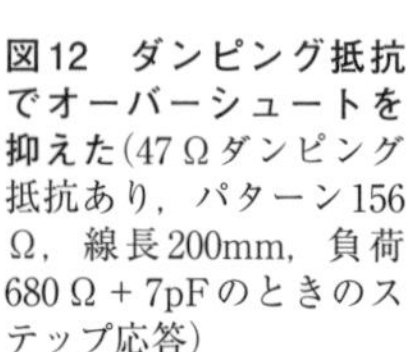

図12　ダンピング抵抗でオーバーシュートを抑えた（47 Ωダンピング抵抗あり，パターン156 Ω，線長200mm，負荷680 Ω + 7pFのときのステップ応答）

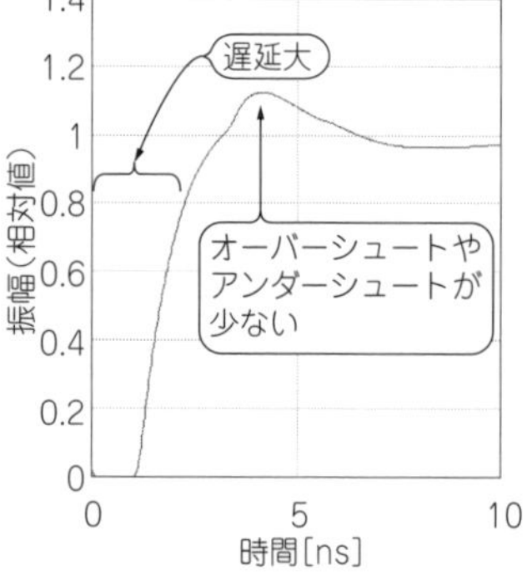

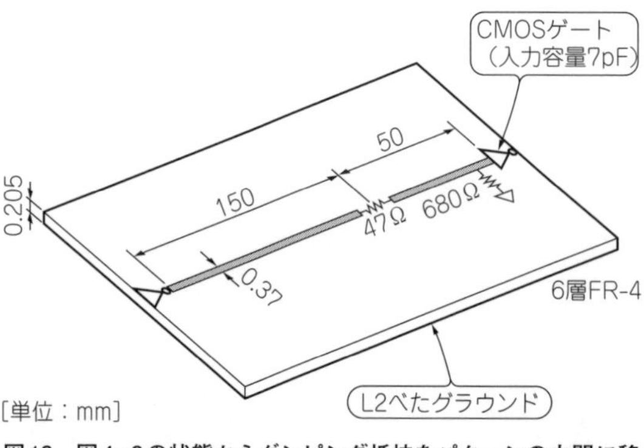

図13　図4-2の状態からダンピング抵抗をパターンの中間に移した線路

図14　ダンピング抵抗がパターンの中間にあるとあまりオーバーシュートが小さくならない（47 Ωダンピング抵抗が真ん中にあり，パターン156 Ω，線長200mm，負荷680 Ω + 7pFのときのステップ応答）

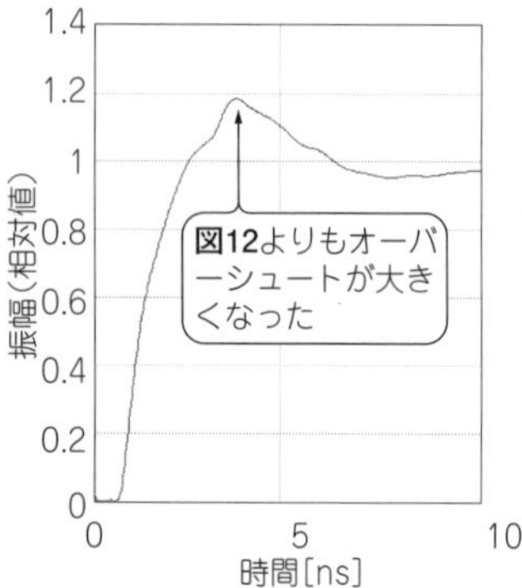

4. 分岐配線は原則NG，避けられないなら整合をしっかり取る

● 分岐配線＝スタブ

ディジタル回路を設計してきた人には，スタブという言葉になじみがないかもしれません．例えば**図15**のような配線パターンです．途中信号が分岐して，別のICの入力につながったり，開放端になったりします．このように，本来の信号の通り道が1本道ではなく，枝分かれしているプリント・パターンの形状をスタブと呼びます．

マイクロ波になじみがある人は，スタブを積極的に使って，フィルタなどを作ります．例えば**写真1**のパターンは1.2 GHzのチェビシェフ・フィルタです．信号線にぶら下がっている太い開放端のパターンがスタブで，コンデンサと同じ働きをします．

低速のディジタル回路では，このような分岐は問題ありません．しかし高速ディジタル回路では，非常に危険です．利用する場合はそのふるまいを知った上で使う必要があります．

例えば**図15**のようなスタブがある回路で，ICの入力端子の波形を調べてみました(**図16**)．ただしCMOS IC入力の7 pFは無視した開放端です．スタブが影響して誤判定を招くリンギングがあり，かなり問題のある波形をしています．もちろんこのパターンは特性インピーダンスが50 Ωになるようなマイクロストリップ・ラインで設計したものです．

● 現実には分岐配線は命取り

図17では，もっと現実に近い形，**図15**のようにスタブの端が別のCMOSの入力端子に接続している場

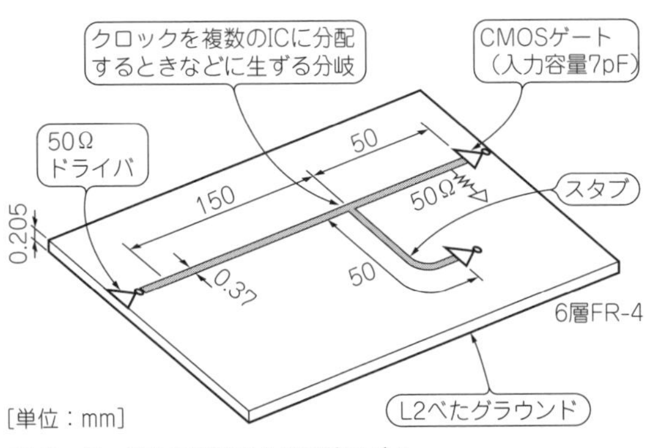

図15　ディジタル回路の分岐配線はダメ

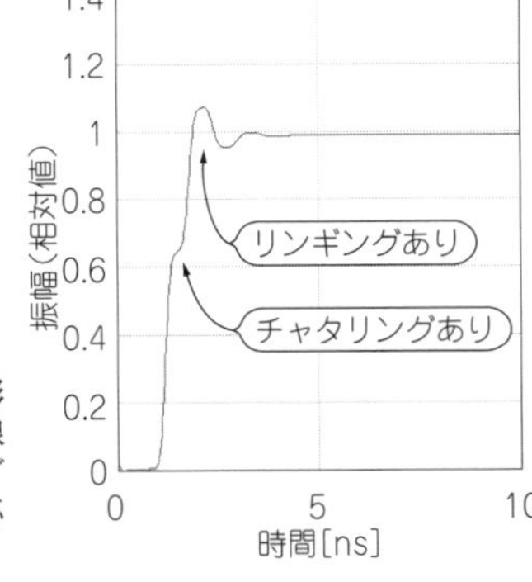

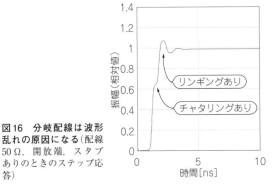

図16　分岐配線は波形乱れの原因になる(配線50 Ω，開放端，スタブありのときのステップ応答)

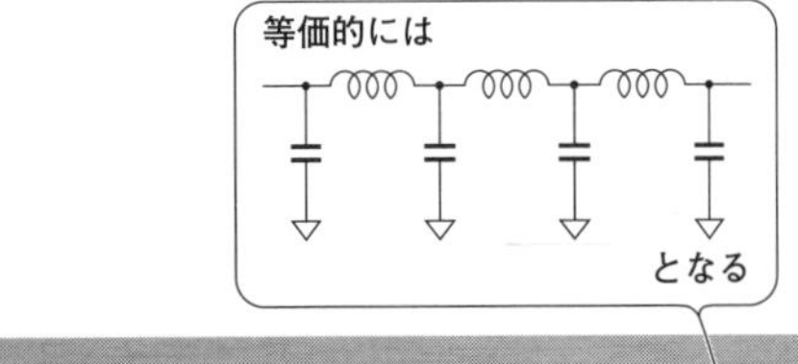

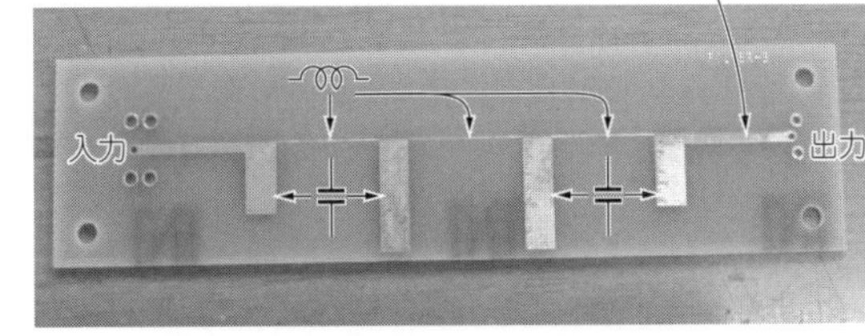

写真1　高周波では配線の分岐を有効活用するが…

写真2　波形の乱れが許されないクロック・ラインの分岐のさせかた(ウイルキンソン・パワー・ディバイダ)

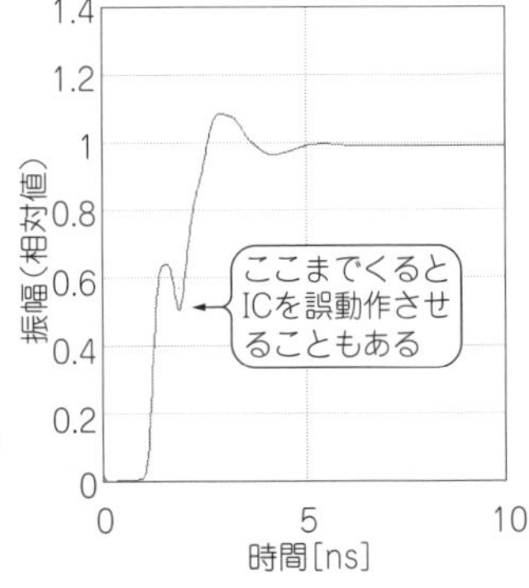

図17　CMOS IC入力の途中に分岐配線があると大きなチャタリングが生じる可能性がある(配線50 Ω，CMOS IC入力，スタブありのときのステップ応答)

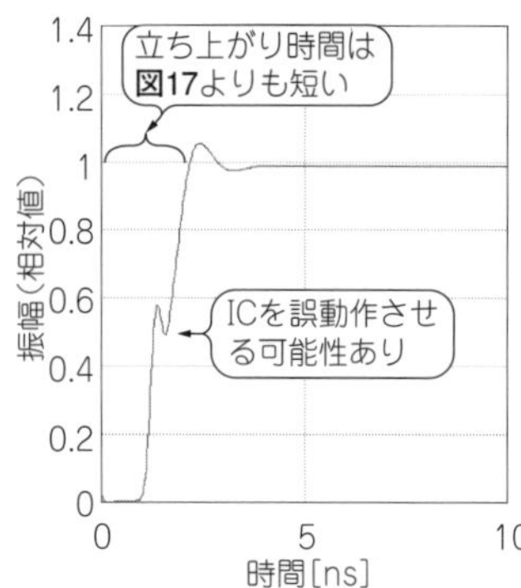

図18　スタブは短ければ良いわけではない(図17に対してスタブ長を半分にしたときのステップ応答)

写真3　ギガ・ヘルツを超えるとコネクタの端子も立派なオープン・スタブ

合をシミュレーションしました．もちろん影響は，どこから分岐したスタブなのか，あるいはスタブの長さにも大きく影響します．

ちなみに図17のスタブ長を半分(25 mm)にしたものもシミュレーションしてみました(図18)．全体の形は変わっていませんが，立ち上がり時間が変わっています．短いほうが，波形の乱れる時間が短くなっています．高速ディジタル回路のパターンでは，やむをえずスタブがあるにしてもできるだけ短くする必要があります．

● 分岐するなら整合のとれた無反射パターンを作る

普通の信号であれば，立ち上がりの波形の汚さは，きれいなクロックで再ラッチすれば，なんとかなりそうです．しかしこれがクロック・ラインであれば，立ち上がりのチャタリングで誤動作する確率が高くなります．

クロック・ラインに対しては，写真2(ウイルキンソン1 GHzパワー・ディバイダ)のような整合が取れた無反射パワー・ディバイダを使わないと，分岐は絶対禁物です．

● 分岐するならシミュレータを利用して事前に波形の乱れを調べる

Microwave Officeなどの高周波回路シミュレータを使えば，基板を作る前にパターンを簡単に評価できます．どうしてもスタブが避けられない場合は，事前にシミュレーションして影響を確認すべきです．基板が出来上がったあとの修正は難しいので，シミュレーションは有効です．特に内層のストリップ・ラインを使った場合，基板製作後の修正は，まずは不可能です．

● コネクタの端子もスタブになる

スタブは配線パターンだけで発生するわけではありません．写真3のようなコネクタの端子も立派なオープン・スタブです．周波数がGHzを超えると，こんなものでも特性に影響を与えます．高速ディジタル回路のパターン途中にあるコネクタの端子は，基板から飛び出している部分はできるだけ短くカットすべきです．せっかくインピーダンス整合を取っても，ここで台無しになることがあります．

5. インピーダンス整合だけでは解決できない平行パターン干渉はグラウンドを挟み込む

平行配線の相互干渉に関して考えます．干渉の程度をシミュレーションで確かめます．

● パターン間の干渉はインピーダンス整合だけでは解決できない

配線パターンはFR-4上で，図19のような構造をしています．まずは配線パターンのインピーダンスを整合を取らず，一方のパターンは終端もしていない場合です．ステップ応答波形を図20に示します．単に平行にパターンが走っている場合です．上側の線が信号源と直接つながっている受信端の信号波形です．これはパターンの非整合による反射の影響と，平走しているパターンからの影響が複雑に干渉した結果です．下側の信号は2本目の平行パターンで，信号源とつながっていないパターンへの飛び込み波形です．かなりの信号レベルが飛び込んでいます．

次に前の条件で2本目の平行パターンに負荷50 Ωをつけた場合です．そのシミュレーション波形を図21に示します．干渉波形の信号継続時間は減っていますが，依然として大きな干渉信号が飛び込んでいます．平行しているパターン側も非整合ではだめということです．

今度は，パターンの特性インピーダンスを50 Ωで設計し，すべてのパターンに50 Ω負荷をつけ，整合

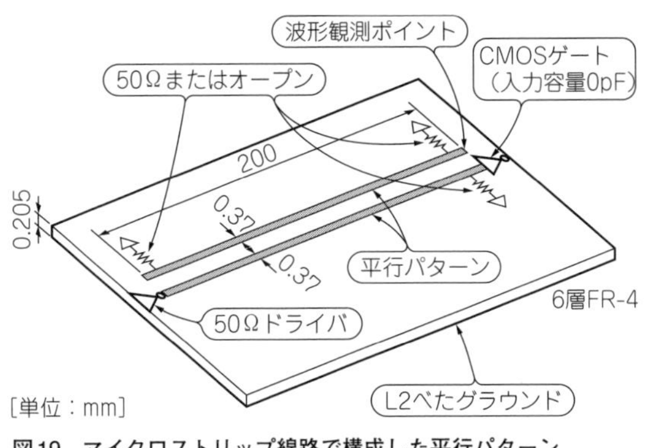

図19 マイクロストリップ線路で構成した平行パターン

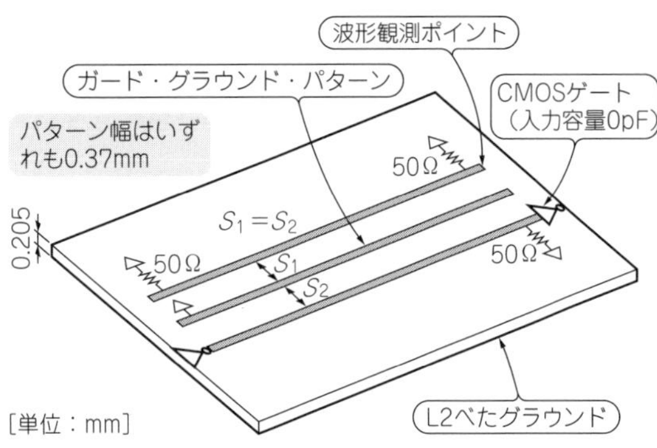

図23 中央にガード・グラウンドが入ったときの平行パターン

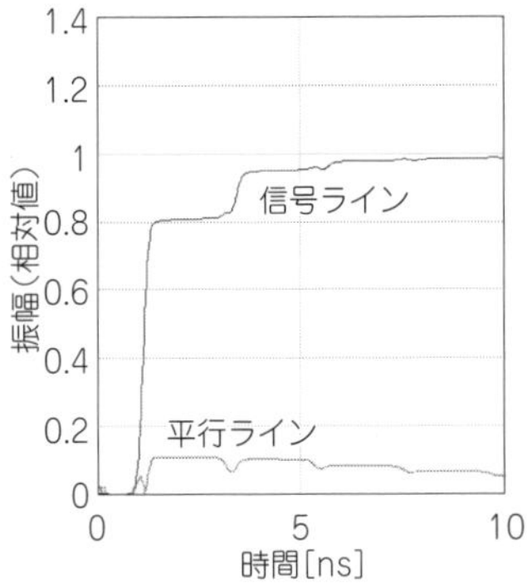

図20 平行ラインからの飛び込み量は多い(インピーダンス整合なし，終端なしのときのステップ応答)

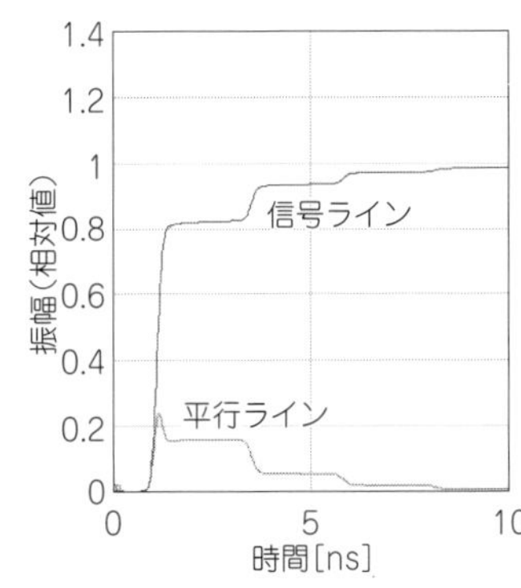

図21 平行パターンに終端抵抗50Ωを付けても飛び込み量は多い(インピーダンス整合なし，終端ありのときのステップ応答)

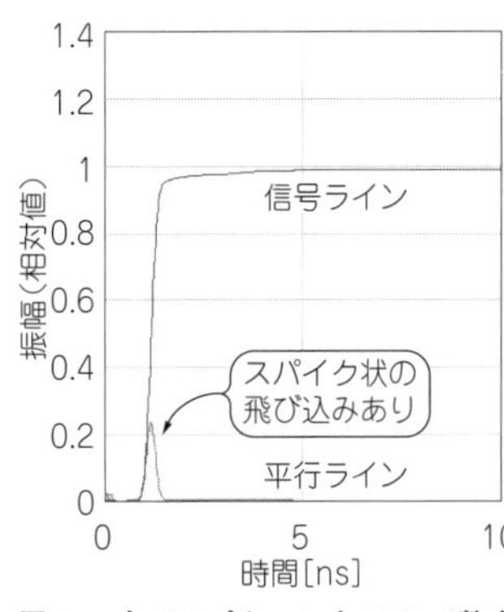

図22 全てのパターンを50Ωで整合してもまだ飛び込みがある(インピーダンス整合あり，終端あり，線間0.1mmのときのステップ応答)

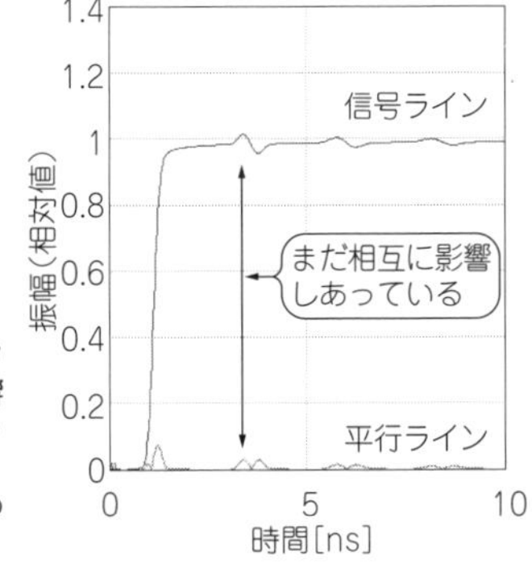

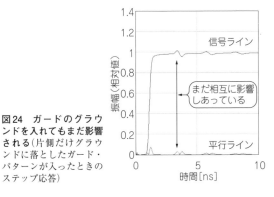

図24 ガードのグラウンドを入れてもまだ影響される(片側だけグラウンドに落としたガード・パターンが入ったときのステップ応答)

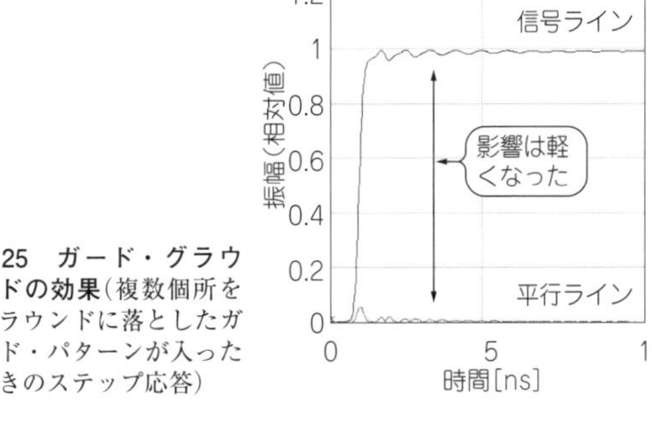

図25 ガード・グラウンドの効果(複数個所をグラウンドに落としたガード・パターンが入ったときのステップ応答)

をとった場合です．そのシミュレーション結果を図22に示します．波形はずいぶんきれいになりました．しかし，何も信号がつながっていないはずの2本目にも，信号の立ち上がりのタイミングにおいて鋭いスパイク状の飛び込みが見られます．このような場合，対策としてこれまでよく行われていたのが，パターンの間に1本，グラウンドのガード・パターンを入れる方法です．

● パターン間にグラウンドを挟み込む

図23のように片側だけグラウンドに接続されたガード・パターンが入った場合の飛び込み波形を計算してみました．図24にその結果を示しますが，思うように効果が上がっていないことがわかります．かなり信号が飛び込んでいます．

▶ガード・グラウンドを複数箇所でグラウンドにつなぐ

次に，真ん中のガード・グラウンド・パターンを，端の1カ所でグラウンドに落とすのではなく，66 mm

ごとの間隔で，スルーホールでグラウンドに落とした場合をシミュレーションしてみました(**図25**)．ゼロにはなっていませんが，かなり飛び込みは減っています．

これにより，もしガード・グラウンドを入れて平行パターンの飛び込み対策をするなら，狭い間隔でそのパターンをグラウンドに落とさないと効果がないことがわかります．むしろ十分にグラウンドに落ちていないガード・グラウンド・パターンは，逆効果になることもあります．

● グラウンドを挟み込めないときは距離を空ける

平行配線パターン間の距離と飛び込み量の関係をシミュレーションしてみました．2本のパターンの特性インピーダンスは50Ωで設計し，50Ωで終端されています．パターン間隔を，0.1 mm(**図22**)，0.3 mm［**図26(a)**］，0.45 mm［**図26(b)**］でシミュレーションしました．残念ながら直線的には飛び込みは減少していません．0.1 mmから0.3 mmと3倍に離れたにもかかわらず，飛び込み量は70%くらいにしか減っていません．0.45 mmと0.1 mmを比べるとようやく半分くらいに減っています．ですから，とても信号品位に気を配る必要があるクロックなどの信号の場合，ほかの信号とはかなり距離を空け，かつ狭い間隔でグラウンドに落としたガード・パターンを回りにつけたほうがよいでしょう．

〈西村 芳一〉

(初出：「トランジスタ技術」2010年7月号)

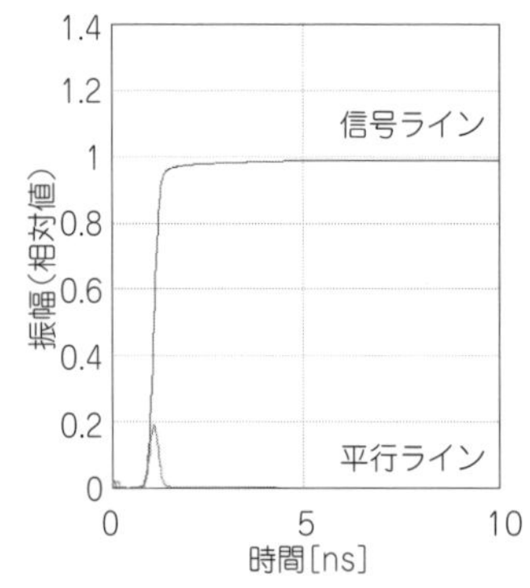

(a) インピーダンス整合あり，終端あり，線間0.3mmのときのステップ応答

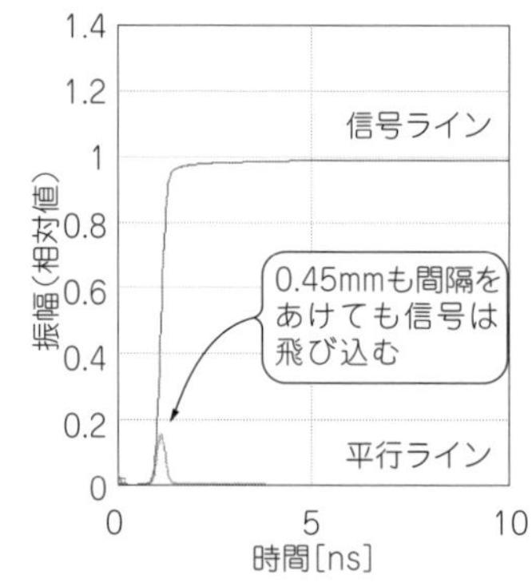

(b) インピーダンス整合あり，終端あり，線間0.45mmのときのステップ応答

図26　線間を空けても信号の干渉はゼロにはならない

波形の観測にもアナログ・センスが必須　Column 3

波形を観測する際に，一般的にはオシロスコープを使います．その際に数百MHzの信号波形を従来のパッシブ・プローブで見ていませんか．波形を見て「なんか違うなー」とか，プローブをつなぐと誤動作したなどといった経験があるかもしれません．

これまで本文でCMOS ICの入力容量が回路に与える影響をシミュレーションで調べてきました．皆さんもプローブ容量が波形に大きく影響することは予想できるでしょう．また，回路から見たプローブは非整合ですから，プローブからの反射もあります．つまり高速ディジタル信号の波形をパッシブ・プローブで見ても，現実の波形とはかけ離れ，何の波形を見ているのかわからなくなります．

もし基板上で，すべてのディジタル信号を50Ωで整合をとっていれば，たとえ信号線を同軸ケーブルで引き延ばしても波形に影響を与えることはありません．ですから高速ディジタル信号の現実に近い波形を見たければ，必然的に信号線の設計は整合が取れた50Ωになると思います．特に50Ωでなくてもよいのですが，現在，測定器は50Ω整合で設計されたものがほとんどです．

数百MHzの信号になると，すぐにその観測波形を信じるわけにはいきません．観測によって波形を乱していないかどうか，測定環境の再確認が必要です．とにかく波形観測はこれまで以上に気を使う必要があります．

〈西村 芳一〉

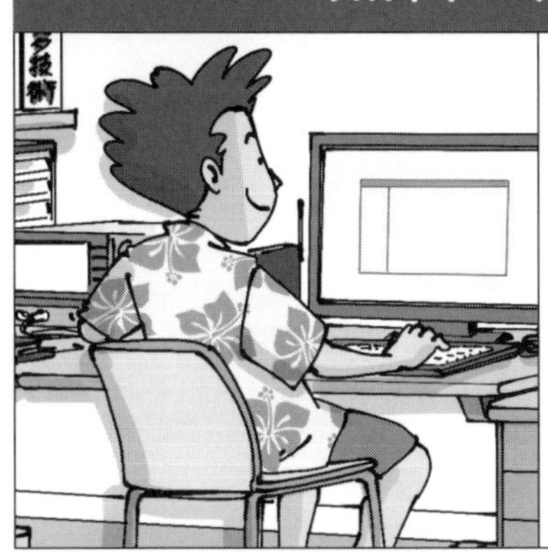

第8章　回路図入力から基板発注までの全工程をパソコン1台で！

プリント基板設計フリーウェア「KiCad」

肥後　信嗣 Nobutsugu Higo

プリント基板の製造データ(ガーバ・データ)は，回路設計やパターンの設計，製造工場のルールに沿っているかのチェックなど，さまざまな工程を経て出力されます．KiCadというソフトウェアを使えば，パソコン1台ですべての工程を実行できます．

KiCadは，GPL(GNU General Public License)というライセンスの下に開発されたオープン・ソースのプリント基板設計CAD(Computer Aided Design)です．ユーザは全機能を制限なく無償で利用できます．個人だけでなく，商業利用も可能です．

プリント基板設計CADの使いやすさは，ライブラリや機能の充実度で決まります．KiCadは，膨大な部品とフットプリントのライブラリや，押しのけ配線機能などを備えています．プリント基板の製作が初めての人にもおすすめです．

本稿では，最新バージョンのWindows版KiCad 5を使って，実際にプリント基板の製造データを出力するまでの手順を工程ごとに解説します．〈編集部〉

● パソコン1台で基板製造データ出力まで！強化された最新版の機能

2019年8月13日にKiCadの最新版であるバージョン5.1.4の正式安定版がリリースされました．KiCadは，アップデートのたびに新機能の追加や改善が施され，完成度が上がっています．バージョン5では次に示す新機能が追加され，回路の検討から筐体設計の初期検討までの工程をパソコン1台でできるようになりました．

- 回路シミュレータ
- 3Dビューアの改善
- 他のプリント基板設計CAD(EAGLE)のプロジェクトのインポート

これまでのKiCadでは，シンボル(回路部品)とフットプリント(部品の足のパターン)のライブラリの扱いがわかりにくく，難解でした．本稿で紹介するKiCad 5では，ライブラリの操作性が大幅に改善され，連携もわかりやすくなりました．

表1　KiCadに含まれるプログラムと機能
KiCadは機能ごとのプログラムで構成されている．KiCad本体はプロジェクトの管理と，これらのプログラムを呼び出すランチャの役割を持つ

アイコン	名　前	機　能
	回路図レイアウト・エディタ(Eeschema)	回路図の作成，編集
	シンボル・エディタ	回路シンボルの作成，編集，ライブラリの管理
	PCBレイアウト・エディタ(Pcbnew)	基板パターンの作成，編集
	フットプリント・エディタ	フットプリント(部品足型パターン)の作成，編集
GBR	ガーバ・ビューア(GerbView)	ガーバ・データの閲覧

本稿では，シンボルとフットプリントのライブラリの作成方法についても重点的に解説します．

● KiCad 5の全体構成

KiCadは，**表1**に示すプログラム群で構成されています．KiCad本体は，プロジェクトを管理したり，各種プログラムを呼び出すためのランチャとして機能します．

● 設計フロー

図1に，KiCadを使った基板設計の全体フローを示します．

▶手順1：回路図を作成する

回路図レイアウト・エディタで回路図を作成します．部品にR_1，R_2，C_1，Q_1などのリファレンス記号を振るアノテーションを行い，それぞれの部品にフットプリントを関連づけします．ERC(Electrical Rule Check，電気的ルール・チェック)と呼ばれる自動検査を行い，問題がなければ，必要に応じてネットリストと呼ばれるファイルを出力します．

▶手順2：基板レイアウトを作成する

基板レイアウト・エディタで，手順1で生成した回路データを読み込み，部品配置，基板外形の決定，配線(パターン設計)を行います．

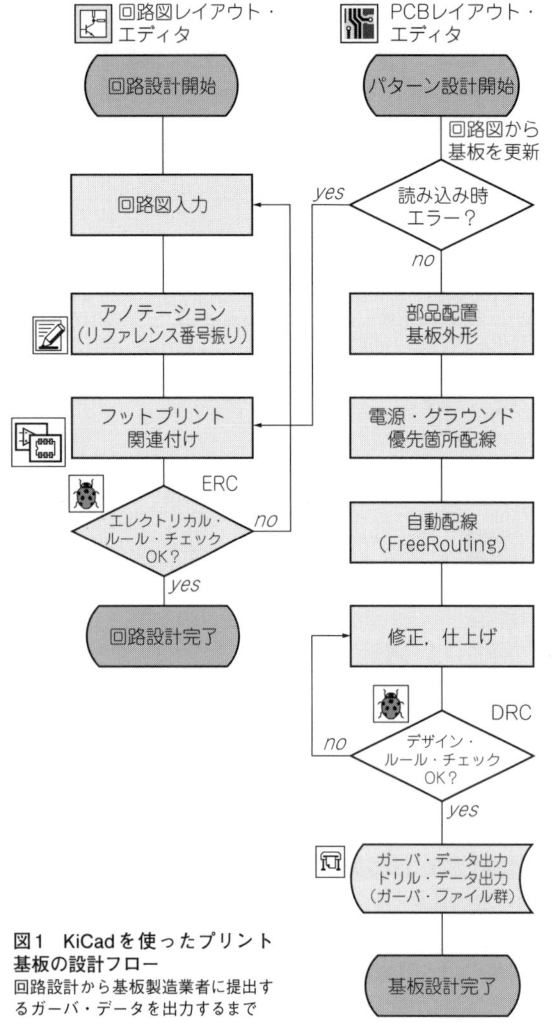

図1　KiCadを使ったプリント基板の設計フロー
回路設計から基板製造業者に提出するガーバ・データを出力するまで

▶手順3：ガーバ・データを出力する

基板製造業者に提出するためのガーバ・データを出力します．ガーバ・データは，基板の製造に必要な基板のデータのことで，実体は複数のファイル群です．

■ ツールの準備

● プリント基板設計ソフトウェアKiCad 5

付録DVDに収録したKiCad 5は，次のとおりインストールします．

付録DVD-ROM内に格納されているindex.htmファイルをWebブラウザで開きます．表示されるページの「プリント基板データ開発ソフトウェア」の項目にある「01_KiCad」のリンクをクリックすると，インストーラの格納フォルダが開きます．フォルダ内の「kicad-5.1.4_1-x86_64.exe」というファイルがインストーラ(Windowsの64ビット版)です．適当なローカル・フォルダにコピーして実行します．以降はインストーラの指示に従ってインストールを実行してください．

Webブラウザからフォルダが開けない場合は，エクスプローラから付録DVD-ROM内の「01_KiCad」フォルダを開いて，同様の手順でインストールします．

最新版のKiCadは，次のURLより入手できます．

http://kicad-pcb.org/download/

● 自動配線ツールFreeRouting

KiCadには，FreeRoutingという自動配線ツールも用意されています．インストーラはありません．次のURLからFreeRouting.exeというファイルをダウンロードしてローカル・フォルダにコピーします．起動しやすい場所にショートカットを作っておけば，実行しやすいです．

https://github.com/freerouting/freerouting

必要に応じてJava SE Runtime Environment 8(JRE8)もインストールしてください．

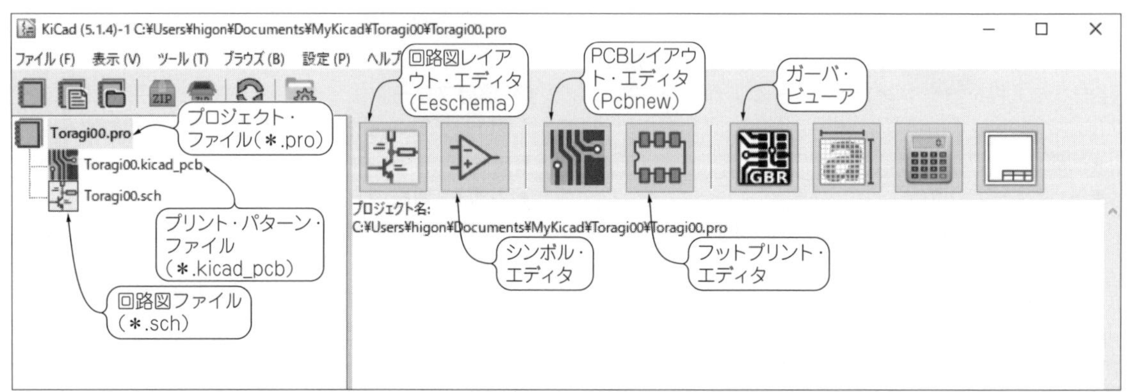

図2　プロジェクトを新規作成すると回路図ファイルとパターン・ファイルが自動生成される
新規プロジェクトを作成したところ

1 KiCadの起動と新規プロジェクトの作成

● 新規プロジェクトを作成する

KiCadを起動したら，メニュー・バーの［ファイル］-［新規］-［プロジェクト］を選択して，新規プロジェクトを作成します．ここではプロジェクト名を「Toragi00」にします．

プロジェクトを保存するフォルダの場所は任意に設定できますが，フォルダ名やファイル名に日本語が入ると，BOM(Bill Of Material，部品表)生成機能に不具合が発生します．本稿では，次の場所にプロジェクトを保存した場合を例に解説します．

```
C:¥Users¥(user name)¥Documents¥MyKiCad¥Toragi00¥Toragi00.pro
```

(user name)には全角文字を使わないようにしてください．

プロジェクトを作成すると，**図2**の画面が表示されます．左ペインには「Toragi00」内のファイルが表示されます．プロジェクト・ファイル「Toragi00.pro」や回路図ファイル「Toragi00.sch」，パターン・ファイル「Toragi00.kicad_pcb」が自動生成されます．

2 ライブラリの準備

回路図の部品記号(シンボル)の作り方

ここでは，シンボル・エディタの使い方を解説します．

回路図を構成する個々の部品記号(シンボル)は，シンボル・ライブラリと呼ばれるファイルに格納されています．これらは，**図3**のようにシンボル・エディタで編集，管理を行います．

■ KiCad標準のライブラリを流用する方法

● 手順1：編集や保存が可能なライブラリ・ファイルを用意する

回路図に使うシンボルは，最初からKiCadに大量に用意されています．汎用部品は，そのままか若干カスタマイズするだけですぐに使えます．デフォルトのライブラリそのものは，編集や上書き保存ができません．編集や保存ができるように，あらかじめユーザ用フォルダにコピーしておきます．

本稿では，「MyKiCad」フォルダ内の「Lib_Local」

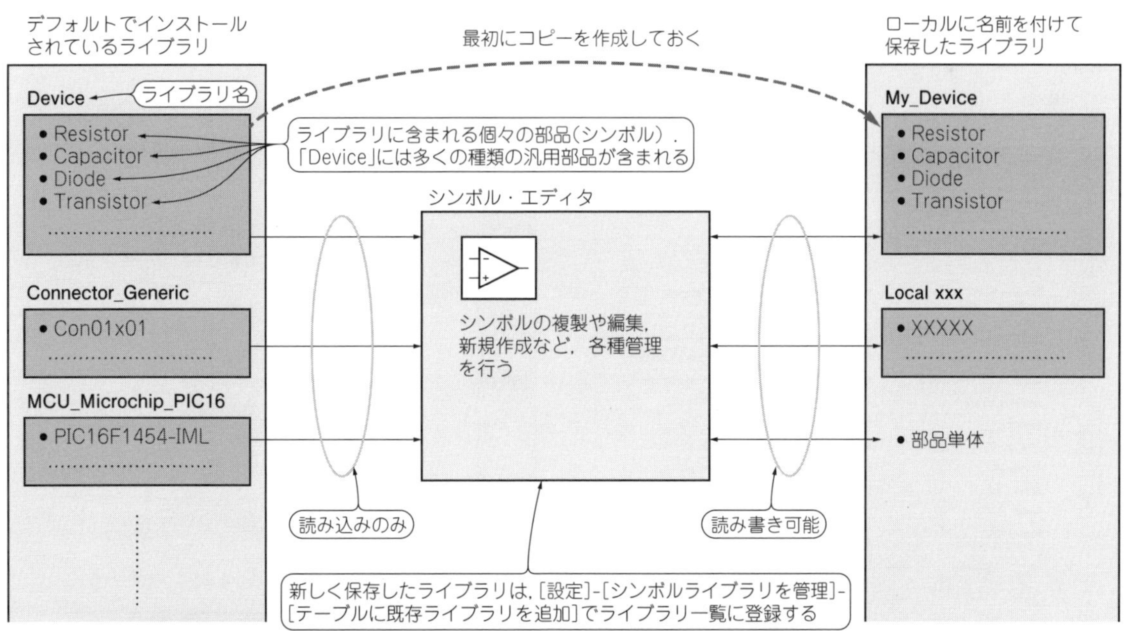

図3 回路図の部品記号ライブラリを管理する「シンボル・エディタ」のはたらき
回路図に使う回路記号(シンボル)はジャンルごとに分類されたライブラリに格納されている．シンボル・エディタによって，編集や管理を行う

フォルダに，汎用部品を多く含む「Device」ライブラリを「My_Device」ライブラリとしてコピーしてみます．手順は次のとおりです．

①「MyKicad¥Lib_Local」フォルダを作成する

② KiCad本体から「シンボル・エディタ」を起動する(**図2**内のランチャの左から2番目に表示されている)

③ **図4**のように，シンボル・エディタの左ペインの

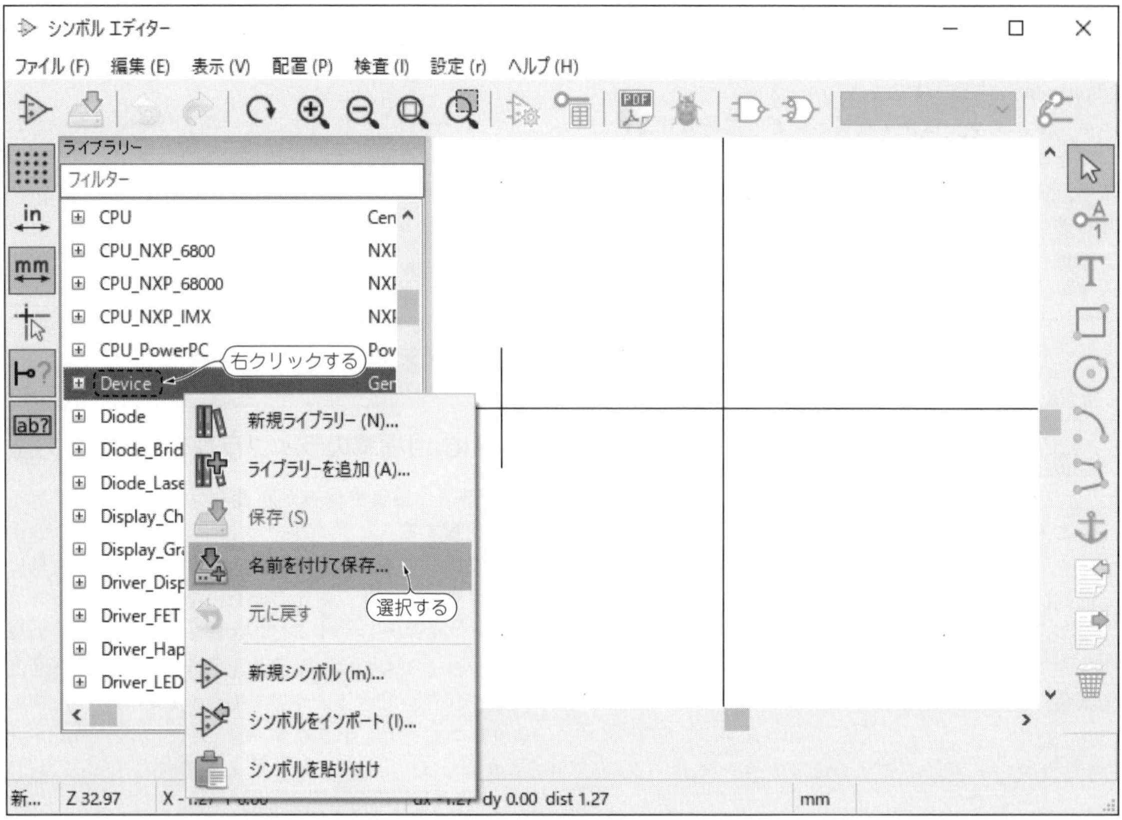

シンボル エディター

ファイル (F)　編集 (E)　表示 (V)　配置 (P)　検査 (I)　設定 (r)　ヘルプ (H)

ライブラリー

フィルター

CPU
CPU_NXP_6800
CPU_NXP_68000
CPU_NXP_IMX
CPU_PowerPC
Device
Diode
Diode_Brid
Diode_Lase
Display_Ch
Display_Gr
Driver_Disp
Driver_FET
Driver_Hap
Driver_LED

右クリックする

新規ライブラリー (N)...
ライブラリーを追加 (A)...
保存 (S)
名前を付けて保存...
元に戻す
新規シンボル (m)...
シンボルをインポート (I)...
シンボルを貼り付け

選択する

新...　Z 32.97　dy 0.00　dist 1.27　mm

図4　シンボル・ライブラリをコピーする方法
デフォルトのライブラリは上書き保存ができないので，ローカルにコピーを保存して，編集できるようにする

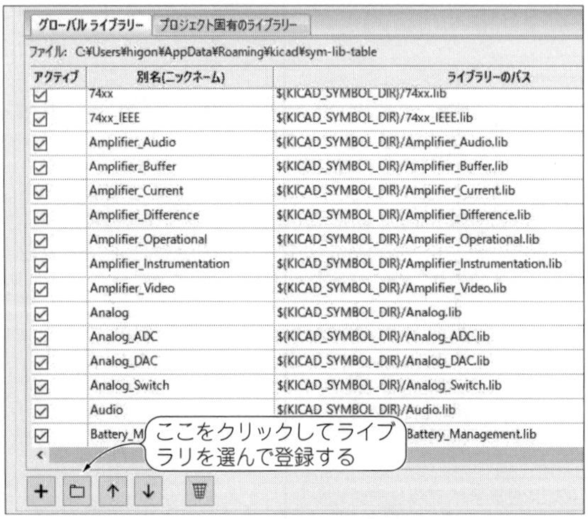

グローバル ライブラリー　プロジェクト固有のライブラリー

ファイル: C:¥Users¥higon¥AppData¥Roaming¥kicad¥sym-lib-table

アクティブ	別名(ニックネーム)	ライブラリーのパス
☑	74xx	${KICAD_SYMBOL_DIR}/74xx.lib
☑	74xx_IEEE	${KICAD_SYMBOL_DIR}/74xx_IEEE.lib
☑	Amplifier_Audio	${KICAD_SYMBOL_DIR}/Amplifier_Audio.lib
☑	Amplifier_Buffer	${KICAD_SYMBOL_DIR}/Amplifier_Buffer.lib
☑	Amplifier_Current	${KICAD_SYMBOL_DIR}/Amplifier_Current.lib
☑	Amplifier_Difference	${KICAD_SYMBOL_DIR}/Amplifier_Difference.lib
☑	Amplifier_Operational	${KICAD_SYMBOL_DIR}/Amplifier_Operational.lib
☑	Amplifier_Instrumentation	${KICAD_SYMBOL_DIR}/Amplifier_Instrumentation.lib
☑	Amplifier_Video	${KICAD_SYMBOL_DIR}/Amplifier_Video.lib
☑	Analog	${KICAD_SYMBOL_DIR}/Analog.lib
☑	Analog_ADC	${KICAD_SYMBOL_DIR}/Analog_ADC.lib
☑	Analog_DAC	${KICAD_SYMBOL_DIR}/Analog_DAC.lib
☑	Analog_Switch	${KICAD_SYMBOL_DIR}/Analog_Switch.lib
☑	Audio	${KICAD_SYMBOL_DIR}/Audio.lib
☑	Battery_M	Battery_Management.lib

ここをクリックしてライブラリを選んで登録する

図5　作成したシンボル・ライブラリは登録しないと使えるようにならない
フォルダ・アイコン(テーブルに既存ライブラリを追加)を選んで登録する

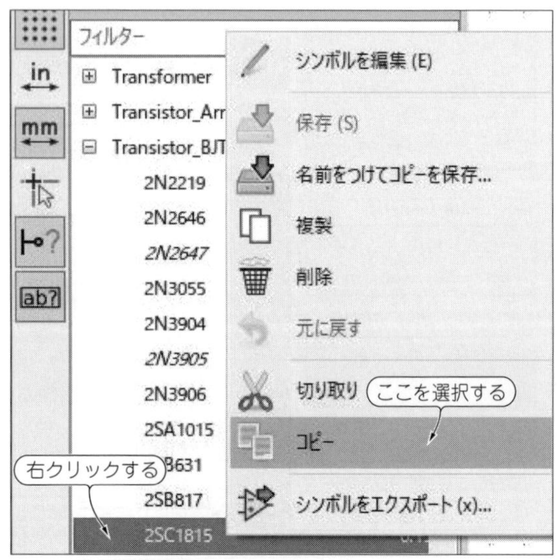

図6　シンボルを個別にコピーする方法
右クリックすると編集メニューが表示される

ツリーから，「Device」を選択して右クリックする
④「名前を付けて保存」を選択して，次のとおり指定して保存する
C:¥Users¥(user name)¥Documents¥MyKiCad¥Lib_Local¥My_Device.lib
⑤ シンボル・エディタのメニュー・バーから［設定］-［シンボルライブラリを管理］を選択して，ライブラリ一覧の下にある「テーブルに既存ライブラリを追加」をクリックする(**図5**)
⑥ コピーした「My_Device.lib」を開いて，［開く］をクリックする．これでコピーしたシンボル・ライブラリが登録されて有効になる
⑦ シンボル・エディタの左ペインのツリーに，「My_Device」が表示されていることを確認する

以上の手順で，デフォルトでインストールされているシンボル・ライブラリがローカルにコピーされます．コピーしたライブラリは，編集や保存が可能です．

● 手順2：ほかのライブラリ・ファイルに含まれている部品を個別にコピーする

ほかのライブラリに含まれている個別の部品を「My_Device」にコピーする方法を解説します．ここでは，「Transistor_BJT」ライブラリ内の「2SC1815」を「My_Device」にコピーしてみます．

①「Transistor_BJT」をダブルクリックで展開して，「2SC1815」を右クリックする
②「コピー」を選択する(**図6**)
③「My_Device」ライブラリを選択して右クリックする
④「シンボルを貼り付け」を選択する
⑤ メニュー・バーから［ファイル］-［全て保存］を選択する

以上で「My_Device」ライブラリに2SC1815がコピーされ，編集・保存が可能になりました．

● 手順3：コピーした部品を編集する

先ほどコピーした2SC1815をさらにコピーして，2SC945を作成してみます．

① My_Deviceの2SC1815を選択して右クリックする
②「複製」を選択すると，「2SC1815_copy」が生成される
③「2SC1815_copy」をダブルクリックする
④ 右側の編集画面のデバイス名「2SC1815_copy」上にカーソルを置き，キーボードの［E］キーを押下する
⑤「コンポーネント名を編集」ウィンドウが表示されるので，テキスト欄に「2SC945」と入力して［OK］をクリックする(**図7**)
⑥ メニュー・バーから［ファイル］-［全て保存］を選択する

■ ゼロから新規作成する方法

デフォルトのライブラリにない新規部品を作成する方法を紹介します．本稿では，Wi-Fi/Bluetoothモジュール「ESP32-WROOM-32」のシンボルを作成してみます．

● 手順1：各種設定

部品を作成する前に，あらかじめメニュー・バーの［設定］-［設定］-［シンボルエディタ］で「デフォルトのピン長さ」を「100 mil」に設定します．また，左側のツール・バーの上から3番目に表示されている「単位をmmに設定」をクリックして，単位をmmにしておきます．

● 手順2：シンボルのひな型を作成する

①「My_Device」ライブラリを右クリックして，「新規シンボル」を選択する
②「シンボル名」に「ESPWR32」を入力する
③「デフォルトのリファレンス記号」に「CPU」と入力する(任意)
④［OK］をクリックする

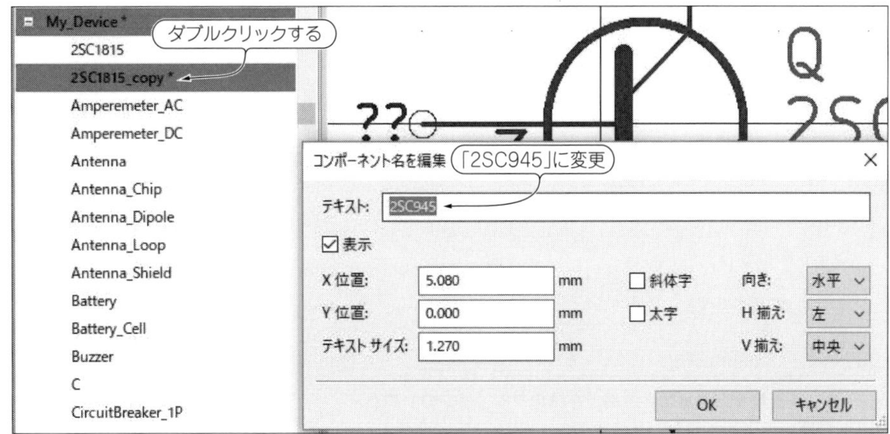

図7　シンボルのコンポーネント名を変更する方法

これでシンボル「ESPWR32」の編集画面が右側ペインに表示されます.

リファレンス記号の「CPU」とシンボル名の「ESPWR32」が中央に重なって表示されているので,これらの位置を移動します.

重なった文字の上にカーソルを置き,キーボードの［M］キーを押下すると移動できます.ここでは「ESPWR32」を右上に,その隣に「CPU」を移動しておきます.

● 手順3:ピンを配置する

最初に編集画面上を右クリックし,グリッドを1.27 mmに設定します.

画面中央の線がクロスしている箇所が部品の原点です.今回は,ここに1番ピンを配置します.

右側のツール・バーの上から2番目に表示されている「シンボルにピンを追加」を押下して線がクロスしている原点をクリックすると,**図8**の「ピンのプロパティ」が表示されます.

ESPWR32の1番ピンはグラウンドなので,ピン名を「GND」,ピン番号を「1」,エレクトリック・タイプを「電源入力」にして［OK］をクリックします.線がクロスしている箇所をもう一度クリックすると,1番ピンが配置されます.同じ要領で38番ピンまで配置します.グリッドの幅は1.27 mmになっているので,1つおきの2.54 mmごとにピンを配置していきます.

途中で間違えた場合は,右側のツール・バーの一番上の「アイテムを選択」を選び,間違えたピンの上で「E」キーを押すと変更できます.また位置を修正する場合は「M」キーを押します.

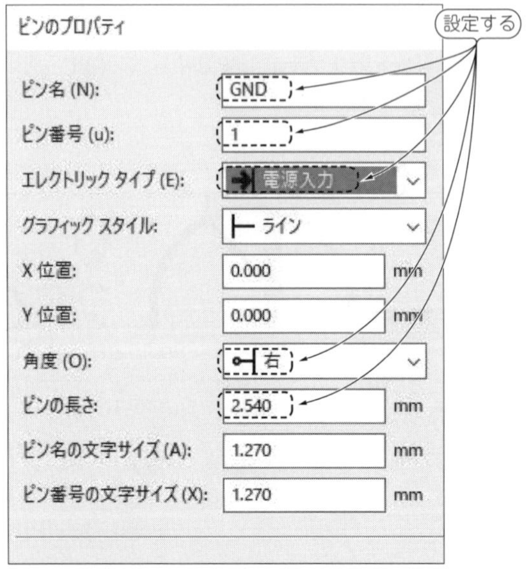

図8　ピンを配置するときに各種属性を設定する「ピンのプロパティ」画面

ESP32-WROOM-32には,放熱用のパッドが付いているので,0番ピン(FGND)として配置します.ピンの向きは,「ピンのプロパティ」の「角度」で設定します.

● 手順4:シンボルの外形を描画する

すべてのピンを配置したら,右側のツール・バーの上から4番目に表示されている「シンボルのボディに矩形を追加」をクリックして,部品の輪郭を描画します.

リファレンス記号「CPU」と部品名「ESPWR32」を適当な場所に配置すれば完成です.完成したシンボルを**図9**に示します.ピン番号とピン配置が合っていれば問題ありません.ピン配置が済んだらメニュー・バーから［ファイル］-［全て保存］を選択して保存します.

部品の足形パターン（フットプリント）の作り方

● パターン設計の必須アイテム

シンボルを作成しただけではパターン設計ができません.フットプリント(部品の足型パターン)がないためです.

シンボルをコピーした2SC1815をシンボル・エディタでもう一度見ると,部品名の下に「Package_TO_SOT_THT:TO-92_Inline」と表示されています.これがフットプリントです.シンボルに対してフットプリントが1種類しかないときは,このようにひも付けしておきます.抵抗やコンデンサのように,さまざまな形状がある部品は,間違いを避けるためにひも付けしません.もしシンボルとフットプリントのひも付け

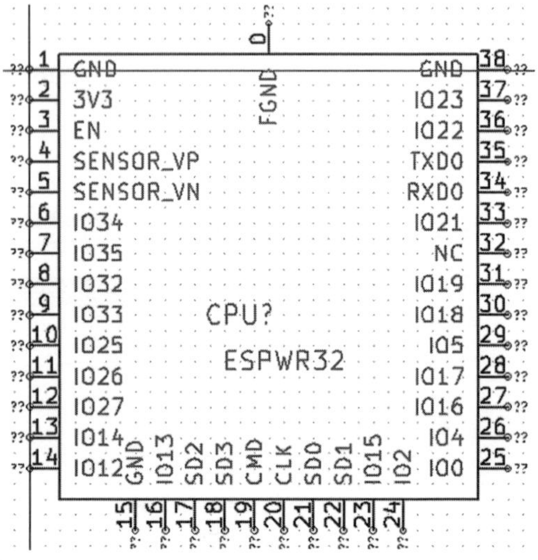

図9　新規シンボルの作成例

Wi-Fi/BluetoothモジュールのESP32-WROOM-32のシンボルを作成してみた.ピン番号とピン名が合っていれば配置や外形は自由に描いてよい.ただしピン先端の間隔は2.54の倍数になっていること

を間違えても，後から変更できます．

フットプリントの編集やライブラリの管理は，**図10**のようにフットプリント・エディタで行います．フットプリント・ライブラリの構造は，シンボル・ライブラリとほとんど同じです．特徴は次のとおりです．

- デフォルトのライブラリは編集や上書き保存ができない
- 編集や保存を行う場合は，デフォルトのライブラリをローカル環境にコピーしてから行う
- フットプリント単体(*.kicad_modファイル)は，ライブラリ間でインポートやエクスポートが可能

■ KiCad標準のライブラリを流用する方法

本稿では，「MyKiCad」フォルダ内の「Footprint_Local」フォルダに，2SC1815のフットプリントを「My_Footprint」ライブラリとしてコピーしてみます．

▶コピー手順

① あらかじめ次のフォルダを作成しておく
C:¥Users¥(user name)¥Documents¥MyKiCad¥Footprint_Local

② KiCad本体から「フットプリント・エディタ」を起動する(**図2**内のランチャの左から4番目に表示されている)

③ フットプリント・エディタのメニュー・バーから［ファイル］-［新規ライブラリ］を選択して，「Footprint_Local」フォルダ内に「My_Footprint.pretty」を作成する．ライブラリテーブルは「グローバル」を選択して［OK］を押す

④ フットプリント・エディタの左ペインのツリーに，「My_Footprint」が表示されていることを確認する(**図11**)

⑤ 左ペインの「Package_TO_SOT_THT」を選んでダブルクリックする．その下に現れたフットプリント一覧から，2SC1815にひも付けされていた「TO-92_Inline」を右クリックして「コピー」する

⑥ 左ペインで先ほど作成した「My_Footprint」を右クリックし，「フットプリントを貼り付け」を選択する．「My_Footprint」の下に「TO-92_Inline」が追加されたことを確認する

Kicad5.1.4では，新規に作成したフットプリント・ライブラリは明示的に登録しなくても左ペインに追加されるようになっています．もし上記の手順でライブラリが左ペインに追加されない場合は，次の手順で追加してください．

- フットプリント・エディタのメニュー・バーから［設定］-［フットプリントライブラリを管理］を選択する
- フットプリントのライブラリが表示されるので，ライブラリ一覧の下にある「テーブルに既存ライブラリを追加」をクリックする(**図12**)
- ③で作成した「My_Footprint.pretty」を選択して［OK］をクリックする．これで新規に作成したフットプリント・ライブラリが登録されて有効になる

「TO-92_Inline」は，ピン間にパターンが通せません．私は「Package_TO_SOT_THT」ライブラリ内の「TO-92_Inline_Wide」のほうが使いやすいと思います．

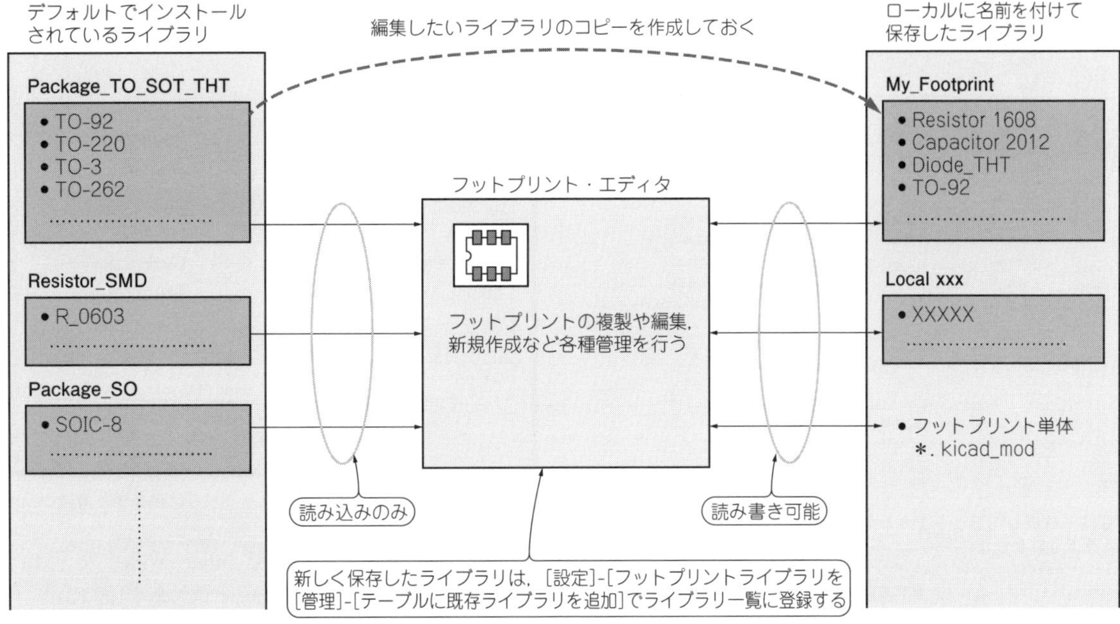

図10　部品の足形パターンを管理する「フットプリント・エディタ」のはたらき
パターン設計に使う足形ライブラリの編集や管理を行う

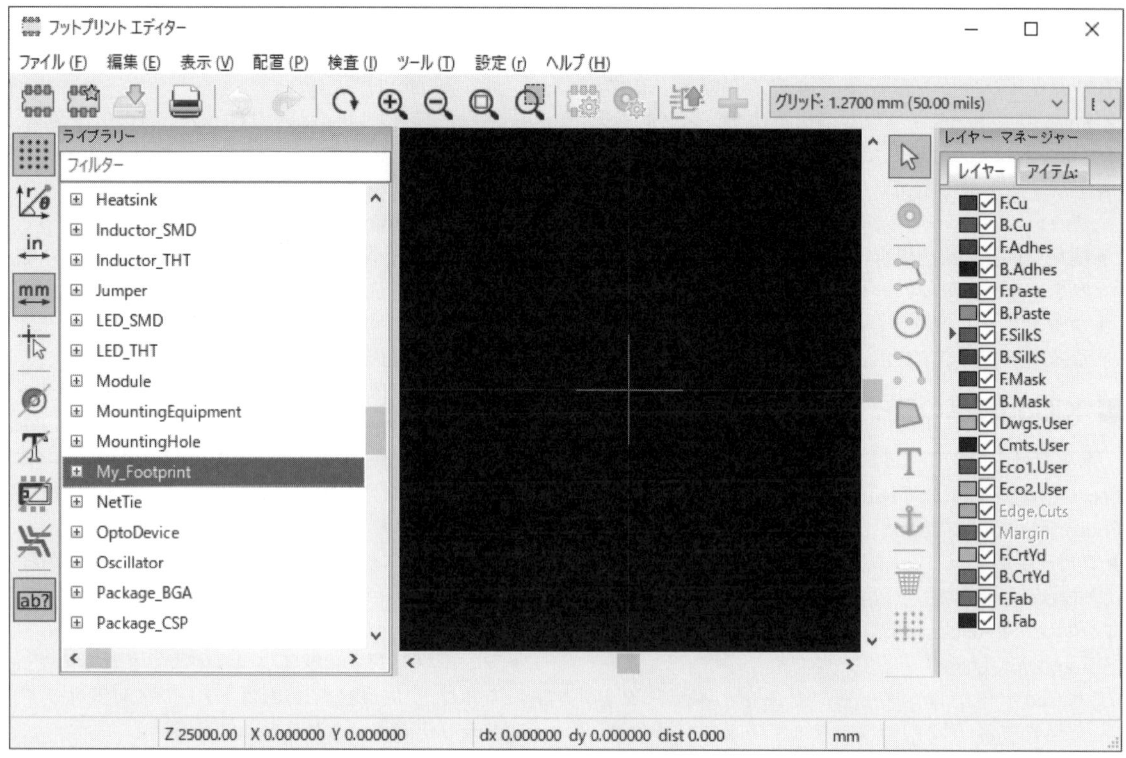

図11　フットプリント・エディタの画面
新規作成したライブラリ(My_Footprint.pretty)が表示されている

図12　作成したフットプリント・ライブラリは登録しないと使えるようにならない
コピーや新規でフットプリント・ライブラリを作成したら，必ずグローバル・ライブラリとして一覧に登録する

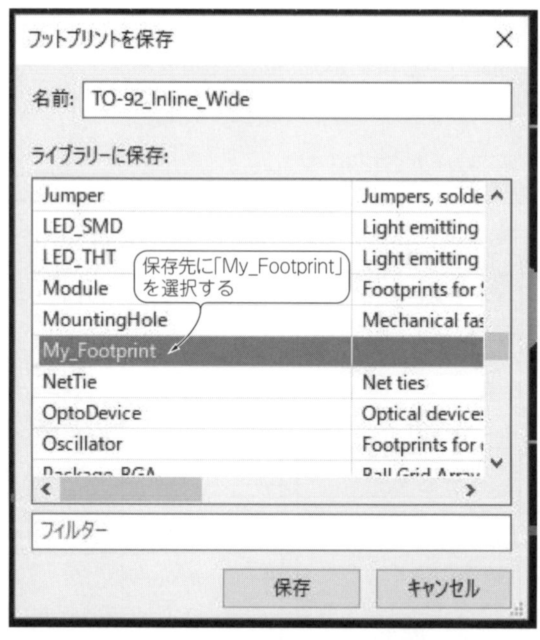

図13　フットプリントを任意のライブラリに保存する方法

上記と同じ方法で「TO-92_Inline_Wide」を「My_Footprint」ライブラリにコピーできます(**図13**)．メニュー・バーから［ファイル］-［名前を付けて保存］でも任意のライブラリに保存できます．

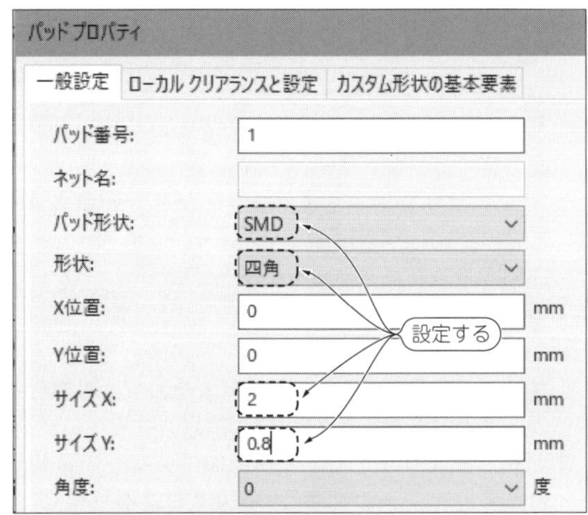

図14　パッドの形状を変更する方法
いったん配置してから形状を変更する．パッドを右クリックするとプロパティが表示される

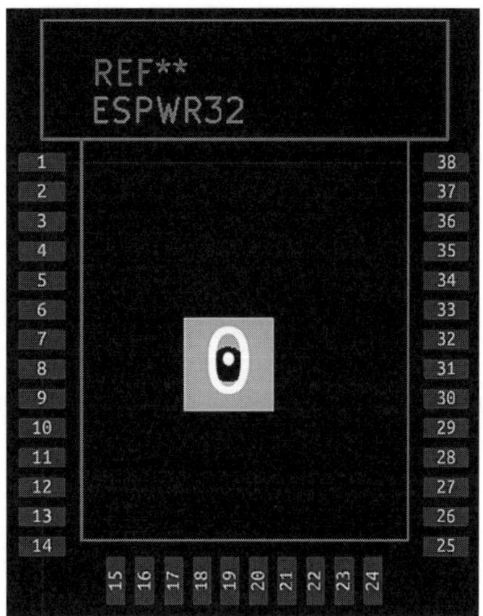

図15　新規フットプリントの作成例
Wi-Fi/BluetoothモジュールのESP32-WROOM-32のフットプリントを作成してみた．外形シルクはパッドに重ならないように描画する

■ ゼロから新規作成する方法

ここでは，シンボル「ESPWR32」のフットプリントを作成して「My_footprint」ライブラリに保存します．手順は次のとおりです．

▶1～14番ピンまでの配置

① フットプリント・エディタのメニュー・バーから[ファイル]-[新規フットプリント]を選択する
② フットプリント名に「ESPWR32」を入力して[OK]をクリックする
③ ESP32-WROOM-32のピン間ピッチは1.27 mmなので，グリッドを1.27に設定する．画面上で右クリックで表示されるメニューで[グリッド]-[グリッド：1.2700 mm]を選択する
④ 右側のツール・バーの上から2番目に表示されている「パッドを追加」を押下して，画面上の線がクロスしている原点をクリックする
⑤ ドーナツ状のパッドが配置されるので，形状を変更する．右側ツール・バーの一番上の「アイテムを選択」モードにして，パッドを右クリックして表示されるメニューで[プロパティ]を選択する
⑥ **図14**のように，パッド形状を「SMD」，形状を「四角」，サイズXを「2」，サイズYを「0.8」に設定して[OK]をクリックする
⑦ 再度「パッドを追加」を押下して，1番ピンの1つ下のグリッドをクリックする．これで2番ピンが配置される
⑧ この手順を繰り返して，14番ピンまで配置する

▶15～24番ピンまでの配置

⑨ 15番ピンの位置は，1番ピンを基準にすると座標で(3.3，18)なので，グリッドのピッチを0.1 mmに設定し，ウィンドウ下のX，Y座標表示を頼りに配置する．配置したら選択カーソルにして右クリックし，表示されるメニューから[プロパティ]を選択してサイズXを「0.8」，サイズYを「2」にする
⑩ 15番ピンを基準にして，1.27 mmピッチで16～24番ピンを配置する．まずは，グリッドの原点を15番ピンのセンタに設定する．右側のツール・バーの下から2番目に表示されている「グリッドの原点を設定」をクリックして，15番ピンのセンタ(3.3，18)をクリックする
⑪ グリッド・ピッチを1.27 mmに設定する
⑫ 16～24番ピンを配置する

▶25～38番ピンまでの配置

⑬ グリッドの原点を1番ピンの中央に戻す．再度「グリッドの原点を設定」をクリックして1番ピンの線がクロスしているポイントをクリックする
⑭ グリッドのピッチを0.01 mmに設定し，25番ピンの座標(18，16.51)にピンを配置する．配置したら選択カーソルにして右クリックし，表示されるメニューから[プロパティ]を選択してサイズXを「2」，サイズYを「0.8」にする
⑮ グリッドのピッチを1.27 mmに設定する
⑯ 25番ピンの中央をグリッド原点に設定して，26～38番ピンを配置する

▶その他の設定

⑰ 0番ピンとしてGNDパッドを配置する．1番ピンを基準とすると，GNDパッドの中心座標は(8.3，8.7)なので，そこに配置する．グリッド原点を1番ピンに設定し，グリッドのピッチを0.1 mmに設定して配置する

⑱ 右クリックで表示されるメニューで［プロパティ］を選択し，パッド番号を「0」，サイズXとYを「4」に設定する．放熱用のはんだを流し込みやすくするようにパッドの形状をスルーホールにして，中央にϕ1.5 mmの穴を空けておく．穴形状を「円」，穴サイズXを「1.5」とする

⑲ 右側のツール・バーの上から3番目に表示されている「図形ラインを追加」をクリックして，外形シルクを書き込む．シルクとピンのパッドが重ならないようにする

⑳ リファレンス記号「REF＊＊」と，部品名「ESPWR32」を適当な位置に移動する

㉑ 上側ツール・バーの左から3番目［ライブラリに変更を保存］をクリックし，「My_Footprint」を選んで［保存］する

以上の手順で作成したESP32-WROOM-32のフットプリントを**図15**に示します．

シンボルとフットプリントをひも付ける方法

KiCad本体から「シンボル・エディタ」を起動し，シンボル「ESPWR32」をダブルクリックして開きます．このシンボルにフットプリント「ESPWR32」をひも付けします．

① シンボルを開いた状態で，メニュー・バーから［編集］-［プロパティ］を選択する

② 開いたウィンドウの一般設定タブにおいて，「フットプリント」行の「定数」欄をクリックし，右端のアイコンをクリックする

③ フットプリント・ライブラリ・ブラウザが表示されるので，My_Footprintライブラリの「ESPWR32」をダブルクリックする

④ **図16**のようにフットプリントの「定数」欄に「My_Footprint:ESPWR32」が入る．回路図上でフットプリント名が表示されるとじゃまなので，可視性の「表示」のチェックは外しておく

⑤［OK］をクリックして表示画面に戻ると，**図17**のとおりグレーの文字（回路図上では不可視）で「My_Footprint:ESPWR32」と表示される

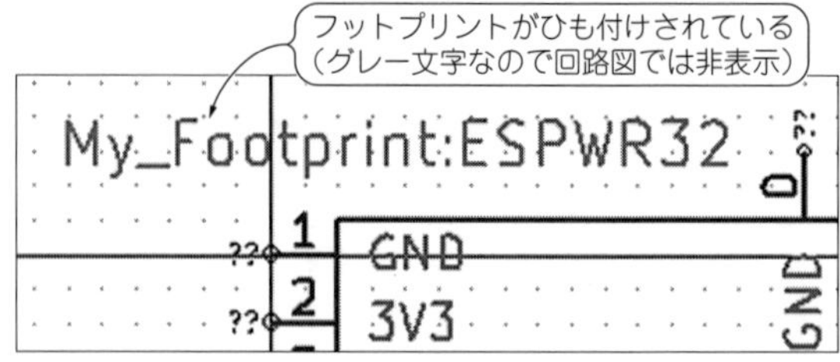
フットプリントがひも付けされている
（グレー文字なので回路図では非表示）
My_Footprint:ESPWR32
1
GND
2
3V3

図17　シンボルにフットプリントがひも付けされるとフットプリント名が表示される

ライブラリー シンボル プロパティ

一般設定　エイリアス　フットプリント フィルター:

フィールド

名前	定数	表示	H 揃え	V 揃え	斜体字	太字	テキスト サイズ
リファレンス	CPU	☑	中央	中央	☐	☐	1.270 mm
定数	ESPWR32	☑	中央	中央	☐	☐	1.270 mm
フットプリント	My_Footprint:ESPWR32	☐	中央	中央	☐	☐	1.270 mm
データシート		☐	中央	中央	☐	☐	1.270 mm

シンボルにフットプリントがひも付けされた

シンボル名: ESPWR32

説明:

キーワード:

シンボル

☐代替シンボル（ド・モルガン）あり

☐電源シンボルとして定義

ユニット数: 1

☐複数ユニットでのユニット交換不可

アノテーション

☑ピン番号を表示

☑ピン名を表示

☑ピン名を内側に配置

位置オフセット: 1.016 mm

Spice モデルを編集...　OK　キャンセル

図16　シンボルにフットプリントをひも付ける方法
シンボルの「プロパティ」の「フットプリント」に，ひも付けするフットプリントを設定する

[3] 基板設計

ここでは，お約束のLEDチカチカ回路を例に，基板設計の手順を解説します．先ほどコピーした2SC1815を使って**図18**の無安定マルチバイブレータを設計してみます．本回路は，電源電圧3～4 Vで，約0.7秒周期でLEDが交互に点滅します．

■ ステップ1：回路図入力

KiCad本体の左ペインの「Toragi00.sch」をダブルクリックすると，回路図エディタEeschemaが起動します（**図19**）．ここに回路図を入力していきます．抵抗やコンデンサには，「My_Device」に含まれているCP_Small, R_Small，LED_Smallを使います．電源入力部のコネクタには，Connector_GenericにあるConn_01 x02を使います．

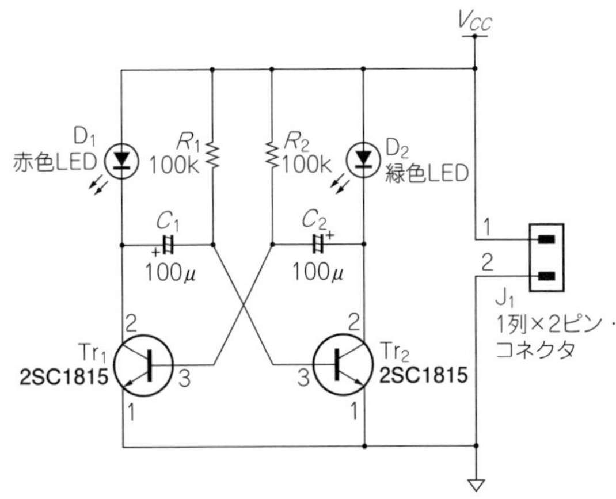

図18　今回実際にKiCad上で設計する無安定マルチバイブレータの回路

● 手順1：部品の配置

本回路で使用する部品を配置します．

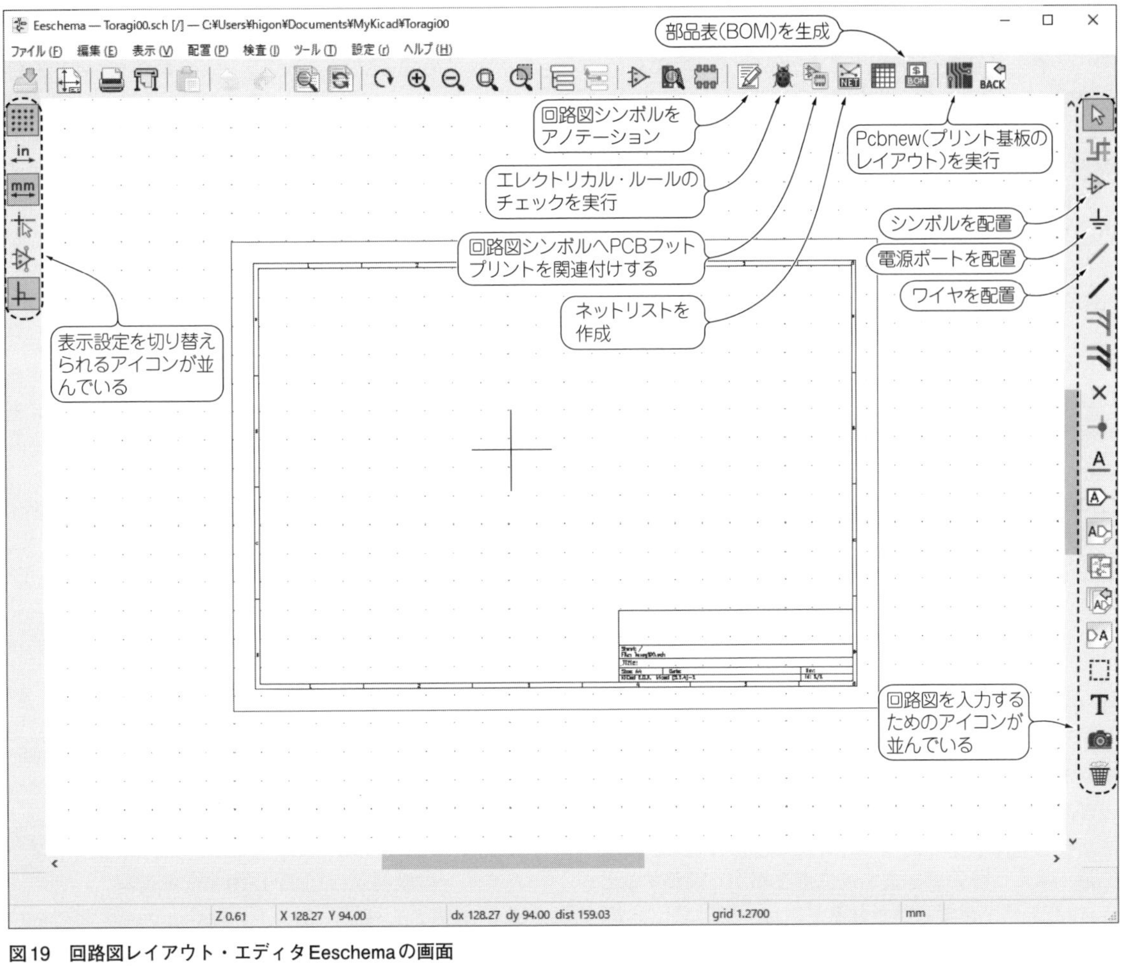

図19　回路図レイアウト・エディタEeschemaの画面

① 回路図エディタの右側のツール・バーの上から3番目に表示されている「シンボルを配置」を選択した状態で，画面の適当な場所でクリックすると，「シンボルを選択」のウィンドウが現れる．「My_Device」の中にある2SC1815をダブルクリックする
② カーソルに2SC1815のシンボルが表示されるので，ピンの先端がグリッド上に来るように位置を決めて配置する．クリックすると配置される
③ ベースが向かい合うようにして，もう1つの2SC1815を配置する．②で配置した2SC1815の上にカーソルを置いてキーボードの［C］キーを押下し，そのまま［Y］キーを押下する．反転した2SC1815が表示されたら，適当な位置に配置する
④ 配置場所を修正するには，部品の上にカーソルを置いてキーボードの［M］キーを押す
⑤「My_Device」の中にあるCP_Smallを選んで配置する．［R］キーで回転する．最初に配置したコンデンサの上にカーソルを置いて［C］キーを押すと，コピーして続けて配置できる
⑥ 同じように，抵抗とLEDを配置する．抵抗はR_Small，LEDはLED_Smallを使う
⑦ コネクタを配置する．「Connector_Generic」の中にあるConn_01x02を使う

● 手順2：配線する

右側のツール・バーの上から5番目に表示されている「ワイヤを配置」を使って部品同士を配線します．キーボードの［ESC］キーで取り消し，［Ctrl + Z］キーでUndoできます．斜めに配線するときは，メニュー・バーの［設定］-［設定］を開き，「Eeschema」の「バス，配線を90度入力に制限」のチェックを外します．

回路の見通しを良くするために，電源ポートを配置しておきます．右側のツール・バーの上から4番目に表示されている「電源ポートを配置」をクリックして，J1の1ピンに「VCC」，J1の2ピンに「GND」を配置し，ワイヤで配線します．

ここまで描けたら，ツール・バーの左端の「保存」を押して保存します．設計中はこまめな保存を心がけます．

● 手順3：文字の編集

R_Smallなどの部品名を定数に書き換えます．キーボードの［E］キーで編集画面を開きます．

部品名やリファレンスなどの文字の位置を整理します．移動した文字の上にカーソルを置いて［M］キーを押下すると移動できます．位置を細かく調整するときは，右クリックで表示されるメニューで［グリッド］の設定を変更し，間隔を細かくします．

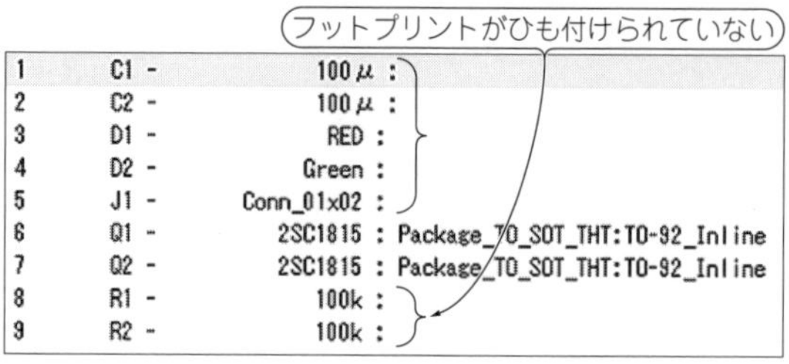

フットプリントがひも付けられていない

1	C1 -	100μ	:	
2	C2 -	100μ	:	
3	D1 -	RED	:	
4	D2 -	Green	:	
5	J1 -	Conn_01x02	:	
6	Q1 -	2SC1815	:	Package_TO_SOT_THT:TO-92_Inline
7	Q2 -	2SC1815	:	Package_TO_SOT_THT:TO-92_Inline
8	R1 -	100k	:	
9	R2 -	100k	:	

図20　シンボルとフットプリントのひも付けを確認する
2SC1815以外のシンボルにはフットプリントがひも付けられていない

● 手順4：リファレンス記号に番号を付ける

リファレンス記号に番号を付けます．上側のツール・バーの右から8番目に表示されている「回路図シンボルをアノテーション」を選択し，［アノテーション］をクリックします．これですべてのリファレンス記号に番号が付きました．

定数やリファレンスには，日本語や全角文字を使わないでください．後の工程の自動配線などでエラーが出ることがあります．10^{-6}を示す「μ」は，「u」に置き換えて使ってください．

● 手順5：フットプリントの関連付け

すべての部品にフットプリントを関連付け(ひも付け)ます．上側のツール・バーの右から6番目に表示されている「回路図シンボルへPCBフットプリントを関連付けする」を選ぶと，「フットプリントを関連付け」の画面が開きます．ひも付けの状況が中央のペインに表示されます(**図20**)．Q1，Q2の2SC1815しか関連付けられていません．残りの部品について，ここで関連付けを行います．

なお，上側のツール・バーの左から2番目に表示されている「選択したフットプリントを表示」をクリックすると，フットプリントをビューアで確認できます．

① 絞り込み設定
「フットプリントを関連付け」画面の上側ツール・バーの右から3番目，4番目に表示されている「回路図シンボルのキーワードでフットプリントリストを絞り込み」，「ピン数でフットプリントを絞り込み」の2つをONにする
② C_1を選び，左ペインでCapacitors_THTを選ぶ．すると右ペインに候補の一覧が表示される．ここではφ5 mm，ピッチ2.5 mmのタイプを選ぶ．右ペインで該当する部品を選択し，ビューアで確認する．部品をダブルクリックすると，関連付けられる．C_2も同様に関連付ける
③ LEDを選び，左ペインでLED_THTを選ぶ．右ペインの候補からLED_D3.0 mmを選ぶ
④ コネクタを選び，左ペインでConnector_PinHeader_2.54 mmを選ぶ．右ペインの候補から「Pin

すべての部品にフットプリントがひも付けられた

シンボル：フットプリント割り当て

1	C1 -	100u :	Capacitor_THT:CP_Radial_D5.0mm_P2.50mm
2	C2 -	100u :	Capacitor_THT:CP_Radial_D5.0mm_P2.50mm
3	D1 -	Red :	LED_THT:LED_D3.0mm
4	D2 -	Green :	LED_THT:LED_D3.0mm
5	J1 -	Conn_01x02 :	Connector_PinHeader_2.54mm:PinHeader_1x02_P2.54mm_Vertical
6	Q1 -	2SC1815 :	Package_TO_SOT_THT:TO-92_Inline_Wide
7	Q2 -	2SC1815 :	Package_TO_SOT_THT:TO-92_Inline_Wide
8	R1 -	100k :	Resistor_SMD:R_0603_1608Metric
9	R2 -	100k :	Resistor_SMD:R_0603_1608Metric

図21　シンボルとフットプリントのひも付けが完了したようす

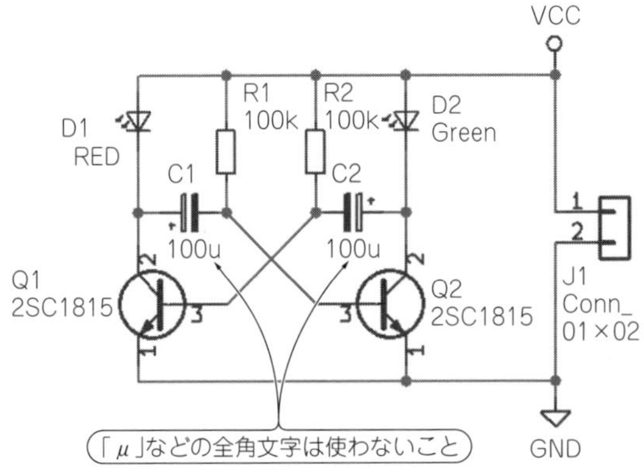

図22　KiCadで作成した無安定マルチバイブレータの回路図

Header_1x02_P2.54_Vertical」を選ぶ

⑤ 抵抗は面実装にする．抵抗を選び，左ペインでResistors_SMDを選ぶ．右ペインの候補からR_0603を選ぶ

⑥ トランジスタのフットプリントをピン間が広いタイプに変更する．ここでは「Package_TO_SOT_THT:TO-92_Inline_Wide」に変更する

以上の手順で，**図21**のようにすべての部品にフットプリントがひも付けられました．ここまでで作成した回路を**図22**に示します．

● 手順6：ERC（Electorical Rule Check）実行

ERC（Electorical Rule Check）は，出力ピン同士の衝突や，未配線箇所などの確認を自動で行う機能です．これにより設計ミスを防ぎます．実行手順は次のとおりです．

① 上側のツール・バーの右から7番目に表示されている「エレクトリカル・ルールのチェックを実行」をクリックする

② ［実行］をクリックする

③ **図23**のように，エラー・リストに「ピンは他のピンと接続されていますが，このピンを駆動するピンがありません」と表示される．これは，2つのピンを駆動するための電源がないというエラーで，**図24**のように電源ポートVCCとGNDのそれぞれに「PWR_FLAG」を接続すると回避できる．エラーを無視するのであれば，「PWR_FLAG」を付ける必要はない

④ 再度ERCを実行するとエラーが消える

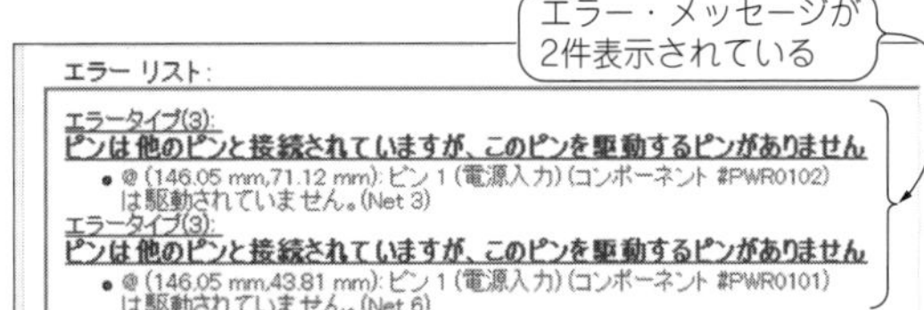

エラー・メッセージが2件表示されている
エラー リスト：
エラータイプ(3):
ピンは他のピンと接続されていますが、このピンを駆動するピンがありません
@ (146.05 mm,71.12 mm): ピン 1 (電源入力) (コンポーネント #PWR0102) は駆動されていません。(Net 3)
エラータイプ(3):
ピンは他のピンと接続されていますが、このピンを駆動するピンがありません
@ (146.05 mm,43.81 mm): ピン 1 (電源入力) (コンポーネント #PWR0101) は駆動されていません。(Net 6)

図23　ERC（Electorical Rule Check）の実行結果
出力ピン同士の衝突や未配線箇所などの確認を自動で行う．ここでは2件のメッセージが表示されている

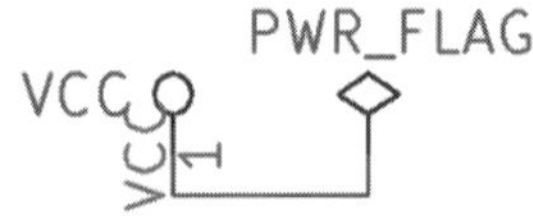

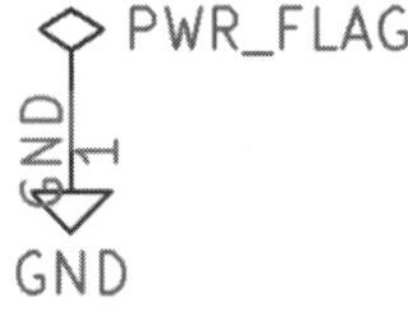

図24　図23で表示されたエラーの回避方法
エラーを無視してそのまま作業を進めても問題はない

● 手順7：BOM（Bill of Material）出力

BOM（Bill of Material，部品表）を出力します．BOM出力機能を使うには，次の設定を行います．②～④は初回のみ実行します．

① 上側のツール・バーの右から3番目に表示されている「部品表（BOM）を生成」をクリックする

② BOMプラグイン一覧の下にある［＋］マーク（新しいプラグインとリストへのコマンドラインを追加）をクリックする

③ 次のファイルを選んで［開く］をクリックし，ニックネームを付けてプラグインを追加する
C:¥Program Files¥KiCad¥bin¥scripting¥plugins¥bom2csv.xsl

④ コマンド・ラインの内容を次のように修正する
xsltproc -o "%O.csv" "C:¥Program Files¥KiCad¥bin¥scripting¥plugins¥bom2csv.xsl" "%I"

⑤ BOMプラグインを選択した状態で［生成］をク

リックする

⑥ プラグイン情報に「成功」と表示されれば，BOMの出力に成功．［閉じる］で終了する

以上の手順で「Toragi00」のプロジェクト・フォルダに「Toragi00.csv」が生成されます．このファイルは**図25**のようにExcelで開くことが可能です．

● 手順8：ネットリスト出力

本稿で扱っているKicadの最新バージョンでは，回路図エディタEeschemaから直接PCBレイアウト・エディタPcbnewへデータが転送できるようになり，回路配線データである「ネットリスト」を出力する必要がなくなりました．ネットリストが必要な場合は次の手順で出力します．

上側のツール・バーの右から5番目に表示されている「ネットリストを生成」を押下して［ネットリストを生成］をクリックします．ファイル名が「Toragi00.net」になっていることを確認して，［保存］をクリックします．

	A	B	C	Dat
1	Reference	Value	Footprint	Dat
2	Q2	2SC1815	Package_TO_SOT_THT:TO-92_Inline_Wide	http
3	Q1	2SC1815	Package_TO_SOT_THT:TO-92_Inline_Wide	http
4	C1	100u	Capacitors_THT:CP_Radial_D5.0mm_P2.50mm	~
5	C2	100u	Capacitors_THT:CP_Radial_D5.0mm_P2.50mm	~
6	R1	100k	Resistors_SMD:R_0603	~
7	R2	100k	Resistors_SMD:R_0603	~
8	D1	RED	LED_THT:LED_D3.0mm	~
9	D2	Green	LED_THT:LED_D3.0mm	~
10	J1	Conn_01x	Connector_PinHeader_2.54mm:PinHeader_1x02_P2.54mm_Vertical	~
11				
12				

図25　BOM(Bill of Material，部品表)**出力機能を使って生成した部品表**
KiCadで生成したBOM(部品表)は表計算ソフトExcelでも開ける

以上の手順でプロジェクトのフォルダにネットリストのファイルが生成されます．

■ ステップ2：基板設計（PCBレイアウト・エディタでの作業）

回路図エディタEeschemaの上側ツール・バーにある右から2番目のアイコン「Pcbnew(プリント基板のレイアウト)を実行」をクリックすると，PCBレイア

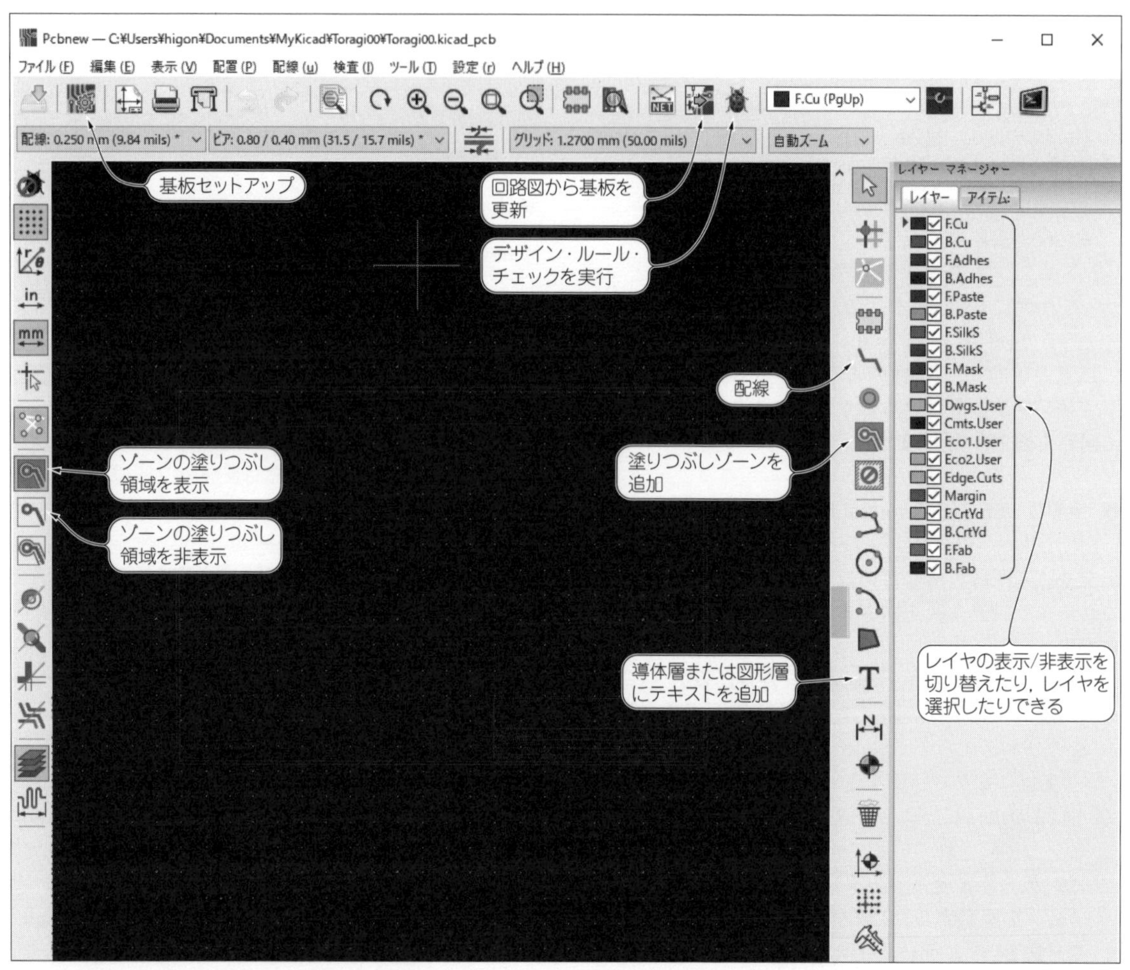

図26　PCBレイアウト・エディタ Pcbnewの画面

ウト・エディタPcbnewが起動します(**図26**).

Pcbnewの上側のツール・バーの右から6番目に表示されている「回路図から基板を更新」アイコンをクリックして，［基板を更新］，［閉じる］をクリックすると，**図27**に示すように線でつながった部品のかたまりがカーソルに表示されます．画面中央付近にカーソルを合わせてクリックで配置します．

● 手順1：デザイン・ルールとモード設定

パターン設計を始める前に，デザイン・ルールとアシスト・モードを設定します．手順は次のとおりです．

① **図28**に示すとおり，メニュー・バーの[設定]-[モダンツールセット]を選択して有効にする．これにより，クリアランス(配線のすき間)の自動アシストや自動押しのけ配線の機能が有効になる

② メニュー・バーの［ファイル］-［基板セットアップ］を選択し「デザインルール」を開くと，デザイン・ルールを確認・設定できる

デフォルトでは，**図29**に示す「デザインルール」-「ネットクラス」のDefaultの配線ルールが適用されます．自動アシストのクリアランス値も，この設定の値(デフォルト0.2 mm)が適用されます．

私がよく利用するプリント基板製造サービスPCBWayは，最小配線幅が0.1 mm(推奨は0.15 mm以上)なので，少し余裕を見てデフォルトのままとしています．

③「デザインルール」-「配線とビア」を開き，「配線」ペイン下の［+］を押すとカスタム配線幅が追加できる(**図30**)

カスタム配線幅には，デフォルトの0.25 mm以外の配線幅を登録しておきます．これにより，**図31**に示すように配線幅が選択できるようになります．

● 手順2：ねじ穴の準備

ねじ穴を配置する方法はいくつかありますが，本稿ではフットプリントとして用意する方法を紹介します．手順は次のとおりです．

① KiCad本体からフットプリント・エディタを起動する

② メニュー・バーから［ファイル］-［新規フットプリント］を選択する

③ フットプリント名に「hole3.2」を入力する

④ 右側のツール・バーの上から2番目「パッドを追加」を選び，編集画面原点をクリックしてパッドを1つ配置する

⑤ 右側のツール・バーの一番上の「アイテムを選択」を選び，配置したパッドを右クリックして[プロパティ]を選択し，サイズ「3.5」，穴サイズ「3.2」とする

⑥ 上側のツール・バーの左から3番目に表示されている「ライブラリに変更を保存」で，フットプリントを「My_Footprint」ライブラリに保存する

図32に完成したフットプリントを示します．

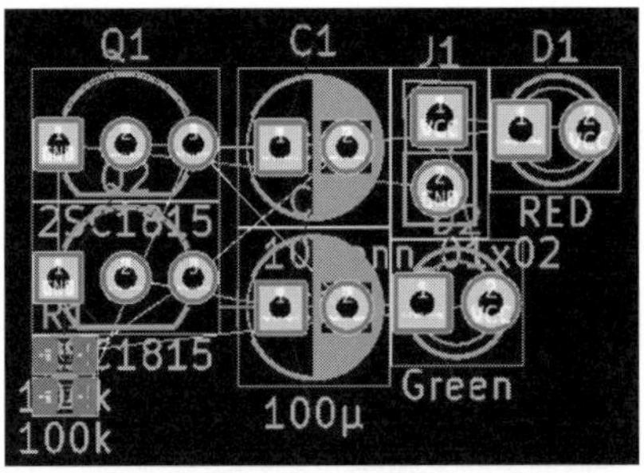

図27　基板レイアウト・エディタPcbnewでネットリストを読み込んだ直後のようす
部品同士がラッツ線(糸のような線)で接続されている

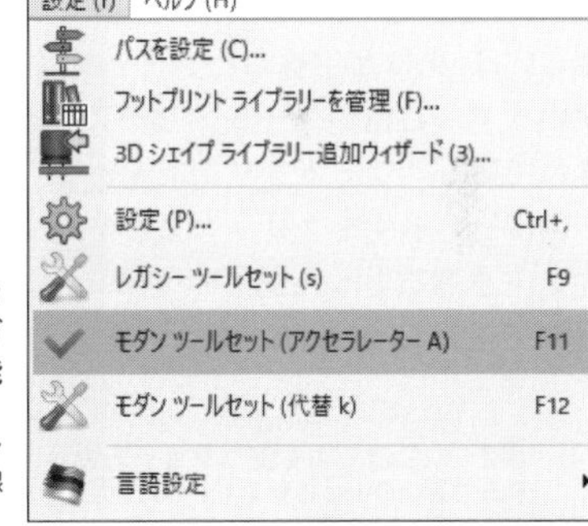

図28　基板レイアウト・エディタのモダン・ツールセット機能を有効にする
クリアランスの自動アシストや自動押しのけ配線の機能が有効になる

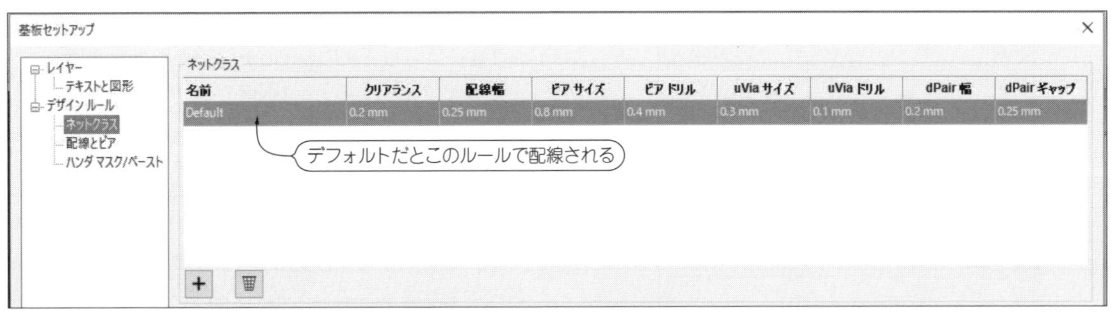

図29　「デザイン・ルール」-「ネットクラス」で配線幅やクリアランスの設定を確認する

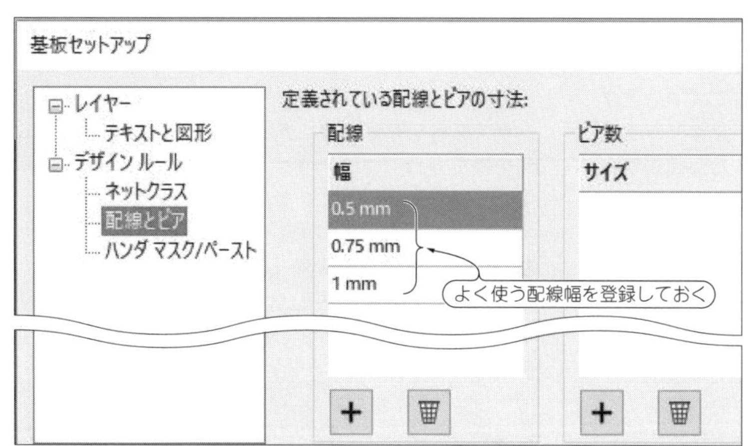

図30 「デザイン・ルール」-「配線とビア」でよく使う配線幅を登録しておくと設計時に便利

図31 図30で設定したカスタム配線幅がツール・バーに登録された

今回は，ねじ穴を回路図に出てこないフットプリントとして用意しました．ねじを介してシャーシをグラウンドに接続する場合は，1ピンの部品としてねじ穴を用意し，回路図上で明示的にグラウンドに接続します．

図32 ねじ穴の作成例
フットプリントとしてねじ穴を作成したようす

● 手順3：部品の配置と基板外形

表示された部品を配置していきます．

▶基板外形の描画

基板の外形があらかじめ決まっている場合は，最初にPCBレイアウト・エディタの右ペインで「Edge.Cuts」レイヤを選び，右側のツール・バーの上から9番目に表示されている「図形ラインを追加」で基板外形を描画します．

▶ねじ穴の配置

ねじ穴は，先ほど用意したフットプリント「hole3.2」を使います．右側のツール・バーの上から4番目に表示されている「フットプリントを追加」をクリックし，穴を開けたい場所でクリックします．すると「フットプリントを選択」ウィンドウが表示されるので，［ブラウザで選択］をクリックし，「hole3.2」を選びます．

表2 KiCadでよく使うショートカット・キー
作業効率化のために覚えておきたい

機能	キー	覚え方
コピー	C	Copy
移動	M	Move
ドラッグ	G	draG
回転	R	Rotate
Y軸ミラー	Y	−
X軸ミラー	X	−
アイテムを編集	E	Edit
定数を編集	V	Value
ビア配置	V(*)	Via
ローカル座標リセット	Space	−

(*)：配線中のみ

穴の配置時は，グリッドを0.5 mmに設定すると作業しやすいでしょう．

穴を配置したら，それぞれの穴のリファレンス番号をREF1～REF4と割り当てます．番号を割り当てていないと，FreeRouteでエラーが発生します．シルク表示は不要なので，プロパティで「非表示」にしておきます．

▶各部品の配置

部品の移動や回転は，ショートカット・キーを使って効率良く作業しましょう．ショートカット・キーの一覧は［Ctrl＋F1］キーで表示できます．**表2**によく使うショートカット・キーを示します．

ショートカット・キーを押下したとき，部品が重なっている箇所を選んだ場合は，選択リストが表示されます．

基板の裏面に部品を配置するときは，部品を右クリックして［裏返す］を選択します．

PCBレイアウト・エディタ上では，部品の定数がグレーで表示されていますが，これらは不要なので非表示にします．右ペインのレイヤ・マネージャの下から2番目にある「F.Fab」のチェックを外します．

ここまで完了すると，**図33**のようになります．

● 手順4：3Dビューアで確認

基板外形と部品配置が完了したら，3Dビューアで確認してみます．メニュー・バーの［表示］-［3Dビューア］を選択すると，**図34**のように基板の3Dビューが表示されます．これで部品の配置や全体のバランスをチェックします．

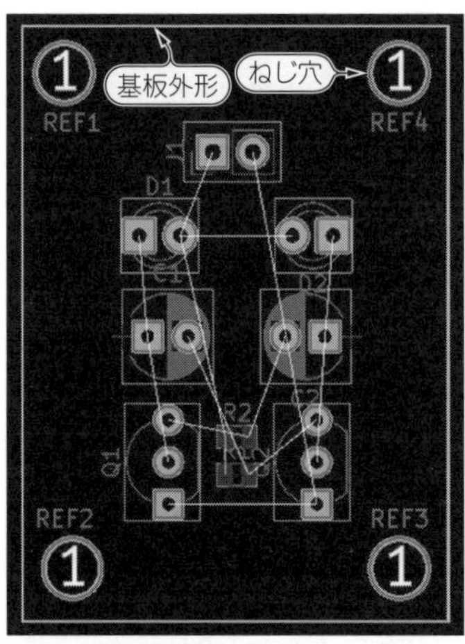

図33　PCBレイアウト・エディタで部品配置と基板外形の描画をしたようす

図34　3Dビューアで部品配置と基板外形を確認する
全体のバランスや部品の干渉などがないか確認する

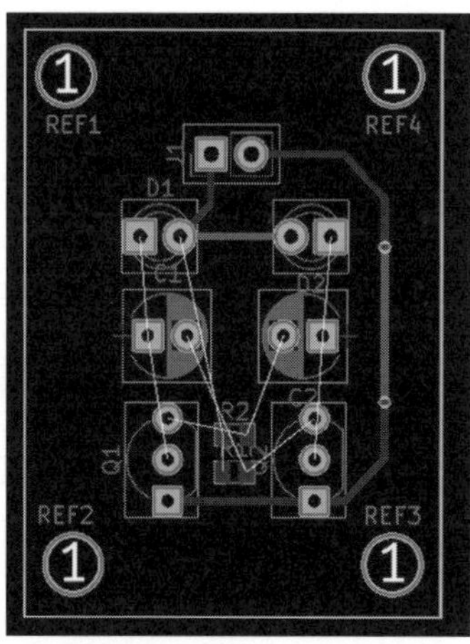

図35　PCBレイアウト・エディタでグラウンドと電源を配線したようす
表面と裏面のパターンは違う色で表示される

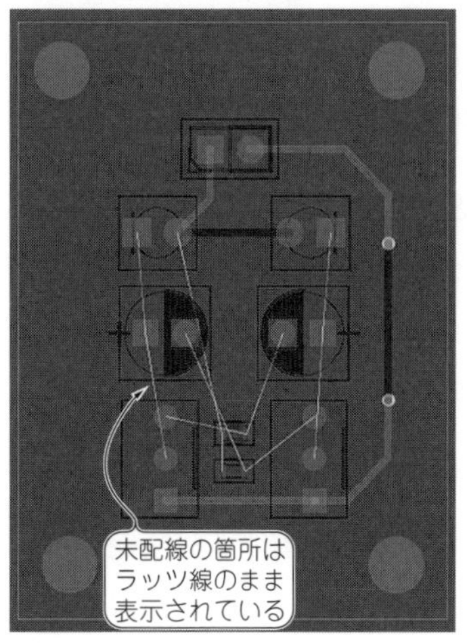

図36　自動配線ソフトウェアFreeRouting.exeに基板レイアウト・データを読み込んだようす

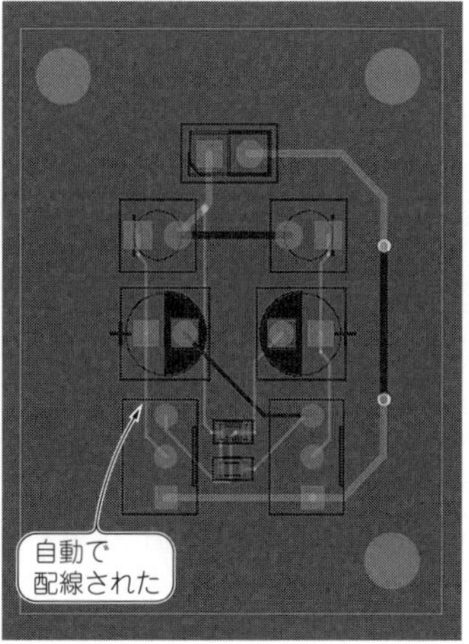

図37　図36のレイアウト・データを自動配線した後のようす

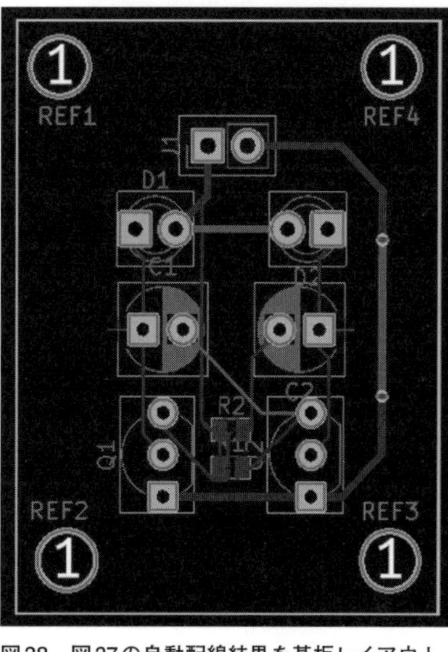

図38　図37の自動配線結果を基板レイアウト・エディタにインポートしたようす

● 手順5：配線

▶(1) 電源ラインや優先ラインの配線

ここでは，電源ラインとグラウンドを最初に配線します．右側のツール・バーの上から5番目に表示されている「配線」を選んで，**図31**に示すドロップダウン・リストから幅を選択してから配線します．今回の配線幅は0.5 mmとしました．

ビアを打つなどパターンの途中で裏表を切り替えるときは，キーボードの［V］キーを押下します．部品面のパターンは茶，裏面のパターンは緑で表示されます．電源とグラウンドのラインを引いたパターンを**図35**に示します．

▶(2) 残りの信号ラインを自動配線

作業の効率化のために自動配線機能を利用します．自動配線は，KiCadと一緒にインストールしたフリーウェアFreeRouting.exeを使います．

①PCBレイアウト・エディタのメニュー・バーから［ファイル］-［エクスポート］-［Specctra DSN］を選択する
②「Toragi00.dsn」を保存する
③「FreeRouting.exe」を起動する
④FreeRoutingの［Open Your Own Design］をクリックする
⑤先ほど保存した「Toragi00.dsn」を選んで［開く］をクリックする
⑥**図36**のように読み込んだら，ツール・バーの［Autorouter］をクリックする
⑦**図37**のように自動配線が完了したら，メニュー・バーの［File］-［Export Specctra Session File］を選択する

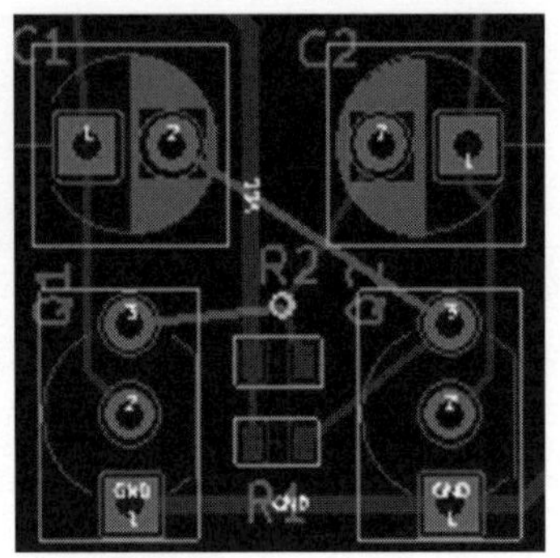

図39　制約を解除して最短距離で配線したようす
モダン・ツールセットを使っていると配線方向が0°，45°，90°の3つに制限される．レガシー・ツールセットを使うと，配線方向の制約が解除されて最短距離で配線できる

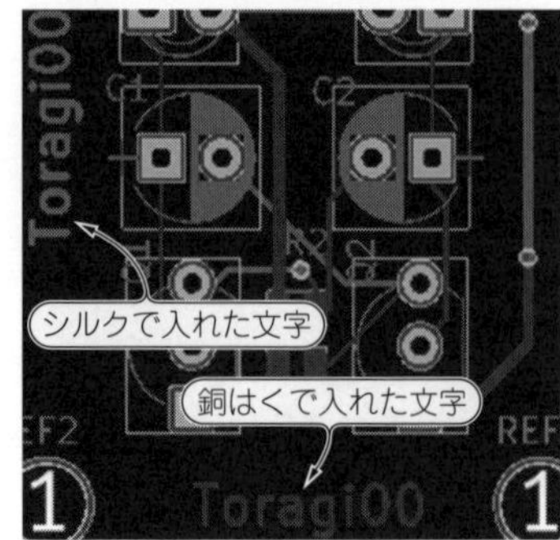

図40　文字を入れたようす
シルクと銅はくの2種類ある

⑧ FreeRouting.exeを終了する
⑨ PCBレイアウト・エディタに戻って，メニュー・バーから［ファイル］-［インポート］-［Specctraセッション］を選択する
⑩「Toragi00.ses」を開く

これで**図38**のように自動配線結果が反映されます．

● 手順6：仕上げ

▶(1) シルクの整理

水色で表示されている箇所は，シルクの印字内容です．そのままだと向きがばらばらで，重なっている箇所があるので，移動や回転で位置を修正します．キーボードの［M］キーで移動，［R］キーで回転できます．

▶(2) 配線の調整

次に配線の仕上げをします．パターンの経路を引き直すときは，該当するパターン上で［Delete］キーを押下します．すると初期状態のラッツ線に戻ります．

パターンの幅のみを修正したいときは，該当パターンをダブルクリックします．プロパティが表示されたら，パターンの幅の値を変更できます．

上記のパターン配線は，「モダン・ツールセット」というアシストを使っているので，配線方向が0°，45°，90°の3種類に制約されています．最短距離で配線したいときは，この制約を解除します．

① メニュー・バーの［設定］-［レガシー・ツールセット］を選択する
② メニュー・バーの［設定］-［一般設定］で「以前の配線オプション」内の「配線時の角度を45°単位に制限」のチェックを外す

これで45°単位の制約が解除され，自由な角度でパターンが引けるようになります．**図39**に示すのは，制約を解除した状態でパターン設計した例です．

● 手順7：文字入れ

ここでは，基板の名前として「Toragi00」という文字を入れてみます．シルクと銅はくの2種類で入れてみます．

▶(1) シルクで入れる方法

右ペインのレイヤ・マネージャで「F.SilkS」を選択し，右側のツール・バーの下から7番目に表示されている「導体層または図形層にテキスト追加」をクリックします．基板上の入力位置にカーソルを合わせてクリックすると入力画面が表示されるので，テキスト欄に「Toragi00」と入力して［OK］をクリックします．

▶(2) 銅はくで入れる方法

右ペインのレイヤ・マネージャで「F.Cu」を選択します．以降は(1)と同様の手順で入力します．

図40に配置例を示します．シルクは水色，銅はくは茶色で表示されています．

● 手順8：ベタ・パターンの配置

基板のエッジから1 mm内側にグラウンドのベタ・パターンを入れます．部品面(表面)とはんだ面(裏面)の両方にベタ・パターンを入れます．

① 右側のツール・バーの上から7番目に表示されている「塗りつぶしゾーンを追加」をクリックし，基板の端から1 mm内側の1点を選んでクリックする
② 「導体ゾーンのプロパティ」が表示されるので，レイヤを「F.Cu」，ネットを「GND」，クリアランスを「0.2」，最小幅を「0.2」に設定して［OK］をクリックする
③ 塗りつぶす範囲を囲う．今回は4つの角の1 mm以上内側を通り，ねじ穴もよけることとする
④ 範囲が確定すると塗りつぶされる．これで部品の空きスペースがすべてグラウンドのベタ・パターンになった
⑤ パターンが見にくいので，左側のツール・バーの上から9番目に表示されている「ゾーンの塗りつぶし領域を非表示」をクリックして，グラウンドのベタ・パターンを非表示にする．再度塗りつぶし領域を表示するときは左側のツール・バーの上から8番目に表示されている「ゾーンの塗りつぶし領域を表示」をクリックする
⑥ 次に同じ範囲で裏面も塗りつぶす．塗りつぶし

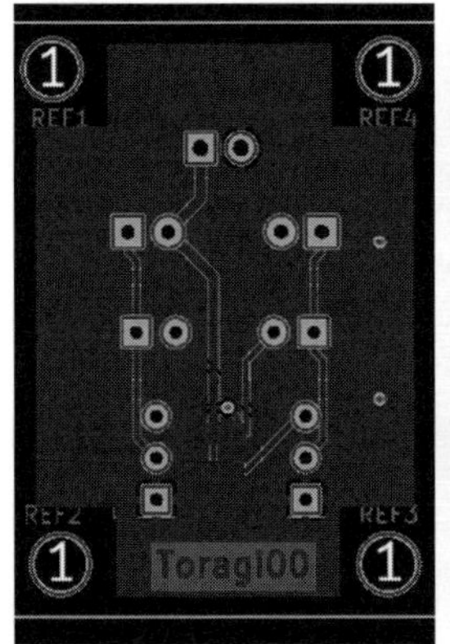

(a) 表面と裏面の両面表示

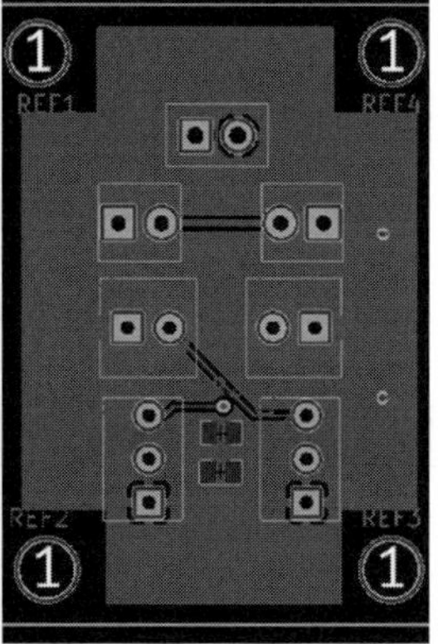

(b) 裏面のみの表示

図41　基板レイアウト・エディタにベタ・パターンを表示させたようす

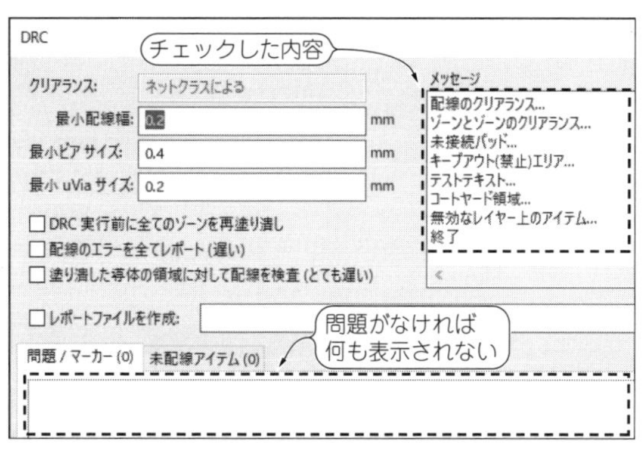

図42　DRC(Design Rule Check)の実行画面
「問題/マーカ」，「未配線アイテム」タブに何も表示されなければOK

エリアの輪郭を選択した状態で右クリックし，「ゾーン」-「レイヤ上にゾーンを複製」を選択する

⑦「導体ゾーンのプロパティ」画面が表示されるので，レイヤ「B.Cu」を選択して［OK］をクリックする

⑧複製したゾーンの輪郭をクリックして，「ゾーンの外枠B.Cu」を選択する．その状態で右クリックし，［ゾーン］-［ゾーンを塗りつぶし］を選択する

⑨左側のツール・バーの上から8番目に表示されている「ゾーンの塗りつぶし領域を表示」をクリックする．右ペインの「レイヤ・マネージャ」で「F.Cu」，「B.Cu」の表示をそれぞれON/OFFして**図41**のようにベタ・パターンが入っていることを確認する．3Dビューアでも確認できる

● 手順9：DRC(デザイン・ルール・チェック)の実行

パターンの設計が終わったので，DRC(Design Rule Check)を実行してパターンの衝突や配線間クリアランスなどをチェックします．問題があればエラー・メッセージが表示されます．手順は次のとおりです．

①上側のツール・バーの右から5番目に表示されている「デザイン・ルール・チェックを実行」をクリックする

②**図42**に示すDRC画面が表示されるので，［DRCの開始］をクリックする

③「問題/マーカ」タブと「未配線アイテム」タブに何も表示されていないことを確認する

もしDRCでエラーや未配線が見つかったら，その箇所を確認，修正します．

4 ガーバ・データ出力と基板発注

ここでは，ガーバ・データの出力と基板製造業者への発注を行います．

基板製造業者は，ガーバ・データとドリル・データを元に基板を製造します．この2つのデータを出力して，アーカイブしたファイルを基板製造業者に提出します．

本稿では，私がよく使う基板製造サービスPCBWayに発注する例を紹介します．

● 手順1：ガーバ・データ出力

①PCBレイアウト・エディタのメニュー・バーから［ファイル］-［プロット］を選択する

②「製造ファイル出力」画面が表示されるので，**図43**のとおりチェックを入れる．今回ははんだ面(裏面)にシルクが入っていないので，「B.SilkS」のチェックを外す

③出力ディレクトリ欄に「gerber」と入力して［製造ファイル出力］をクリックする

④［ドリルファイルを生成］をクリックし，**図44**に示すとおりチェックを入れて［ドリルファイルを生成］をクリックする

⑤［閉じる］をクリックして終了する

以上の手順で，「Toragi00」のプロジェクト・フォルダ内に「gerber」フォルダが生成されます．フォルダの内容は**図45**のとおりです．

● 手順2：ガーバ・データ確認

KiCadに付属しているガーバ・ビューアを使って，出力したガーバ・データを確認してみます．手順は次のとおりです．

①KiCad本体からガーバ・ビューアGerbViewをク

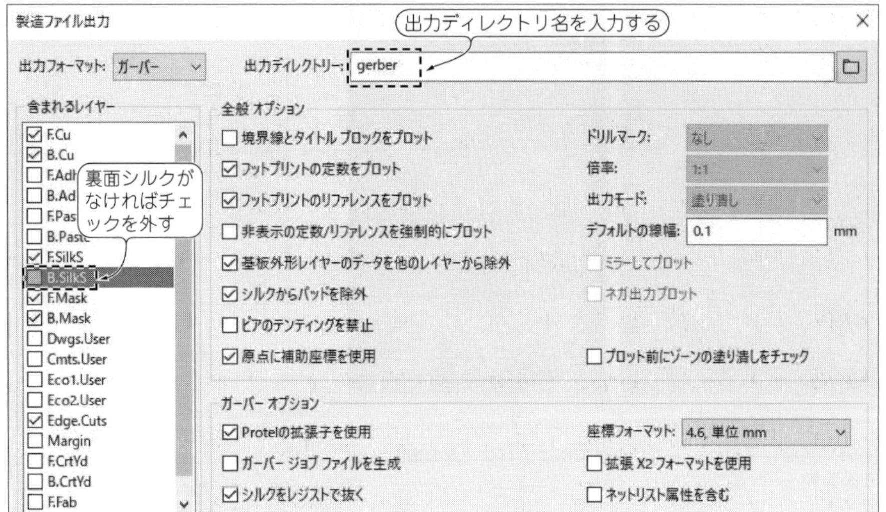

図43　ガーバ・データの出力方法
はんだ面(裏面)にシルクが入っていないので,「B.SilkS」のチェックを外す

図44　ドリル・データの出力方法
チェックを入れて［ドリルファイルを生成］をクリックする

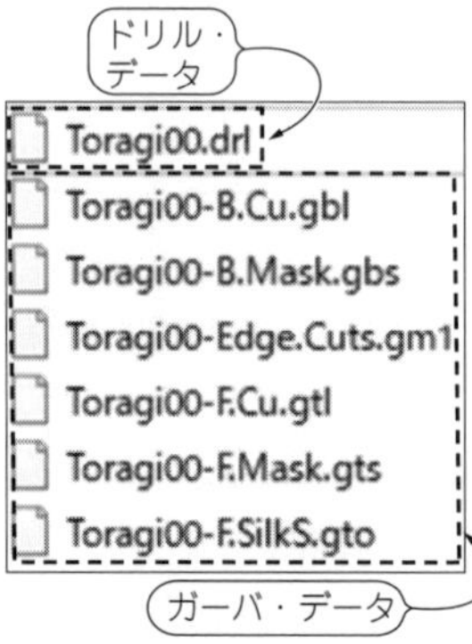

図45　出力された各種ファイル
ガーバ・データとドリル・データ

リックする(図2内のランチャの左から5番目に表示されている)

② メニュー・バーの［ファイル］-［ガーバ・ファイルを開く］を選択する

③ 先ほど生成した「gerber」フォルダ内のすべてのファイルをドラッグして選択し,［開く］をクリックする

④ メニュー・バーから［ファイル］-［Excellon ドリルファイルを開く］を選択する

⑤「Toragi00.drl」を選択し,［開く］をクリックする

図46(a)に示すのは，すべての製造データをガーバ・ビューアで閲覧したようすです．**図46**(b)のように，レイヤごとに表示をON/OFFできます．

確認が済んだら,「gerber」フォルダをまるごと「Toragi00 gerber.zip」としてアーカイブしておきます．

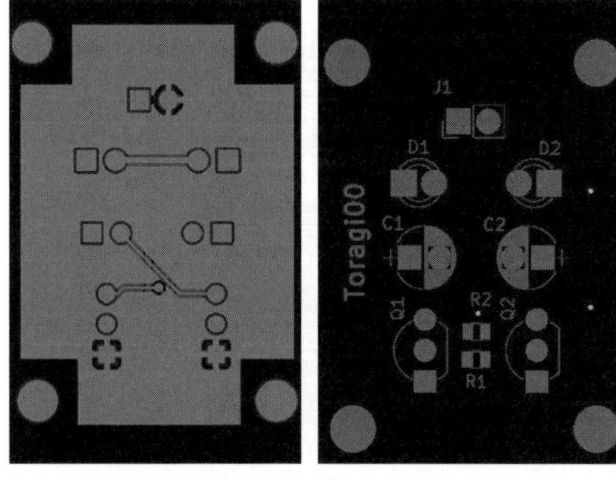

（a）すべての製造データを表示　（b）シルクとメタル・マスクのみを表示

図46　図45のデータをガーバ・ビューアGerbViewで閲覧したようす

● 手順3：基板発注

業者に基板製造を発注します．ここでは，基板製造サービスPCBWayへの発注例を紹介します．

① PCBWayのWebページにアクセスする https://www.pcbway.com/
② 右上部にある「Join」をクリックして，新規アカウント登録を行う
③ 必要事項を記入したら［Sign up］をクリックしてサインインする
④ 上部の「PCB Instant Quote」をクリックして，**図47**のように必要事項を入力する．入力が済んだら［Calculate］をクリックする
⑤ 見積もり結果が出力される（今回はUS$22だった）
⑥［Add to Cart］をクリックする．**図48**のガーバ・データ送信画面が表示されるので，さきほど生成したアーカイブ・ファイル「Toragi00gerber.zip」をドラッグ＆ドロップする．その後，［Submit Order Now］をクリックする
⑦ PCBWayでのデータ確認が終了すると，支払いが可能になる．今回はPayPalで決済する

以上で発注手続きは完了です．配送業者にDHLを選ぶと，配送料約2,000円で，早いときは中2日，遅くとも1週間以内に基板が届きます．

（初出：「トランジスタ技術」2018年12月号）

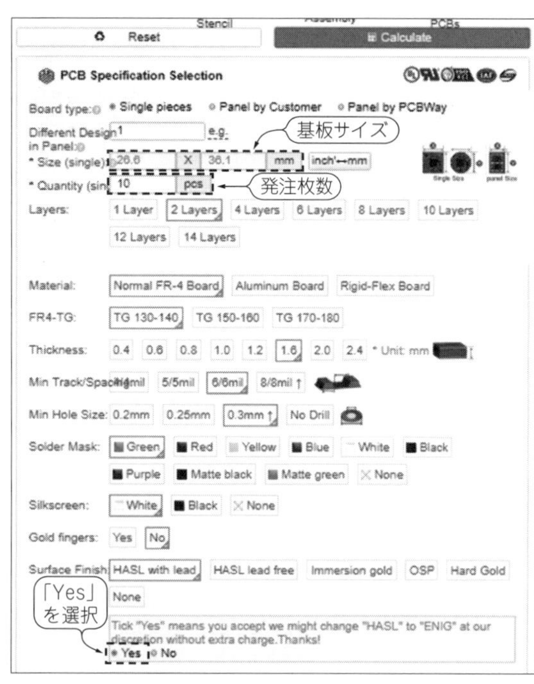

図47　基板発注の例（基板製造サービスPCBWayの場合）
今回設計したToragi00基板は，10枚で22ドルだった

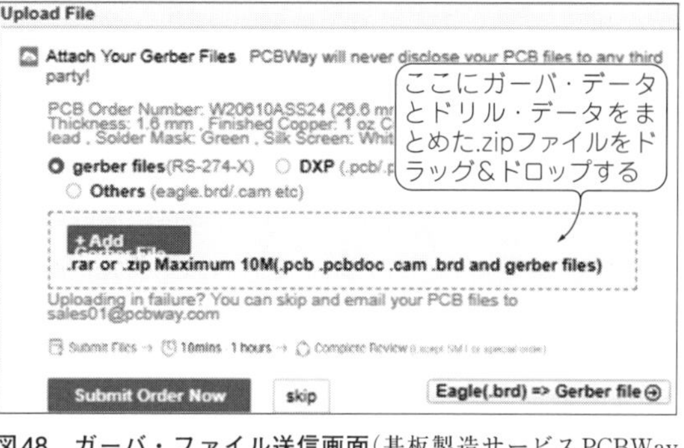

図48　ガーバ・ファイル送信画面（基板製造サービスPCBWayの場合）
ガーバ・データとドリル・データをアーカイブした.zipファイルを送付する

8 プリント基板設計フリーウェア「KiCad」

KiCadワンポイント活用③ ローカル座標を使いこなして効率化　Column 1

基板の輪郭やねじ穴を配置する際などには，位置の座標が必要な場合があります．このときは画面下に表示されている座標を参照します．

（X,Y）と（dX,dY,dist）の2種類が表示されています．このうち後者は「ローカル座標」といって，スペース・キーでリセットすることができます．リセット位置を原点としたときの座標と，リセット位置からの距離が表示されるので，非常に便利です．

また，距離が長くなると，垂直/水平がずれていないか気になることがあります．このとき，［表示］-［全画面十字線］をONにすると，カーソルが無限長十字線になるので作業しやすくなります．〈**肥後 信嗣**〉

第9章 KiCad, EagleからDesignSpark PCBまで，人気の基板開発ソフトどれでも使える

登録済み部品1000万点超！無料のフットプリント作成サービス「PCB Part Library」

柏木 健作 Kensaku Kashiwagi

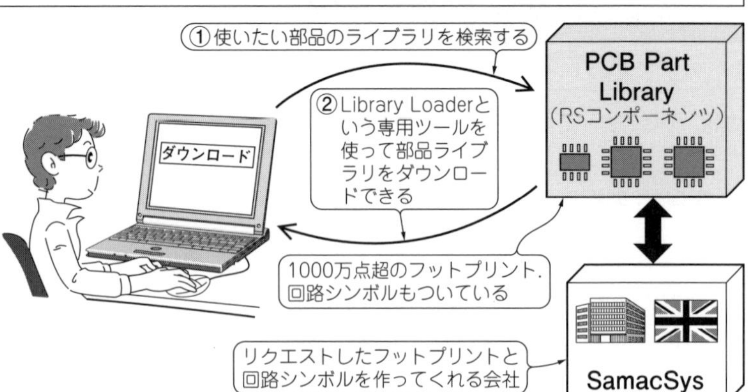

図1　PCB Part Library(RSコンポーネンツ)を利用すると1000万点超の部品のフットプリントをすぐに使うことができる
PCB Part LibraryのWebページでは回路シンボルも一緒にダウンロードできる．PCB Part Libraryにないフットプリントをリクエストすると，RSコンポーネンツと提携しているSamacSysが48時間以内に作成してくれる．PCB Part Libraryでダウンロードできる部品ライブラリは人気のKiCad, Eagle, DesignSpark PCBのほか10種以上の基板開発ソフトウェアで使うことができる

本稿では，無料で部品ライブラリ(フットプリント)をダウンロードできるWebサービス「PCB Part Library」を紹介します(**図1**)．

基板データを作るためには，部品一つ一つに対してライブラリが必要です．ライブラリは，回路図上で部品を表記するための記号である回路シンボルと，基板上に部品を実装するためのフットプリントをまとめたものです．PCB Part Libraryは，RSコンポーネンツが2017年2月23日に発表した，部品ライブラリの提供サービスです．本サービスは英国SamacSysとの協力で実現されました．

登録済みのライブラリはPCB Part LibraryのWebページからダウンロードできます．PCB Part Libraryにない部品ライブラリは，登録依頼すると無料で48時間以内に作成してもらうことができます．

おすすめする3つの理由

① 専用のWebページで検索＆ダウンロード

PCB Part Libraryで提供しているライブラリの部品登録数は，現時点で1000万点を超えています．ライブラリは回路シンボルとフットプリントがともに用意されており，シンボルとフットプリントの対応付けが行われたライブラリの状態でダウンロードすることができます．ライブラリを検索するときは，専用のWebサービス上から型番や部品の種類などのキーワードを入力します．

② 新しい部品ライブラリを0円で依頼できる

ライブラリを検索して利用したい部品がなかった場合も，新規部品ライブラリの登録を依頼できます．登録依頼は部品検索画面からそのまま行うことができ，依頼から48時間以内にライブラリを登録してもらえます．

登録できるライブラリは，基板上に実装できる部品であればどんなものでも対応してくれます．Webサービス上に型番の登録がないローカル部品に対しても，ベンダ，型番，ピン数，データシートへのリンクがあれば，ライブラリを登録してもらうことができます．

③ 15種類以上の基板開発ソフトウェアに対応

RSコンポーネンツは，無償で商用利用できるプリント基板開発ソフトウェアDesignSpark PCBを提供しています．本ライブラリ・サービスはDesignSpark PCBだけでなく，人気のKiCadやEagle(AutoDesk)，企業で広く使われているCR-5000/CR-8000(図研)など，多くのプリント基板開発ソフトウェアに対応しています．対応するCADは，以下の通りです．

- Altium Designer, CADSTAR, CircuitStudio, CR-5000/8000, DesignSpark PCB, DipTrace, EAGLE, EasyEDA, Easy-PC, KiCad, OrCAD Capture/Allegro, PADS Logic/Layout, Proteus, Pulsonix, SOLIDWORKS PCB, TARGET3001!, Ultiboard, xDX Designer(随時増加している)

今すぐ使える！ 1000万点超の登録済みライブラリをダウンロードする

プリント基板開発ソフトウェアKiCadを例に，PCB Part Libraryの使い方を紹介します．他のCADでも，基本的な流れは同じです．

● インストールとユーザ登録

PCB Part Libraryは，ライブラリを検索するWebサービスと，ダウンロードや基板CADとの連携を行う専用ソフトウェアであるLibrary Loaderを組み合わせたサービスです．

Library LoaderはWindows 7以降で動作するソフトウェアで，次のWebページからダウンロードできます(2021年9月現在)．

https://componentsearchengine.com/LibraryLoader.php

利用しているプリント基板開発ソフトウェアが動作する環境であれば，CPUやRAMなどのスペックに関して特別な要求はありません．本稿の執筆に当たっては，2019年8月現在の最新バージョンV2.43をWindows 10 64 bitの環境で動作させています．

Library Loaderをダウンロードしてインストールしたら，初回起動時にユーザ登録を求められますので，必要事項を記入して登録を行います(**図2**)．

● ダウンロード・フォルダの設定

図3にLibrary Loaderのメイン・ウィンドウを示します．このウィンドウで，ライブラリをダウンロードするフォルダと，ECAD Toolの設定を行うと，ライブラリがダウンロードされた際に，自動的にECAD Toolに部品が登録されます．

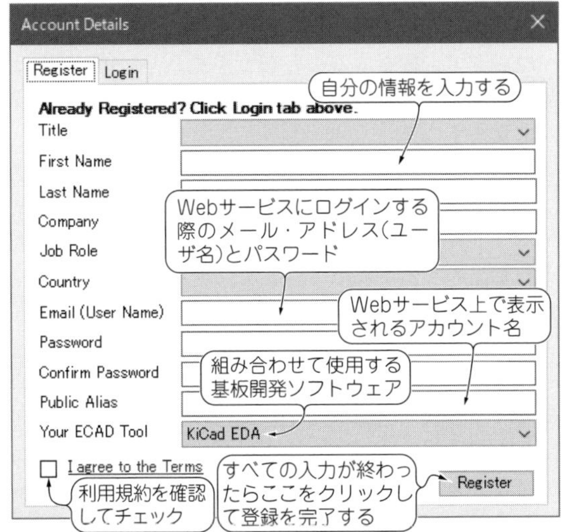

図2　PCB Part Libraryを利用するときはLibrary Loaderのユーザ登録を行う
2台目以降のパソコンにインストールするときは，「Login」タブを選択して，最初に設定したメール・アドレスとパスワードを入力すればよい

事前にLibrary Loaderの初期設定を済ませておけば，ブラウザ上でライブラリ・ダウンロードのリンクをクリックするだけで，自動で設定したプリント基板開発ソフトウェアにライブラリが登録されます．

● KiCadを使うための準備

メイン・ウィンドウの「Your ECAD Tool」の欄で「KiCad EDA」を選択し，［Settings］をクリックすると，**図4**に示す設定ウィンドウが表示されます．設定ウィンドウでは，ダウンロードしたライブラリが保存されるフォルダを設定します．

後でKiCad側からここに表示されている各ファイルを指定するため，場所を確認しておきましょう．

● KiCadの設定

前述したLibrary Loaderの設定に加え，KiCad側でもライブラリの設定を行います．KiCadは，2019年8月現在の最新バージョンである5.1.4を使用します．

▶シンボル・ライブラリの登録

まずは，ダウンロードしたシンボルが保存されるライブラリ・ファイルをKiCadに登録します．

KiCadを起動し，プロジェクトを作成または既存のプロジェクトを開いてからシンボル・エディタを開き，［設定］-［シンボル・ライブラリを管理］を選択します．シンボル・ライブラリの管理を行うウィンドウが表示されますので，**図5**に示すようにライブラリの追加を行います．

図3　Library Loaderのメイン・ウィンドウ
基本的には設定を行うときだけ表示させればよい．このウィンドウを閉じるとタスク・トレイに常駐する

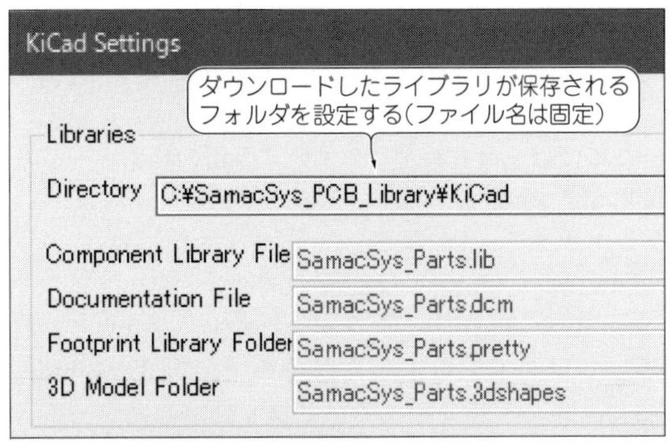

図4　KiCad用のECAD Tool設定ウィンドウ
ダウンロードした部品が保存されるライブラリ・ファイルの設定を行う

シンボル ライブラリー

スコープ別ライブラリー

グローバル ライブラリー　プロジェクト固有のライブラリー

ファイル: C:¥Users¥■■■■¥AppData¥Roaming¥kicad¥sym-lib-table

アクティブ	別名(ニックネーム)	ライブラリーのパス
☑	Transformer	${KICAD_SYMBOL_DIR}/Transformer.lib
☑	Transistor_Array	${KICAD_SYMBOL_DIR}/Transistor_Array.lib
☑	Transistor_BJT	${KICAD_SYMBOL_DIR}/Transistor_BJT.lib
☑	Transistor_FET	${KICAD_SYMBOL_DIR}/Transistor_FET.lib
☑	Transistor_IGBT	${KICAD_SYMBOL_DIR}/Transistor_IGBT.lib
☑	Triac_Thyristor	${KICAD_SYMBOL_DIR}/Triac_Thyristor.lib
☑	Valve	${KICAD_SYMBOL_DIR}/Valve.lib
☑	Video	${KICAD_SYMBOL_DIR}/Video.lib
☑	power	${KICAD_SYMBOL_DIR}/power.lib
☑	pspice	${KICAD_SYMBOL_DIR}/pspice.lib
☑	MCU_Microchip_SAMD	…MD.lib
☑	MCU_Microchip_SAME	…ME.lib
☑	MCU_Microchip_SAML	…ML.lib
☑	SamacSys_Parts	C:¥SamacSys_PCB_Library¥KiCad¥SamacSys_Parts.lib

「グローバル・ライブラリ」のタブを選択

② ①の後，ここにファイルが追加されていることを確認

① ここをクリックして，シンボルがダウンロードされるファイルを指定する

図5　図4で設定したライブラリ・ファイルを追加する

追加するファイルは，**図4**で確認したフォルダに入っている“SamacSys_Parts.lib”です．

▶フットプリント・ライブラリの登録

KiCadのメイン・ウィンドウで，フットプリント・エディタを開きます．フットプリント・エディタで[設定] - [フットプリント・ライブラリを管理] を選択します．フットプリント・ライブラリの管理を行うウィンドウが表示されますので，シンボル・ライブラリを追加したときと同じように，フットプリント・ライブラリを追加します．

追加するフォルダは，**図4**で確認したフォルダに入っている“SamacSys_Parts.pretty”です．

● 部品の検索

▶ダウンロード方法

PCB Part Libraryからライブラリをダウンロードする方法は，3つあります．

(1) 専用の検索ページからダウンロード
(2) RSオンラインの部品検索ページからダウンロード
(3) DesignSparkの「部品ライフサイクルマネージャー」からダウンロード

ここでは，最もわかりやすい，専用の検索ページを使用します．

▶ログイン

図3に示すLibrary Loaderのメイン・ウィンドウで「Search for Parts」をクリックします．ブラウザが起動してログインを求められるので，**図2**のLibrary Loaderのユーザ登録ウィンドウで設定したメール・アドレスとパスワードを入力してログインします．

ログインが完了すると，**図6**に示す部品検索ページ

図6　部品のキーワードを入力して検索を行う
キーワードは部品の型番だけでなく，さまざまな項目に対応している

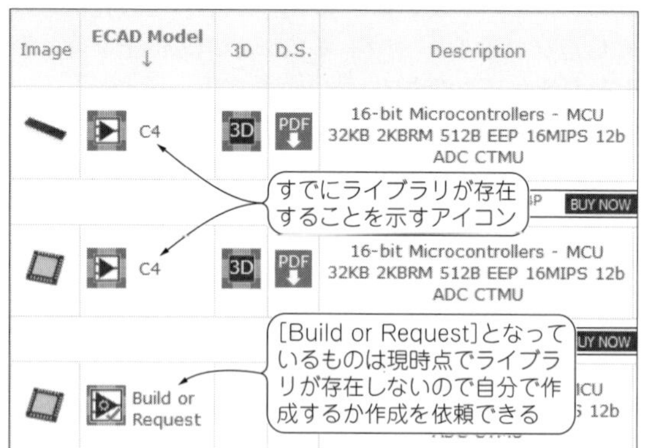

図7　PIC24F32KA302を検索したページでライブラリの存在状況が確認できる

が表示されます．

ブラウザから直接次のWebサイトにアクセスすることもできます(2021年9月現在)．その際，ログイン・ウィンドウはダウンロード時に表示されます．

https://rs.componentsearchengine.com/

▶型番の入力

部品のキーワードを入力し，検索ボタンをクリックします．ここで入力可能なキーワードは各部品の型番だけに限らず，ベンダ名やパッケージ名，さらには「capacitor」，「USB connector」といった大まかなキーワードでも検索することができます．キーワードは現状日本語には対応しておらず，英語で入力する必要があります．

ここではマイコンPIC24F32KA302(マイクロチップ・テクノロジー)を検索してみます．入力されたキーワードに対する部品が存在する場合，**図7**に示すような部品の一覧が表示されます．

▶登録されている部品一覧

同じ部品に対して複数の項目が表示されているのは，パッケージごとに別々に表示されるためです．ECAD Modelの欄に「C0」～「C5」の表示が付いている部品(パッケージ)はすでにライブラリが存在するもので，アイコンをクリックするとダウンロード・ページに移動します．

[Build or Request] と書いてあるものは，現時点でライブラリが存在しないので，新規に登録を依頼する，または自分でライブラリを作成する必要がありま

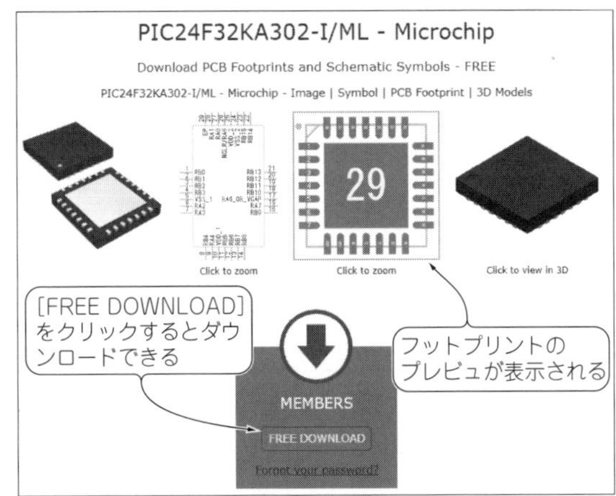

図8　PIC24F32KA302のダウンロード・ページ
選択した部品の情報がまとめて表示される

す．ここでは，すでに存在するライブラリをダウンロードするため，PIC24F32KA302-I/MLのECAD Modelの欄のアイコンをクリックします．

● ライブラリの情報を確認

次に表示される**図8**に示すダウンロード・ページではライブラリに関する情報が一覧で表示されるので，必要な部品，パッケージと合っているかなどを確認します．

ライブラリ情報の中には**表1**のように分類された「Confidence Level」，すなわち部品の信頼性情報が表示されています．**図7**の検索ページに表示されていた「C4」という表示も，この「Confidence Level」を表しています．

● ライブラリのダウンロード

内容を確認したら，［FREE DOWNLOAD］のリンクをクリックしてライブラリのダウンロードを行います．ブラウザから直接検索ページを表示させた場合は，ダウンロードを行う前にLibrary Loaderを起動してください．ダウンロード完了後は，自動的にLibrary Loaderが動作し，指定したECAD Toolに対してダウンロードしたライブラリが取り込まれます．

ECAD ToolとしてKiCadを登録しておいた場合，ダウンロードとライブラリへの追加が完了した旨のダイアログが表示され，設定で「Launch KiCad on download」にチェックを付けておくと，KiCadが起動します．

● シンボル・ライブラリを確認してみる

実際にダウンロードしたライブラリを使ってみましょう．KiCadのメイン・ウィンドウから回路図レイアウト・エディタEeschemaを開き，［配置］‐［シンボル］を選択後，回路図の適当な場所をクリックします．「シンボルを選択」ウィンドウが開き，「SamacSys_Parts」の中にダウンロードした部品が追加されていることを確認できます(**図9**)．今回ダウンロードした部品ライブラリを選択した状態で［OK］を押すと，回路図に部品が配置されます．

表1　Confidence Levelの分類
PCB Part Libraryに置かれているライブラリの信頼性レベル

C0	コミュニティにより作成
C1	コミュニティにより作成．少なくとも1人のユーザが使用
C2	電子部品メーカから提供
C3	SamacSysが作成
C4	SamacSysが作成(エキスパートが作成)
C5	自動生成．単純な形状の受動部品など

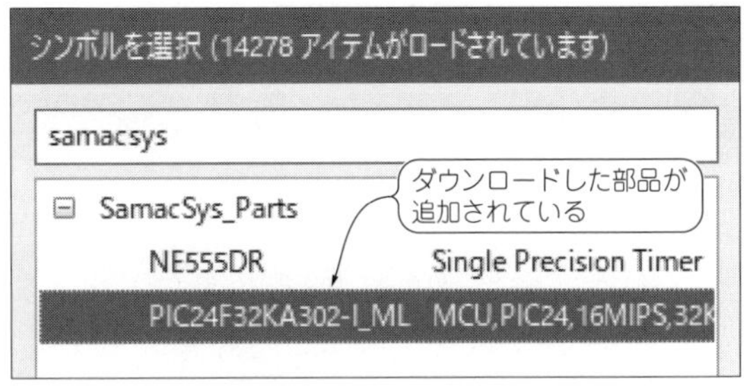

図9　「シンボルを選択」ウィンドウ
ダウンロードしたライブラリが追加されていることが確認できる．このまま[OK]を押すと回路図にコンポーネントが配置される

● フットプリント・ライブラリを確認してみる

▶回路図のアノテーション

回路図エディタの［ツール］‐［回路図をアノテーション］を選択し，［アノテーション］ボタンをクリックします．これは，各コンポーネントにリファレンス番号を振る作業で，PCB Part Libraryの使い方とは直接関係ありませんが，KiCadで設計を行う場合，フットプリントの関連付けの前に必要になります．

▶コンポーネントとフットプリントの関連付け

回路図エディタの［ツール］‐［フットプリントを関連付け］からフットプリントを関連付けするウィンドウを開き，回路図上の記号であるコンポーネントと，基板上のフットプリントの関連付けを行います．

フットプリント関連付け時に，一部のライブラリが古い旨のダイアログが表示されることがあります．これはPCB Part Libraryからダウンロードできるフットプリントの形式が，古いバージョンのKiCadに向けた形式であるために表示されるものです．内容を確認して［はい］を選択すれば問題ありません．

図10に，フットプリントを関連付けするウィンドウを示します．通常は，このウィンドウを開いてから各コンポーネントに対して適切なフットプリントを探して関連付けますが，PCB Part Libraryでダウンロードしたコンポーネントには，対応するフットプリントの情報が事前に入力されているため，ウィンドウを開いた段階でそのフットプリントとの関連付けが行わ

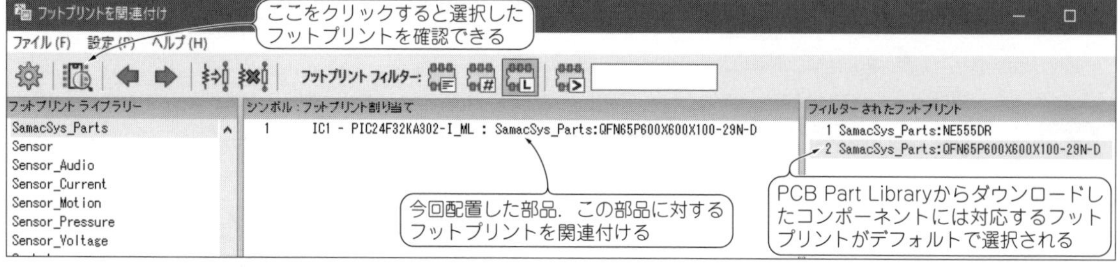

図10 フットプリントの関連付けを確認する
コンポーネントと対応するフットプリントが関連付けられているので，それを確認する

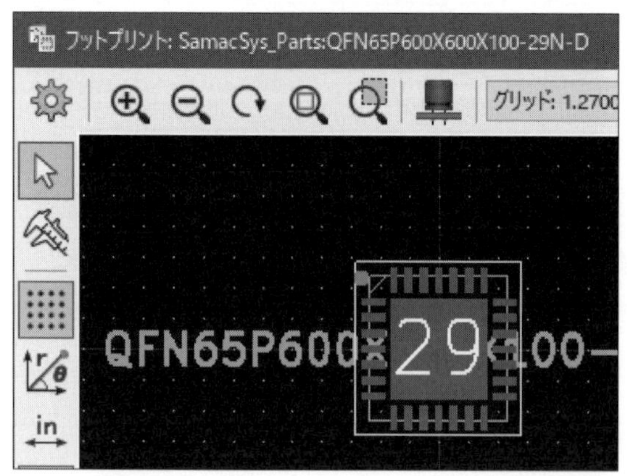

図11 フットプリントの確認ウィンドウ
ダウンロードしたコンポーネントに対応したフットプリントが関連付けられていることを確認できた

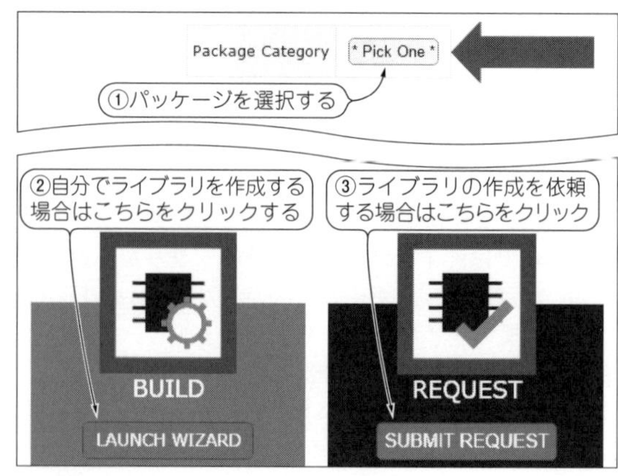

図12 ライブラリが存在しない部品情報ページでライブラリのリクエストを行う
この時点でPIC24F32KA304のライブラリは存在しない．[Build or Request] をクリックして，依頼ページへ進む

れた状態になっています．

念のため，ツール・バーから「選択したフットプリントを表示」アイコンをクリックして，正しいフットプリントが選択されていることを確認します(**図11**)．

＊　＊　＊

フットプリントの関連付けが完了したら，回路図エディタに戻り，ERCとネットリスト出力を行えば，PCBレイアウト・エディタPcbnewでプリント基板を作成することができます．

PCB Part Libraryからダウンロードしたライブラリでは，ピンのエレクトリック・タイプなどが設定されていない場合があります．ERCを確実に行いたい場合，シンボル・エディタで，ピンの情報が正しく入力されているかどうか確認しておきましょう．

48時間で出来上がり！未登録の部品のライブラリを作成依頼する

● ほしいライブラリを48時間以内に作ってもらえる

ライブラリ検索で欲しい部品のライブラリが存在しなかった場合，Webサービス上から登録を依頼する，または自分でライブラリを作成して登録することができます．

ライブラリに存在しない部品の登録を依頼した場合，通常48時間以内に部品の登録を行ってもらうことができます．

依頼可能な部品点数に関しては，1日に5部品までという制限がありますが，たくさんの新規部品が必要な場合には，問い合わせれば上限を上げることもできます．

登録可能な部品に関しては，一般的な半導体，受動部品から，コネクタやスイッチのような異形部品まで，基板上に実装できる部品なら何でも対応しています．

ここでは実際に，記事執筆時点でライブラリが存在しなかったマイコンPIC24F32KA304(マイクロチップ・テクノロジー)の登録を依頼してみました．

● 依頼方法

前述した**図6**の部品検索ページから「PIC24F32KA304」を検索します．

PIC24F32KA304のライブラリはまだ登録されていないことがわかるので，[Build/Request] をクリックし，次のページに進みます．

図12に示すページで部品のパッケージを選択した上で，[SUBMIT REQUEST] をクリックすると，依頼完了のページが表示されるので，あとはライブラリ作成が完了するのを待つだけです．

● 作成されたライブラリを確認する

登録が完了すると，アカウント名として設定したメール・アドレス宛てに，登録完了のメールが届きます．今回は，日本時間の午前8時過ぎに依頼してみたところ，午後7時ごろ登録完了のメールが届きました．登録を行っているSamacSysは英国の企業ですから，時差を考えれば現地の午前中にはフットプリントが作成されていることになり，非常に素早い対応であることがわかります．

ダウンロードしてみると，**図13**に示すように部品ライブラリが正しく作成されていることがわかります．

＊　＊　＊

PCB Part Libraryからダウンロードできるライブラリは基板設計の国際規格IPC-7351に準拠しています．これは，ライブラリに含まれるフットプリントが標準的に実装可能なものであることを意味します．しかし，実際に使用するプリント基板に適しているかは基板の仕様や依頼する実装業者により異なるため，個別に確認を行うことが必要です．

趣味の電子工作で手はんだを行うときには，ダウンロードしたライブラリを修正し，多少パッドを大きくするなどの対応も必要になるでしょう．コミュニティによって作成された部品(Confidence LevelがC0またはC1のもの)では，パッケージ寸法などを誤っている可能性もあります．

ダウンロードしたフットプリントを使用する際には，最終的に自分の目で問題がないか確認するのが良いでしょう．

◆参考文献◆

(1) PCB Part Library, https://www.rs-online.com/designspark/pcb-part-library-jp

(2) http://kicad.jp/translate/getting_started_in_kicad.pdf

(初出：「トランジスタ技術」2017年10月号)

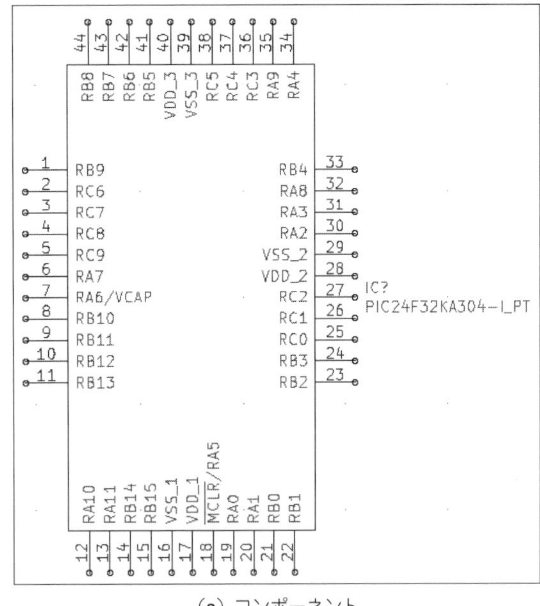

(a) コンポーネント

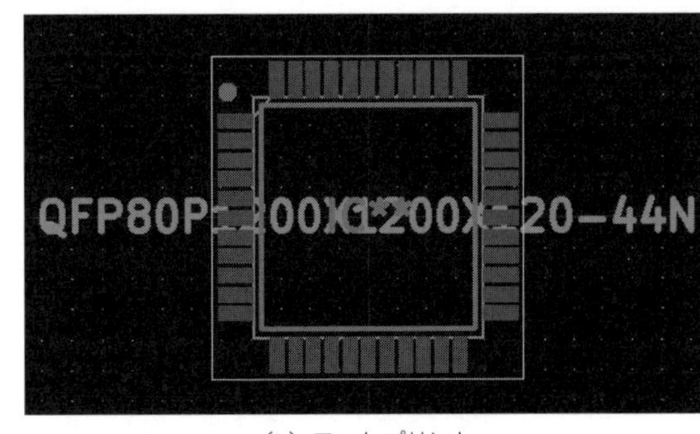

(b) フットプリント

図13　作成が完了したPIC24F32KA304-I/PT
ライブラリが正しく作成されていることを確認できる

One IC One Package時代のナイス・サービス　Column 1

DIP部品が主役だったころは，部品のピン間ピッチはどれも2.54 mmや1.27 mmでした．OPアンプや汎用ロジックICといった機能が決まった部品では，ピン・アサインについても標準化されていたため，一度部品のフットプリントのひな形を作成すれば(または基板開発ソフトウェアに装備されているフットプリントを使えば)，新しい基板を容易に設計することができました．

最近は，同一機能の部品でも小型化などを目的にさまざまな形状のパッケージが開発されたり，ベンダによって異なるピン配置を持ったりすることが増えてきました．

新しく基板を設計するときには，必ずと言っていいほど新規部品のフットプリントを作成する必要が生じています．特に部品のピン数が多かったり，パッケージが特殊だったりするフットプリントの作成には，たくさんの時間がかかってしまいます．

基板設計者の負荷を軽減するため，インターネット経由で部品のライブラリを提供したり，ユーザ同士でライブラリの共有を行ったりできるサービスが出てきました．

PCB Part Libraryはそのような部品ライブラリ・サービスの1つです．形状がさまざまな表面実装部品では特に有効に使えるでしょう．　〈柏木 健作〉

ICや汎用部品のフットプリントを自作して世界中のエンジニアと共有しよう

Column 2

PCB Part Libraryの登録作業には，時差を含めると早くとも丸1日程度はかかるため，すぐにライブラリを使いたいときには，自分でライブラリを作成するのがよいです．

ライブラリはPCB Part Libraryのサービスを使わずとも，プリント基板開発ソフトウェア上でも作ることができますが，Webサイトでライブラリを作成することで世界中のエンジニアと共有できます．

自分で作成できるのは，半導体や一般的な受動部品など，ウィザードを使って寸法指定できる部品だけで，コネクタやスイッチなどの異形部品については登録依頼を行う必要があります．

● 作成はウィザード形式で行う

実際にUSBオーディオ・デバイスPCM2704Cのライブラリを作成してみます．

PCB Part LibraryのWebサービス上でPCM2704Cを検索してみると，この部品のライブラリがまだありません．本文の**図7**に示す部品検索画面で［Build or Request］をクリックし，次のページに進みます．

部品のパッケージを選択して，［LAUNCH WIZARD］をクリックします．ウィザードでは，型名，パッケージ情報，データシートの所在といった部品の基本情報，フットプリントの寸法，ピンの名称や属性を順番に入力していきます．**図A**にピン情報の入力画面，**図B**にフットプリントのプレビュー画面を示します．

このウィザードで2バイト文字を使用すると，プリント基板開発ソフトウェア上で文字化けが発生する可能性があります．データシートからピン名をコピーすると，「＋」や「－」といった記号が全角になっていることがあるので，慎重に入力してください．

すべての入力が終わったら，最後に［Release Part］をクリックすれば，ライブラリ作成は完了です．

● 確認する

登録が完了すると，部品情報のページが更新され，ライブラリがダウンロードできます．このライブラリは作成したばかりで他に使っているユーザはいませんので，**図C**に示すように「Confidence Level」が「C0」となっています．

後は他のライブラリと同様に，ダウンロードして使用することができます．

〈柏木 健作〉

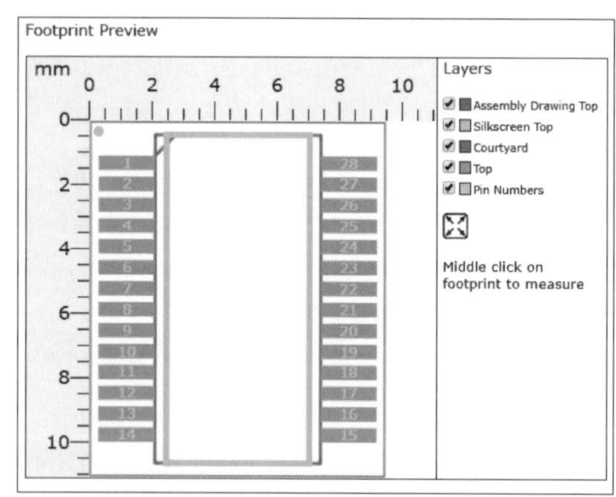

図B　フットプリントのプレビュー画面

25	TEST1	Input
26	TEST0	Input
27	*SSPND	Output
28	XTI	Input

①各ピンの名称と属性を入力する

Final Check

②入力が完了したらここをクリック．チェックがパスすることを確認する

Final checks pass.You can now release this part with the

Preview - Save ... and d... check. The part may not be used until it is released.

③ここをクリックするとリリース前にフットプリントをプレビューできる

Release Part - Save and publish the part ready for use by everyone.

図A　ライブラリ・ウィザードで部品情報を入力する

Manufacturer	Texas Instruments
Part Number	PCM2704CDB
Pin Count	28
Part Category	Integrated Circuit
Package Category	Small Outline Packages
Footprint	(R-PDSO-G28)
Confidence Level	C0 - Untested community built part
Pinout / Pin List	Click Here (Members)

新規に登録した部品の型名

「Confidence Level」が「C0」になっている

図C　ライブラリ作成後，再度部品の検索を行うと，情報が更新されてダウンロードが可能であることがわかる

Appendix 6

汎用部品用しか作れないPCB Part Library Wizardの弱点を補える
コネクタなどの特殊部品のフットプリントを高速自作！「CQ Footprint Tracer」

基板の設計作業の中でも，特にフットプリントの作成は面倒で手間がかかります．

ICやモジュール/コネクタの足型にフィットするパターン・データを生成できるアプリケーション「CQ Footprint Tracer」を制作しました．bmp，jpg，pngなどの画像ファイルを読み取り，寸法の計算など一切なしに，パッドをなぞるようにフットプリントを描くことができます．

● 作るのが面倒なフットプリント

プリント基板開発ソフトウェア上では，エディタ上でうまくグリッド間隔を調整しながらパッドを置いていき，フットプリントを作ります．

一般的なDIPやSOICなどのICのフットプリントは一定間隔でパッドが並んでいます．これらの部品は基板開発ソフトウェアやWebサイトに専用のウィザード(入力の手間を簡略化する対話型のプログラム)が用意されているので，それらを利用すると手軽にフットプリントを作成できます．

それに対し，**図1**に示すコネクタなどは，パッド配置が変則的だったり，寸法線がわかりにくかったり，情報が不十分だったりして，悩むことがあります．これらに対応するウィザードもありません．本稿で紹介するCQ Footprint Tracerはフットプリントの作成を強力にサポートしてくれます．

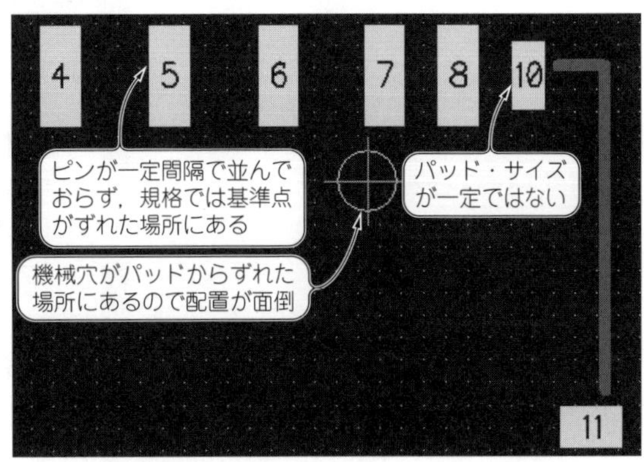
4
5
6
7
8
10
11
ピンが一定間隔で並んでおらず，規格では基準点がずれた場所にある
パッド・サイズが一定ではない
機械穴がパッドからずれた場所にあるので配置が面倒

図1　パッドの配置が変則的なSDカードのコネクタの例
ピン部分が一定間隔ではなく作成に時間がかかる

■ CQ Footprint Tracerを使ってみる

① データシートから部品寸法図を探す

通常，データシートを参照するときには，Webサイトから PDF形式のファイルをダウンロードし，パソコン上で確認します．そのデータシートの中で，部品寸法図や推奨ランドなどのページを探します．

PDF上の図面はベクタ・データなので，ツールに読み込ませる前に，表示ソフトウェアの許す限り拡大しておきます．拡大した後，画面をキャプチャしてクリップボードにコピーしておきます．本アプリケーションはクリップボードから直接ペーストしたり，bmpやpng形式などのファイルから読み出したりできます．

② アプリケーションの起動とデータシートの読み込み

図2に，CQ Footprint Tracerを起動した画面を示します．前の手順で図面をコピー，または画像保存したデータを，「クリップボードからペースト」または「ファイルから開く」で読み込みます．

読み込んだデータは，右の「エディタ」画面に表示されます．エディタ画面では，マウスの中ボタン・ドラッグでパン(画面平行移動)，ホイール操作で拡大/縮小ができます．マウス・カーソル位置は，[pixel]，[mm] の単位でウインドウ下部のステータス・バーに表示されます．

③ キャリブレーション

読み込んだ画像だけでは，1ピクセルあたり何mmかがわかりません．そこで，あらかじめ距離がわかっている箇所から，キャリブレーションを行います．

［キャリブレーション］ボタンをクリックすると，キャリブレーション・モードになります．現在のモードと次にすべき動作は，画面下部のステータス・バーに赤文字で表示されます．

画面を拡大縮小/パンしながら，2点を左クリックします．距離の入力画面が開きますので，実際の長さ[mm] を入力して下さい．

入力が終わると，キャリブレーションした場所に紫色で寸法線が描かれ，「CALIB:○○mm」と表示されます．可能な限り長い距離でキャリブレーションしたほうが，正確になります．

ここまでの動作で，読み込んだ画像の1ピクセル当たりの実際の距離が設定されます．

キャリブレーションできるのは，1カ所だけです．2回以上指定すると，設定は上書きされます．

④ グリッド線の表示

キャリブレーションを行うと，実際のmm単位の距離でグリッド線を引くことができます．「X」，「Y」の

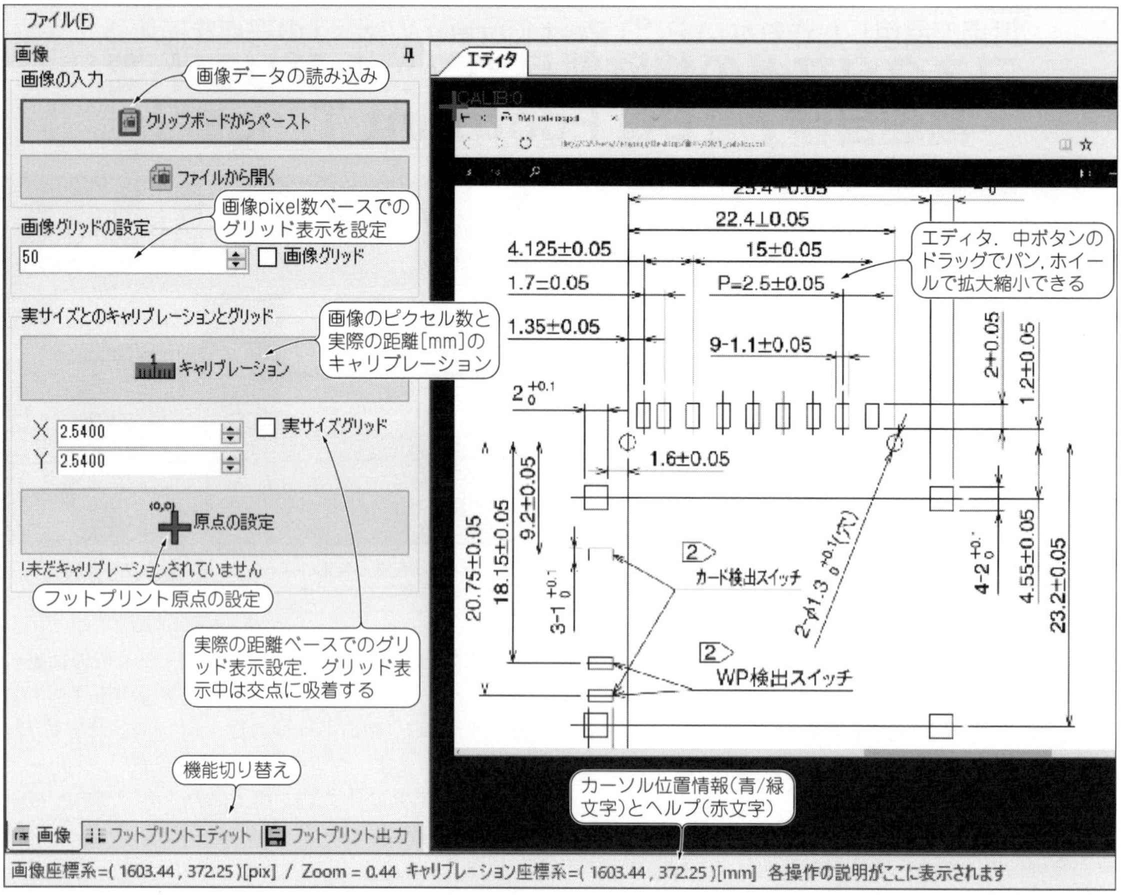

図2　CQ Footprint Tracer起動後の画面と「画像」タブの機能
最初にこの画面から画像データを読み込み，キャリブレーション，原点設定を行う

インターバルを設定し，「実サイズグリッド」にチェックを入れると，黄色の破線でグリッドが引かれます．

グリッド表示中は，原点設定以外のエディタ上の座標指定がすべてグリッド交点に吸着されます．グリッドを表示していないときには，クリックした点がそのまま座標として使われます．

画像グリッド(ピクセル単位)を引くこともできますが，交点には吸着しません．

⑤ 原点の設定

［原点の設定］をクリック後，エディタ上の任意の点をクリックすることで，フットプリントを出力した際の原点(中心点)が設定されます．設定された原点は，エディタ上では赤色の十字マークで表示されます．

⑥ パッド/ドリル穴の追加

画面左下より，**図3**に示す「フットプリントエディット」タブに切り替えてパッドやドリル穴を配置していきます．パッドやドリル穴の配置，編集は**図4**に示すツールで行います．選択できるツールは6種類です．

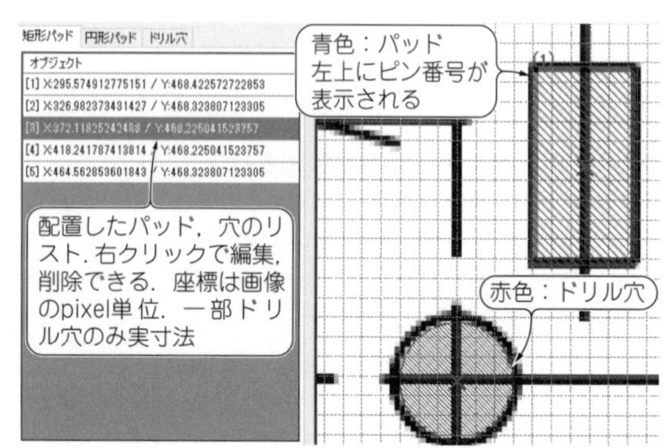

図3　「フットプリントエディット」タブで各パッド，ドリル穴などを配置していく

▶ツール選択解除

矢印アイコンです．現在のモードをキャンセルしたい場合などにクリックします．

▶2点選択矩形パッド

矩形パッドを，矩形頂点2点座標を指定することで配置します．標準状態でドリル穴は開かない(SMDパッドとなる)ため，パッド配置後にリストを右クリッ

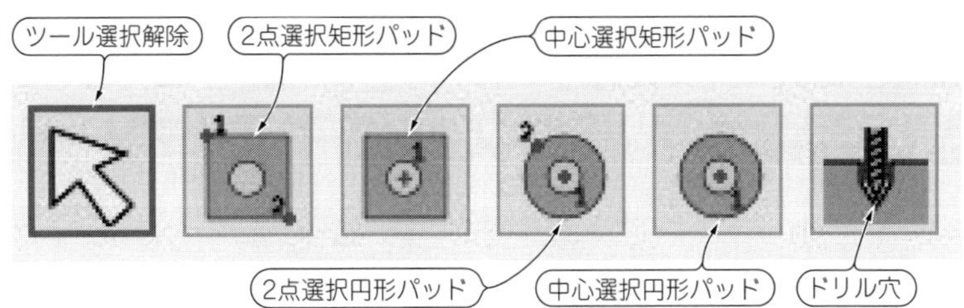

図4　6種類のツールを利用して，パッドやドリル穴をエディタ上に配置していく

クし，編集より穴を指定します．

▶中心選択矩形パッド

パッドの中心1点を指定し，パッドを配置します．このツールをクリックすると，「矩形パッドのプロパティ」ウインドウが開きます．このウインドウでパッドの幅と高さ，ドリル穴を開けるか(SMDパッドまたはDIPパッド)，ドリル穴直径を指定しておきます．エディタ画面でクリックした点に，指定された幅/高さのパッドが配置されます．

▶2点選択円形パッド

中心点，円の外周1点の2点を指定することで，円形のパッドを配置します．標準状態でドリル穴は空かない(SMDパッドとなる)ため，パッド配置後にリストを右クリックし，編集より穴を指定します．

▶中心選択円形パッド

パッドの中心1点を指定し，パッドを配置します．このツールをクリックすると，「円形パッドのプロパティ」ウインドウが開きます．このウインドウでパッド直径とドリル穴を開けるか(SMDパッドまたはDIPパッド)，ドリル穴直径を指定しておきます．エディタ画面でクリックした点に，指定された幅/高さのパッドが配置されます．

▶ドリル穴

パッドではない，部品固定などの機械穴を配置します．このツールをクリックすると，「ドリル穴のプロパティ」ウインドウが開きます．あらかじめ直径を設定しておき，エディタ画面でクリックした座標にドリル穴を配置します．

⑦ フットプリント・データの出力

本アプリケーションはKiCad用のデータ形式に対応しています．

パッドを配置し終わったら，KiCad用のファイルを書き出します．ウインドウ左下より，**図5**に示す「フットプリント出力」タブに切り替えます．出力するフォーマットから「KiCAD Footprint (.kicad_mod)」を選択します．KiCadのほかに，一般的なテキスト形式で出力することもできるので，適当なスクリプトなどでほかのプリント基板開発ソフトウェア用データに変換することもできます．

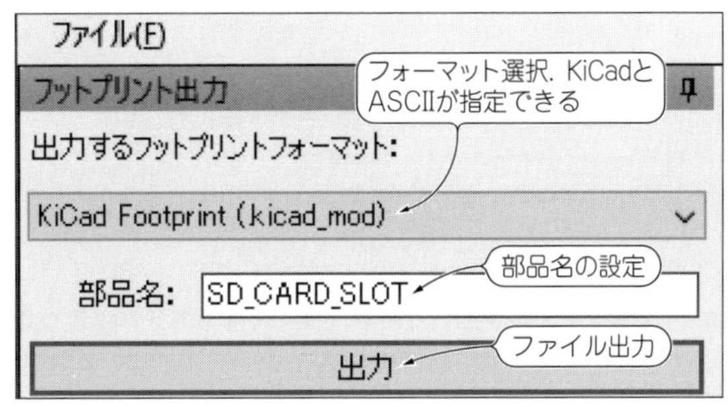

図5　「フットプリント出力」タブでKiCad用のフットプリントファイルを出力する

部品名に，適当な文字を入力し，［出力］ボタンをクリックします．ファイルの保存ダイアログが表示されますので，適当なパスを指定して保存します．

出力されたら，KiCad側でインポートし，シルク追加やパッド微調整など，必要な編集を行えば完成です．

＊　＊　＊

画像からフットプリントを作りたい，という発想で本アプリケーションを制作してみました．実際には，KiCad上にインポートした後に，微調整が必要かもしれません．基板設計の時間短縮のヒントになれば幸いです．

本アプリケーションは付録DVD-ROMに収録しています．ソース・コード付きです．いろいろなアイデアで自由に使いやすく変更してみてください．

本稿では，Web上から持ってきたPDF形式のデータシートから，フットプリントを作成しました．画像からフットプリントを起こせるので，スキャナでスキャンした部品画像データや既存基板からのフットプリント作成/復元など，いろいろな使い方が想定できそうです．

作成したフットプリントの確認と検証は忘れないようにしてください．

〈善養寺　薫〉

（初出：「トランジスタ技術」2017年10月号）

Appendix 7

実体顕微鏡が2万円！卓上リフロが3万円！エンドミルが100円！
工作室で活躍中！高コスパ電子工作ツール一覧

表1に，私がこれまで購入して良かったものや，面白そうなものをいくつか紹介します．

秋葉原やWebサイトの電子部品，電子工作関連のお店をのぞくと，3,000円も出せば，温度，周波数，容量が測れるオート・レンジ・テスタが売られています．高嶺の花のオシロスコープでさえも，十分な性能のものが購入できます．

これらを支えるのが，中国・台湾・韓国などのアジア製です．すでに家電やパソコン，スマートフォンなど多くのアジア製品に囲まれている今，安かろう悪かろうの感覚は古く，コスト・パフォーマンスの高い製品が多くあります．

今は，海外ネット通販サイトから物品を簡単に購入できます．クレジット・カードやPayPalなどで簡単に支払いもでき，国内ネット通販サイトとほぼ変わらない感覚でアジアの魅力的な製品を入手できます．

「偽物をつかまされた」，「思ったような製品ではなかった」などの失敗も多くあります．そのうえで「買ってよかった」，「いつか買いたい」と思わせる製品が多いのも確かです．

〈善養寺 薫〉

表1　通販サイトAliExpress/Wishで入手できるアジア製 高コスパ電子工作実験用グッズ一覧（価格は2018年10月時点のもの）

カテゴリ	名　前	価格	概　要	購入先
計測器	UNI－T UT61E 22000※1 <カウント・マルチメータ>	$61.49	UNI-Tは私が気に入っている測定器メーカの1つである．非常に安価であるが，見た目に安っぽさはなく実用に耐える．通常ミッド・レンジ～ハイエンドに属する22000カウントの分解能を備える．光絶縁されたPC通信機能も有する．容量測定(キャパシタンス)機能も備える．応答も早いため，現場でも十分利用できる．私は数台購入し，現場に転がしている	AliExpress
	UNI－T UT171C 60000※1 <カウント・マルチメータ>	$247.99	UNI-T製のハイエンド・テスタ．黄色表示のOLEDが非常に見やすく，薄暗い装置内や配電盤を検査する際に威力を発揮する．スペックも申し分なく，通常の測定項目に加え，アドミッタンスやキャパシタンス，熱電対による温度も測定可能．矩形波出力(簡易的なファンクション・ジェネレータ)も備える．内蔵リチウムイオン・バッテリによる充電式というのも珍しい．至れり尽くせりの製品である	AliExpress
	HT-02※1 <サーマル・イメージャ>(サーモグラフィ)	$199	手持ち型のサーモグラフィ．サーモパイルによるセンサは60×60と有名メーカ製のものと比較するとやや解像度が低いが，一般的に使う分には困ることは少ない．イメージはSDカードへ保存可能なため，あとから参照したりレポートにまとめたりできる	AliExpress
	UNI-T UT81B※1 <ハンドヘルド・マルチメータ/スコープ>	$180.99	テスタより一回り大きく，簡易的なオシロスコープとして波形を表示できる．オシロスコープとしてみると入力帯域は8 MHzと非常に遅いが，バッテリ(乾電池)駆動でACから絶縁されているので，手軽に動力ラインなどの波形確認ができる．コンパクトなためトラブルシューティングの出張の際などにスーツケースに忍ばせておける	AliExpress
	ACEHE OCDAY※1 <非接触赤外線温度計>	$7.67	手持ち型の非接触赤外線温度計．レーザ・ポインタで狙った位置周辺の表面温度を瞬時に知ることができる．非常に安価(1,000円以下)なため工具箱に入れておきたい	AliExpress
	Vastar※1 <接触型温度計>	$1.88	液温や冷却ファン出口の温度を知る際などに使用するディジタル表示の温度計．キッチン用の製品だが手元に数本転がしておくと便利	AliExpress
	FNIRSI※1 <電子部品判定機>	$2.95	抵抗，コイル，コンデンサ，トランジスタ，MOSFETなど載せるだけで部品の種別判定とピン・アサインの推定，各種定数の測定をしてくれる．いくつかの種類が存在しており，簡単なハードウェアで上記機能を実現している	AliExpress
	MB102※2 <ブレッドボード用の電源ユニット>	価格137円(送料123円)	ブレッドボード用の電源ユニット．USBとACアダプタから給電でき，電源スイッチや3.3 Vへの降圧レギュレータも内蔵しているので，ブレッドボードを使った実験に便利	Wish
	BiNFUL※1 <TR2S RJ11/RJ45ケーブル・テスタ/ワイヤ・トラッカ>	$15.78	LANケーブルなどを自作する際の結線チェックなどに利用できるケーブル・テスタ．束ねられているケーブルから目的のものを探す助けになる．ケーブル・トラッカの機能も備える	AliExpress
	DSO138 mini DIYディジタル・オシロスコープ※3	1,650円(送料無料)	アナログ帯域は最大200 kHz．高機能ワンチップ・マイコンがアナログ波形の取り込みから波形表示まで全てをこなす．ケース，充電機能オプション基板，プローブを合わせても3,217円	AliExpress
はんだ付け	HUAQI ZHENGBANG ZB2520HL※1 <小型リフロ炉>	$324	卓上サイズのリフロ炉．手元でリフロが可能になると，小規模な量産やBGAなど手はんだできない部品を実装できる．いくつか安価なリフロ炉が存在するが，完成度が高く，温度測定値も信用できそうである．リフロの温度カーブだけでなく，恒温状態に保てるため，部品や基板のベーキングも可能	AliExpress
	HUAQI ZHENGBANG ZB3245T※1 <自動高速チップ・マウンタ>	$2,200	卓上のチップ・マウンタ．他にも製品はあるが，本品は特に低価格．少し背伸びをすれば自宅や会社の自分のデスク上にチップ・マウンタを導入することもできる．メーカはプリント基板製造用の装置をいくつか手がけており，上位機種(多種部品対応，CCDカメラによるチェック機能)も存在する	AliExpress

表1　通販サイトAliExpress/Wishで入手できるアジア製 高コスパ電子工作実験用グッズ一覧(つづき)

分類	製品	価格	説明	入手先
はんだ付け	YIHUA 853AAA BGA※1 <リワーク・ステーション>	$190.53	はんだこて，ヒートガン，赤外線プリヒータなどがセットになったリワーク・ステーション．表面実装デバイスの取り外しやリワークなどに利用できる．付属ツールやこて先などは国産が圧倒的に利用しやすいが，寸法的には互換性がありそうである	AliExpress
	110 V Heat/Hot Gun※2 <ホットエア・ブロア>	$9.72	ホットエア・ブロア．はんだを溶かすほどの加熱はできないが，熱収縮チューブを加熱するのに便利．110 V用だが100Vでも問題なく使用できる．220 V用もある	AliExpress
	Ykins HD 20MP HDMI USB Industrial Video Recorder Microscop Camera Kit<顕微鏡>※4	$235	撮像素子はソニー製．SDカードに動画と静止画を記録できる．HDMIケーブルで付属の液晶画面，HDMI入力のあるモニタやTV画面に表示できる．カメラの上下位置とレンズのピンと調節リングによって数cmからmm範囲に可変できる	AliExpress
筐体作り	CRONOS※1 <ボール盤用レーザ・ポインタ>	$25.57	ボール盤を設置することでドリルが降りる位置へいく．レーザ・ポインタでXマークを照射する便利商品である	AliExpress
	D-SUB9※1 <ピン・コネクタ-端子台>	$1.11	実験などにおいてDサブ・コネクタの信号を引っ張る際に手軽に利用できる．コネクタ変換器．Dサブ9の各ピンがネジ式端子台に接続されている	AliExpress
	Shahe 5110 - 150 150 mm※1 <ディジタル・ノギス>	$28.09	150mm長のディジタル・ノギス．安価なディジタル・ノギスが出回っているが，本品は表示最小単位(分解能)が1/100 mm(10 μm)(カタログ上精度は0.02 mm)と表示精度が高い．IP54の防水のため，利用場所を選ばない．製品の加工や製造精度も高く(こなれてくると)スムーズに動作する．専用ケーブルも購入すれば，一部の高級機種にしかない，パソコンへのデータ取り込みも可能．SHAHEというブランドは，ほかの測定器も多く作っているため確認されたい	AliExpress
	Round Countersunk Ring※2 <ネオジウム・マグネット>	323円(送料202円)	強力なネオジウム・マグネット．日本で買うより格段に安く購入できる．中心に穴が開いており，皿ビスを使ってケースなどゴム足の代わりに固定することにより，鉄の棚などに磁力で張り付けさせることが可能	Wish
	Carbon Steel Surgical Scalpel※2 <手術用のメス>	価格0円(送料228円)	手術用のメス．見た感じは滅菌もされておらず医療用という感じはしないが，切れ味は良く，刃先も交換可能．ナイフよりよく切れる．素材を薄く削ったり，ゴムなどの弾力のあるものの切断に便利	Wish
	Routing bit set※2 <木工用のエンドミル>	価格100円(送料111円)	木工用のエンドミル．電動工具の先端ビット類も豊富にあり，安価に購入できる．切れ味などは国産より悪いが，安いので荒加工や使い捨ての感覚で使える	Wish
	Spacer Set※2 <真ちゅう製のスペーサ>	価格525円(送料162円)	真ちゅう製のスペーサ．3 mmのものは国内でもよく見かけるが，2 mmのものはあまり見かけない．国内だと価格も高いが，複数種類のアソート270個で1,000円以下で購入可能．ネジ関係部品も多く存在するので，自分がよく使うものはそろえておくとよい	Wish
実験用アクセサリ	XRIICHA※1 <マイクロICクリップ>	$15.19	実装済みの表面実装ICピンから信号を引き出すために使用する小型クリップ．基板やファームウェアのデバッグ時にピンの信号をはんだ付けなしにオシロスコープなどで観察できる．測定器メーカなどが公式にこういったクリップを販売しているが，高価である．本品は10本で2,000円以下と圧巻の低価格．クリップ・バネがやや渋く，取り扱いに難はあるが手元に持っておきたい道具である	AliExpress
	CHYQLY REX-C100※1 <PID温調機>	$6.44	パネル埋め込み型の温調機．熱電対によるPID制御で，別途SSRでヒータ電力をON/OFFすることで，対象を定温に維持するために利用する．必要十分な機能があるが，国産は1万円程度のため，ちょっとした実験などに利用するには手ごろである	AliExpress
	LAOA LA815138※1 <自動ワイヤ・ストリッパ>	$23.03	線径の調整作業など一切不要のワイヤ・ストリッパ．ワイヤをくわえハンドルを握るだけで被覆を除去できる．大量にワイヤの成端をする際に威力を発揮し，AWG30などの細い線にもそのまま利用できる．近年国内メーカもOEMで販売しているようである	AliExpress
	SNDWAY 31ピース※1 <テスタ用テスト・リード・キット>	$59.99	テスタ用のテスト・リード(プローブ)キット．先端がワニ口になったものやケーブルをそのまま挟めるものなどがセットになっている．測定器メーカ製の純正キットと比較して，非常に安く購入できる．テスタと一緒に実験机の上においておきたい	AliExpress
	RS-232-RS-485※1 <コンバータ>	$2.14	RS-232CをRS-485に変換するためのコンバータ．RS-485は多くの場所で利用されているため，手元に1つ転がしておきたい．250円以下という超低価格	AliExpress
	1.54inch e-Paper Module※2 <電子ペーパ方式のディスプレイ>	$16.14	電子ペーパ方式のディスプレイ．日本ではあまり流通していないが，中国通販サイトでは複数の業者で扱っており，種類も豊富．SPIやI^2Cでコントロールでき，Arduinoやmbedのライブラリがあるので簡単に動かすことができる	AliExpress
	MiniPro TL8656CS※1 <ユニバーサルROMライタ>	$75.99	USB接続のユニバーサルROMライタ．13000種以上と非常に多くのデバイスをサポートしており，EPROM/EEPROM/シリアルEEPROM/PICやAVRなど，またGALデバイスも一部サポートしている．多くの場合これ1台持っておけば，主要なデバイスの読み書きができるため重宝する．PLCCアダプタなどが同梱されたものもあり，使い勝手からそちらがおすすめ	AliExpress
	Maynuo M9711※1 <ダミー・ロード>(電子負荷装置)	$288	電源系やDC-DCコンバータのテスト，過負荷試験用に持っておきたい測定器．0～30 Aと比較的利用しやすいレンジの負荷．定電流，定抵抗，定電圧，定電力…など多くのモードがある．専用ケーブルを購入すればパソコンから自動制御も可能	AliExpress
	Raspberry Pi Camera 2M Ribbon※2 <ラズパイ・カメラ・ケーブル>	$1.23	標準のカメラ延長ケーブルは15 cmだがこれは2 mある．本来は規格を逸脱しているが実際には多少のマージンがあるので使用できる．さまざまな長さのケーブルがあるので，用途に応じて使い分けできる	AliExpress

※1：善養寺 薫，※2：エンヤ ヒロカズ，※3：田口 海詩，※4：山田 一夫

愛用の300ドル卓上リフロ・マシン

Column 1

プリント基板は通販，部品は自宅ではんだ付け

● 足がなくても自力で付ける方法を模索

趣味の電子工作といえども，信号の高速化やデバイスのI/O端子の増加，小型化などにより，もはやユニバーサル基板とDIP部品だけでは満足できません．特に最近のマイコンやCPLD/FPGAについては，扱いやすいPLCCのパッケージ部品がほとんどなくなりました．小規模ならばQFPパッケージで済むものの，BGAデバイスの使用が避けられなくなりました．

端子が外から見えないBGAデバイスを実装するには，はんだこてでは不可能なので，自動はんだ付けマシン「リフロ炉」が必要になります．

▶自作のリフロ炉は限界に

トランジスタ技術2007年1月号に「オーブン・トースタを使ったリフロ装置の製作」という記事がありました．当時私もこのアイデアをまねて，USBマイコンであるPIC18F2550と，熱電対インターフェースICであるMAX31855，ヒータON/OFF制御用のソリッド・ステート・リレーを利用して，リフロ炉(USB制御オーブン・トースタ)を製作し利用していました(**写真A**)．

パンを焼くために設計された装置では，パンに均一な焦げ目がついても，プリント基板に均一に熱を掛けることはできないようで，うまくいきませんでした(**写真B**)．それでもいろいろ工夫し，4～5年間，小さめの基板に利用していました．

▶ネット通販でリフロ炉を購入

実験室などで小規模に使うための，小型な卓上リフロ炉というのは以前から国内外にいくつか製品がありました．国内製品は意外と高価で，自宅の趣味用に購入とはいきません．ホビーストの猛者の間では，ホットプレートやアイロンを利用したリフロの成功例がいくつか報告されており，一時期は検討していました．

ホビーストの間で話題になっているネット通販サイトにもリフロ炉がありましたが，どうも完成度は高くないようで，購入後各自が断熱構造を改良したり，有志が製作したファームウェアへ書き換えを行ったりなど，たいへんなようでした．

その中見つけたのがWenzhou Zhengbang Electronic Equipment Co., Ltd.のリフロ炉でした．同社はチップ・マウンタなど量産現場向けの製品を出しているため，少し期待もありましたし，実用にならなければ自分で改造するつもりでいました．定温維持の制御モードもあるため，基板や部品のベーキングなどの用途にも利用できそうです．

いくつかラインナップがあり，赤外線ヒータだけの最安価なモデルはオーブン・トースタの二の舞なので，赤外線ヒータ＋熱風制御型の「ZB2520HL」を購入してみました(**写真C**)．注文時にAC110 Vを指定し，約3万円でした．

購入したリフロ炉は，データ・ロガーを利用して何度も温度プロファイルを確認し，問題ないことを検証しました(**写真D**)．この製品は完成度が高く，表示，制御されている温度も正しそうで，デフォルトの設定で利用できそうです．

さまざまなテストを繰り返し，ようやくBGAが載った基板を実装してみました．高価なデバイスな

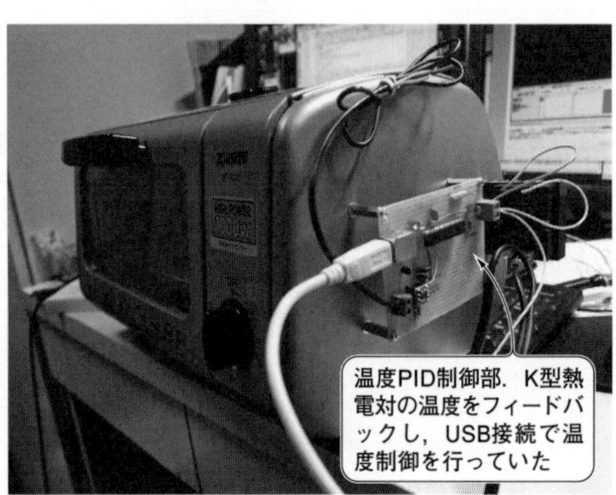

温度PID制御部．K型熱電対の温度をフィードバックし，USB接続で温度制御を行っていた

写真A　自作したオーブン・トースタ・リフロ炉
USB接続してパソコンから温度カーブ(プロファイル)を与え，PID制御していた

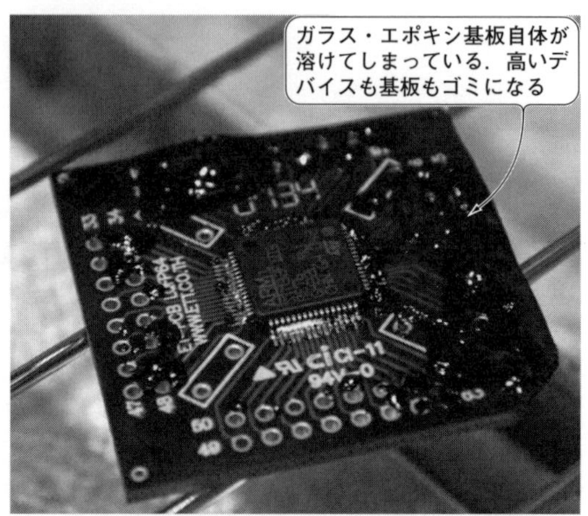

ガラス・エポキシ基板自体が溶けてしまっている．高いデバイスも基板もゴミになる

写真B　オーブン・トースタ・リフロに失敗した基板
基板配置の位置がシビアであった．温度が集中する間違った位置に置くと失敗する．輻射熱のため，単にヒータの近くが一番熱いわけではないもよう

ので失敗すると立ち直れなそうでしたが，設定レシピを少しずつ調整し，なんとかうまく行きました(**写真E**).

〈**善養寺 薫**〉

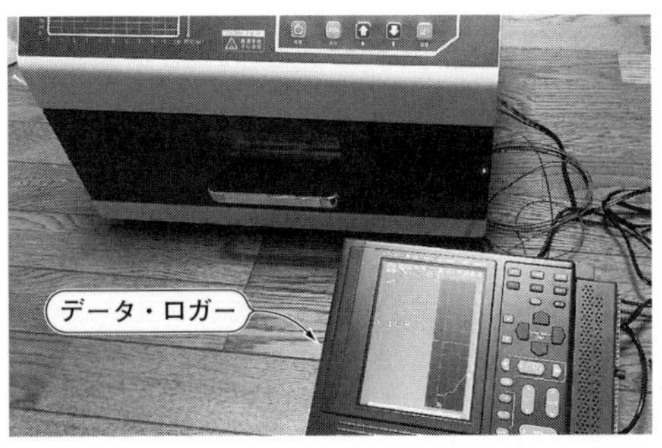

写真D　データ・ロガーを利用して庫内の基板上温度が正しいことを確認した

背面に電源やファン，パソコン接続用端子などがある

ここを引き出し，トレイ内に基板を入れる

写真C　「ZB2520HL」卓上リフロ炉
出力1600 W，基板サイズが250×200 mmまでの基板をリフロできる．家庭内で使用するにはスペック上電力が大きい製品のため注意が必要

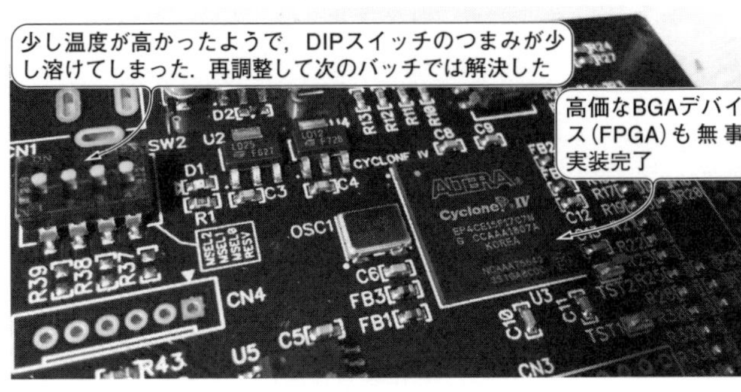

少し温度が高かったようで，DIPスイッチのつまみが少し溶けてしまった．再調整して次のバッチでは解決した
高価なBGAデバイス(FPGA)も無事実装完了

(a) 上から見たところ

X線設備がないため検査できないが，横から見た限りではほんだ付けできていそう

(b) 横から見たところ

写真E　購入したリフロ炉でBGA基板を実装
すべての部品が正常にはんだ付けされた．パラメータ(レシピ)を調整しながら，最適な状態を探す．実装した基板は無事すべて動作した

はんだこての次は3万円顕微鏡

Column 2

基板の目視検査や米粒部品のはんだ付けに！

米粒サイズのチップ部品や0.5 mm以下の狭ピッチの表面実装ICをはんだ付けしたり，基板を検査したりするときには，拡大顕微鏡が欠かせなくなっています．私は表面実装部品のはんだ付けに**写真F**に示す顕微鏡を活用しています．

日本製の撮像素子を使ってHDMI出力ができます．数百倍の倍率のレンズ系とスタンドがセットになっているキットが，約3万円(200～300ドル)でAliExpressなどの通販サイトで買えます．

写真Fは1600万画素の撮像素子を使った拡大カメラ・キットで，明るさが調節できるLEDリング・ライトと8インチHDMI液晶モニタもセットになっています．本キットはマイクロSDカードに動画や写真を記録することもできます．

〈**山田 一夫**〉

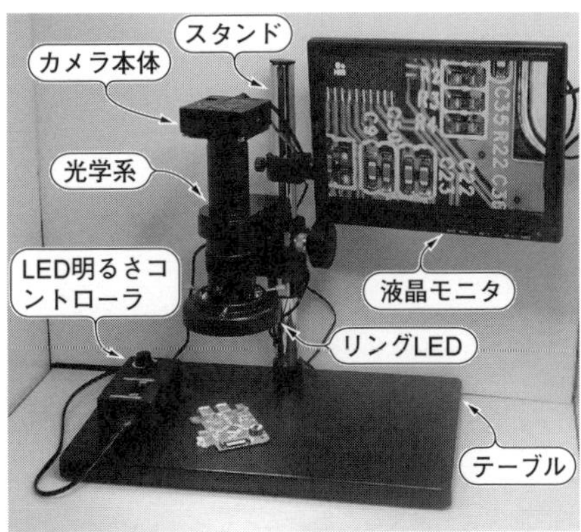

カメラ本体

LED明るさコントローラ

リングLED

写真F　拡大顕微鏡HD 20MP HDMI USB Industrial Video Recorder Microscope Camera Kit(Ykins)

工具やアクセサリが充実！ ネット通販サイトWish

Column 3

日本語検索OK！ スマホ・アプリも便利！

● 海外のエンジニアも注目

海外ネット通販サイトは，以前はハードルが高いものでした．その理由は，支払い方法が限られていること，セキュリティ的に考慮されていないこと，送料が高いことでした．

最近はPayPalなどの普及で，安全に支払いできる手段が普及し，送料も(特に中国からの送料は)安価になり，輸入するメリットが出てきました．

ネット通販サイトというと，アリババが運営する個人向けサービスのAliExpressや，日本への発送が困難な場合が多いtaobaoなどが有名です．今回は私が注目しているWishを紹介します．

● 通販サイトWishのサービス

Wish(https://www.wish.com/)のサイト内部は登録しないと見られないので，まずは登録を行います．facebookやGoogleのアカウントで登録可能です．私はメール・アドレスを使用して登録を行いました．

AliExpressや楽天市場などと同じくサイト内に各ショップが出店している形態です．支払い先はWishですが，商品の発送などは各ショップが行います．トラブル時はWishにクレームを出すこともできます．商品が到着すると，到着確認が必要です．商品やショップの評価を行うように促されます．

▶商品内容

傾向としては，電子部品やサブ・アセンブリはAliExpressより種類は少ないですが，工具やアクセサリ関係，完成品は豊富な印象を受けます．AliExpressもそうですが，同じような商品が複数の業者から出品されているので，価格と送料を確認して安いところから購入するようになるかと思います．粗悪品や明らかに価格が見合わない偽物(激安な大容量のメモリ・カードなど)もあるので，注意が必要です．検索は英語でも日本語でも可能です(ちゃんと英訳してくれる)．

写真G　間違えて注文した無料のノギス

▶商品無料 !?

Wishには「無料」という商品が出ていることがあります．送料だけ支払えば差し上げますよ，というウソのようなホントの話です．一時期Wishがはやった時期がありましたが，この商品無料のキャッチ・フレーズが口コミで広がった結果です．実際にはすべての商品が無料というわけではなく，商品は無料でも送料が意外に高かったりと，結果的にあまりお得感がない場合もあります．

▶サイズの選択に注意

商品写真とタイトルで商品内容がだいたいわかりますが，商品のすべてを表しているわけではありません．これは私の経験ですが，ディジタル・ノギスが無料という商品があり(現在はその商品ページはなくなっている)送料のみ負担で買ってみたら届いたのは**写真G**のような非常に陳腐なものでした．一瞬，だまされた！と思ったのですが，よく見ると購入時にサイズの選択がありました．無料のサイズには“without LCD display”，有料のサイズには“with LCD display”と書かれていたので，そちらを選んでいれば商品写真のものと同じものが送られてきたのでしょう．このように同じ商品でもサイズ選択により全然違う商品が送られてきますので，商品説明とサイズの項目はきちんと確認する必要があります．

▶やみつき！スマホ専用アプリ

スマホ用のアプリもあります．出来が割と良いので，パソコンのブラウザで見るよりスマホの専用アプリで見たほうが使い勝手が良い感じがします．そのせいか，私は電車の中でwishを見て，買ってしまうことが多い毎日です．

＊　＊　＊

以上，Wishの特徴や注意点を紹介しました．落とし穴が多く，あまりお得感のない感じもします．しかし，きちんと確認すれば回避できますし，逆にこれらのトラップにはまらないように気を付ければ，意外に安く買えたりする確率がAliExpressより多い感じがするので，私はなかなかやめられません．

〈エンヤ ヒロカズ〉

(初出：「トランジスタ技術」2018年12月号)

第10章　化学処理，機械加工，光学処理，表面処理，オートマウンタetc…さまざまな観点から基本を指南

発注前にひととおりチェック！ プリント基板設計データの確認ポイント34

今関 雅敬 Masataka Imazeki　協力：ピーバンドットコム

プリント基板設計CADの高機能化に伴って，ひと昔前は専門家の領域だったパターン設計の大部分は，いつのまにか回路設計者の仕事領域になりました．それに伴い，これまで無頓着で済んだプリント基板の加工に関する知識を持たざるを得ない昨今です．

ここでは，プリント基板ネット通販，ピーバンドットコムの協力を得て，プリント基板を発注するときに押さえておきたい知識をカテゴリ別にまとめました．設計，発注時の参考にしてください．

1 ガーバ出図の基本

● 1-1　等倍出力で出図する

かつてフィルム製版の頃は2倍出図が標準でした．今では等倍ガーバ出図が標準になっています(図1-1)．ガーバ出力時に倍率を変更して基板サイズを変えた場合，穴やパターンなどの座標が設計データと異なる描画になる可能性があります．

● 1-2　単位・出力桁数を統一する

異なる単位・桁数で出力すると，基板製造用のソフトで読み込んだ際に，設計データとは異なる座標数値で描画されることがあります(図1-2)．単位や桁数を統一します．

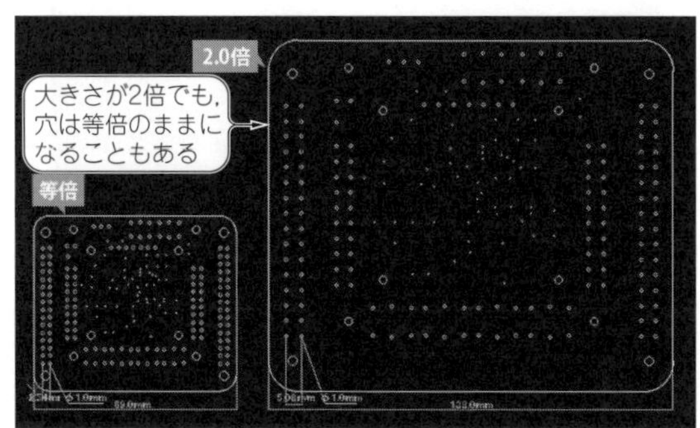
2.0倍
大きさが2倍でも，穴は等倍のままになることもある
等倍

図1-1　ガーバ・データは等倍で出力する

● 1-3　座標はすべて絶対値で出力する

「相対値」で出力すると，直前の座標データから移動距離が記されるため，座標移動が増えるたびに丸め誤差が蓄積され，設計データとは異なる描画データが出来上がる可能性があります(図1-3)．「絶対値」で出力します．

● 1-4　オフセットは使用しない

一部のデータだけオフセット(指定した距離に図形を移動できる機能)を設定して出力した場合，出力データの位置が正しいか否かを第三者からは判断できませ

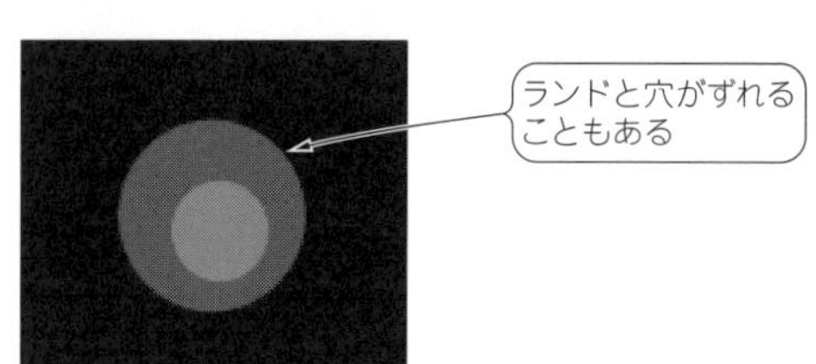
ランドと穴がずれることもある

図1-2　単位が統一されていないために誤って描画された例

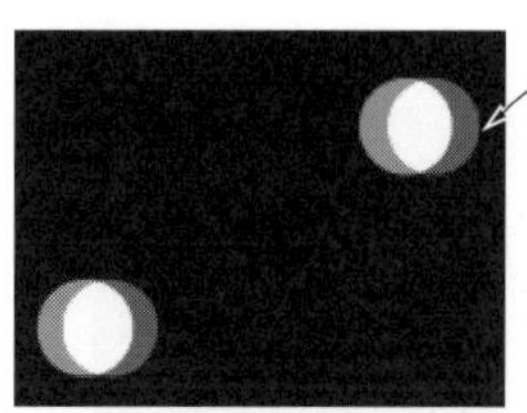
桁落ちや誤差が累積して大きな誤差になることもある

図1-3　相対値で出力したため，設計時と異なる描画がされた例

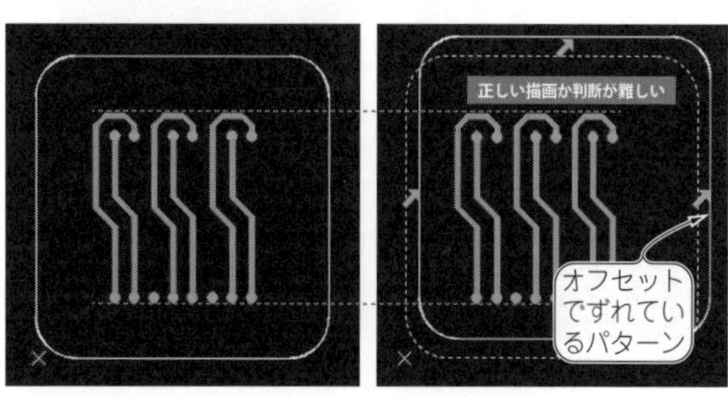
正しい描画か判断が難しい
オフセットでずれているパターン

図1-4　オフセットは図形が移動できるので，誤って移動した可能性もある

ん(**図1-4**)．オフセットなしでの出力が望ましいです．

● 1-5　出図のガーバ・データにポリゴンは出力しない

作成したポリゴン(一筆で始点から終点まで描画して閉領域を作った面)データが一筆書きで描画できていないと，製造用のソフトで正しく描画できない場合があります(**図1-5**)．ガーバ・データ内に「polygon」や「P」などの文字があれば，ポリゴンを含んでいるので正常に扱われない可能性があります．塗りつぶしのデータに置き換えて出力しましょう．

● 1-6　ガーバ・データはRS-274X形式で出力する

RS-274D形式では，ガーバ・データとDコード表(アパーチャ・リスト：ガーバ・データの寸法などの情報を記述したファイル)の両方がそろって初めてプリント基板が製造できます．RS-274Xのデータには，線の太さやランドの大きさを指定するデータが含まれるため，Dコード表が不要です(**図1-6**)．

なお，KiCadで出力するガーバ・データは，デフォルトでアパーチャが含まれたRS-274X形式になっています．

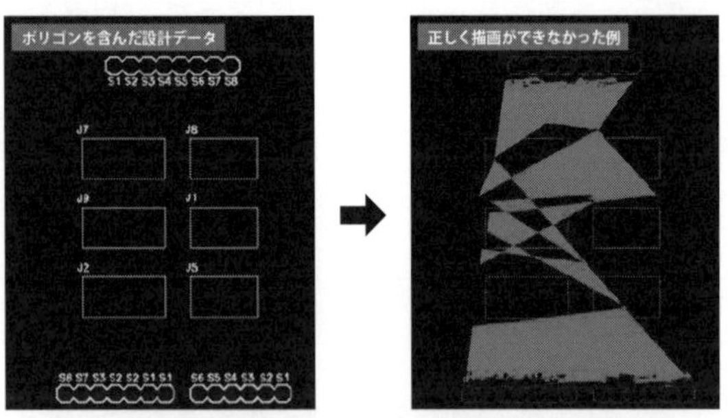

図1-5　ポリゴンを含んだガーバ･データが正しく出力されない例

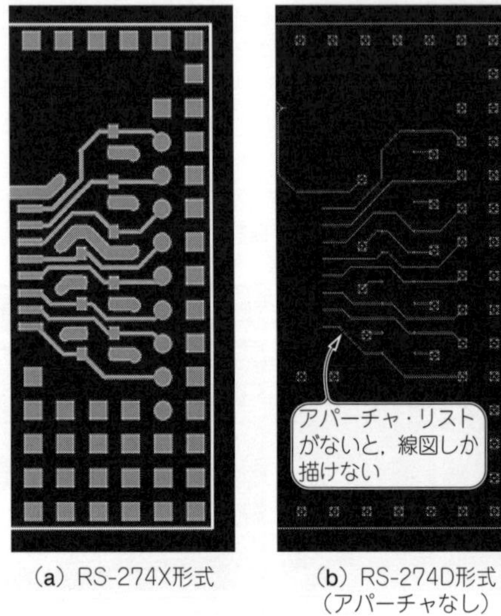

(a) RS-274X形式　(b) RS-274D形式(アパーチャなし)

図1-6　ガーバ・データの出力形式

● 1-7　ドリル・データはEXCELLON形式が標準

推奨するドリル・データの出力設定例は次のとおりです．

- 形式：EXCELLON形式
- 単位：mm
- 座標：絶対座標
- ゼロサプレス：LZ(リーディング)
- 円弧補間：1/4円
- 座標およびコマンド記述：省略しない
- 繰り返しコマンド(リピート)：使用しない

● 1-8　出図はすべてを上面透視図で出力する

ガーバ出力は，全層を上面透視図で出力するのが基本です．製造データの捨て基板や回路に無関係な端に，層数番号やパターン，レジストなどの層情報を記載すると，面視による間違いを防ぐことができます(**図1-8**)．

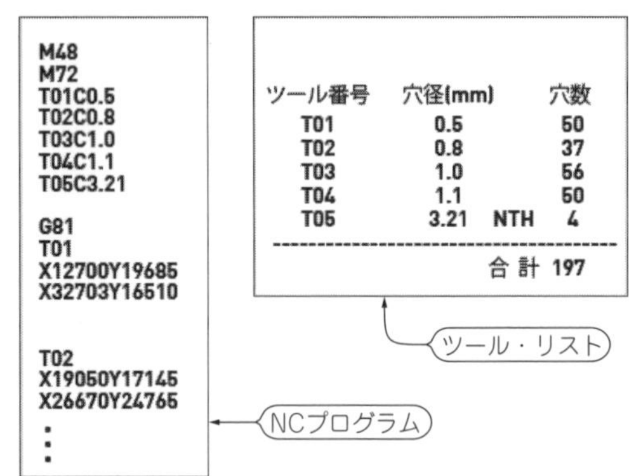

図1-7　ドリル・データの中身

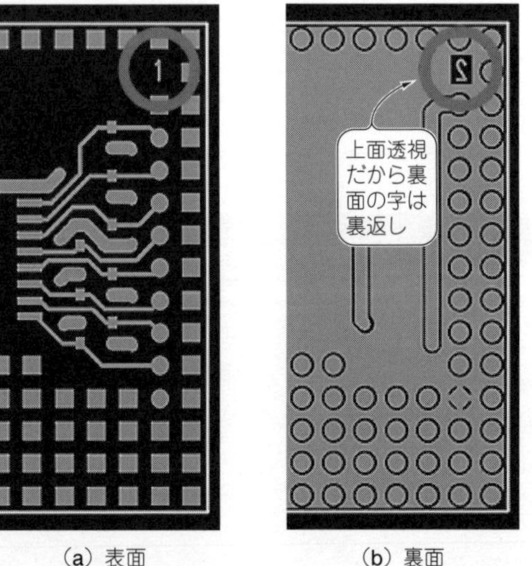

(a) 表面　(b) 裏面

図1-8　回路に無関係な基板の端に，層番号などの情報を記載する

● 1-9 基板左下に原点を設定する

フィルムを描画する装置の多くが左下を原点としています．そのため，ガーバ・データ原点も左下にしておくと，スムーズな製造につながります．原点は基板の角に設定しても基板外に設定してもかまいません（**図1-9**）．

実際には，原点の位置をとんでもなく（オーバーフローするほど）ずれた場所に設定しない限りは，問題なく製造できるはずです．

● 1-10 ランドの径と穴径の推奨値

部品穴のサイズに応じたランド径の推奨値は次のとおりです．

- ϕ 1.0mm未満のスルーホールの場合
  穴径＋0.5mm以上
  例：ϕ 0.9＋0.5→ランド径1.4mm以上
- ϕ 1.0mm以上のスルーホールの場合
  穴径×1.5mm以上
  例：ϕ 1.2×1.5→ランド径1.8mm以上
- 片面基板の場合
  穴径＋1.0mm以上
  例：ϕ 1.0＋1.0→ランド径2.0mm以上

リード部品自体の足の太さにも公差があるので，穴径設定は，この「公差上限の最大直径」に対し，次のような設定が目安となります（**図1-10**）．

- 手挿入の場合 … 0.1～0.2mm程度大きめの穴径
- 自動挿入機の場合 … 0.2～0.3mm程度大きめの穴径

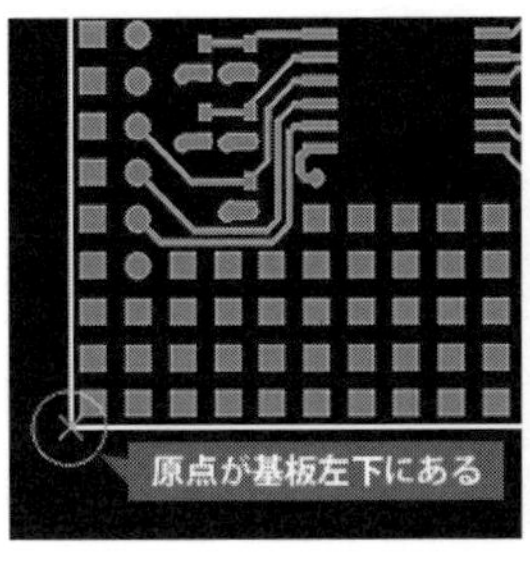

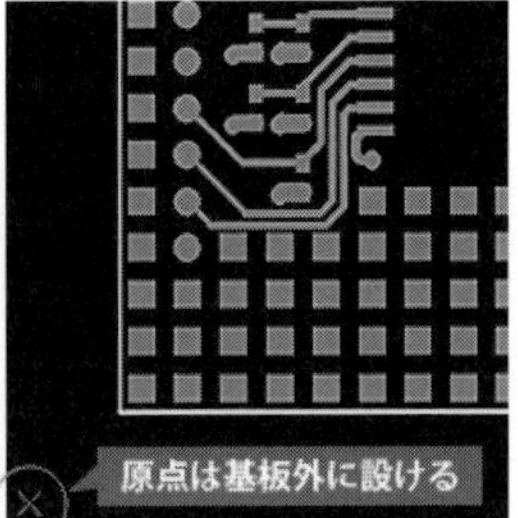

図1-9　原点は基板左下に設ける

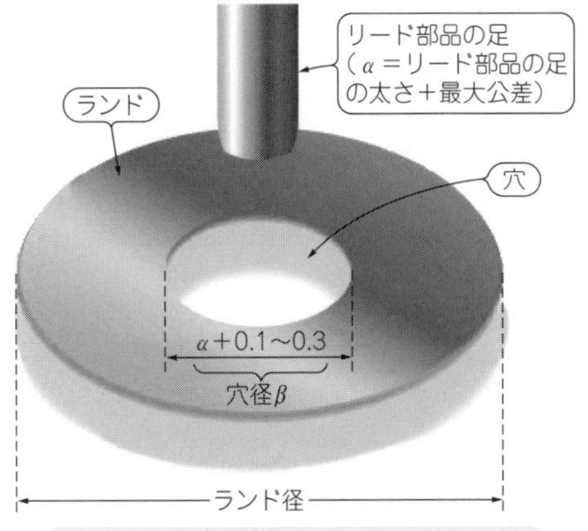

図1-10　スルーホールのランド径と穴径の推奨値

● 1-11 ガーバ・ビューアを活用する

KiCadなどに付属しているガーバ・ビューアは，出力されたガーバを読み込んで表示できます（**図1-11**）．ガーバ出力の問題点などを確認するために使用します．

● 1-12 プリンタを使って寸法を確認する

プリント・パターンをプリンタに等倍で出力して，紙の上で部品の足ピッチなどを確認します（**図1-12**）．

図1-12　プリンタで出力した紙の上で確認

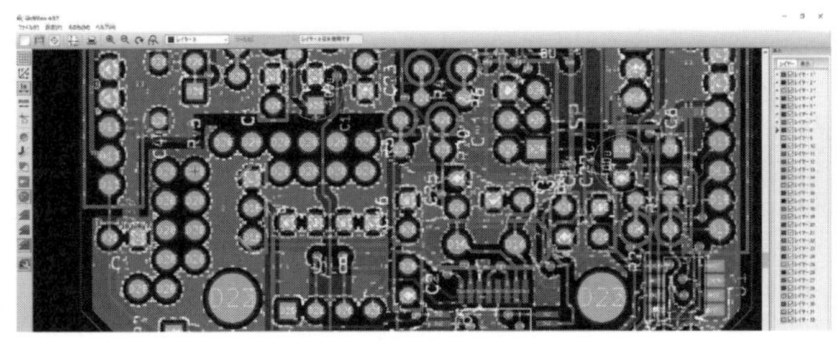

図1-11　ガーバ・ビューアの例

② 化学処理(エッチング)を意識した設計のポイント

● 2-1　直角や鋭角のパターンは使わない

直角や鋭角に曲がるパターンはエッチング時に問題が生じることがあります(**図2-1**). パターンはRで曲げるか鈍角を組み合わせて曲げてください.

● 2-2　ランドやパッドにはティアドロップをつける

ティアドロップ(ランドとパターンの接合部分の補強ランド)が無いとパターンに角ができて, エッチング不良が生じやすくなります(**図2-2**).

● 2-3　ベタ面とパターンのクリアランスは広めにとる

ベタ銅はくとパターンとのクリアランス(間隙距離)が近すぎると, 銅はくの間にエッチング液が入りにくくなります. その結果, 正しいパターンを形成できない可能性があります(**図2-3**). ベタ銅はくとパターンのクリアランスは広めにとります.

● 2-4　スライバができにくいパターンを作る

スライバとは鋭角や微細な形状, 間隔のことで(**図2-4**), エッチング工程中にドライ・フィルムが剥離しやすくなります. 剥離したドライ・フィルムがゴミになって, 工程の薬液に浮遊し他の基板に付着するこ

NG
直角もしくは鋭角での設計
エッチング液が溜まる可能性がある. 電気の流れが壁に垂直にぶつかることで起きる反射によるノイズの原因にもなる

GOOD
円弧で徐々に配線を曲げるように設計

45°配線で徐々に配線を曲げるように設計

図2-1　配線の曲げ方の良し悪し

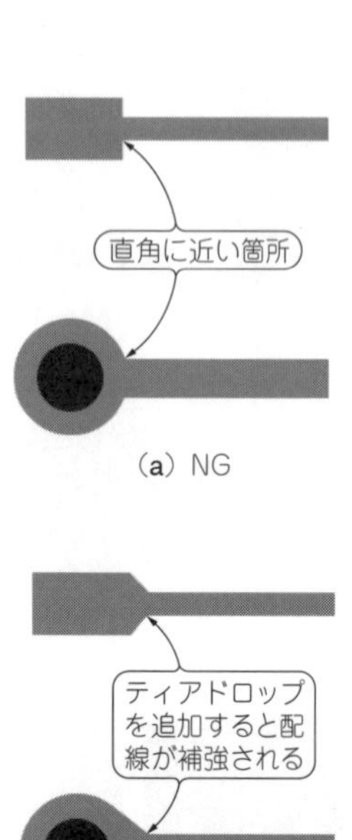

図2-2　ティアドロップで基板のパターンを補強する

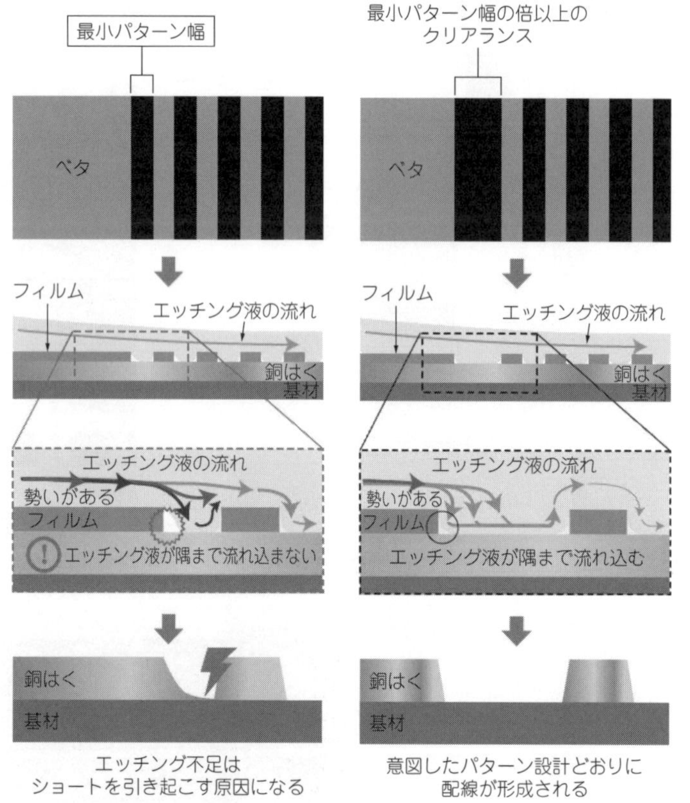

図2-3　クリアランスは広めにとる

とがあります．

その結果，意図しないパターンが形成され，最悪な場合はショートや断線などを起こすことにつながります．

3 機械加工を意識した設計のポイント

● 3-1 コーナにRをつける

基板コーナにRをつける(角を丸める)と，次のようなメリットがあります(**図3-1**)．

- 基板を取り扱う際の，身体への擦り傷を防ぐ
- 基板製造時や使用時に，他基板やモノの破損を防ぐ
- 実装時の搬送ラインに引っかからず，基板，部品の損失を防ぐ
- 運送時の衝撃，振動による基板の欠けや梱包材の破損を防ぐ

● 3-2 長穴データの指定にはドリル・データの連打を使う

長穴データの指定方法は，次の方法1のみ，または方法1＋方法2の組み合わせを推奨します(**図3-2**)．

- 方法1…ドリル・データの連打で長穴形状を作成する(0.1 mmピッチで連打)
- 方法2…外形線に長穴形状を作成する(長穴の穴径と長さ指示が必須)

● 3-3 スリットの幅は2.0 mm

機械加工の都合上，エンドミル(ルータビットともいう)径の標準が2.0 mmなので，スリット幅は2.0 mmを基準にします(**図3-3**)．

● 3-4 捨て基板を付ける

外周に捨て基板(ミシン目やVカットなどで切り離せるようにした基板．製品時には切り離して捨てる．**図3-4**)を設けると，次のメリットがあります．

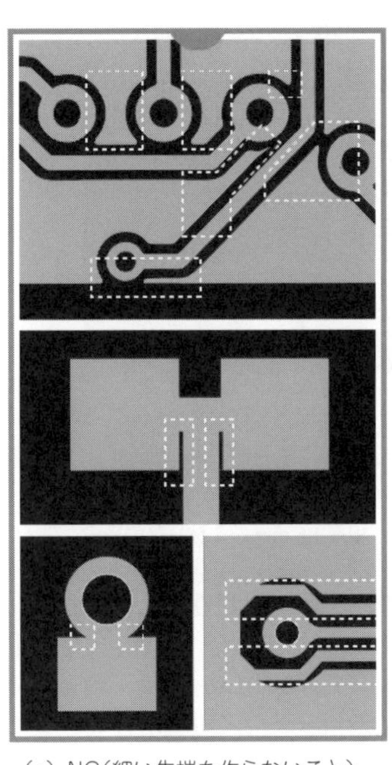

(a) NG(細い先端を作らないこと)

(b) GOOD

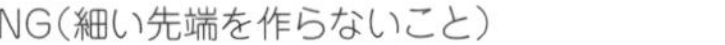

図2-4 スライバのあるパターンとないパターンの例

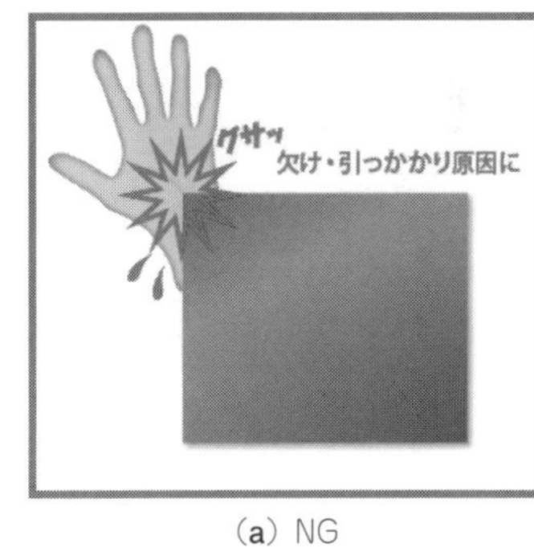

(a) NG

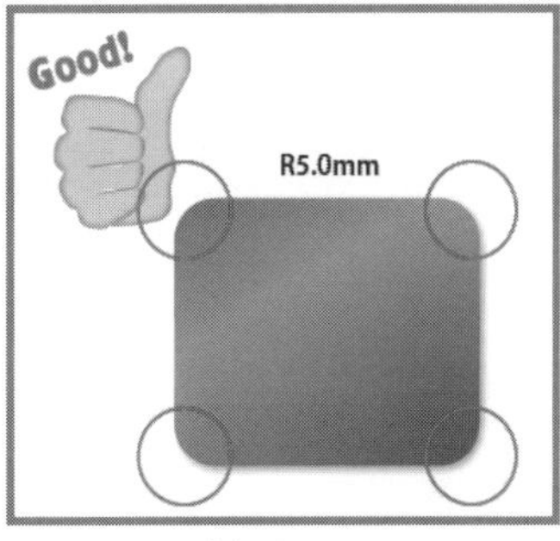

(b) GOOD

図3-1 基板のコーナにRをつけるメリットの一例

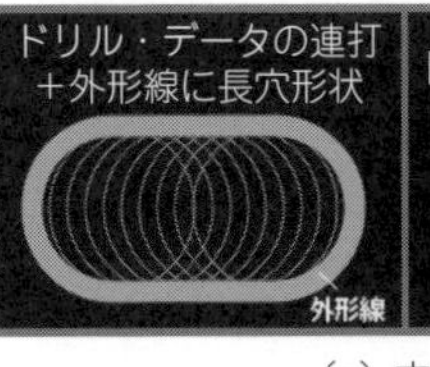

(a) 方法1

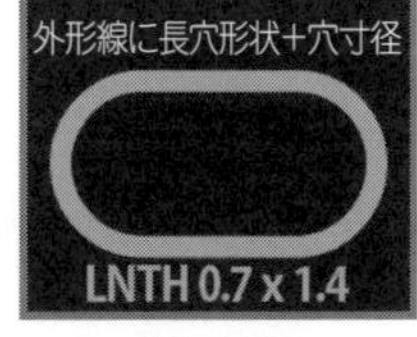

(b) 方法2

図3-2 長穴機能を使った場合，ドリル・データが正しく作成されているか確認する

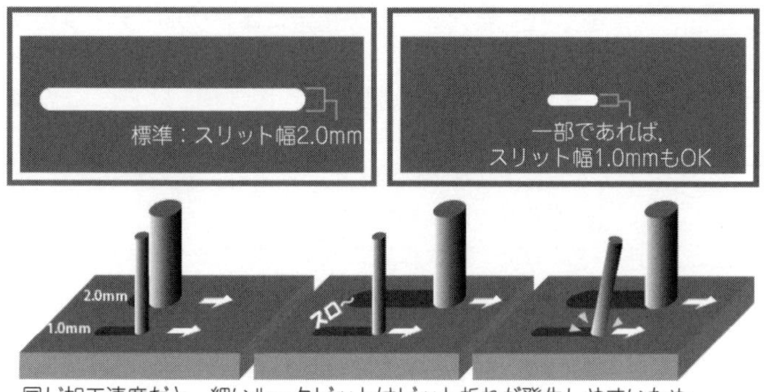

図3-3　エンドミル径に合わせてスリット幅は2.0 mm

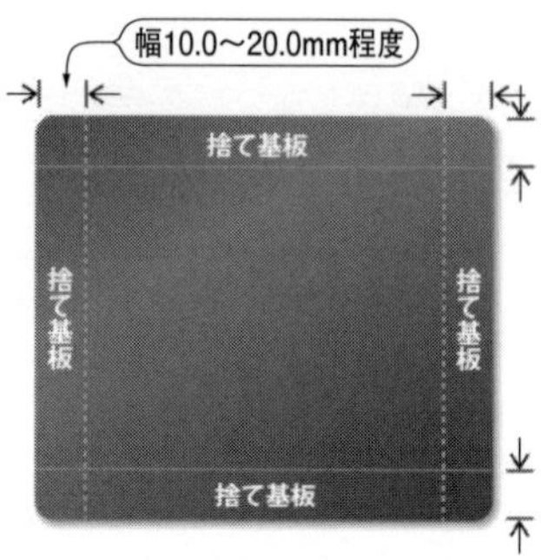

図3-4　捨て基板は幅10〜20 mm程度にする

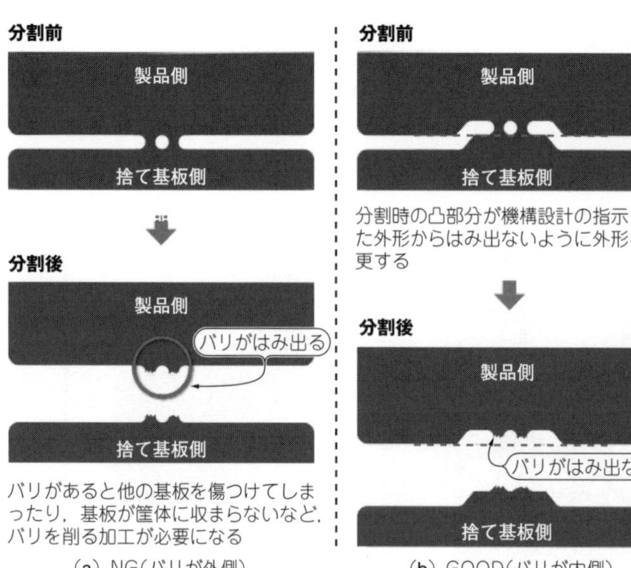

図3-6　バリの良い例と悪い例

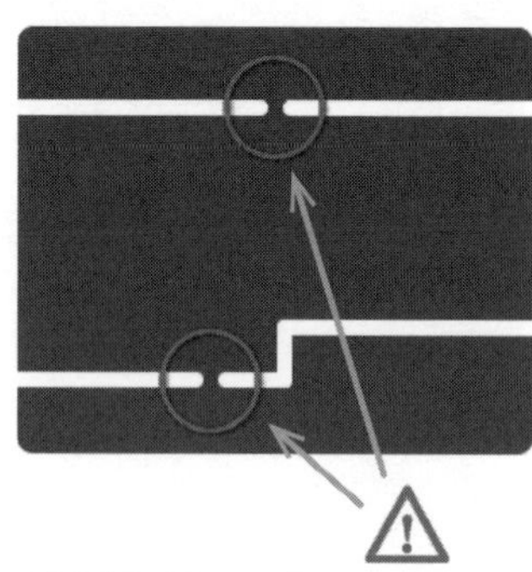

(a)接続箇所が1カ所ずつと少ないのでNG

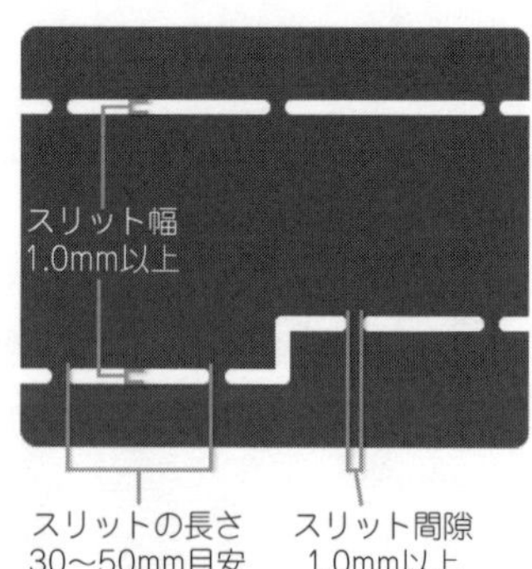

図3-5　板厚1.6 mmのミシン目の目安

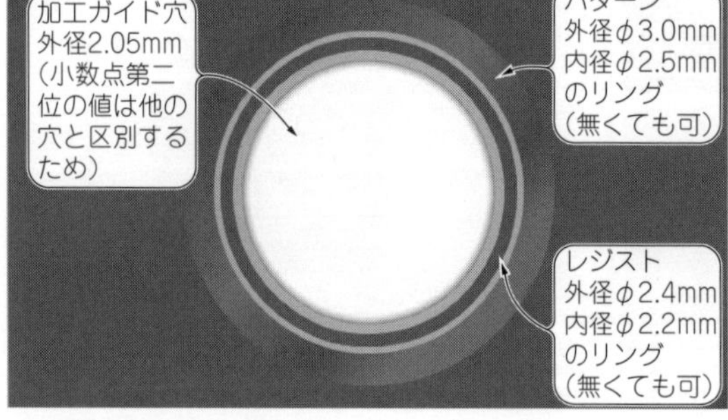

図3-7　加工ガイド穴の仕様

- 基板製造〜梱包，出荷工程間で基板製品を傷つけないようにできる
- マウンタ実装に対応しやすくなる
- 製品用の基板の外に加工ガイド穴，実装認識マーク，基準穴，副基準穴，コーナRを設置できる

● 3-5　ミシン目の長さの目安は30 mm〜50 mm

板厚1.6 mmで幅1.0 mm〜2.0 mm程度のスリットを形成した場合，ミシン目(スリット)は，30 mmで一区切り，長くても50 mmで一区切りが目安になります(**図3-5**).

スリットの長さが50 mmを超えると，搬送時などに強度不足で割れてしまうことがあります.

● 3-6　ミシン目のバリがはみ出ないくふう

意図した外形より突起させないようにする方法は次のとおりです(**図3-6**).

- ミシン目の接続部を製品側に食い込ませて内側のバリへ変更する

このようにすることで，バリが外形からはみ出ず，筐体への接触を回避できます．

● 3-7　加工ガイド穴を付ける

外形加工に必須の加工ガイド穴を基板内に設けると，次のようなメリットがあります．

- 加工ズレを防げる
- 1つの工程で外形加工が可能になる
- 外形カット後の基板を支持し，落ちないようにできる

4 表面処理などを意識した設計のポイント

● 4-1　アニュラ・リングは必要な大きさを確保する

スルーホールの穴内にエッチング液が入ると，銅めっきが除去されて電気導通しなくなります．そのため，エッチングの前工程として，穴内にテントの役割をするドライ・フィルムを張ります．このテントの土台となる箇所がアニュラ・リング(ドリル穴の周囲のパターン)です．

アニュラ・リングが小さいとテントが破れやすくなるので，基準値以上を確保する必要があります(**表4-1**，**図4-1**)．アニュラ・リングの観点から見た一般的なランド径は次のとおりです．

- 穴径がϕ 1.0 mm以上の場合
  ランド径＝穴径×1.5 [mm]
- 穴径がϕ 0.6 mm以上ϕ 1.0 mm未満の場合
  ランド径＝穴径＋0.5 [mm]
- 穴径がϕ 0.6 mm未満の場合(部品を挿入しないビア穴に限る)
  ランド径＝穴径＋0.3 [mm]

● 4-2　外形から銅はくまでの距離は1 mm以上とる

外形と銅はくの距離が近すぎると，外形をルータ加工したときに基板の側面から銅はくが露出してしまう危険があります．最低0.3 mm，推奨値1.0 mm以上が望ましい間隔です(**図4-2**)．

表4-1　アニュラ・リングが小さいとスルーホールが断線しやすい

基板加工の流れ／アニュラ・リングの違い	電解銅めっき	ドライ・フィルム貼り付け	露光・現像	エッチング	ドライ・フィルム除去
小さいアニュラ・リング(NG)				フィルム破け!	断線!
大きいアニュラ・リング(GOOD)					スルーホール完成

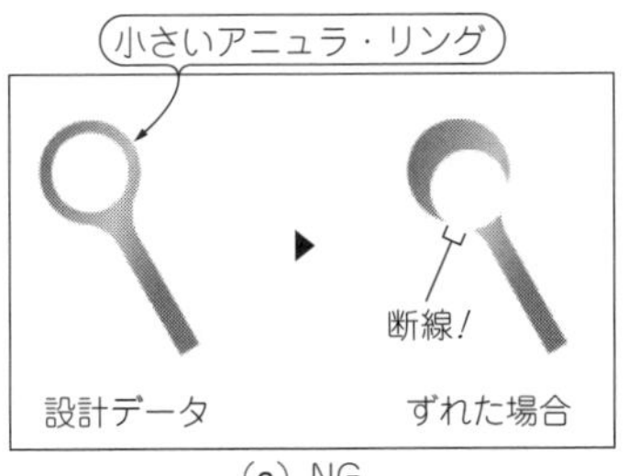

(a) NG

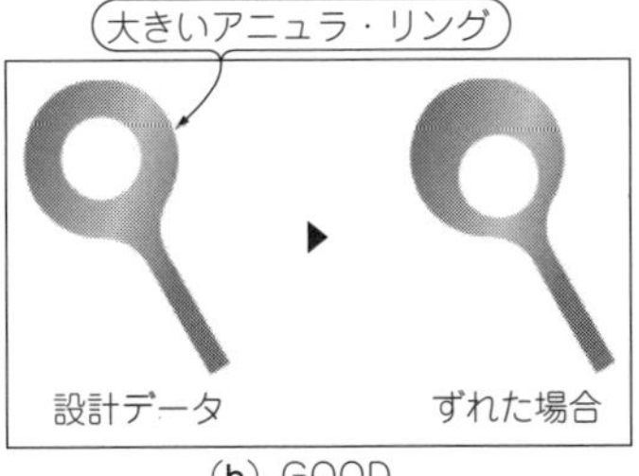

(b) GOOD

図4-1　アニュラ・リングが大きいとずれにも強い

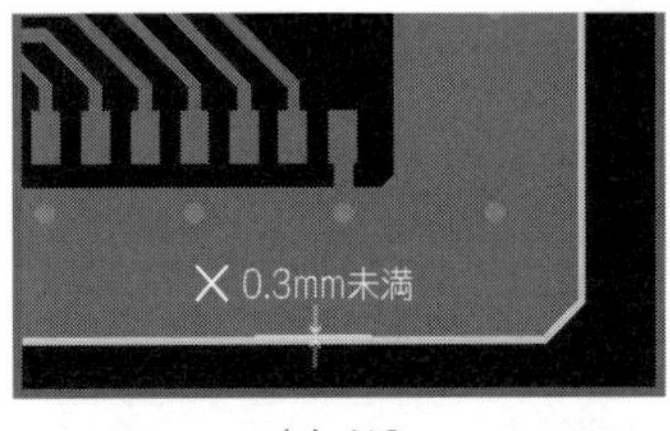

(a) NG

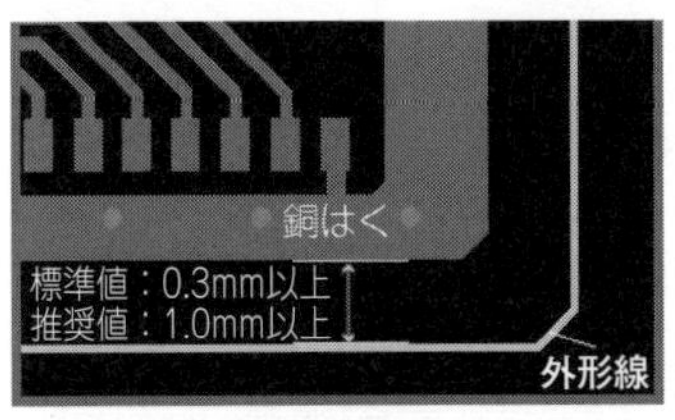

(b) GOOD

図4-2　外形から銅はくまでの距離が0.3 mm未満はNG

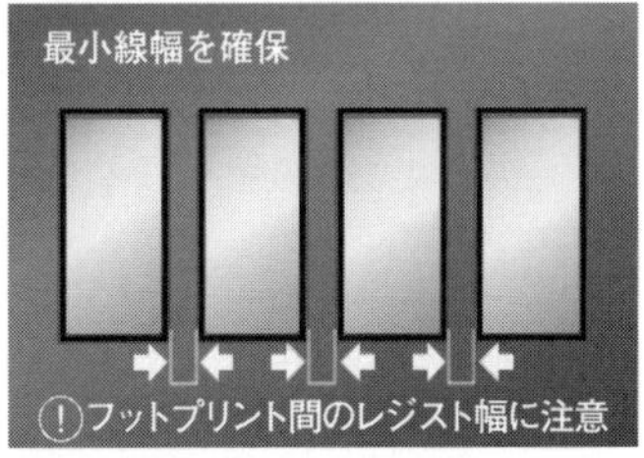

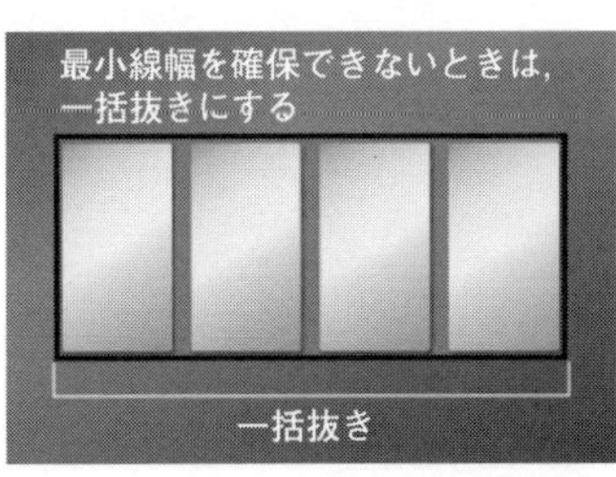

図4-3　レジストの最小線幅を確保する

● 4-3　レジストの最小線幅を確保する

パッド同士の間にレジストがあることで，はんだブリッジなどの不要なショートを防ぐことができます．ただし，レジストの塗布が可能な最小線幅を確保してください(**図4-3**)．

- レジスト色が緑/赤/青/黄/紫 の場合
  最小線幅：0.1 mm
- レジスト色が白/黒/黒(つや消し)の場合
  最小線幅：0.2 mm

● 4-4　塗りつぶしの線幅に注意する

塗りつぶしの線幅が0.01 mmなどと細いと，CADの特性によって，指定したパターン配線幅(0.25 mmなど)よりも細い塗りつぶし領域が発生することがあります(**図4-4**)．使用しているCADの特性を理解して使うことが重要になります．

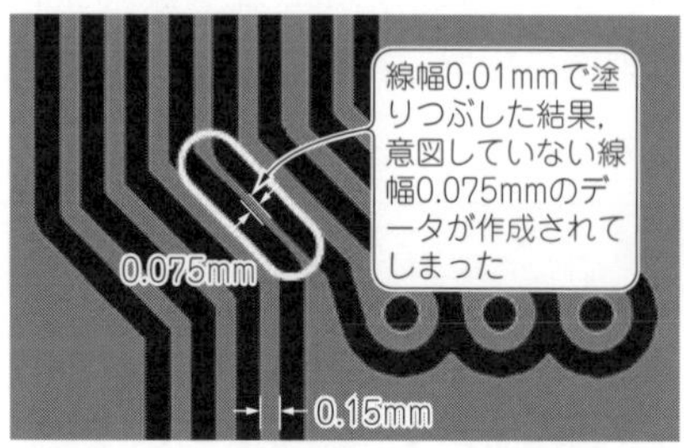

(a) NG

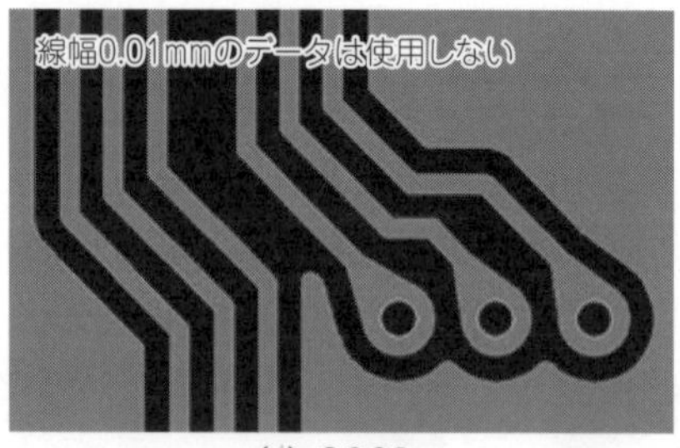

(b) GOOD

図4-4　線幅の違いによる出力データの差異

表4-6　表面処理の種類はコストや保存性で選ぶ

種類	水溶性フラックス	はんだレベラ	無電解金フラッシュ
参考写真			
RoHS	○	△ (鉛フリーのみ対応)	○
特徴	•コストが安い •はんだの濡れ性が良い •表面実装に適している •保存期間が短い	•はんだの濡れ性が良い (特にスルーホール内) •表面実装に適していない •保存期間が長い	•コストを要する •電気抵抗が非常に小さい •表面実装に適している •保存期間が長い
保存期間	未開封品：1～2カ月	未開封品：6カ月	未開封品：6カ月

● 4-5　文字を描く

部品番号などのシルク文字は，手組みやメンテナンス時の重要な情報です．読みやすい文字のサイズにするのはもちろん，部品の実装で隠れないように配慮が必要です(**図4-5**)．

● 4-6　コストや腐食への耐久性を考えて表面処理を選ぶ

ランドなどの表面処理は，基板を大量に作る場合，コスト的に重要な要素です．マウンタなどですぐに組み立ててしまうのか，組み立ては後になるのかなど，保存期間を留意して決定します(**表4-6**)．

● 4-7　レジストがパッドやランドと整合しているかよく確認する

部品を配置したときなどにレジストが他のレイヤに

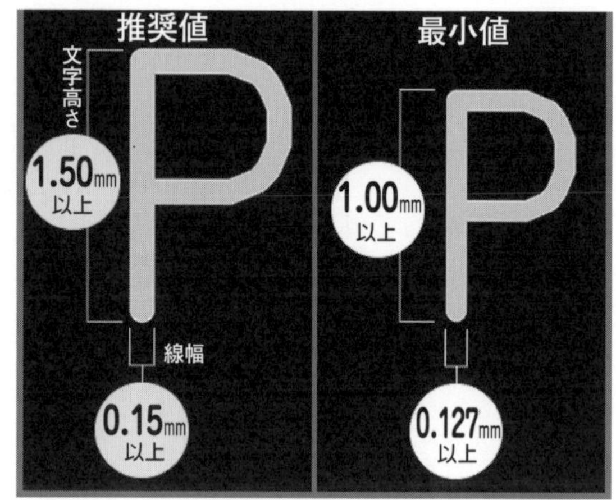

図4-5　シルクの線幅と文字の高さ

(a) 元の設計データ

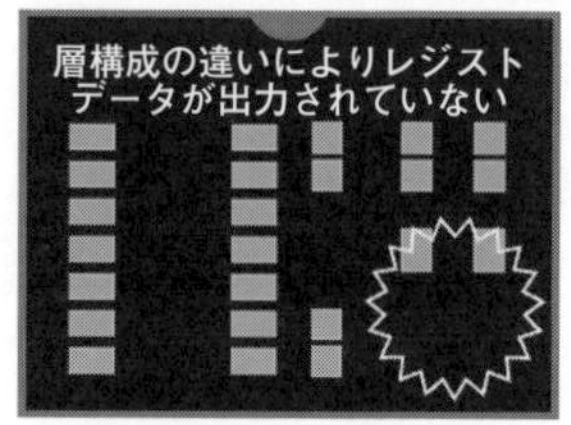

(b) レジスト・データを確認すると……

図4-7　レジスト開口の有無

図4-8 同一ネット上の複数配線の間隔に注意する

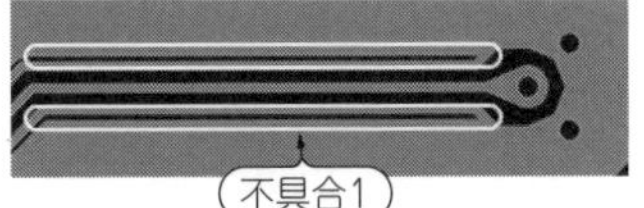

(a) 塗りつぶしによる間隙不足箇所

(b) 塗りつぶしによる間隙不足箇所

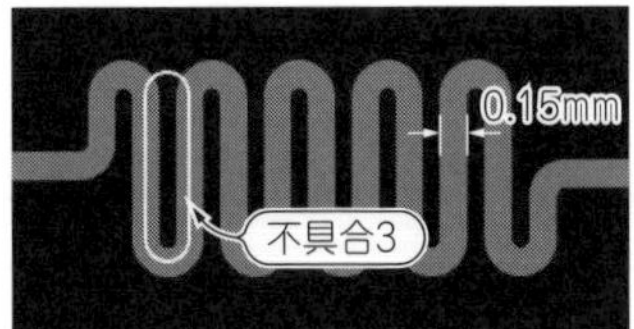

(c) ミアンダ配線による間隙不足箇所

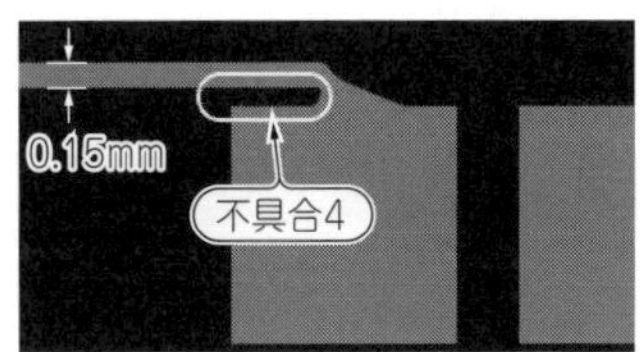

(d) パッドからの引き出し箇所の間隙不足

紛れ込んだり，フットプリント自体に，スルーホール両面にあるはずのレジスト・マークが片面にしかなかったり，という場合があります．部品パッド部にレジストが塗布されてしまうと部品が実装できなくなるので，注意が必要です(**図4-7**).

ガーバ・ビューアなどで，レジスト・データを，部品のパッドやランドと突き合わせて確認します.

● 4-8 生成されたパターンをDRCと目視でよく確認する

パターン設計が終わると，必ずDRC(デザイン・ルール・チェック)をかけます．このチェックでは，パターンの対応が合っていても，パターン上に不具合が隠れている場合もあります．DRCで見つからないものは，目視で確認します.

特にチェックする箇所は次のとおりです(**図4-8**).

- 面データの塗りつぶし箇所
- 部品パッドからの引き出し
- ミアンダ配線

5 オート・マウンタを意識した設計のポイント

● 5-1 マウンタ用の捨て基板を付ける

マウンタ用の捨て基板を付けることで，実装効率が上がる場合があります.

ピーバンドットコムの推奨設計を**図5-1**に示します.

- 実装認識マーク
  パターン：φ 1.0 mm
  レジスト開口：φ 3.0 mm
  ガード・パターン：φ 3.6 mm，線幅0.3 mm
- 基準穴
  4.0 mmの丸穴
  基板の端から5.0 mmの位置に配置
- 副基準穴
  4.0 × 5.0 mmの長穴
  基準穴と反対側の位置に配置
- 加工ガイド(プレス・ガイド)穴を付ける
  φ 2.05 mm(NTH)

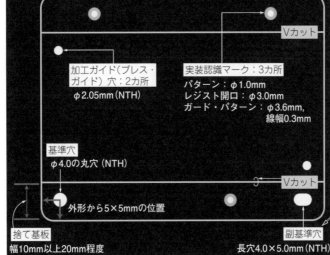

Vカット
加工ガイド(プレス・ガイド)穴：2カ所
φ2.05mm(NTH)
実装認識マーク：3カ所
パターン：φ1.0mm
レジスト開口：φ3.0mm
ガード・パターン：φ3.6mm，線幅0.3mm
基準穴
φ4.0の丸穴(NTH)
Vカット
外形から5×5mmの位置
捨て基板
幅10mm以上20mm程度
副基準穴
長穴4.0×5.0mm(NTH)
NTH：ノンスルーホール(銅めっきしない穴)
実装流し方向に対して基準穴と平行に並ぶように配置する

図5-1 マウンタ用の捨て基板と各種マーク/穴の配置
詳細は，ピーバンドットコムが公開している標準規格(https://www.p-ban.com/product/spec.html)を参照のこと

● 5-2　実装認識マークを配置する

実装認識マークを配置すると，マウンタ実装で部品を自動挿入，自動装着する際の位置合わせになるなどのメリットがあります．

実装認識マークは，基板上に2カ所あるいは3カ所以上設けます．逆投入を防ぐため，左右非対称，非点対称に配置します．

● 5-3　実装用基準穴を設ける

マウンタ実装機に基板を取り付けるための基準穴／副基準穴を設けます．基準穴を設けると，次のようなメリットがあります．

- 基板を固定し実装ズレを防止する
- 自動挿入機を使用しリード部品を差し込む際の「位置決めの基準穴」となる

6 貫通リジッド基板の製造仕様早見表

表6-1　製造仕様早見表その1

項目		参考図	小項目		一般仕様	対応可能※
銅はく間隙［mm］	表層		①	パターン：ベタ	最小パターン幅 × 2 以上	最小パターン幅 以上
			②	ベタ：ベタ	最小パターン幅 × 2 以上	最小パターン幅 以上
			③	パターン：外形	0.5 以上	0.3 以上
			④	ベタ：外形	0.5 以上	0.3 以上
			⑤	ベタ：切り穴	0.5 以上	0.3 以上
	内層		①	パターン：ベタ	最小パターン幅 × 2 以上	最小パターン幅 以上
			②	ベタ：ベタ	最小パターン幅 × 2 以上	最小パターン幅 以上
			③	パターン：外形	0.5 以上	0.3 以上
			④	ベタ：外形	0.5 以上	0.3 以上
			⑤	ベタ：切り穴	0.5 以上	0.3 以上
			⑥	ベタ：ビア	0.5 以上	0.3 以上
			⑦	ベタ：部品穴	0.5 以上	0.3 以上
ランド径［mm］	ビア			φ 0.15 ≦ 穴径 ≦ φ 0.3	穴径 + 0.3 以上	穴径 + 0.2 以上
				φ 0.3 < 穴径 < φ 0.6	穴径 + 0.3 以上	穴径 + 0.2 以上
	部品挿入あり			φ 0.3 ≦ 穴径 < φ 0.6	穴径 + 0.5 以上	穴径 + 0.3 以上
				φ 0.6 ≦ 穴径 < φ 1.0	穴径 + 0.5 以上	穴径 + 0.3 以上
				φ 1.0 ≦ 穴径 ≦ φ 6.0	穴径 × 1.5	穴径 + 0.5 以上
長穴［mm］			①	穴径	φ 0.7 ≦ 穴径 ≦ φ 6.0	φ 0.3 ≦ 穴径 < φ 0.7
			②	φ 0.7≦穴径≦φ 1.0	穴径 + 1.0 以上	穴径 + 0.5 以上
				φ 1.0<穴径≦φ 1.5	穴径 + 1.2 以上	穴径 + 0.6 以上
				φ 1.5<穴径≦φ 6.0	穴径 × 1.8 以上	穴径 × 1.4 以上
端面スルーホール［mm］			①	穴径	φ 0.6≦穴径≦φ 1.5	問い合わせ必要
			②	ランド径	穴径+1.0以上	問い合わせ必要
			③	間隙	0.5以上	0.2以上
スリット［mm］			①	幅	2.0以上	1.0以上
			②	長さ	幅×2以上	幅以上
			③	R	1.0以上	0.5以上

※ピーバンドットコムで対応可能

表6-1　製造仕様早見表その1（つづき）

項 目	参考図	小項目		一般仕様	対応可能※
レジスト幅［mm］	レジスト幅	緑／赤／青／黄／紫	35 μm以下	0.1以上	問い合わせ必要
			70 μm以上	0.12以上	問い合わせ必要
		黒／白／黒つや消し	35 μm以下	0.2以上	問い合わせ必要
			70 μm以上	0.2以上	問い合わせ必要
シルク［mm］	① B ② ③	①	線幅	0.15以上	0.1以上
		②	文字高さ	1.5以上	1.0以上
		③	シルク：レジスト	0.2以上	0.1以上
層数 外形サイズ アスペクト比 （板厚÷最小穴径）	―	層数		片面・2層～12層	14層～100層
		外形サイズ［mm］		5×5～500×500	～600×1320
		アスペクト比		8	30

表6-2　製造仕様早見表その2

項 目	参考図	銅はく厚	一般仕様	個別対応※
最小パターン幅／間隙［mm］	パターン幅 間隙	12 μm	0.1／0.1	0.04／0.04
		18 μm	0.127／0.127	0.05／0.05
		35 μm	0.15／0.15	0.06／0.06
		70 μm	0.2／0.2	0.127／0.127
		105 μm	0.3／0.3	0.15／0.15
		140 μm	0.35／0.35	0.25／0.25
		175 μm	0.4／0.4	0.3／0.3
		210 μm	0.60／0.60	0.35／0.35
		300 μm	0.70／0.70	0.5／0.5
		500 μm	1.0／1.0	0.7／0.7
		500 μm～	問い合わせ必要	問い合わせ必要
最小ビア径／ランド径［mm］（貫通ビアのみ対象）	穴径 ランド径	12 μm	φ0.3／0.6	φ0.1／0.35
		18 μm	φ0.3／0.6	φ0.1／0.35
		35 μm	φ0.3／0.6	φ0.1／0.35
		70 μm	φ0.4／0.8	φ0.15／0.4
		105 μm	φ0.5／1.0	φ0.2／0.45
		140 μm	φ0.5／1.3	φ0.25／0.6
		175 μm	φ0.5／1.5	φ0.3／0.6
		210 μm	φ0.6／1.8	φ0.5／1.5
		300 μm	φ0.8／2.2	φ0.5／1.8
		500 μm	φ1.0／3.0	φ0.5／2.0
		500 μm～	問い合わせ必要	問い合わせ必要

表6-3　製造仕様早見表その3

板厚	参考図	層数	一般仕様	個別対応※
板厚［mm］	0.8 mm以上 0.8 mm未満	片面	1.6	0.1～14.0
		2層（両面）	1.6	0.1～14.0
		4層	1.6	0.4～14.0
		6層	1.6	0.6～14.0
		8層	1.6	0.6～14.0
		10層	2.0	1.0～14.0
		12層	2.0	1.2～14.0

※ピーバンドットコムで個別対応が可能

▶P板.com
https://www.p-ban.com/
Web上でプリント基板の見積もりができるシステム「1-Click見積」も活用ください．

（初出：「トランジスタ技術」2019年4月号 別冊付録）

Appendix 8

出来たてホヤホヤ自宅にお届け！
プリント基板ネット発注の手順

本稿では，2層，10×10 cmのプリント基板を10枚1,000円で発注できる基板ネット通販サイトFusionPCBを例に，発注時のチェック・ポイントを紹介します．

今は誰でもプリント基板ネット通販サイトで注文できます．しかし，製造ルールや提出するデータの種類などをつかんでおかないと，動作しない基板が作られたり，メーカとの質疑応答が発生して入手が遅れたりします．5つの手順に従い発注すれば，恐れることはありません．〈編集部〉

● [Step1] 製造ルールの確認

基板設計の前に，発注を考えている基板製造メーカのルールを確認します．

配線の線幅やクリアランス(配線間の最小距離)，ドリル径，層数など製造メーカがルールを設けています．最近話題に上がることの多い格安基板メーカは，ルールを共通化することで安価にしている背景もあるので，事前に確認を行わないと，想定外の追加料金を払うはめになることもあります．

SeeedStudioが提供する基板製造サービスFusion PCBでは，最も安価なルールでも最小線幅/クリアランスが6 mil(＝0.152 mm)です．通常は最小線幅/クリアランスが約0.3 mmであることが多いです．基板CADではデザイン・ルールを事前に設定できるので，基板設計前にメーカの仕様書を確認し，ルール設定を行っておきましょう．

捨て基板や指定サイズの基準穴，実装依頼時のフィデーシャル・マーク(位置補正用の認識マーク)が必要なときもありますが，FusionPCBなどでは特に指定されていません．

● [Step2] 製造用データの出力

基板CADで基板設計を終えた後，製造に必要なデータを出力します．最低限必要なデータは，「ガーバー・ファイル」と「ドリル・ファイル」です．

ドリル・ファイルはExcellon(エクセロン，エキセロン)形式が一般的です．「NCドリル・ファイル」などと表記されたときも，これを指します．

● [Step3] ガーバ・ファイル名の変更

ガーバ・ファイルは，各層ごとに1つのファイルが生成されます．しかしファイル内にどの層のデータなのかの情報は含まれません．したがって，ファイル名と拡張子によって，基板製造メーカにどの層のデータかを伝えます．

表1はFusionPCBの例です．多くの場合，**表1**のファイル命名規則で受け付けてもらえます．

表1　ファイル名，拡張子を変更して基板ネット通販サイトに提出する
基板ネット通販サイトで提出するファイルを確認しておく．基板CADで作成したデータの各層の名前やファイル名は異なるので留意する

項　目	KiCadレイヤ名	ファイル名.拡張子
表面層のプリント・パターン	F.Cu	<基板名>.GTL
表面層はんだレジスト	F.Mask	<基板名>.GTS
表面層シルク印刷	F.SilkS	<基板名>.GTO
裏面層のプリント・パターン	B.Cu	<基板名>.GBL
裏面層はんだレジスト	B.Mask	<基板名>.GBS
裏面層シルク印刷	B.SilkS	<基板名>.GBO
基板外形	Edge.Cuts	<基板名>.GML *1
ドリル・ファイル	−	<基板名>.TXT
2層目のプリント・パターン(4層以上の場合)	Inner1	<基板名>.GL2 *2
3層目のプリント・パターン(4層以上の場合)	Inner2	<基板名>.GL3 *2

*1：FusionPCB以外では，.GM1などの場合もある．*2：4層以上の基板の場合，内層レイヤのファイル名はメーカによって大きく異なる

4層以上の基板の場合，内層データはどのファイルが何層目かを別途伝えたほうがよいです．「製造依頼書」などの別資料で伝えることもあります．

● [Step4] ガーバ・ファイルの確認

生成したガーバ・ファイル，ドリル・ファイルを発注前に確認しておきます．これにより発注後のメーカからの問い合わせを減らします．

KiCadにはガーバ・ビューアが搭載されています．ほかにもgerbvなどのフリーソフトが存在します．

https://sourceforge.net/projects/gerbv/

● [Step5] 基板ネット通販サイトFusionPCBへの発注

次のWebサイトへアクセスし，FusionPCBの発注ページを開きます(**図1**)．

https://www.seeedstudio.com/fusion_pcb.html

「Add Gerber Files」をクリックし，ガーバ・ファイルとドリル・ファイルが格納されたzipファイルをアップロードします．

このとき，FusionPCBでは非常に良くできたガーバ・ビューアをブラウザ上で表示できます．あらためて確認しておきましょう．

設定が済んだら，リアルタイムに価格が表示されます．価格を確認し，[Add to Cart]をクリックします．

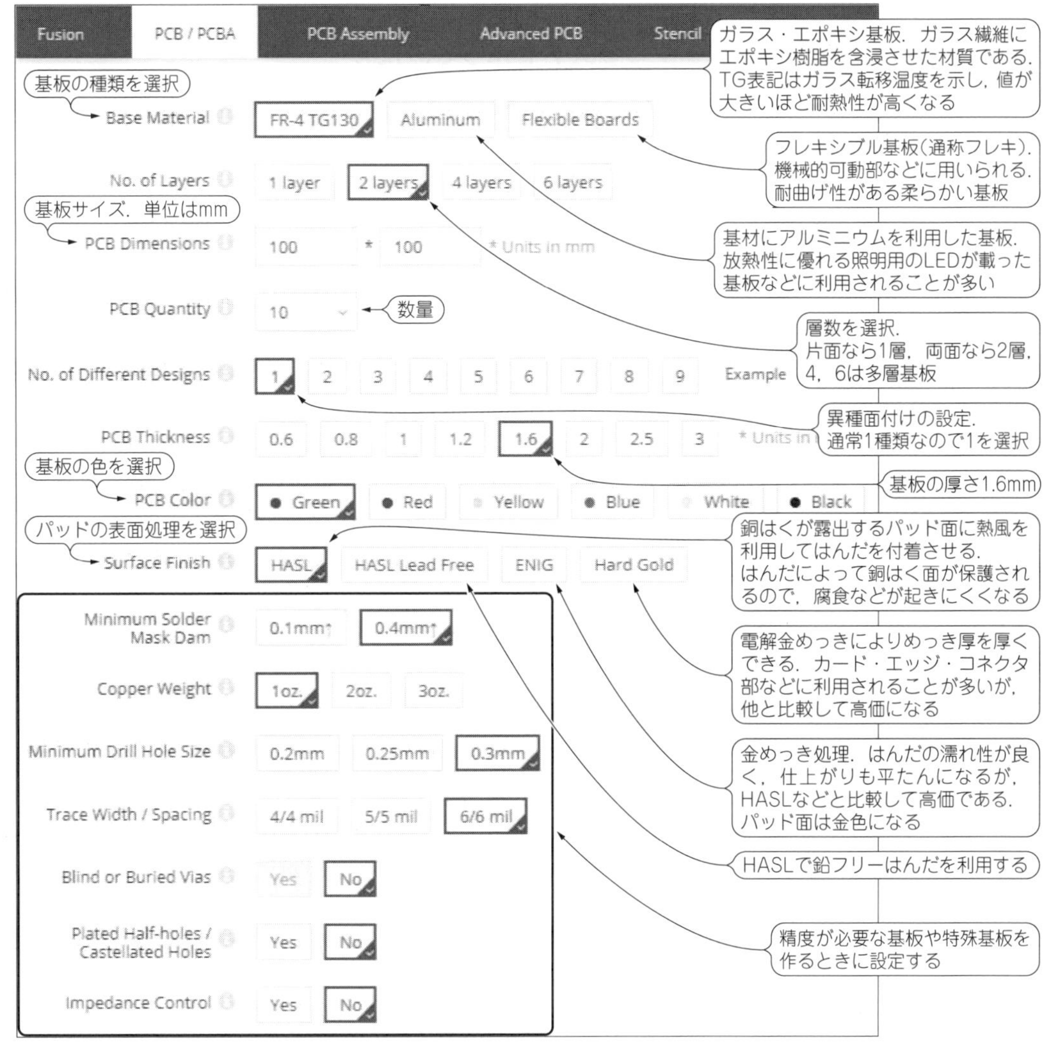

図1　基板の材料．厚み，層数などを考えて基板を発注する
FusionPCBでの基板発注前の設定．この設定をもとに価格が算出される

これで通常のWeb通販と同じようにカートに商品(基板)が追加されました．この時点では，まだ送付先が確定していないため送料が含まれていません．

カートを開く(画面右上のカート・アイコンをクリック)と，カートの内容が表示されて発注ができます．先にユーザ登録を済ませておきます．

発注の際に入力する情報は，次のとおりです．

●基板の送付先　●出荷方法　●支払い情報

日本から発注する場合，クレジット・カードでPaypalを利用して，決済するのが確実です．FusionPCBではPaypalを介さずに直接FusionPCBのWebサイトへカード番号を入力し決済することもできます．領収書などに相当するものが発行されません．研究室や会社へ後から請求しにくいので，慎重に検討してください．

＊　　＊　　＊

多くの場合，容易な英語のやり取りだけで済みます．FusionPCBにログインすることで，経過を確認することもできます．自宅に基板が届いたときに，輸入関税が請求される場合があります．一概には言えないですが，その場で代引きとして支払い，後から請求書が届きコンビニなどで支払う，などの方法があります．

受領後，FusionPCBのWebサイトへログインし，「Confirm Received」をクリックし，受領した旨を連絡します．余裕があればレビューを投稿してもよいでしょう．

〈善養寺 薫〉

◆参考文献◆

https://www.fusionpcb.jp/fusion_pcb.html，FusionPCB.

(初出：「トランジスタ技術」2018年7月号)

自分オリジナルの発注時チェック・リストを作ってみよう

基板を発注する前に確認しておいたほうがよい項目を**表A**に示します.

● ルール・チェック・エラーだけでなくワーニングも解決しておく

基板開発ソフトウェアのルール・チェック時のエラーは解決しても，ワーニングを無視することがあります.

例えば,「近接した配線だが結線はされていない」とワーニングが表示されます．このようなワーニングを修正しないと未配線になります.

オートルータを実行したとき，基板に未配線が残っていても警告が出ないときもあります．慎重に確認してください.

● 基板メーカの設計ルールに余裕をもたせておく

業者基準のルール・チェック用のファイル(dru)が基板メーカから提供されています．本ファイルでチェックを実行しさえすれば，このデータで製造できると考えてしまいます．しかし，実際にこの基準値で設計すると，基板メーカから，配線幅，クリアランス，シルクの太さやサイズが，基準より小さいと言われることがあります．このまま製造すると，オーバ・エッチング(断線)，アンダ・エッチング(短絡)があり得るという警告です．製造できないのではなくて，例えば100枚中1枚に不良が起こる可能性があるということです.

表A　基板発注時のチェック・リスト①
必ず確認しておいたほうがよい項目ばかり

番号	チェック項目	確認
1	DRCのワーニングの理由を調べたか	✓
2	未配線ネットは残っていないか	✓
3	基板メーカの基準を確認したか	✓
4	最小配線幅はメーカ基準に対し余裕があるか	✓
5	パッド，配線，ベタのプリント・パターンのクリアランスは十分か	✓
6	部品外形図とフットプリントが合っているか	✓
7	部品の向きは合っているか	
8	コネクタのピッチ，オス／メスは正しいか	
9	ミシン目，Vカットを入れたか	✓
10	リード部品のリード直径に対しドリル穴径は適当か	
11	提出用ガーバ・データをそろえたか	
12	ドリル・データをそろえたか	

基板メーカからのこのような指摘は，迷惑と考えるのではなく，好意であると考えます．最小配線幅は，製造メーカの最小基準の2倍以上(5 milなら10 mil)余裕を取ります.

● ミシン目とVカットが必要なときは，基板開発ソフトウェアで指定しておく

手作業で基板の分割や切り取りが不可能なときもあります．必要な場合は見落とさないように基板開発ソフトウェアで指定します.

● リード部品をはんだ付けしやすい穴径にする

部品穴が大きすぎてはんだが付かない，小さすぎて足が入らないということがよくあります．既存のライブラリをそのまま使うときに見逃しやすい点です.

＊　＊　＊

表A以外にもチェックしておくべき点があります(**表B**).

国内の基板メーカに発注したときは，シルクの重なりまで指摘してくれることがあります．このようなときは修正したほうがよいでしょう.

シルク文字の幅と高さは，デザイン・ルール・チェックでは見つけられないので慎重に確認してください．小さいと，シルクがカスレやにじみで判読できなくなることがあります．シルク文字は，線幅0.127 mm，高さ1 mm以上としておけば大丈夫です.

基板開発ソフトウェアから設計データを実寸サイズで印刷して，ICやコネクタなどの部品を置いてみると，部品と基板のフットプリントが合っているか，ピン順どおりに配線されているかなどを確認できます．コネクタのピッチやオス/メスが実物と異なることはよくあります．これらのチェックにも有効です.

なお，本チェック・リストには，プリント基板開発ソフトウェア特有の落とし穴(ERC，DRCの不備など)や，所属組織独自の基準(コンプライアンス)までは含んでいません．また，高性能なプリント基板開発ソフトウェアの場合は，ここまでチェックする必要がない場合もあります.

この表に適宜，追加/削除していただいて，自分なりの使いやすいリストを作っていただければと思います.

〈漆谷 正義〉

(初出：「トランジスタ技術」2017年10月号)

Column 1

表B　基板発注時のチェック・リスト②
万全を期すならこれらの項目も確認しておく

番号	チェック項目	確認
1	シルクの幅，高さが基板メーカの最小基準以上か	✓
2	シルク文字の重なりはないか	✓
3	電流容量相当の配線幅になっているか	✓
4	各層のデータを個別にチェックしたか	✓
5	実寸サイズで印刷して部品を置いてみたか	✓
6	部品の高さ制限を確認したか	✓
7	部品配置禁止領域を確認したか	✓
8	ベタGNDのプリント・パターンを切断していないか	✓
9	浮きベタのプリント・パターンを削除したか	✓
10	サーマルの有無，形状を調べたか	✓
11	追加スルーホールを開けたか，数は十分か	✓
12	高電圧のプリント・パターンの沿面距離を取ったか	✓
13	発熱部品の近辺を空けているか	✓
14	必要なチェッカ・ランドを設けたか	✓
15	取り付け穴にドリル穴を設けたか	✓
16	Vカットが短すぎないか	✓
17	ドリル・データをチェックしたか	✓
18	ドリル穴とリード線径に余裕があるか	✓
19	パッド径が小さすぎないか	✓
20	レジストの形状が適切か	
21	レジストを塗布しないエリアの有無を確認したか	
22	基板外形図に寸法が入っているか	
23	外形線ガーバ・データを出力したか	
24	外形は正しいか，単位を指定したか	
25	電解コンデンサの極性は正しいか，シルクは見やすいか	
26	シルクが部品で隠れないか	
27	モデル名，会社名を入れたか	
28	ガーバ・データをビューアで確認したか	
29	製造指示書にファイルの説明を加えたか	
30	送付ファイル・リストを作ったか	
31	送付ファイルを圧縮したか	
32	面付けの指示は出したか	

価格優先？ 品質優先？ 発注する基板製造メーカの選び方　Column 2

● 10×10 cmで100円のメーカも誕生

基板の外形サイズや層数，仕上げ方を選択するだけで，簡単に見積もりができるサイトが増えています．

プリント基板ソフトウェアで基板を設計したガーバ・データをアップロードし，クレジット・カードで決済するだけで，面倒な打ち合わせもなしにオリジナルの基板が手元に届きます．

かつては趣味でも業務でも，プリント基板を専門工場で起こすのは敷居が高いものでした．今では一般の通販サイトと同じ感覚で，1枚100円ぐらい(2層，10×10 cm)で作ることができるWebサイトもあります．

● 基板メーカ，私の選び方

どのように基板製造メーカを選べばよいのでしょうか？

格安プリント基板製造メーカは中国の企業が多いです．Webサイトの対応も英語ばかりです．発注は簡単な英語で済みますが，製造データの不備など技術的なやり取りをしなければいけないときは少し戸惑います．

製造日数も各社非常に短いですが，海外からの発送となると納期が読めないことも多々あります．

国内では高い納期遵守率をうたっているメーカもあり，スケジュールが厳しいプロジェクトに携わる技術者にとっては魅力的です．品質の高さやばらつきについても，海外と国内の企業の品質に対する捉え方の違いから，差が見えます．

私は，ホビーや動作検証用の試作が必要な場合の「動けばいいや」と割り切れる基板については，価格重視で海外のメーカに出します．金額面や品質面のほかに，海外は日本と祝日がずれるので，お盆の時期に急に基板が欲しい，という場合にも海外のメーカが重宝します．

品質が求められる場合や，UL対応，インピーダンス・コントロール，カード・エッジのめっき処理指定など，デザインが複雑なときは国内のメーカに依頼しています．線幅0.3 mmを下回るような配線がある場合でも安心です．

〈善養寺　薫〉

(初出：「トランジスタ技術」2017年10月号)

第11章 はんだ付けの状態から電源投入まで

納入された実装済みプリント基板の外観チェック

芹井 滋喜 Shigeki Serii

プリント配線板に部品が搭載されて納入されました．すぐにでも電源を入れて動かしてみたいところでしょう．でも，あわてずに目視，テスタによる導通チェック，部分ごとの火入れを行います．その際に見るべき点，気を付けたい点について説明します．

1. はんだがついていなかったり，ボール状のはんだが転がったりしていないか

基板メーカがリフロしてくれた基板でも，はんだが付いていない箇所はあります．

メタル・マスクではクリームはんだを塗っているのですが，基板の余熱が十分でなかったり，レジストが酸化したりしていると，クリームはんだは「はんだボール」になってしまい，基板上を転がります．肝心の部品のランドにはんだが乗っていないなどという事態を招きます．

はんだボールがコネクタやICの根元に入り込んで，見えないところでショートしているなんてこともあります(**図1**)．

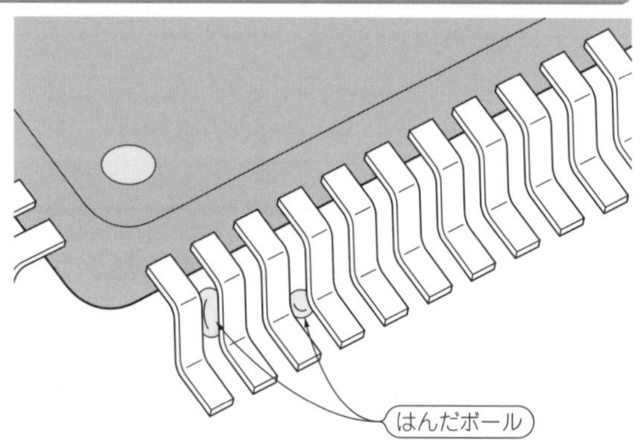

図1　はんだボールはコネクタやICの端子間ショートの原因になる

2. はんだは富士山形になっているか

はんだは**図2**(**a**)のように，横から見るときれいな富士山形になっているのが理想ですが，加熱が不十分だったり，フラックスがうまく流れていないと，**図2**(**b**)のようになります．これを「いもはんだ」と呼びます．

いもはんだの場合，真上からみるとはんだが付いているように見えますが，横から見ると**図2**(**b**)のように，プリント・パターンにはんだが付いていないので，接触不良となります．

はんだを多く付け過ぎると，隣の足まではんだが流れてショートしてしまうので，はんだの吸い取り線などを使って，付け過ぎたはんだを取り除きます．

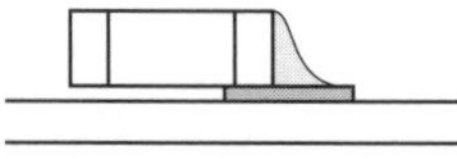

(**a**) 富士山形

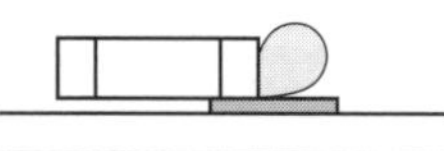

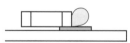

(**b**) いもはんだ

図2　理想的なはんだは富士山形

3. DIP ICの挿入ミスで端子が曲がっていないか

ICの足曲がり(**図3**)は，外側に曲がっている場合は見つけやすいですが，内側に曲がっていると見つけにくいので注意して見ましょう．ICの足曲がりの場合は接触不良だけでなく，曲がった端子がほかの端子やパターンとショートする場合があります．

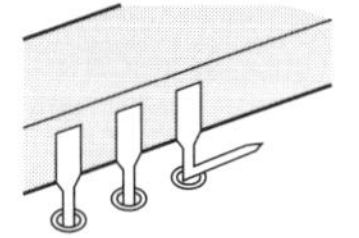

(a) 足が外側に曲がっている場合

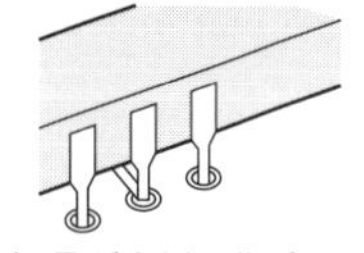

(b) 足が内側に曲がっている場合(見落としやすい)

図3 ICの挿入ミスで端子が曲がり，接続不良になっていないか？

4. ICが逆に実装されていないか

ICの逆差しも致命的な問題を引き起こす場合があります．ロジックICの多くは電源が対角上にあり，ICの向きを逆にすると，電源のプラスとマイナスが逆になってICに加わります．ICに逆電圧が加わるとほとんどの場合，ICを破壊します．ICが壊れるだけでなく，電源とグラウンド間に大電流が流れて，ほかの回路を壊してしまうこともあります．

5. カットされたリード部品の足くずが転がっていないか

リード部品のカットした足が，基板上に残っていることがあります．また，リード部品はないからと油断していると，通い箱の中に落ちていた別基板のリード線が，輸送中にICやコネクタの足の上にすまし顔で乗ってくることもあります．

ICの足やICソケットの先は鋭くとがっている場合があり，手をケガしたり，基板上のケーブルを傷つけることもあります．

6. 立っているチップ部品がないか

部品そのものが浮いている可能性があります．また，チップ抵抗やコンデンサは部品自体が軽いので，レジスト形状などで左右の温度不均一があると，チップ立ちなどが生じやすいです(**図4**)．

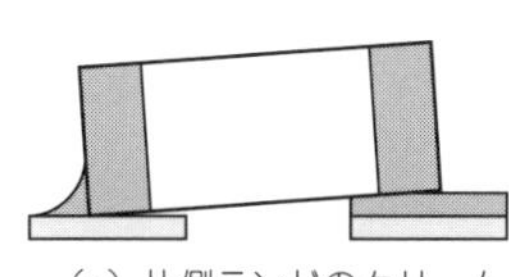

(a) 片側ランドのクリームはんだが先に溶ける

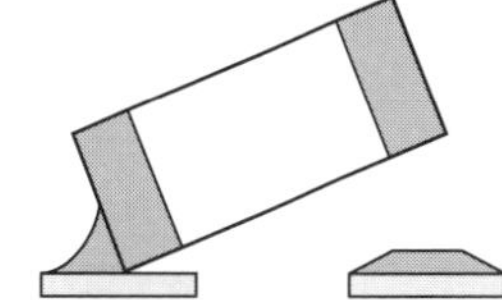

(b) 先に溶けたランドのはんだ張力によりチップ立ちが生じる

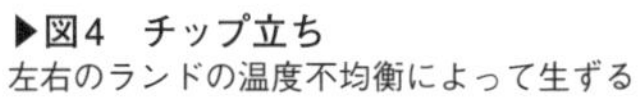

▶図4 チップ立ち
左右のランドの温度不均衡によって生ずる

7. コネクタの樹脂が溶けていないか

手はんだの際に，はんだこてがコネクタに当たり，コネクタが溶けていることがあります．またコネクタの端子をこてで温めすぎて，コネクタが溶けていることもあります．

8. すべての電源ICの入出力とグラウンド間はショートされていないか

目視によるチェックが終わったあとは，テスタでチェックを行います．簡単な回路であれば，すべての配線をテスタでチェックします．大規模な回路になると，そうもいきませんので，必要最小限のチェックを行います．

テスタによるチェックは，最低限，次のチェックを行います．

グラウンドと電源間の抵抗値を測定し，異常に小さい抵抗値になっていないかを確認します．電源は基板上に複数あります．5 V，3.3 V，1.8 Vの3端子レギュレータまたはDC-DCコンバータの入力とグラウンド，出力とグラウンドといった箇所を確認しましょう(**図5**)．すでに良品と認められた基板があれば，抵抗値を比べながら確認する方法もあります．

それぞれの電源間のショートも確認します．5Vと3.3Vのラインがショートしていると，3.3Vに接続している部品に過電圧がかかったり，電源を壊してしまう可能性があります．

マイコンを搭載している基板で，オンボードの書き込みや，JTAG-ICEによるデバッグ機能がある場合は，この書き込み端子への配線もチェックしておくとよいでしょう．

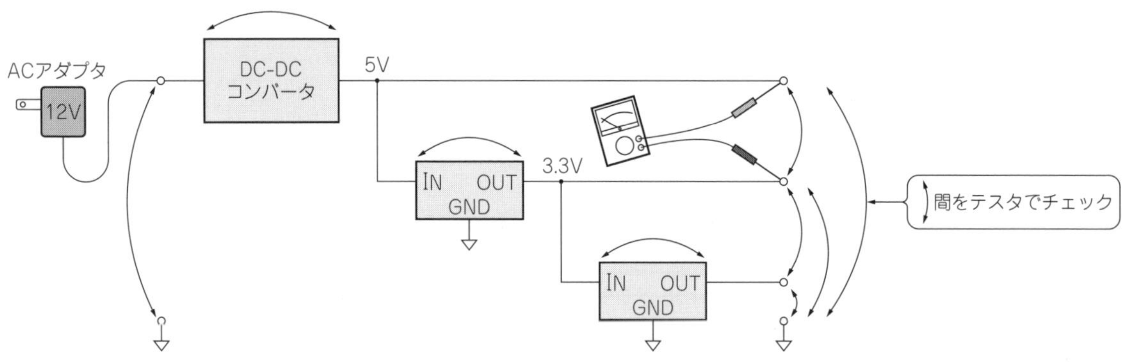

図5　電源の入出力間，電源-グラウンド間のショートをテスタでチェック

9. 電源投入直後，熱くなったり，においを放ったりする部品がないか

電源を入れて最初にやることは，各部品をひととおり軽く触ってみることです．どこか，異常に熱い部品があれば，素早く電源を落とし，その部品の周辺回路をチェックします．やけどをしないように，十分注意しましょう．

触り方ですが，筆者の場合は，基板の部品面全体を手のひらでさわって行き，はんだ面も同じようにさわってみます．電源周りは特に注意して触ります．

基板のにおいをかいでみるのも，初期デバッグでは有効な方法です．異常に加熱している部品があると，部品が焼けた特有のいやなにおいがしますので，においを感じたら素早く電源を切って，においの発生源を調べます．

部品が爆発する可能性もありますから，においをかぐ際は直接鼻を近づけないようにしましょう．

回路規模がある程度大きい場合，いきなりすべての回路に電源を入れず，ブロックごとに確認していくと安心です．例えば電源回路，ディジタル回路，アナログ回路を，それぞれ個別にチェックしていく方法です．

ただしこの方法を取るためには，回路設計時にブロックごとに切り離せるようにしておく必要があります(**図6**)．

火入れの順番としては，最初に電源回路を確認し，続いてディジタル回路，アナログ回路の順にやっていくとよいでしょう．

なお，各ブロックごとに分割するために部品を追加するのはむだなので，無理してブロックを分ける必要はありません．電源とそのほかの回路に分けるだけでもよいでしょう．

(初出：「トランジスタ技術」2010年7月号)

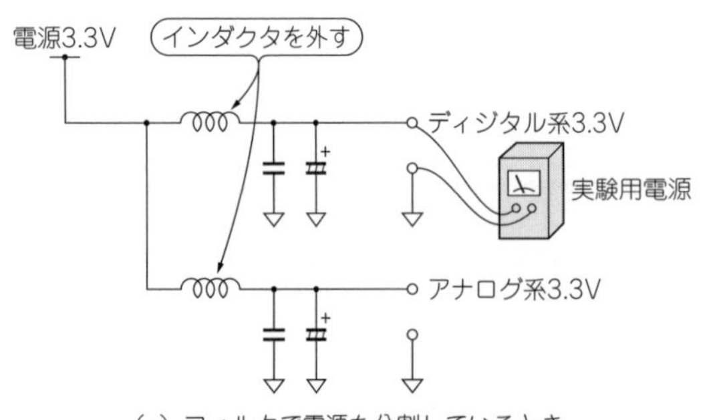

(a) フィルタで電源を分割しているとき

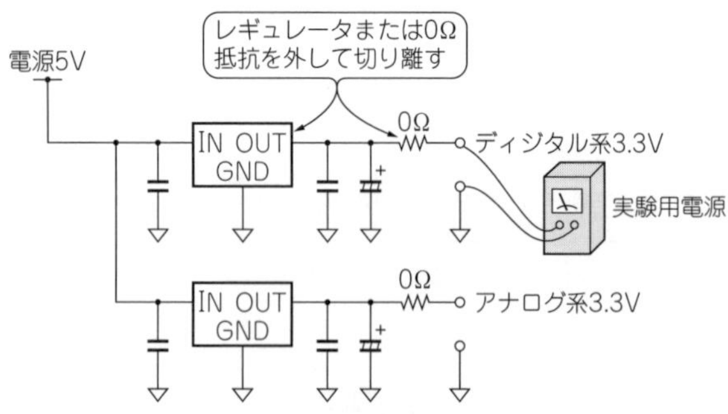

(b) リニア・レギュレータで電源を分割しているとき

図6　アナログ電源とディジタル電源を切り離す方法

第5部　達人の技に学ぶ！ 製作体験一部始終

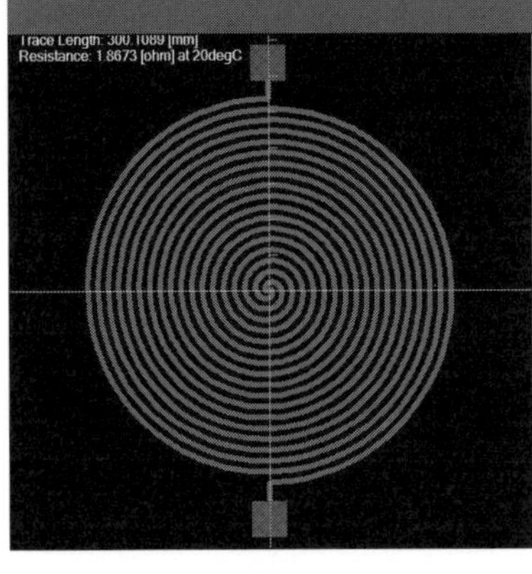

第12章　回路設計からケース設計までパソコン一丁ワンストップ！

開発実録：1m/sを測れる微風速計の製作 ～プリント基板製作ワークショップ～

加藤 隆志／善養寺 薫／山田 一夫
Takashi Kato / Kaoru Zenyoji / Kazuo Yamada

● パソコン一丁ワンストップ設計時代が到来

昔は数百万円もしていたシミュレータやCADが無料で使い放題の時代です．しかも仕事に十分使えるクオリティがあります．本稿では，パソコン1台で回路設計からケース設計までの一連の開発作業を完了させる，名人3人の仕事の一部始終をご覧に入れます．

テーマは「**微風速LEDレベル・メータ**」です．強制空冷ファンを選んだり，基板周辺の空気の流速を調べたりできます．

ストーリは3部構成です．

- 第1話　基板の熱設計と電子回路設計
- 第2話　基板のアートワークと発注・試作
- 第3話　熱シミュレーション

● 作って学んで使える製作テーマを用意

「習うより慣れろ」という言葉の重要さは，百戦錬磨のプロほど身に染みています．プリント基板の製作技術の習得も同じです．

本稿では，具体的な製作テーマとして，1 m/s前後の微風を測れる風速計(後出の**写真5**，p.205)を用意しました．マイコンやパソコンを使わないスタンドアロン型のハードウェア・テスタです．

- 風速センシング基板
- ホイートストンLEDレベル・メータ基板

の2枚で構成されています．

ホイートストンLEDレベル・メータには，接触抵抗が小さい端子台を搭載しています．今回は，風速センサ基板をつなぎましたが，圧力センサをはじめとするさまざまセンサを接続できます．　〈**編集部**〉

本稿で開発したプリント基板製作用データ，LTspiceシミュレーション・データ，PICLSの熱シミュレーション・データは，すべて付録DVD-ROMに収録されています．

第1話　基板の熱設計と電子回路設計

例題：1 m/s以下を測れる熱式風速計を作る

■ 製作の動機

● IoT開発に一役！ 熱線式微風速計

パワー・トランジスタやCPUを冷やしたいときは，ヒートシンクを取り付けます．この放熱技術を**自然空冷**と呼びます．ヒートシンクを付けるだけでは温度が十分に下がらないときは，ファンを使って冷たい空気をケース外から取り込み，デバイスで温められた空気をケースから排気する手法を採ります．これを**強制空冷**と呼びます．

本稿では，基板や機構部品でぎっしりの装置の中に突っ込んで，空冷ファンで得られるような風速(1～8 m/s)を測れる熱線式の微風速テスタを作ります．これがあれば，「基板表面で2 m/sの風速があるならヒートシンクは不要」というふうに小型化やコストダウンに役立ちます．

風車を使った風速計(後出の**写真3**，p.198)は大型なので，装置の内部に入れ込むことができません．また，エアコンの吹き出し口の風速(10 m/s前後)だったら計測できるかもしれませんが，空冷ファンの1 m/s程度の微風は，風車では測るのは難しいです．

■ 熱式風速検出のメカニズム

● 熱を伝えにくくした基板の上に高温部(温度センサ)と周囲温度部(基準)を設けて，温度差を測る

製作テーマ「微風速LEDレベル・メータ」は，パソコンやマイコンを使わない，電子回路とプリント基

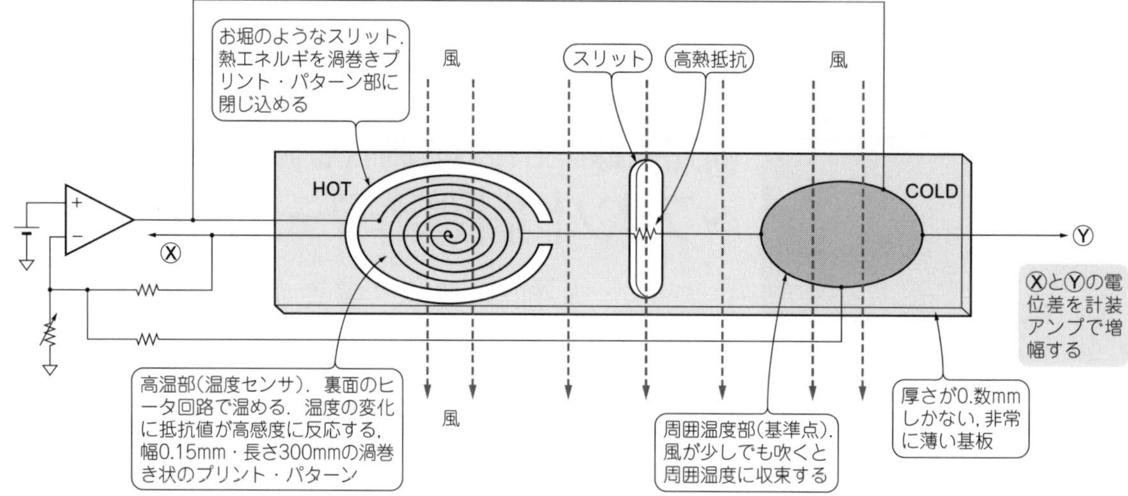
お堀のようなスリット．熱エネルギを渦巻きプリント・パターン部に閉じ込める
風
スリット
高熱抵抗
風
HOT
COLD
Ⓧ
Ⓨ
ⓍとⓎの電位差を計装アンプで増幅する
高温部(温度センサ)．裏面のヒータ回路で温める．温度の変化に抵抗値が高感度に反応する，幅0.15mm・長さ300mmの渦巻き状のプリント・パターン
風
周囲温度部(基準点)．風が少しでも吹くと周囲温度に収束する
厚さが0.数mmしかない，非常に薄い基板

図1　熱式風速検出用プリント基板のイメージ

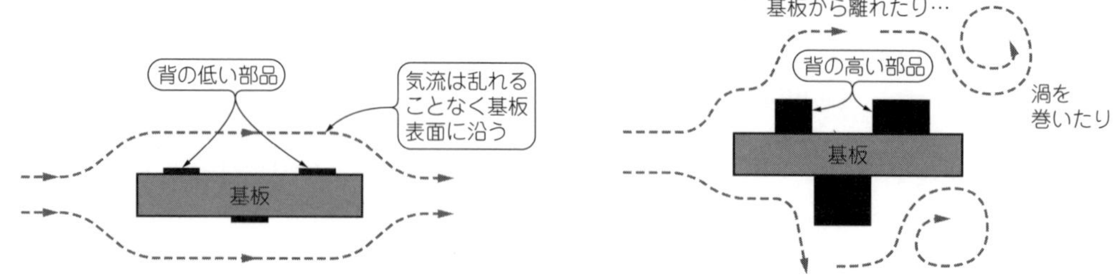
背の低い部品
気流は乱れることなく基板表面に沿う
基板
基板から離れたり…
背の高い部品
渦を巻いたり
基板

(a) 搭載されている部品の背が低ければ気流はスムーズである(正しい風速値を測れる)

(b) 背の高い部品が載っていると気流が乱れて基板表面の流速が下がる(正しい風速値を測れない)

図2　今回の例題製作の熱線式風速計の基板はできるだけ平面なのが理想的

板だけで構成するハードウェア測定器です．次の(A)・(B)2枚の基板で構成されています．

(A) 風速センシング基板
(B) ホイートストンLEDレベル・メータ基板

図1に，熱式風速計の考え方を示します．

非常に薄い基板の裏面に，抵抗値の低いチップ抵抗器でヒータを作り発熱させます．基板表面には，温度センサとして機能させる渦巻きプリント・パターン(HOT)と，基準(周囲温度)として機能させるプリント・パターン(COLD)を作り，HOTプリント・パターンだけを裏側から温めます．渦巻きプリント・パターンの周りと隣の2カ所には，スリットを掘って熱エネルギを渦巻きプリント・パターン部(HOT)に閉じ込めます．

基板に風が当たると，HOTプリント・パターン部以外の部分の温度が低下して，周囲と等しくなります(後出の**図33**，**図34**，p.204を参照)．

温度センサとして機能する渦巻きプリント・パターンは，幅0.15 mm，長さ300 mmと，とても細く長い銅線です．渦巻き状にして，小さなスペースに押し込みます．

▶いかに熱エネルギが伝わりにくくするかがかぎ

熱がまったく移動しない基板は，発熱体の温度が際限なく上がり続け，いずれ壊れます．実際には，熱は逃げる経路を見つけて移動するため，ある温度で落ち着きます．

製作する「微風速LEDレベル・メータ」は，低抵抗を発熱させてプリント・パターンを温め，気流の速さによる基板の温度の変化を捕らえます．熱の経路をしっかり断つことができれば，風速の測定精度が高まり，発熱源の電力も節約できます．

技 熱抵抗の高い基板に風を当てると，高温部とそれ以外の温度差が大きくなる

風速計は，風の流れを乱さない平面に近い構造がベターです［**図2(a)**］．通常の基板は，背の高い部品が実装されているので，乱流が起こりやすく，放熱は計算どおりいきません［**図2(b)**］．

図3と**図4**に示すのは，基板設計前に描いてみた風速センシング基板のラフ図です．裏面に5個のチップ

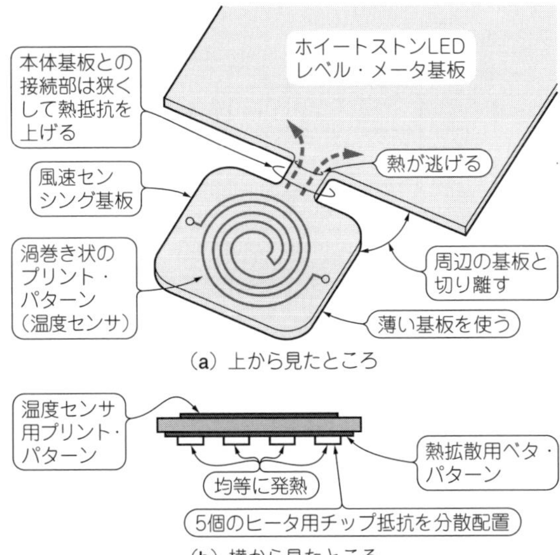

図3　風速センシング基板のラフ図を描いてみた

抵抗を実装して発熱させ，べた状のプリント・パターンで分散させて，風速センシング基板全体の温度が一様になるように温めます．基板の表面にある渦巻き状のプリント・パターンに風が当たると，温度が下がって抵抗値が下がります．

プリント・パターンの幅などの精度はエッチングの技術によって大きくばらつくため，その抵抗値もばらつきます．温度測定だけが目的なら，サーミスタやワンチップの温度計ICのほうが高精度です．

熱が拡散する経路は次の3通りあります．

(1) 対流
(2) 放射
(3) 熱伝導

(1)の空気の対流は，測定ターゲットである風の通り道です．この経路を熱エネルギが流れるのは当然です．(2)の放射は大きくないので，今回は無視します(Column 1参照)．

問題は(3)の熱伝導です．**図4**に示すように，今回作る基板では，熱源と基板本体部(ホイートストンLEDレベル・メータ基板)の間に2つのスリット(溝)を入れて，熱が伝わらないようにします．熱エネルギの経路の遮断が中途半端だと，温度センサ部と雰囲気の温度差が小さくなり，風速を正確に測ることができません．

図5に示すのは，**図4**の基板の熱等価回路です．

- チップ抵抗5個の熱源(I_1 = 0.5 W)
- 風速センシング基板(渦巻きプリント・パターン，R_1)
- **図4**の点Ⓐと点Ⓑの間の狭い通路の熱抵抗(R_2)
- 基板全体と周囲との間の熱抵抗(R_3)

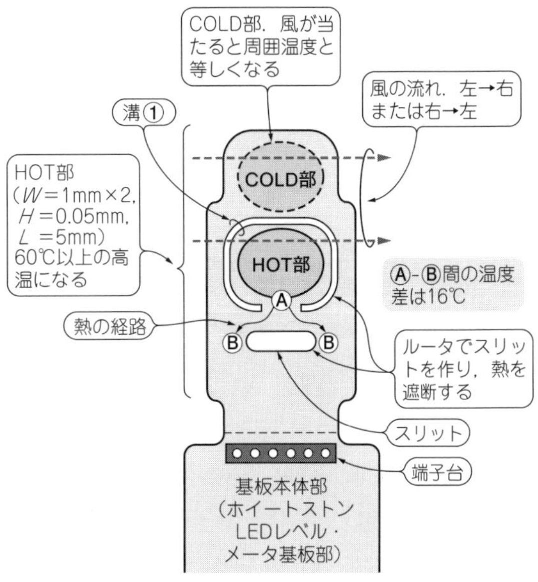

図4　熱源とホイートストンLEDレベル・メータ基板の間の熱の流れを断ち切る算段
熱源の周りとホイートストンLEDレベル・メータ基板との間にスリット(溝)を入れる

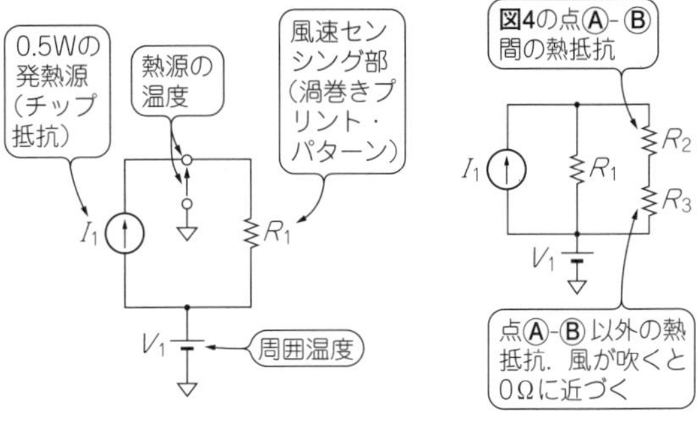

図5　発熱部の熱が基板を伝わって逃げていかない基板と逃げていく基板の熱等価回路
製作する基板は図5(b)の回路が複雑なほうである

基板が超薄っぺらく，スリットの効果も絶大ならば，R_2がとても大きくなって，熱等価回路は**図5**(a)のようにとてもシンプルです．実際には，**図5**(b)のような熱回路で表されます．風が少しでも当たると，R_3は0Ωに近づきます．

このような複雑な熱回路は，LTspiceなどの電子回路シミュレータを利用すれば解くことができます．

■ 基板の形状を検討する

● 63℃/Wの高熱抵抗を実現

図6に示す構造の基板の熱抵抗は次式で求まります．無風状態と仮定しています．

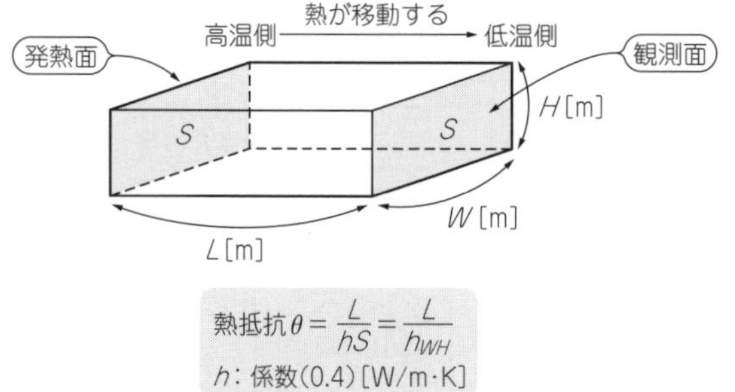

図6　基板の形状と熱抵抗の関係を整理する

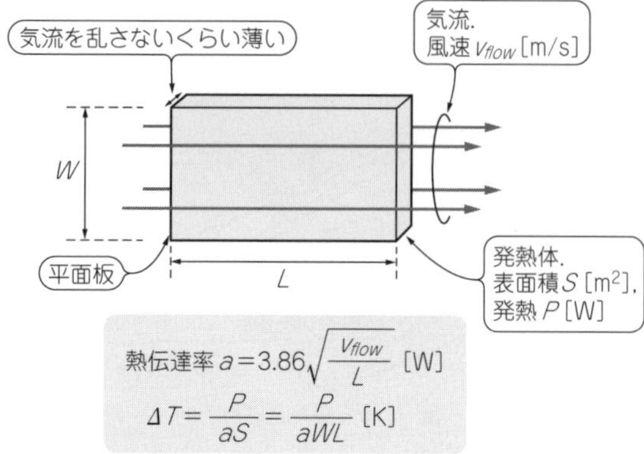

図7　空中にある平面板に風が当たっているときの雰囲気と平面板の温度差の関係
平面板の温度は均等に分布しているとする

$$\theta = \frac{L}{hS} \quad \cdots\cdots (1)$$

ただし，θ：プリント・パターン(熱エネルギの経路)の熱抵抗[℃/W]，h：基板の熱伝達係数[W/m℃]，L：基板の長さ[m]，S：基板の断面積[m²]

式(1)から，熱抵抗は，Lを長くSを小さくすれば大きくできます．具体的には，銅はくをできるだけ薄くし，熱を遮断するスリットを2つ設けて(**図4**)，熱の伝導性を悪くします．

スリットを設けて熱経路が狭くなった基板(FR-4)の熱抵抗は数百℃/Wと，極めて大きいため無視できます．無視できないのは銅はくのプリント・パターンです．電気抵抗値をあまり大きくしたくないため，線路幅を1 mmにしましたが，合計4本あるので熱抵抗を下げる要因になっています．

この基板で，どのくらい熱の拡散経路を断つことができるかどうか，計算で確認してみます．

仮に，銅はく厚0.05 mm，長さ(L)を5 mm，幅(W)を4 mm(1 mm × 4本)とします．銅の熱伝導率0.4 W/mm℃から，熱抵抗は次のように求まります．

$$\theta = \frac{L}{hWH} \fallingdotseq 63℃/W \quad \cdots\cdots (2)$$

● 無風状態で，基板上の2か所の温度差を計算してみた

図4の点Ⓐと，点Ⓐから約5 mm離れた点Ⓑの温度の差ΔT[℃]を求めてみます．点Ⓑではなく，もっと端子台に近いところとの温度差を求めてもよいのですが，熱等価回路が複雑になるので避けました．

対流も風も放射もない空気は断熱材のようにふるまい，熱エネルギは，スリット周辺の狭い経路を通り抜けようとします．チップ抵抗の発熱量(0.5 W)の半分(P = 0.25 W)が狭い経路を通過し，残りの半分は風で奪われると仮定します．

次式から点Ⓐと点Ⓑの間の温度差は－15.75 ℃です．

$$\Delta T = \theta P = 15.75 ℃$$

この基板は，5 mmで約16 ℃低下します．このくらい高い熱抵抗が得られれば十分ですが，無視できるほど大きくはありません．

● 少しでも風が当たると，温度センサ部(HOT)以外は周囲温度に冷めていく

前述のとおり，無風状態に近い条件では，時間とともに熱エネルギが基板を伝わっていくので，風速の誤差は大きくなります．

しかし，少しでも風が流れると事態は一変して，空気への放熱の割合が急増し，基板を通して伝導する熱量の比率が風による放熱に対して相対的に小さくなります．

最終的には，**図4**のHOT部だけが温まった状態になり，それ以外の部分はCOLD部も含めて，周囲温度に収束していきます．

それでも，熱伝導の影響は無視できません．計算で予想した後，実機の評価で補正します．

プリント・パターンの抵抗値(温度)の変化と風速の関係を整理する

技 基板の熱抵抗が高いほど周囲との温度差が出る

風速は，HOTポイント(**図4**)と周囲との温度差から求めることができます．

図7は，温度が均等に分布している平面板が空間にあり，風が当たっているところです．ここで，風向き方向の長さをL[m]，風向きと直交する幅をW[m]，平面板に加わる電力をP[W]，雰囲気と平面板の温度差をΔT[℃]，熱伝達率をa，風速をv_{flow}[m/s] とす

ると，次式が成立します．

$$\Delta T = \frac{P}{aWL} \cdots\cdots (5)$$

$$a = 3.86\sqrt{\frac{v_{flow}}{L}} \cdots\cdots (6)$$

式(5)と式(6)から次式を導くことができます．

$$v_{flow} = \frac{1}{3.86^2 L} \times \left(\frac{P}{W\Delta T}\right)^2$$

平板の形状と加える電力が決まれば，風速はΔTから求まることがわかります．

板が平らなら，式(5)と式(6)の計算どおりの結果が得られますが，背の高い部品が載った凹凸のある基板では計算値と実験値は合いません．これは，空気の渦や乱流が発生して，見かけ上の風速が低下するからです．

今回は，背の低いチップ抵抗5個を基板の裏面に実装してヒータを構成しています．温度センサ部分もプリント・パターンで構成することで，凹凸を減らしています．

技 温度で抵抗値が感度良く変化する細く長いプリント・パターンで渦巻かせる

風速センシング部のプリント・パターンの抵抗値が高いほど温度の変化をキャッチしやすくなります．

銅の抵抗率ρ (1×10^{-8}) [Ωm] と温度T[℃]の関係は，次のとおりです．

$$\rho = 1.5475 + 0.0068725T \cdots\cdots (7)$$

プリント・パターンの抵抗値R[Ω]は次式で求まります(**図8**)．

技 3つ目の熱エネルギの経路「放射」は無視できる　Column 1

熱源は電波を出しており，それ自体が熱を放出しています．その放射熱量P [W] は次式で計算できます(**図A**)．

$$P = \sigma\varepsilon ST^4 \cdots\cdots (A)$$

ただし，σ：シュテファン・ボルツマン係数(5.67×10^{-8})，ε：熱源の放射係数(理想的な黒体で1)，S：熱源の面積[m^2]，T：熱源の絶対温度[K]

ここで仮定する周囲温度は絶対零度(－273℃)なので，周囲と発熱体の絶対温度がほぼ等しい今回のような基板は，次の近似式を利用できます(**図B**)．

$$P[\mathrm{W}] = \sigma\varepsilon S T_A{}^3 (T_0 - T_E) \cdots\cdots (B)$$

$$T_A = (T_0 + T_E)/2$$

ただし，σ：シュテファン・ボルツマン係数(5.67×10^{-8})，ε：熱源の放射係数(理想的な黒体で1)，S：熱源の面積[m^2]，T_0：熱源の絶対温度[K]，T_E：周囲の絶対温度 [K]，T_A：周囲と熱源の平均温度[K]

式(B)からわかるように，放射エネルギは絶対温度の3乗と周辺との温度差に比例します．今回のように，発熱源と周囲との温度差が最大で25℃と小さい場合は，放射エネルギは大きな値にはなりません．

図4(p.183)の基板を例にして，放射エネルギを計算してみましょう．式(B)に，

$$S = 360\ \mathrm{mm}^2,\ T_0 = 323\mathrm{K}(50\ ℃),\ T_E = 300\mathrm{K}(27\ ℃)$$

を入力します．発熱源が黒体($\varepsilon = 1$)と仮定すると，放射熱量は0.014Wとなり，抵抗の発熱量(0.5 W)のおよそ3％です．しかも，銅はくのような光沢のある金属の放射係数は0.1以下とかなり小さいため，銅はく部分とその他の部分を合わせても放熱量は数％と限定的でしょう．以上の検討から今回は，放射による影響は無視しました．〈加藤 隆志〉

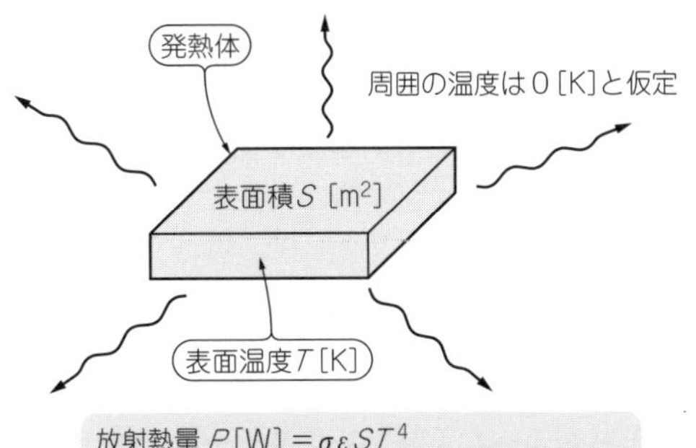

図A　熱源から出る放射熱の計算方法

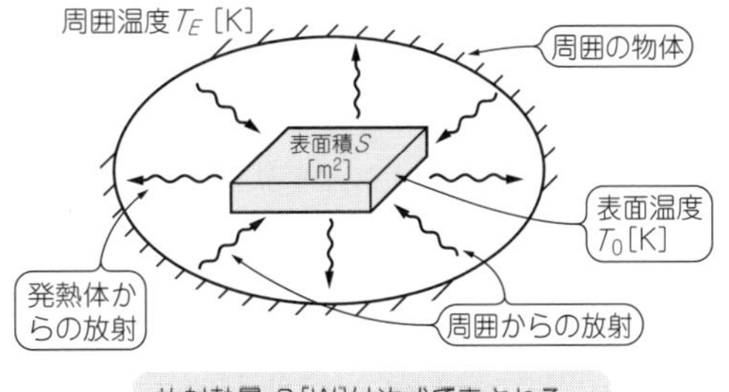

図B　放射熱を求める近似式
周囲と発熱体の温度がほぼ等しい基板でも利用できる

12 開発実録：1m/sを測れる微風速計の製作～プリント基板製作ワークショップ～

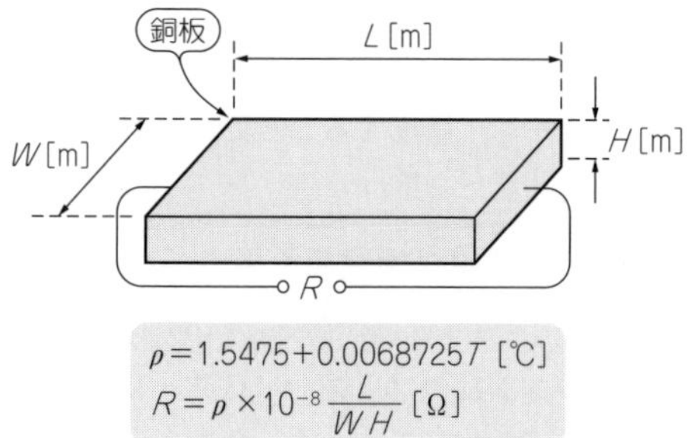

図8 プリント・パターンの温度変化と抵抗値の関係を整理する

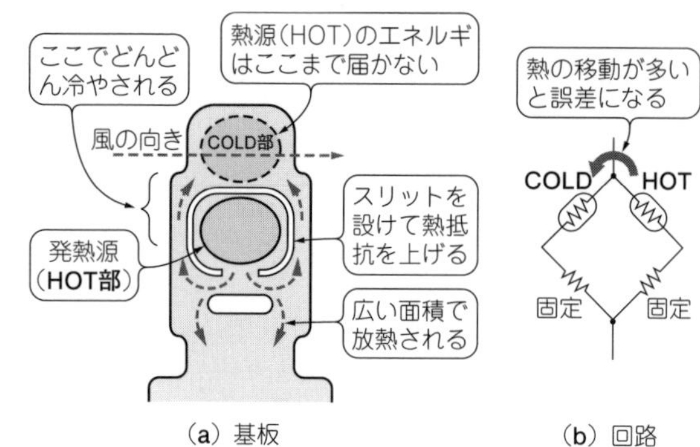

(a) 基板　(b) 回路

図10 風速センシング部をホイートストン・ブリッジ回路に組み込む

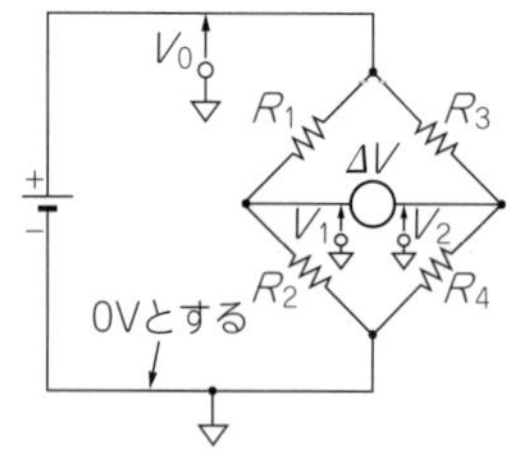
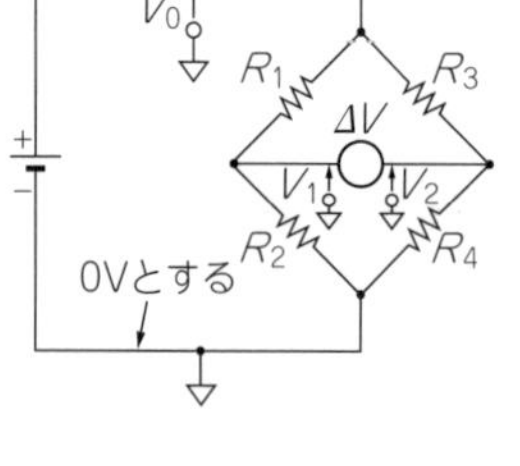

$$V_1=V_0\frac{R_2}{R_1+R_2},\ V_2=V_0\frac{R_4}{R_3+R_4}$$
$$\Delta V=V_2-V_1=V_0\left(\frac{R_4}{R_3+R_4}-\frac{R_2}{R_1+R_2}\right)$$

(a) 定電圧駆動

定電流駆動はV_0が変動するため，定電圧源よりも動作が複雑

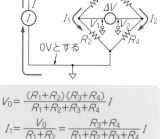

$$V_0=\frac{(R_1+R_2)(R_3+R_4)}{R_1+R_2+R_3+R_4}I$$
$$I_1=\frac{V_0}{R_1+R_2}=\frac{R_3+R_4}{R_1+R_2+R_3+R_4}I$$
$$I_2=\frac{V_0}{R_3+R_4}=\frac{R_1+R_2}{R_1+R_2+R_3+R_4}I$$
$$V_1=I_1R_2=\frac{R_2(R_3+R_4)}{R_1+R_2+R_3+R_4}I$$
$$V_2=I_2R_4=\frac{R_4(R_1+R_2)}{R_1+R_2+R_3+R_4}I$$
$$\Delta V=V_2-V_1=V_0\frac{R_4(R_1+R_2)-R_2(R_3+R_4)}{R_1+R_2+R_3+R_4}I$$

(b) 定電流駆動

図9 微小な抵抗値の変化を拾い上げる回路「ホイートストン・ブリッジ」
この回路で，温度が変わったときのプリント・パターンの微小な抵抗値変化を拾う

$$R=1\times10^{-8}\times\frac{\rho L}{WH}\cdots\cdots(8)$$

ただし，L：長さ[m]，W：幅[m]，H：高さ[m]

幅(W)を細くするほど，プリント・パターンの抵抗値は高くなり，温度に対する感度が上がります．今回は，多くの基板メーカが製造できる最小幅0.15 mmに設定します．銅はくの厚さ(H)は，標準的な35 μmとします．

プリント・パターンの長さ(L)を300 mmとすると，Rは約1 Ωになります．25 ℃のときは，R = 0.98 Ω，50 ℃のときは1.08 Ωで，十分に検出できます．L = 300 mmはとても長いのですが，W = 0.15 mmで折りたためば，10×10 mmの範囲に収まります．

プリント・パターン幅は，エッチング時に最もばらつき，最小の0.15 mmの半分に細る可能性があります．逆に，プリント・パターンの抵抗値は，最大で2倍になる可能性があり，この誤差を回路で吸収する必要があります．最小プリント・パターン幅とは，最悪でも製造時に配線が切れない値です．

技 微小な抵抗値を測れる定番回路「ホイートストン・ブリッジ」

風速による抵抗値の微小な変化は，**図9**に示すホイートストン・ブリッジ回路で測ります．

ホイートストン・ブリッジは，抵抗で分圧した電圧の左右の差分を検出する回路です．差分を検出するため，感度が高く，ダイナミック・レンジも広いです．

重要なのは左右のバランスです．**図10**に示すように，形状がまったく等しいプリント・パターンを2個用意して，片側に熱源を設けます(HOT側)．もう片方は，雰囲気温度を測ります(COLD側)．

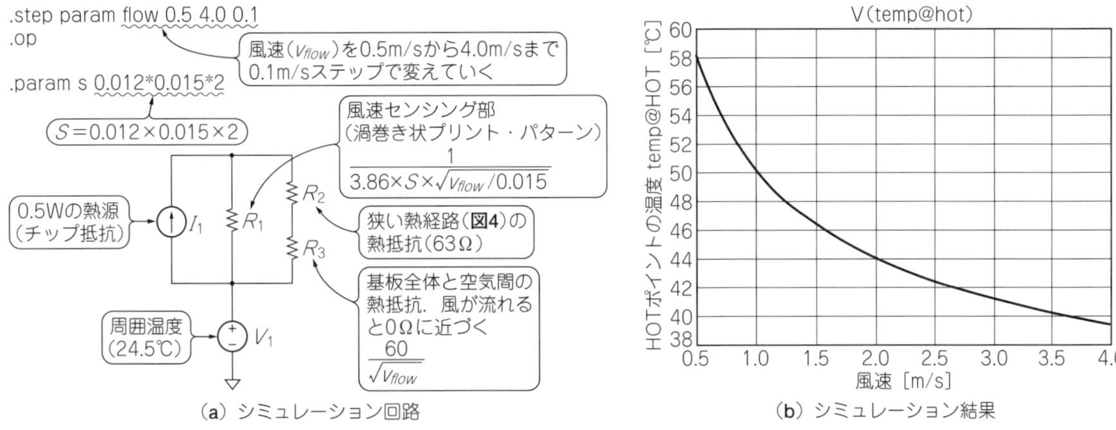

図11　風速センシング部の風速-基板温度(LTspiceによるシミュレーション)

温度センシング部の風速と基板温度を予想

技 風速センシング基板の熱モデルを作る

熱エネルギは電流に，温度は電圧に，熱抵抗は抵抗に置き換えることができます．つまり，電子回路シミュレータLTspiceを使って，熱の流れや温度が計算で求まります．

図11(a)に示すのは，風速センシング基板の熱等価回路です．この回路をLTspiceを使って解析します．

熱源(0.5 W)は電流源(0.5 A)に，環境温度(21℃)は電圧源(21 V)，熱抵抗［W/℃］は電気抵抗［Ω］にそれぞれ置き換えることができます．R_1は，HOT側の基板表面と空気間の熱抵抗です．式(5)をP(電力)で割ったものです．

R_2は，式(2)で求めた値で，HOT側基板と基板全体とを接続している部分の熱抵抗です．

R_3は，基板全体と空気との間の熱抵抗です．ここは熱が基板全体に拡散するため，予測が難しいですが，基本的には式(5)にある係数をかけたものになると予想して，

$$\theta b = \frac{K}{\sqrt{v_{flow}}} \quad \cdots\cdots (11)$$

としました．Kは，似たような基板を使った過去の経験値から$K = 60$としました．

図11(b)にシミュレーション結果を示します．横軸は風速，縦軸はHOT側基板の表面温度です．風速0.5 m/sで47℃，風速4 m/sで31 ℃と予想できます．

式(11)の係数Kは，基板の厚みやべたプリント・パターンの広さ，層数で変化します．R_2を大きくできれば，不確定なR_3の影響が小さくなります．つまり，基板レイアウト時に重要なのは，HOT側基板と基板全体との接続部分を細く，長く，薄くして，R_2を極力大きくすることです．

■ 基板の温度は上がっても80℃！信頼性は大丈夫

風速を0.1 m/sに設定してシミュレーションすると，最高で80 ℃近くまで基板の温度が上昇しました．基板は100 ℃を超えると劣化が加速し，熱サイクルによるはんだクラックの可能性もあります．基板温度は，80 ℃以下にしたいものです．

なお，最高温度になる条件は無風です．実際には，断熱材で覆うことでもしない限り対流が起こり，無風にはなりえません．

回路の説明

● 全体

図12(p.188)に，完成した微風速LEDレベル・メータの回路を示します．

ホイートストン・ブリッジ回路，定電流回路，差動アンプ，LED表示回路などで構成されています．ホイートストン・ブリッジ回路のCOLD側のR_4とHOT側のR_5には，プリント・パターンの形状から求まる熱抵抗を設定しました．

● 定電流源

HOT側とCOLD側のプリント・パターンの抵抗値は同じ基板ならそろっていますが，基板が変わるとばらつきます．渦巻きプリント・パターンの抵抗値が±50 %ほどばらつくと想定して，定電流値を決める抵抗(R_1とR_{40})のうち，R_1を可変にしました．

ホイートストン・ブリッジに加える電源は，定電圧タイプと定電流タイプの両方が選べます．今回のように測る抵抗値が約1 Ωと低い場合，定電圧源では測定

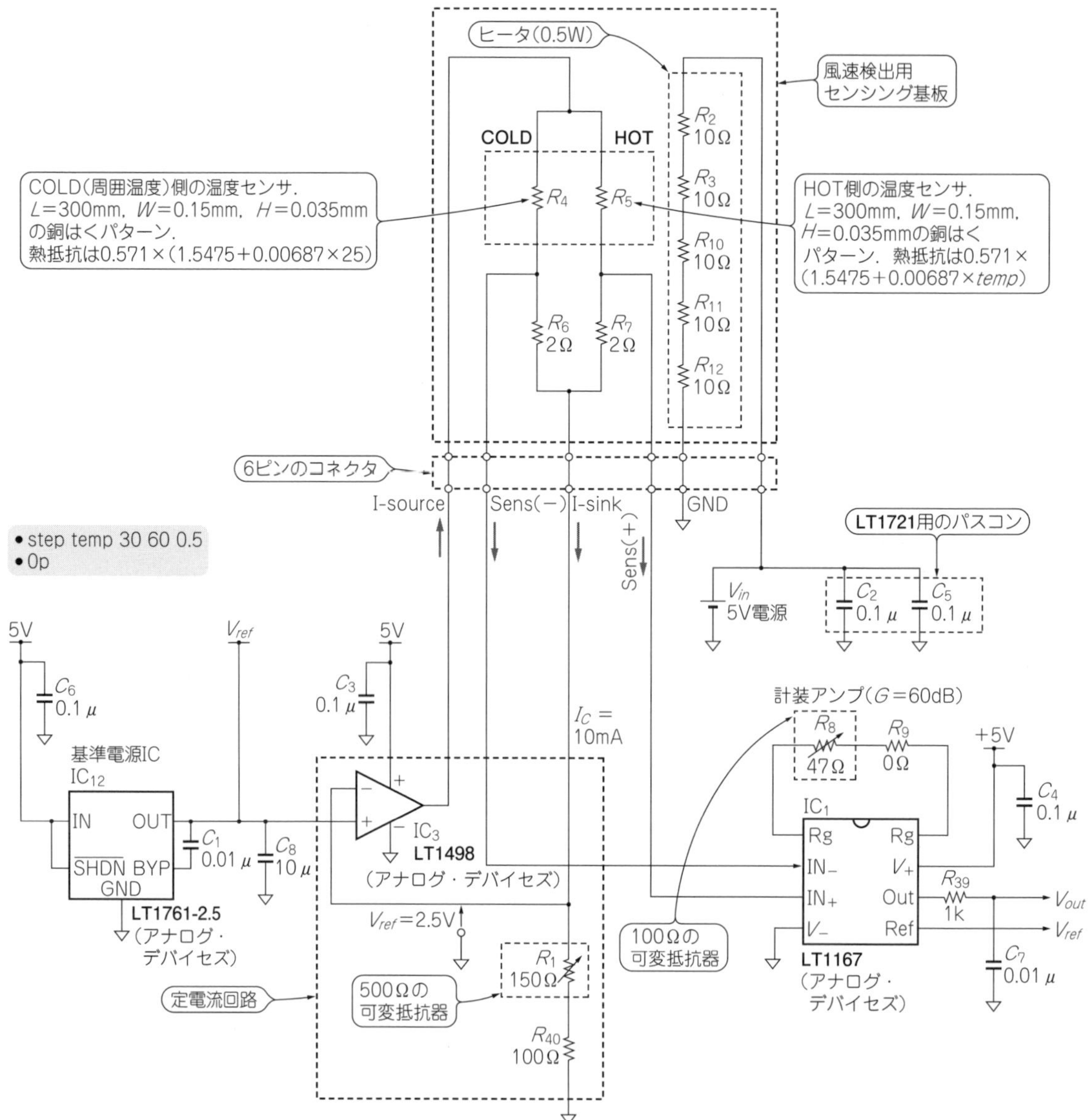

図12　設計を完了したアナログ式LED風速レベル・メータの全回路

電圧が低くなりすぎます．今回は定電流源を使います．

図13に示す定電流源は，OPアンプ1個で実現できます．OPアンプの駆動能力は最大約20 mAなので，今回はその半分(10 mA)にします．

各プリント・パターンに流れる電流をI_Xとすると検出される電圧V_{in}は次式で表されます．

$$V_{in} = I_X R \cdots\cdots (9)$$
$$= I_X \frac{\rho L}{WH}$$

V_{in}は，基準電圧源IC(LT1761-2.5)の出力電圧で，常に一定です．**図14**に示す回路構成にすることで，基板製造の条件によってプリント・パターン幅(W)がばらついても，R_2を調整することで，ホイートストン・ブリッジには常に同じ電流を流すことができます．

技 1 mV前後の微小電圧を測るなら計装アンプ

図14に示すホイートストン・ブリッジ回路の点Ⓧと点Ⓨの間には，COLD側25 ℃，HOT側50 ℃のとき，0.5 mVの電圧差が表れます．

この1 mV弱の微小な電位差を測るときは，計装アンプを使うのが定石です(**図15**)．OPアンプを使った差動アンプは，*CMRR*特性(同相電圧除去比)を得るのがたいへんです．

微小電圧を測るのに特化した計装アンプは，ホイートストン・ブリッジで使うことを想定して作られてい

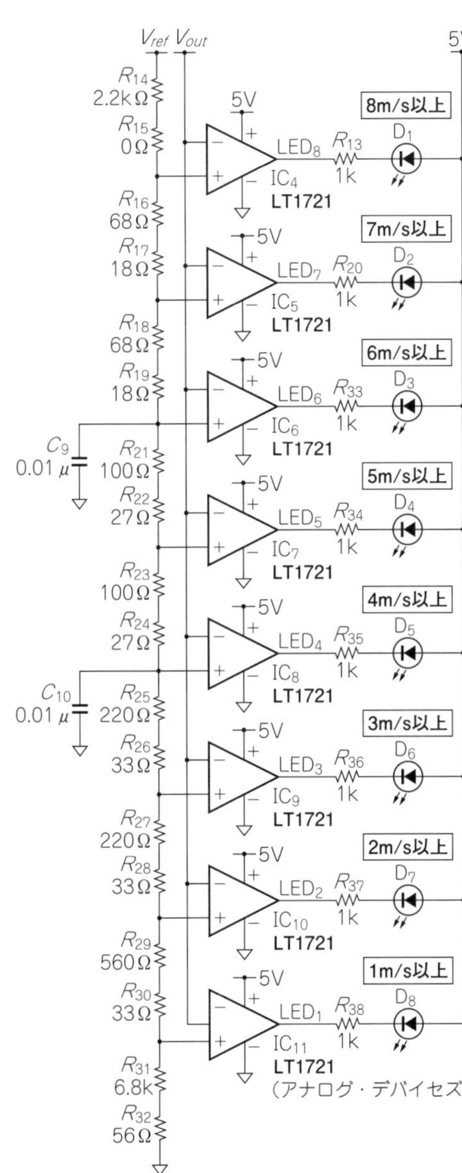

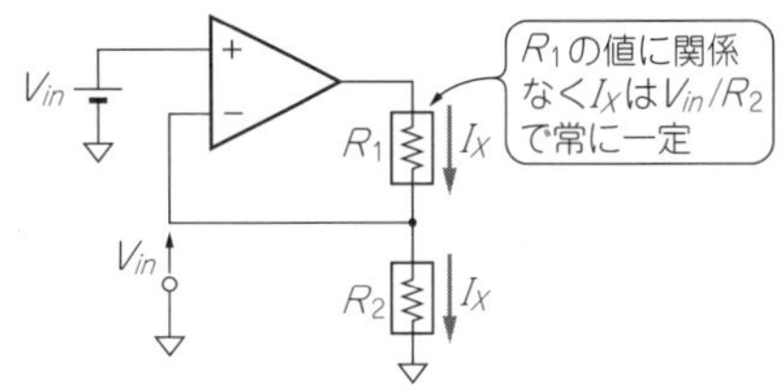

図13　アナログ式LED風速レベル・メータの回路説明① 定電流回路部

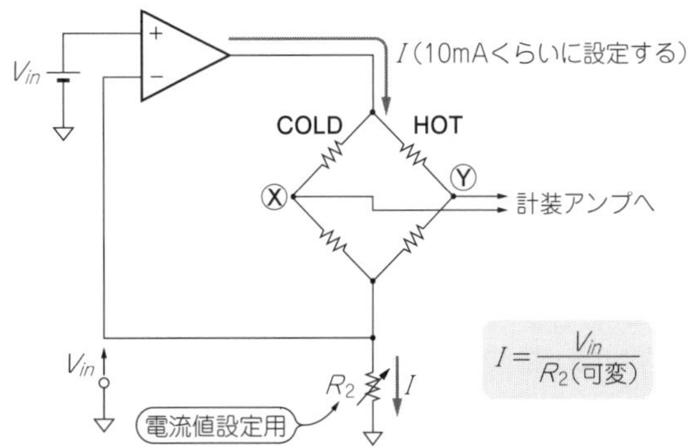

図14　アナログ式LED風速レベル・メータの回路説明② 定電流回路の中にホイートストン・ブリッジを入れる

R_2を調整すれば，プリント・パターンの幅がばらついて抵抗値がいろいろでもホイートストン・ブリッジに同じ電流を流すことができる

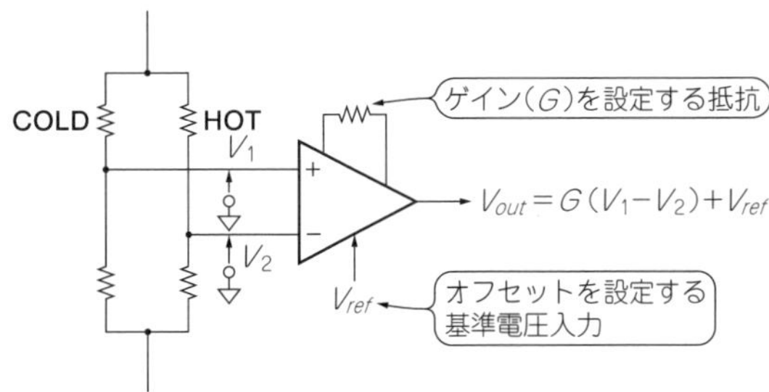

図15　アナログ式LED風速レベル・メータの回路説明③ ホイートストン・ブリッジ回路と計装アンプの接続

ます．

今回は，LT1167(アナログ・デバイセズ)という計装アンプを選びました．LTSpiceにはそのまま使えるモデルが付属しています．

LT1167のゲインGは1本の抵抗(R_G)で設定でき，次式で決まります．

$$G=\frac{49.4\ \mathrm{k\Omega}}{RG}+1 \cdots\cdots (10)$$

今回は1000倍に設定します．抵抗R_Gは次式から47Ωにします．

$$R_G=49.4\ \mathrm{k\Omega}/(1000-1)=49.45\ \Omega$$

ゲインGは1051倍です．

計装アンプの出力は次のとおりです．

$$V_{out}=V_{ref}-GV_{diff}$$

V_{diff} = 1 mVのとき，V_{ref}は2.5 Vなので，測定する25～50℃の範囲では，V_{out} = 1.47～2.50 Vです．

● リニア・レベル検出！ LED表示部

コンパレータは高ゲイン・アンプなので，しきい値付近で結合による帰還があると発振します．そこで，LED表示部のコンパレータ入力の分圧抵抗にパスコンを入れて，ACでの入力インピーダンスを下げ，高周波数域で帰還がかからないようにしています(**図12**)．

図16に示すように，風速に対して，計装アンプの出力電圧はリニアに変化しません．風速と放熱量の関係は平方根です．計装アンプの出力に電圧計を付けた

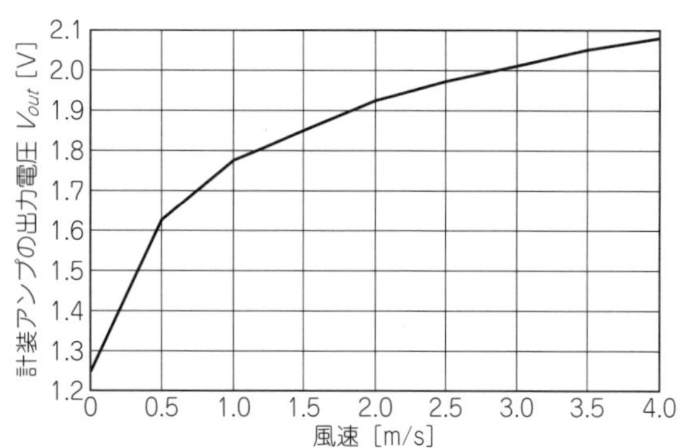

図16　風速と計装アンプの出力電圧の関係は非線形
図12では，コンパレータ回路の抵抗分圧比を調節して，線形的にしている

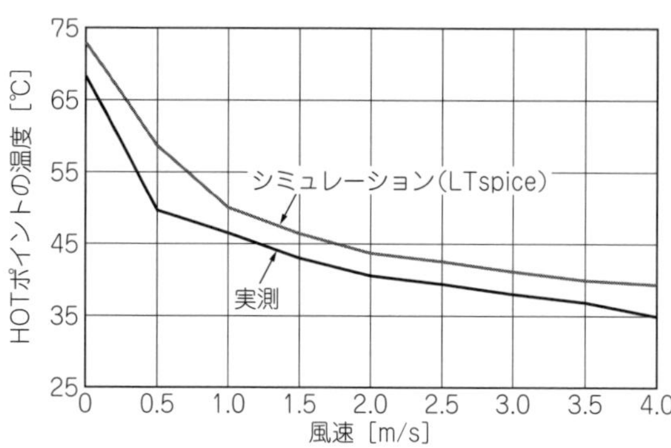

図17　風速と温度センシング部の基板温度の関係
実測とシミュレーションはほぼ一致した

だけでは，LEDレベル・メータが風速に対してリニアに点灯しません．

今回は，**図12**のように，抵抗分圧とコンパレータを組み合わせてレベル判定を行い，LEDで8段階(1 m/sきざみ)で表示します．分圧抵抗の定数をうまく調整して平方根近似し，ノンリニアな曲線を直線にしています．

試作基板の調整と性能測定

● 調整方法

図12のR_1とR_8は半固定抵抗器です．R_1は，R_{40}の両端電圧が1 V(I_C = 10 mA)になるように調整します．

R_8は，本器に基準になる風速を加えて調整します．基準がない場合は，無風時にV_{out} = 1.25 Vになるように調整してください．ただし誤差は大きくなります．

● 実測結果

図17に示すのは，風速とHOT側の基板表面温度の実測とシミュレーションです．

基板の表面温度は，放射温度計で測りました．LTspiceシミュレーションの設定は無風(0.2 m/s)，環境温度は24.5 ℃です．

一般に，伝達経路が複数ある熱の正確な解析は難しく，単純なモデルでは実測と一致しません．最終的には実測による補正が必要です．

LED表示回路の分圧抵抗の定数(**図12**)は，風速と計装アンプの出力電圧を実測して，LEDレベル・メータの表示が正しくなるように決めました．

＊　＊　＊

本器は，反応速度がやや遅いですが，十分に使えます．複雑な熱回路と電気回路が融合したシステムでも，シミュレータを利用すれば，試作する前に設計の精度を高めたり，試作を減らしたりできます．**〈加藤 隆志〉**

第2話　基板のアートワークと発注・試作

第1話では，微風速LEDレベル・メータの電子回路と熱回路を設計しました．第2話では，**図12**に示す回路のプリント・パターンを描画(アートワーク)し，インターネット基板試作サービスに試作を発注します(**写真1**)．
〈編集部〉

[Step1] 回路図を読み解いて基板の仕様を検討する

● 編集部から突然の電話「微風速LEDレベル・メータ回路の基板を作ってほしい…」

ある日，トランジスタ技術編集部から「加藤氏が設計した微風速LEDレベル・メータ回路のプリント基板化をお願いしたく…」と連絡がありました．「もし，手に負えない回路だったらどうしよう…」と不安になりました．

● 両面基板で行けそう

編集部から回路図を送ってもらって一安心しました．回路図どおりにプリント・パターンをつなげば動きそうだったからです．

回路図を眺めると，加熱部はあるものの，極端な大電流も流れません．ノイズ源になりがちなDC-DCコンバータもありません．電源電圧も1つで，複雑に絡み合う配線もないので，両面(2層)基板で問題なさそうです．この際「部品配置や基板サイズ，見栄えを気にせずに，オートルータで配線を一発完了！」と，短

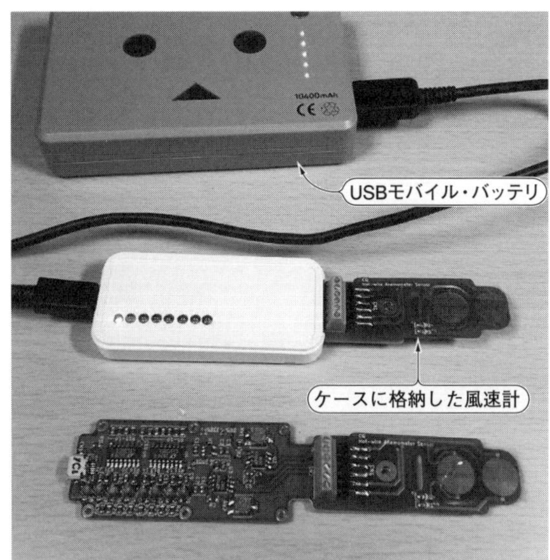

写真1　編集部からの依頼で製作したアナログ式LED風速レベル・メータ
回路情報を加藤氏から入手し，KiCadを使ってプリント基板を設計した．DesignSparkの3D CADも利用してケースも設計し試作した

時間で仕事を片付けることもできそうです．

● ユニークな設計に脱帽

基板を作るのは簡単そうなことがわかったのですが，加藤氏の設計データを検討しているうちに，素晴らしい工夫があることも同時に見えてきました．

加藤氏の回路で「面白い！」と感じたのは，温度センサなどの専用部品を使わず，プリント・パターンだけで温度を検出する点です．高周波フィルタやアンテナをプリント・パターンで作ることはよくある話ですが，風速センサも作れるのは驚きです．

● 早速，渦巻き状のプリント・パターンを作る

図18に示すのは，フリーの定番CAD KiCadで作画した風速センシング基板です．

上下に渦巻きプリント・パターン（風速センサ）を配置し，下段のプリント・パターンの裏面にヒータ（チップ抵抗5個）を実装します．熱が基板を伝わって逃げていかないように，渦巻きプリント・パターンの外周とスリットを作ります．

図12に示す回路図からわかるように，風速センシング基板のプリント・パターンの形状は次のとおりです．

> G＝線長（L）：300 mm，線幅（W）：0.15 mm，
> 銅はく厚（H）：18 μm

渦巻きプリント・パターンは小さくコンパクトに作ります．具体的には，外周から内周に向かって，渦を巻くコイル状のプリント・パターンにしました（**図19**）．中心部分で折り返して，外に向かうように描きます．

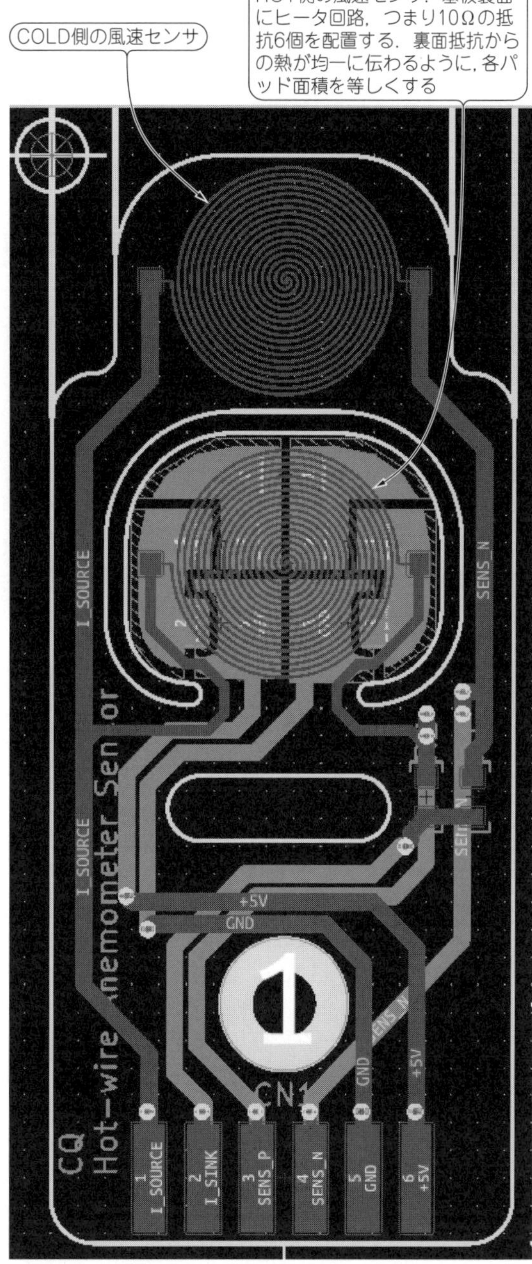

図18　フリーの定番CAD KiCadで作画した風速センシング基板のデータ

KiCadのフットプリント・エディタで描くのは手間がかかるので，パラメータを指定するだけで渦巻き状のフットプリントを出力する支援ツール「ぐるぐる」をC#言語で作りました．

試作基板が出来上がったら渦巻きプリント・パターンの抵抗値を測れるように，パッドを大きくしました．

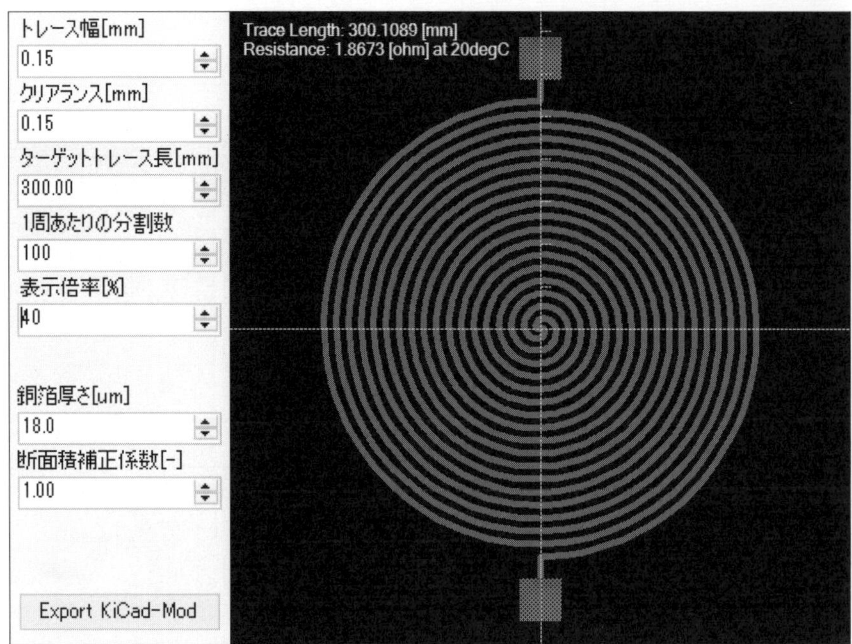

図19 パラメータを指定するだけで渦巻き状のフットプリントを出力する支援ツール「ぐるぐる」を自作し，渦巻きプリント・パターンを作成

4端子法で測定するので，1つのパッドに2本のプローブを当てます．

[Step2] ネット通販サービスに試作基板を発注

インターネット基板通販サービスの1つ「P板.com」に基板を発注しました．**表1**に仕様を示します．基板は，脱酸素剤を封入した真空パックで届きました．

渦巻きプリント・パターン部(HOT)の熱エネルギが逃げていかないように，基板はできるだけ薄くしました．銅はくの抵抗値を管理したいので，めっきやはんだレベラ，プリフラックスは施しませんでした．

発注時に**表1**の要件以外に，次の3点を補足しました．

(1) この基板には，アンテナ・プリント・パターンがある．ただし，プリント・パターン内線幅の多少のシュリンク(やせ)は問題にしない(このプリント・パターンはアンテナではないけれど，このように言ったほうが伝わりやすかった)

(2) プリント・パターン中心部の配線の折り返し部では，0.127 mmのクリアランスを違反する可能性がある．仕上がり時に塗りつぶされても問題にしない

(3) レジストがない部分の銅はくはむき出しでOK．納入時の多少の変色は問題にならない

プリント・パターン中心の折り返し部が，ルール違反であることは承知していましたが，仕上がり品質に興味があり，そのままにしました．パッド近くの90°曲げ部の仕上がり品質にも興味がありました．

図20 鋭角に曲がったプリント・パターンは百害あって一利ない

[Step3] 納品基板の仕上がりチェック

技 風速センシング基板

写真2に納入された風速センシング基板の渦巻きプリント・パターンを，**表2(a)**に部品表を示します．きれいな仕上がりです．

多くの文献が，プリント・パターンは鋭角に曲げず，45°ずつ折ったり，曲線にしたりするよう推奨しています(**図20**)．これは基板製造時に，曲げ部の内側にエッチング液が残りやすく，エッチングが過多になって配線が細るからです．ノイズ発生の要因になることも理由の1つです．

写真2(a)からわかるように，配線幅とクリアランスを各150 μmで設計したのにもかかわらず，配線幅はその半分に細っています．今回は，この製造ばらつきは問題にはなりません．小ロット多品種を多く扱うメーカの場合，銅が残ること(エッチング残渣という)

表1　P板.comに発注を出したときの基板仕様

項　目	指　示	備　考
基板種類	リジット	－
板材	FR-4	－
板厚	0.4 mm	薄いもので実用上強度があるものを選定．0.4 mmは，なんとかはさみで切断できる厚さ．P板.comでは，0.4 mm以下も選べる．多くの基板メーカは，0.4/0.6/0.8/1.0/1.2/1.6/2.0/2.4 mmあたりが標準なので．他社への発注も考えて0.4 mmで指示した
基板層数	2(両面)	
最小パターン幅，間隔(クリアランス)	0.127(P板.com標準)	作画時にパターン幅がこの値以上になるようにツールを設定．P板.com以外には，0.15 mm(6 mil)を標準にしている基板メーカもあるので，太いほう(0.15 mm)で指示した
最小ビア径，ランド径	φ0.3/0.6 mm(P板.com標準)	
銅はく厚み	18 μm(1/2 oz：オンス)	18/35/70 μmあたりが標準で用意されている．35/70 μmは大電流を扱う電源基板用．センサ部の抵抗値が高いほうが好ましため，最も銅はく厚が薄い18 μmを選定した．12 μmや9 μmは特殊な高密度基板用
オープン・ショート・テスト	あり(P板.com標準)	－
表面処理	しない(銅はくのみ)	通常の基板では金めっき処理やはんだレベラ処理が施されている
AOI検査	あり	－

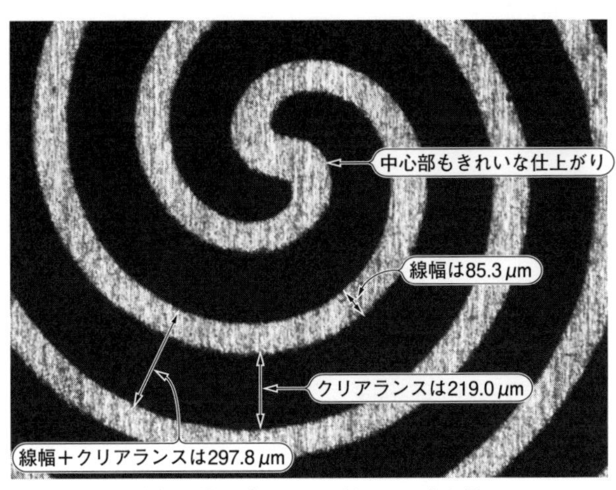

(a) 渦巻きプリント・パターンの中心部

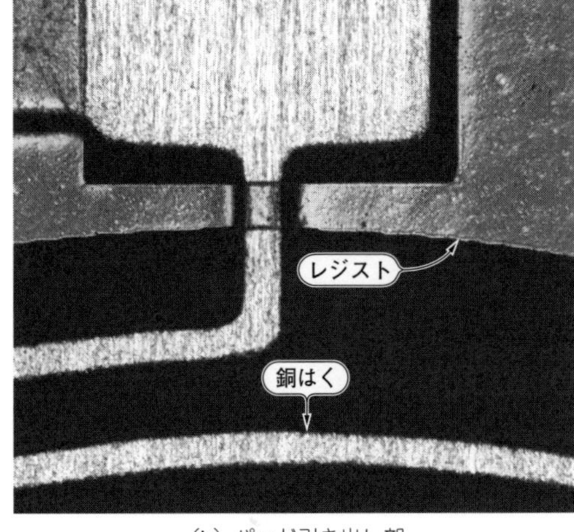

(b) パッド引き出し部

写真2　渦巻きセンシング基板の顕微鏡画像

は許されないので，エッチングは過多になる方向です．

「線幅150±○ μm以下」などと，厳しい精度を要求したいときは，事前にメーカと条件や製造装置のレシピ調整を行う必要があります．通常，エッチング条

技 私のおすすめデフォルト設定！ 基板CADのグリッド・ピッチ　Column 2

KiCadをはじめ，CADの多くは，部品を配置したり配線したりする前に，グリッドを設定するのが常識です．

ねじ穴やコネクタ配置，基板外形など機械にかかわる場所は[mm]単位系で設計し，基板内の部品配置や配線は[mil]単位系を利用するとよいでしょう．

私の使っているグリッド設定を**表A**に示します．

〈善養寺 薫〉

表A　私のKiCADのグリッド・ピッチ設定

条　件	ピッチ
2.54 mmピッチで配置配線したいとき	100 mil
チップ部品を配置したいとき	25/50 mil
ピン間1本で配線したいとき	25 mil
ピン間2本の配線したいとき	20 mil
ピン間3本の配線したいとき	12.5 mil

表2　製作したアナログ式LED風速レベル・チェッカの部品表

部品番号	部品名	値など	メーカ名
R_1, R_2	チップ抵抗	2Ω(高精度), 1608	問わない
R_3, R_4, R_5, R_6, R_7	チップ抵抗	10Ω, 3216	問わない
CN_1	細径ピン・ヘッダ	細ピン・ヘッダ(1列×8ピン), 6ピンに切断	Useconn Electronics

(a) センサ基板

部品番号	部品名, 仕様など	値, 型名など	メーカ名
C_1, C_4, C_6, C_{11}, C_{12}	積層チップ・セラミック・コンデンサ	0.1 μF, 1608	問わない
C_2, C_5, C_7, C_8, C_9, C_{10}		0.01 μF, 1608	
C_3		10 μF, 1608	
CN_1	表面実装型USB MicroBコネクタ	ZX62R-B-5P, メス	ヒロセ電機
CN_2	ネジ式ターミナル・ブロック	1725698, 6ピン, 2.54 mmピッチ	PhoenixContact
D_1, D_2, D_3, D_4, D_5, D_6, D_7, D_8	砲丸型LED	OSR5JA3Z74A, 赤色, φ3	OptoSupply
R_1, R_2, R_{11}, R_{13}	チップ抵抗	100Ω, 1608	問わない
R_{12}, R_{14}		27Ω, 1608	
R_{15}, R_{17}		220Ω, 1608	
R_{16}, R_{18}, R_{20}		33Ω, 1608	
R_{19}		560Ω, 1608	
R_{21}		6.8 kΩ, 1608	
R_{22}		56Ω, 1608	
R_3, R_6		0Ω, 1608	
R_4, R_{23}, R_{24}, R_{25}, R_{26}, R_{27}, R_{28}, R_{29}, R_{30}		1 kΩ, 1608	
R_5		2.2 kΩ, 1608	
R_7, R_9		69Ω, 1608	
R_8, R_{10}		18Ω, 1608	
RV_1	可変抵抗	ST-4EB 500Ω	日本電産コパル電子
RV_2		ST-4EB 100Ω	
TP_1, TP_2, TP_3	未実装. 必要に応じてテスト・ピンを実装	−	−
IC_1	基準電圧生成IC, 2.5 V	LT1761ES5-2.5#TRMPBF	アナログ・デバイセズ
IC_2	高精度OPアンプ	LT1498CS8#PBF	
IC_3	計装アンプ	LT1167CS8#PBF	
IC_4, IC_5	コンパレータ	LT1721CS#PBF	
	ケース	CS75N-W	タカチ電機工業

(b) コントローラ基板

件やワークの送り速度の最適化など, 製造レシピを申し入れる必要があります.

● ホイートストンLEDレベル・メータ基板

図21にホイートストンLEDレベル・メータ基板を, **表2(b)**に部品表を示します. ケースCS75N(タカチ電機工業)に収まるように考慮しました. 部品点数は多くなく, 設計も難しくありません.

試作時, コンパレータが発振したので, 分圧抵抗部にコンデンサを挿入しました. 高周波領域で, コンパレータの出力から入力に帰還経路が作られていたのだと想定します. もっとうまく配置配線していれば, この2つのコンデンサを削減できたかもしれません.

[Step4] アートワーク

技 かっこよく決まる！わたしの描き方

外形を描いたら, 部品の配置作業に移ります.

配線を始める前, CAD画面には, 未配線の接続情報を示す「ラッツネスト(**図22**)」が表示されます. ネストが最短になるように, 配線が交差しないように, 電子部品を配置していきます.

この状態で, 表層の配線を始めます. 安易にビアを打ちまくり, 表層と裏層を行ったり来たりすると, 基板はかっこよく仕上がりません. できるだけ表層だけで配線を済ませます. もちろん実際には, LEDや

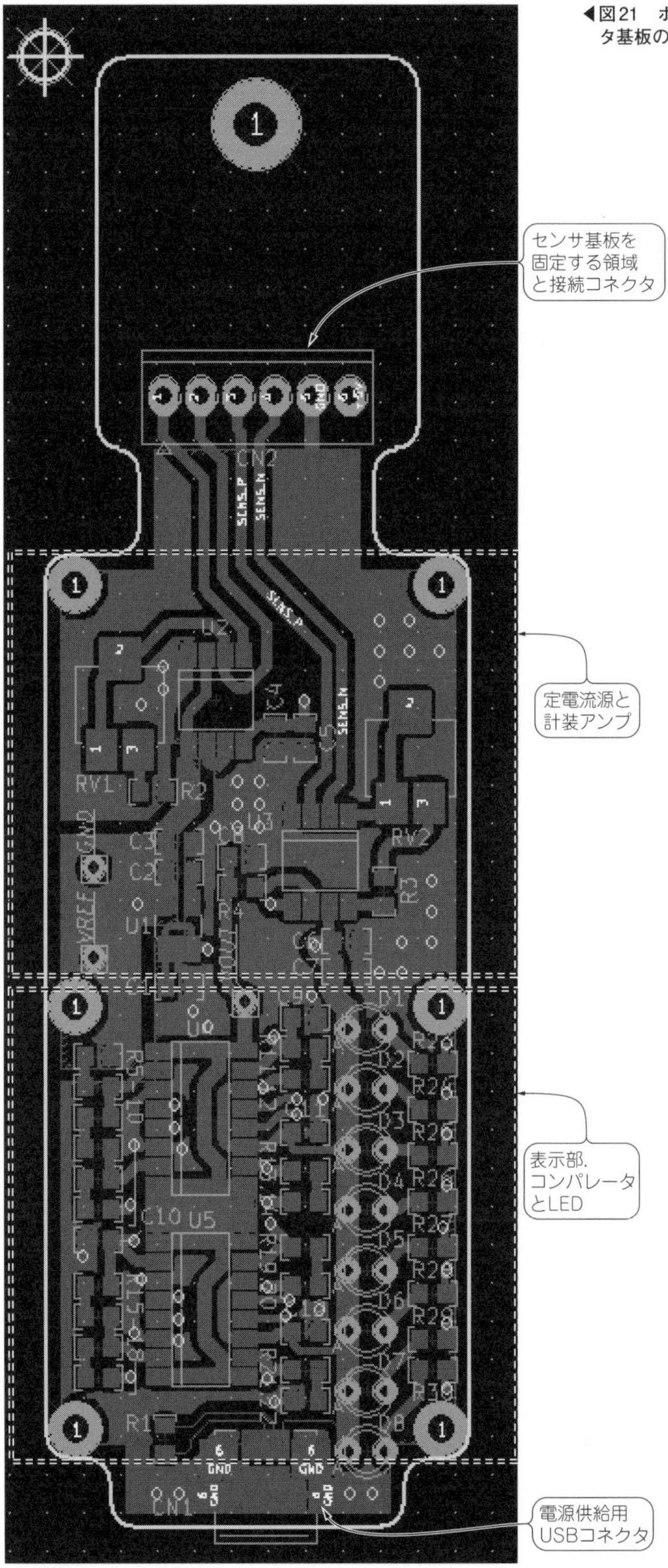

◀図21　ホイートストンLEDレベル・メータ基板のプリント・パターン

センサ基板を
固定する領域
と接続コネクタ

定電流源と
計装アンプ

表示部.
コンパレータ
とLED

電源供給用
USBコネクタ

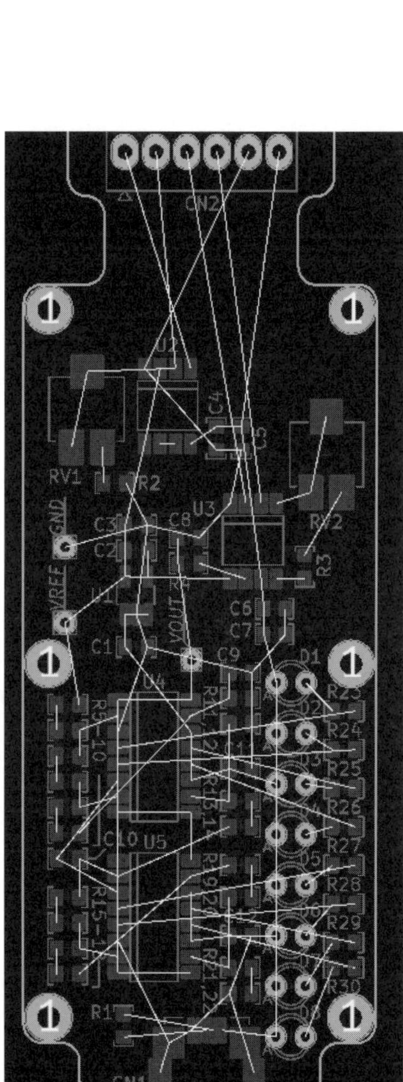

図22　配線を始める前の基板CAD画像には現れるラッツネスト

技 私のおすすめ！トラブルの少ない機構CADデータの受け渡しフォーマット　Column 3

① 3D CADならSTEP形式またはSAT形式

多くの3D CAD間でデータを受け渡しするときによく利用されるのは，STEP形式またはSAT形式です．多くの3D CADがこの形式の入出力をサポートし，ビューアも見つけることができますが，形状が複雑だと受け渡し後，データの修正に苦労することが多いです．

商用/非商用の基板CADの多くもSTEP出力をサポートしています．KiCadは，基板データを3D CADで読み込めるSTEP形式に変換して出力できます(**図C**)．

図Dは，KiCadで出力したSTEP形式のデータを，3D CAD DesignSpark Mechanical(RSコンポーネンツ)で読み込んだところです．

ほかに，IGES，PARASOLIDも中間データとして多く利用されます．

② 2D CADならDXF形式

3Dデータより受け渡しが容易です．

通常，DXF形式またはDWG形式を利用します．メジャーなAutoCAD(Autodesk社)で利用されていたデータ形式で，事実上の標準です．DXFにもいくつか種類がありますが，ASCII形式を使いましょう．

いったん2D CADのDXF形式で基板外形データを出力し，3D CADから外形線としてDXFを読み込む受け渡し方法もあります．続いて，基板厚さ情報から押し出して，3D形状を起こします．

2DのDXFから3D形状を起こすオプション機能は，SolidWorks(ダッソー・システムズ社)を始め，多くの3D CADがもっています．DesignSparkには，まだDXFから3Dを起こすサポート機能はありません．

＊　　＊　　＊

3Dプリンタでは，STL形式やVRML形式が利用されます．この形式は，立体構造の表面情報(サーフェス)しかもっていません．3D CADデータの受け渡しには適しません．

〈善養寺 薫〉

Specctra DSN (p)...
GenCAD(G)...
VRML(V)...
IDFv3(D)...
STEP(T)...
SVG (S)...

図C　KiCad Version 5は基板データをSTEP形式に変換して出力する機能をもつ
STEP出力は，商用/非商用を問わず基板CADの多くが採用している

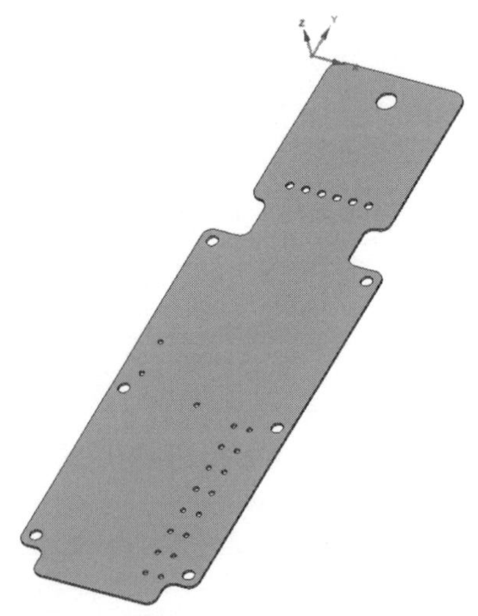

図D　3D CAD間でデータをやり取りする方法の1つ
STEP形式で基板外形データを出力して，3D CAD DesignSpark Mechanicalで読み込む

USBコネクタは位置を動かせないので，表層だけで配線を終始することはできません．

技 グラウンドや電源は極力ベタ・パターンにする

配線の基本は「太く，短く」です．一番いいのはベタ・パターンです．今回はグラウンドと+5V，基準電圧(V_{ref})をベタにしました．

特にグラウンドは，すべての回路の動作基準になる重要な電位なのでベタ・パターンにします．

表層と裏層のグラウンドは一定間隔でビアを打って接続し，インピーダンスを下げます．どこにも接続されていない浮いたベタ・グラウンド「浮島」は百害あって一利なしです．CADには浮島を削除する機能があります．

〈善養寺 薫〉

2D CADを使うべきか？それとも3D CADを使うべきか？ Column 4

図Eは，3D CADのDesignSpark Mechanicalで作成した微風速LEDレベル・メータのケース・データです．

機構CADは，2Dから3Dに置き換えが進んでいます．2D CADなら無償のものが多く入手できますが，3D CADは選択肢が少ないです．2Dなのか3Dなのかは慣れだとは思いますが，将来3Dプリンタを使いたいなら，3D CADに慣れておくべきでしょう．

今回は2D/3D CADで機構設計データを作成しました．

〈**善養寺 薫**〉

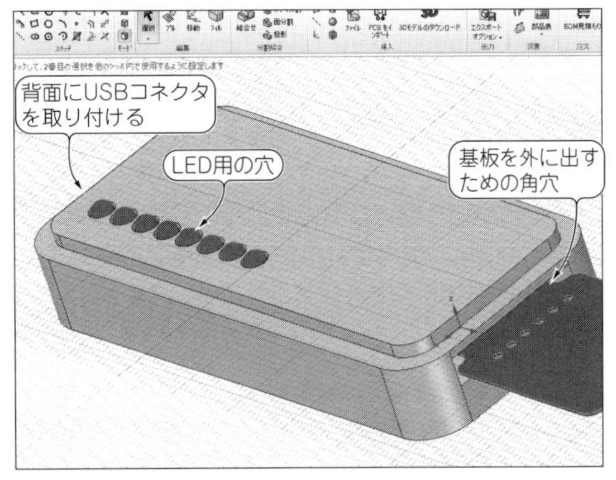

図E　3D CADのDesignSpark Mechanicalで作成したアナログ式LED風速レベル・メータのケース・データ

難易度の高い風速センシング基板を海外メーカに発注してみた Column 5

将来の低コスト化を見据えて，中国の格安プリント基板メーカにも同じデータで発注してみました(**写真A**)．今回のプリント・パターンは，通常の配線パターンと違い製造が難しいはずです．海外メーカの利用がはやっているので試しに発注してみました．

今回は，基板の厚さは0.4 mmで指定したので，少し高くなりましたが，それでも10枚発注でたったの70ドル(1枚700円)でした．このメーカは，標準的なデザイン・ルールに則って製造しています．一番ポピュラな1.6 mm厚なら10枚で約3ドル(30円/枚)です．

出荷は，予定より1週間ほど遅れました．また，いつもなら，発注数分の基板が1つの真空パックに封入されて届きますが，今回は2枚＋4枚＋4枚の3パックに分けられていました．難しい基板なので，条件を調整しながら製作を繰り返し，うまく作れたものをパッケージングしたのではないかと想像しています．全数の導通チェックをしていて，不良品を除外する作業はしているようすです．発注金額に見合わない手間と迷惑をかけてしまいました．〈**善養寺 薫**〉

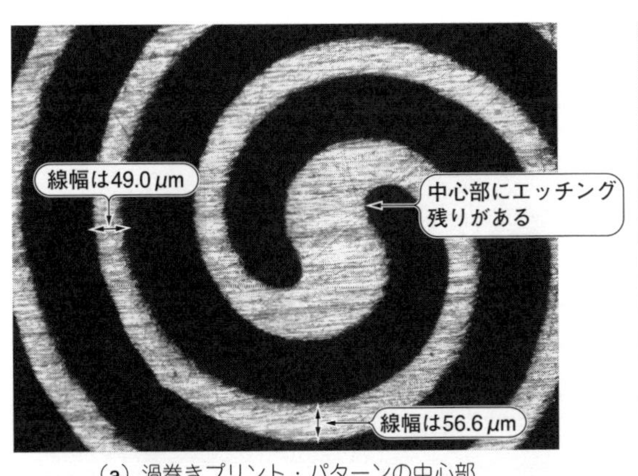

(a) 渦巻きプリント・パターンの中心部

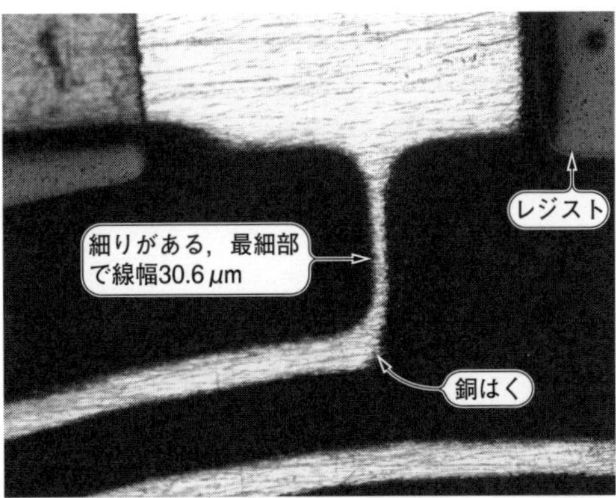

(b) パッド引き出し部

写真A　海外の格安基板メーカが作った風速センシング基板の仕上がりを顕微鏡でチェック

技 私のおすすめデフォルト設定！基板CADのプリント・パターン幅　Column 6

プリント・パターンは「太く短く」が基本です．

微風速LEDレベル・メータ基板には，QFPパッケージICの引き出し線など，細く配線しなければならないものはありません．部品を適切に配置して，配線をシンプルにすることで，多くのプリント・パターンの幅を0.8 mmにしました．USBコネクタ周りだけは，0.3 mm幅を利用している箇所もあります．またベタも活用します．

表Bに示すのは，私が利用している配線幅の種類です．たいていはこの設定で十分です．**0.3 mm以下は使いません**．**表C**に示すのは，私がKiCadに設定しているルール(デザイン・ルール)です．

なお「1 mmの配線幅に流せる電流は最大1 A」という規則が用いられており，「1 mm-1 A則」などと呼ばれています．より詳細は，IPC2221A規格の「パターン幅と電流容量の設計指針」でさまざまな条件とともに規格化されています．この規格書では，細いパターンによる電圧降下やジュール熱が定式化されています．〈善養寺 薫〉

表B　私のKiCadの配線幅設定

条　件	設　定
ピン間3本通す場合	0.15 mm
ピン間2本通す場合	0.25 mm
QFPの引き出し，ピン間1本通す場合など	0.3 mmまたは0.35 mm幅
通常配線	0.5 mm幅
通常配線	0.8 mm幅
通常配線	1.0 mm幅
電源など	1.0 mm以上

表C　KiCadで設定したデザイン・ルール

Default	クリアランス	配線幅	ビア直径	ビア・ドリル
Default	0.3	0.5	0.6	0.3
0.3 mmWidth	0.3	0.3	0.6	0.3
0.5 mmWidth	0.3	0.5	0.6	0.3
0.8 mmWidth	0.5	0.8	0.6	0.3
1.0 mmWidth	0.8	1	0.6	0.3

第3話　熱シミュレーション

続いて，フリーの熱解析ビジュアル・シミュレータ“PICLS”を使って，微風速LEDレベル・メータ基板の温度分布をパソコンで解析します．解析するのは次の2つです．

(1) 発熱しているチップ抵抗の温度
(2) 渦巻きプリント・パターンの温度と風速の関係

● 微風も測れる加藤氏設計の風速計

写真3に示すように，風車を回して起電力を発生させる風速計は微風を検出できませんが，今回製作した抵抗体の温度を測る熱式ならば可能です．

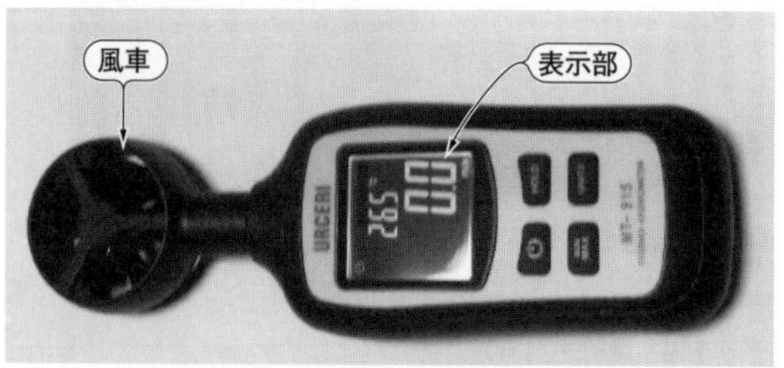

写真3　市販の風速計

写真4は，今回作った微風速LEDレベル・メータの外観です．使い方は**図23**に示すとおりです．発熱体(チップ抵抗)で温められた細長いプリント・パターンを気流で冷やし，プリント・パターンの抵抗値の変化から風速を求めます．

通常の温度センサは，その物理的な大きさが風の流

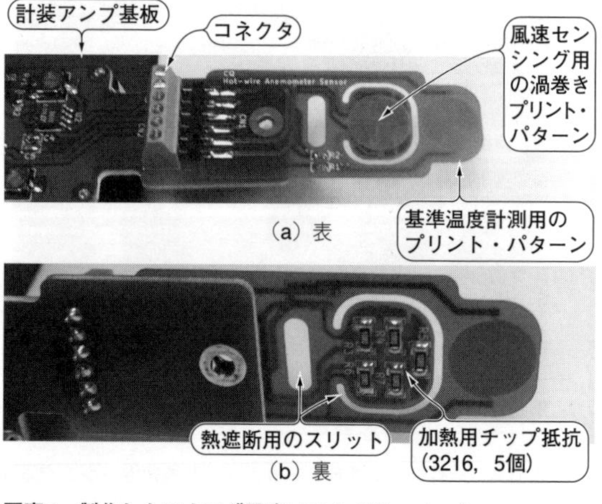

写真4　製作したアナログ風速LEDレベル・メータ

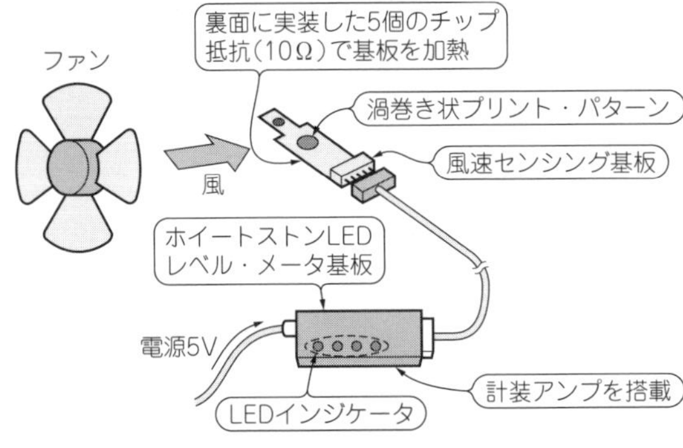

図23 LED風速レベル・メータの使い方を再確認
プロペラを回して起電力を発生させるしくみをもつ

れを阻むため，風速を正確に測ることができません．製作した風速LEDレベル・メータは，風速センシング基板上のプリント・パターンが温度センサとして機能させるので，風の流れを妨げません．

熱解析シミュレータ PICLSの基礎知識

● 電気屋と基板屋のために生まれた

PICLS(ソフトウェアクレイドル社)は，基板設計者でも容易にモデルを作ることができる電気屋向けの熱解析シミュレータです．パラメータも，電気系でよく使う変数で設定できます．

熱計算のシミュレータはいろいろありますが，その多くは電気系の技術者向けではなく，伝熱工学や流体力学を学んだ機械系の技術者向けです．始めて耳にするパラメータを設定したり，モデル作成に手間どったりします．

● フリー版と製品版の違いなど

今回使ったのはPICLSのフリー版“PICLS Lite”です．

穴開け用の2大刃 ①ドリルと②エンドミル　Column 7

● ドリル

写真B(a)に，ドリルの外観を示します．

ドリルは先端部だけが「刃」になっています．先端部でターゲットを削り，ドリル上部のスリットで切り屑(切粉)を排出するような構造になっています．ただし，垂直に穴を掘ることしかできません．

● エンドミル

写真B(b)に，エンドミルの外観を示します．

大きな穴を開けたり，削り加工をしたりするときに利用します．ドリル刃と形が似ていますが，先端部だけでなくスリット全体が「刃」になっています．ドリルと同じく垂直に穴を掘ることも，前後左右に削ることもできます．

ターゲットを前後左右に動かしながら，エンドミルで加工したいときは，フライス盤を利用します(**写真C**)．ホビー用の卓上フライス盤が安価に売られており，コンピュータ制御のNCフライスも市販されています．なお，ボール盤をフライス盤のように使うとボール盤の軸をいためます．

〈善養寺 薫〉

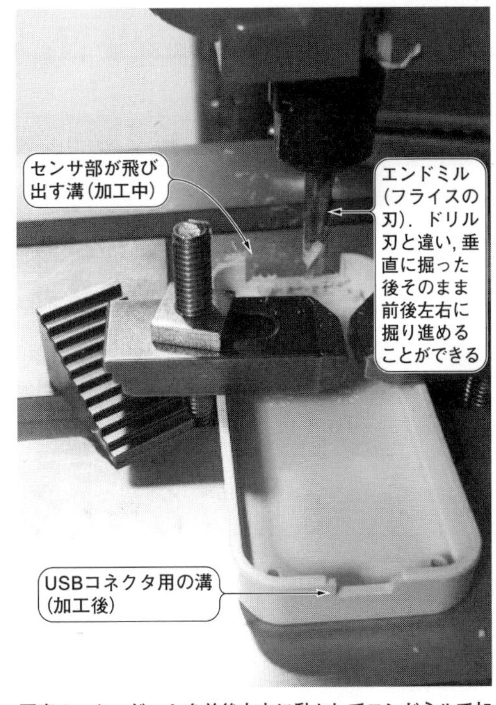

写真C ターゲットを前後左右に動かしてエンドミルで加工したいときは，フライス盤を利用する

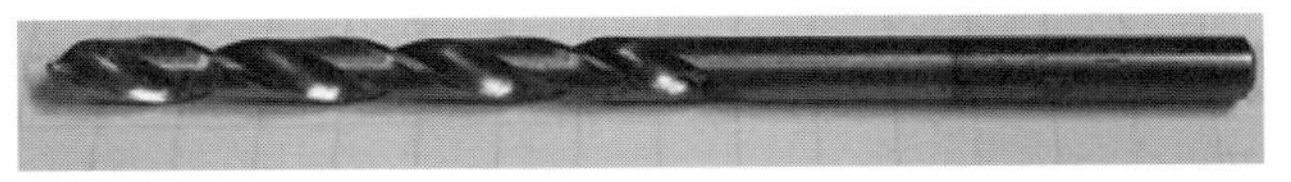

(a) ドリル

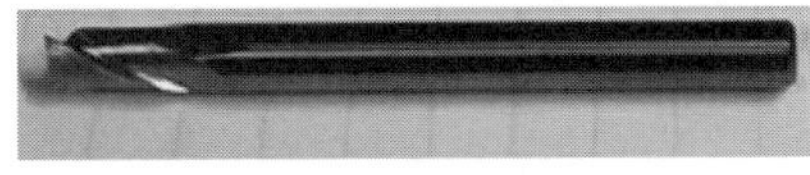

(b) エンドミル

写真B 何が違う？ 穴開け用の2大刃 ①ドリルと②エンドミル

強制空冷の風速に応じた温度計算も行ってくれます．プリント・パターン形状や発熱部品の位置を変更すると，その直後にリアルタイムに，熱計算が実行されて，結果が表示されます．

フリー版でも計算機能の制限はほとんどないため，空冷などの熱解析を行うこともできます．ただし，メタル・ケースや放熱フィンによる冷却シミュレーションをするためには製品版が必要です．フリー版のPICLS Liteは，製品版にある次の機能を利用することができません．

- 基板データ（ガーバ・データ）の読み込み
- 回路基板CADと3次元機構CADの中間フォーマット・データIDF（Intermediate Data Format）の読み込み
- ドリル・データの読み込み
- 筐体/ヒートシンク構造のシミュレーション
- 作成した部品モデルを別シミュレータで利用すること

使い方

● 使い始める前に

▶新規にデータ作成を始める

図24にトップ画面を示します．作成済みのプリント・パターンが表示されています．

新しい設計データを作り始めるときは，左上のアイコン左端の「寸法と構成」と書かれたアイコンだけが表示されています．これをクリックすると，基板設定ウインドウが開き，基板設定から作業を開始します．

▶作業中の設計データを呼び出す

保存したPICLSデータを読み出すときは，拡張子が“.picls”のファイルをエクスプローラで開き，PICLSの作業エリアにマウスでドラッグ＆ドロップします．

▶操作マニュアルを見たい

アイコンの右端のマニュアルをクリックするとhtm

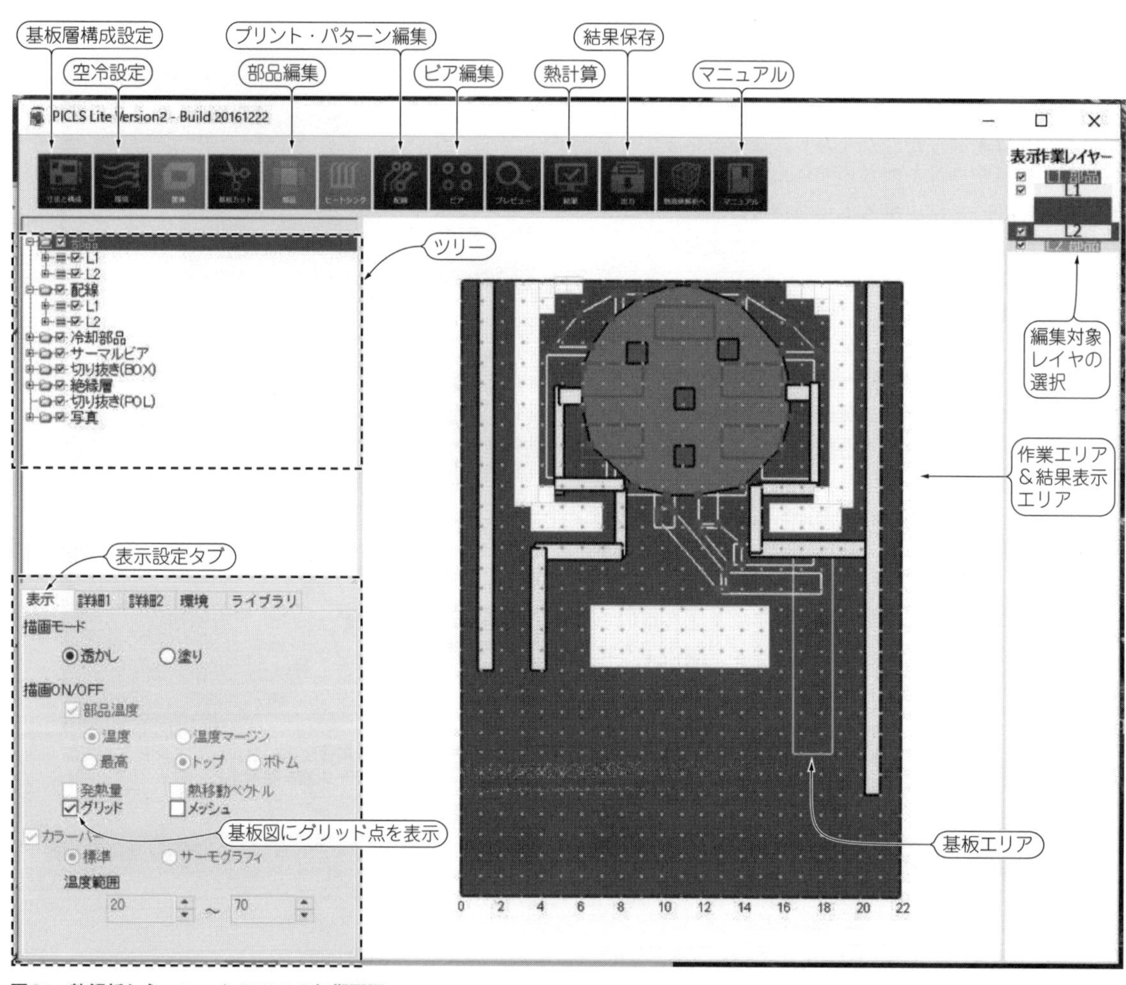

図24　熱解析シミュレータ PICLSの初期画面

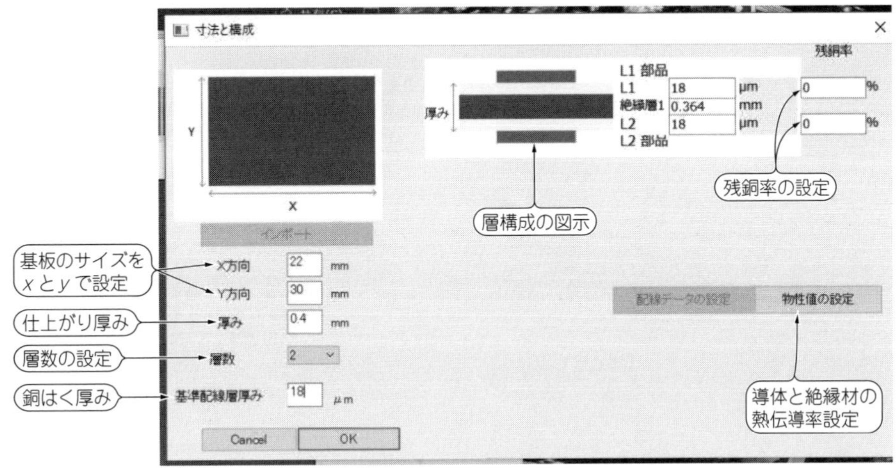

図25　基板の外形や層を設定するPICLS基板設定ウインドウ

ファイルのマニュアルが表示されます．

● Step1　PICLSを起動する

最初に基板の外形と層構成を設定します．

図24の「寸法と構成」アイコンをクリックすると，**図25**に示すPICLS基板設定ウインドウが開きます．

層数設定ウインドウでパラメータを入力すると，デフォルト層構成が希望の層構成に変化します．

長方形の基板のx辺とy辺の長さを設定します．厚みは，基板の完成厚みで指定します．基板に切り欠きがあるときは，後から切り欠き部分(長方形)をカットします．

残銅率は配線ごとに設定できます．残銅率の初期値は0％ですが，内層がベタの場合は，100％に変更します．通常熱解析では，細いプリント・パターンごとに計算するのではなく，あるエリアの銅はくの比率を元に計算します．

● Step2　基板の外形の描画

長方形の切り欠きを複数使って，基板の形状を作ります．

技 Step3　風速センシング基板のモデリング(表面)

▶矩形プリント・パターンを描く

トップ画面の「配線」アイコン(**図24**)を押します．「プリント・パターン編集と説明」をクリックして，配線ウインドウを表示させます．［矩形］にチェックが入っていることを確認します．残銅率100％で配線する場合は，残銅率を100％にします．

作画したい矩形の1つの頂点上でマウスをクリックします．ボタンを押しながら，マウスを対角点まで移動させます．ターゲットの矩形の上にマウスを置き，太い十字矢印が表れたら，マウスの右ボタンを押しな

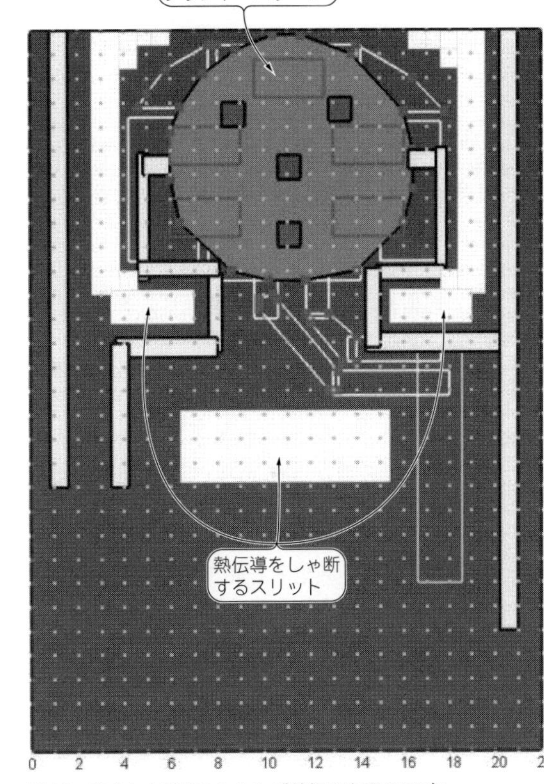

図26　完成した風速センシング基板の表面のモデル

がら移動できます．

矩形のサイズを変更したいときは，マウスの右ボタンを押すと表示されるメニューから［この配線の設定］を選びます．「配線(変更)」と書かれたウインドウが表示されるので，外形寸法などを入力します．コピーは，矩形の上でマウスの右ボタンを押すと出るウインドウのメニューから利用できます．

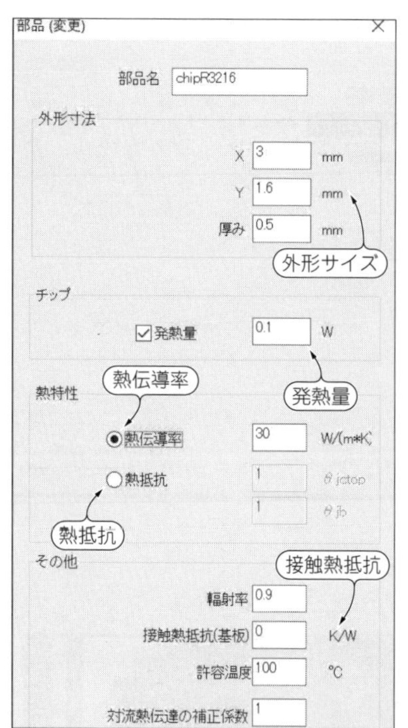

図27 抵抗の形状や熱抵抗値を設定するダイアログ
熱特性は熱伝導率や熱抵抗で設定する

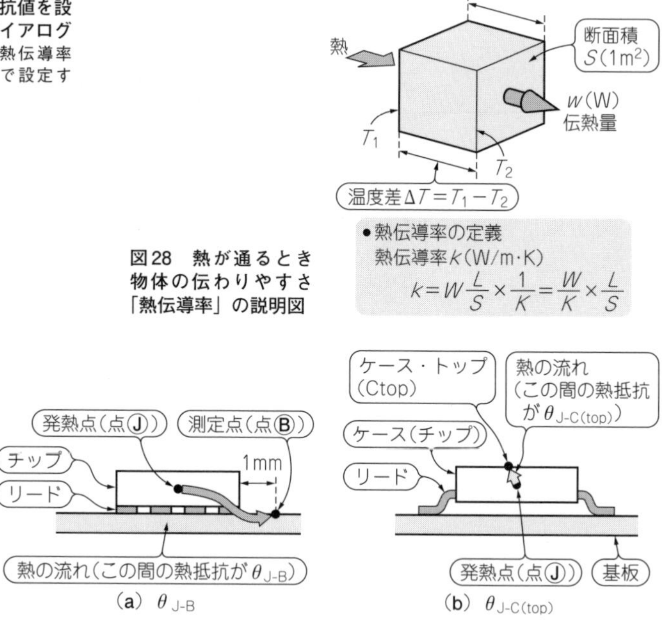

図28 熱が通るとき物体の伝わりやすさ「熱伝導率」の説明図

(a) $\theta_{J\text{-}B}$　(b) $\theta_{J\text{-}C(top)}$

図29 PICLSで設定できる2つの熱抵抗 $\theta_{J\text{-}B}$ と $\theta_{J\text{-}C(top)}$

▶円形プリント・パターンを描く

風速センシング基板の渦巻き状のプリント・パターンの設計値は，幅は0.15 mm，間隔は0.15 mmです．つまり，残銅率は50 %です．

ところが善養寺氏から「完成したプリント基板の銅はくは，設計値より幅が狭くなっている」と報告があったため，残銅率は40 %にしました．円の直径はφ10 mmです．

PICLS Liteは，フリー版の制約から，プリント・パターンのデータを読み込めないので手作業で作画します．

まず，配線ウインドウを表示させます．［多角形］にチェックを入れて，残銅率を40 %に設定します．

マウスを動かしながら円を描きます．現在のバージョンでは，始点と終点を正確に合わせないとエラーになります．いったんエラーが出ると，何も操作できなくなります．その場合は，Windowsのタスクマネージャを起動して，PICLSのタスクを強制終了させてください．

次の多角形の作画作業を始める前に，ここまでのデータを保存します．「出力」アイコンをクリックし名前を付けて保存します．

図26に，完成した風速センシング基板の表面のモデルを示します．

技 Step4　風速センシング基板のモデリング（裏面）

風速センシング基板の裏面に，発熱部を作ります．

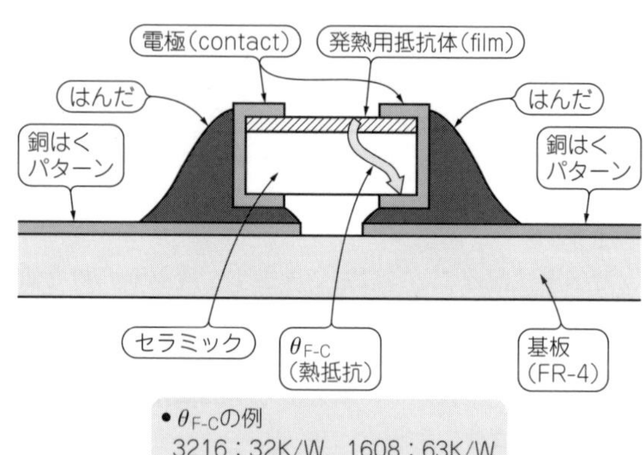

図30[2] チップ抵抗の熱抵抗($\theta_{F\text{-}C}$)の意味

図24の「部品アイコン」をクリックすると表示される，「部品(変更)」ウインドウ(**図27**)で，外形や発熱量を設定します．

▶外形の設定

3216のチップ抵抗の長さをデータシートで調べたところ3 mmだったので，3.2でなく3.0に設定しました．

▶発熱量の設定

発熱部品の熱パラメータの設定は重要です．発熱部品には，熱伝導率で与えられるものと，熱抵抗で与えられているものがあります．

図28に示すように，熱伝導率とは，物体を熱が通るときの熱の伝わりやすさです．

PICLSで，$\theta_{J\text{-}B}$ と $\theta_{J\text{-}C(top)}$ の2つの熱抵抗から指定できます．**図29**でこの2つの熱抵抗の意味を説明します．まず，$\theta_{J\text{-}B}$ と $\theta_{J\text{-}C(top)}$ のⒿ(Junction)は発

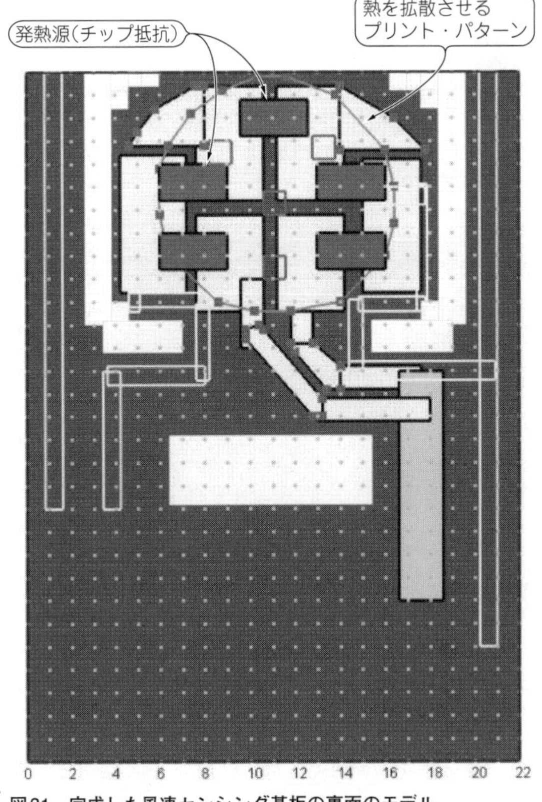

図31　完成した風速センシング基板の裏面のモデル

熱点，Ⓑは基板上の温度測定点，Ctopはパッケージのトップを意味しています

図30に示すのは，チップ抵抗メーカのデータシートに示されている熱抵抗($\theta_{F\text{-}C}$)の説明図です．FはFilm(抵抗体)，CはContact(電極)のことです．$\theta_{F\text{-}C}$は$\theta_{J\text{-}B}$と同じであると考えて，パラメータを設定しました．稿末の参考文献(3)を参考にして，3216チップ抵抗の$\theta_{J\text{-}B}$熱抵抗を32 ℃ /W，$\theta_{J\text{-}C(TOP)}$を1 ℃ /Wとしました．

図31に，完成した風速センシング基板の裏面のモデルを示します．

技 Step5　測定温度の表示設定

風速センシング用の渦巻きプリント・パターンに，薄い小型部品を置いて，温度を計算し表示するように設定します．プリント・パターンの温度に影響しないように，熱抵抗はできるだけ小さくし，円形のセンサ部の中心と半径の中間で約120°おきに3個置きました．温度は自動的に更新されます．

● Step6　風速など計算条件を設定する

図24の「環境」アイコンをクリックして，周囲温度や風速(1～4 m/s)を設定します(図32)．

● Step7　計算を実行する

図24のトップ画面の左下にある描画ON/OFFの部分を設定します．

［部品温度］，［温度］，［トップ］にチェックを入れます．［発熱量］，［熱移動ベクトル］などはチェックを外します．

図24の［結果］アイコンをクリックすると，熱計算が実行されます．

図33に，周囲温度25 ℃のときの熱の分布を示します．図33(a)に示すのは，風速1 m/sのときの計算結果です．

風速センシング部中心の温度は65.3 ℃で，温度上昇分は40.3 ℃です．図33(b)は，風速4 m/sのときの計算結果です．中心部の温度は47.6 ℃で，上昇分は23.6 ℃です．

サーモビューアで実測

図34に示すのは，実際に動かして測定した熱分布です．サーモビューアを使って観測しました．

風速センシング基板を水平に置きました．図33と

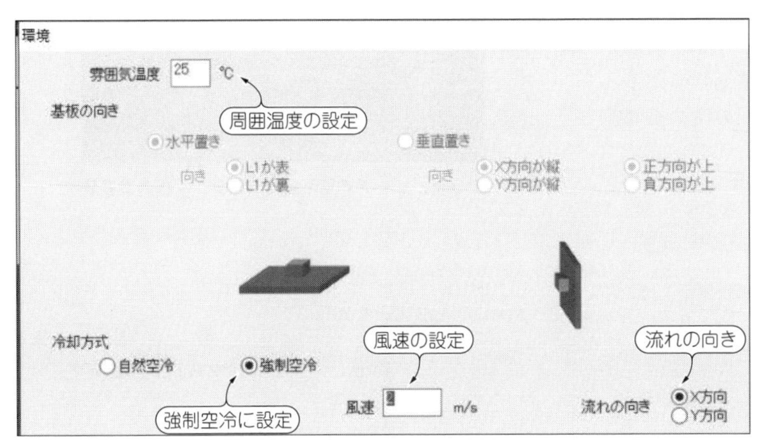

図32　PICLSの周囲温度や風速(1～4 m/s)を設定する

12

開発実録：1 m/sを測れる微風速計の製作 ～プリント基板製作ワークショップ～

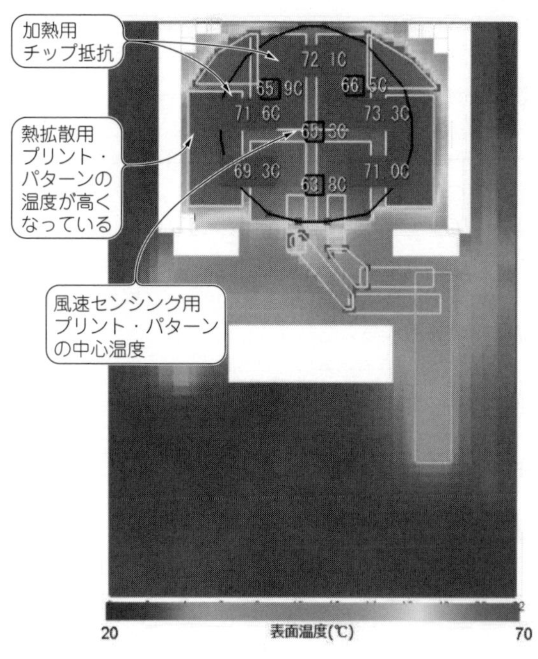

(a) 風速1 m/s

(b) 風速4 m/s

図33　風速センシング部の裏と表の熱シミュレーションを実行したところ
中心部の温度は47.6℃で，上昇分は23.6℃

は，裏と表が逆なので，左右も逆です．風速は約3 m/sです．

中央のスリットの左右にプリント・パターンに沿って熱が伝わっています．

図33のシミュレーション結果を見ると，発熱用のチップ抵抗につながるプリント・パターンの熱がよく伝わっています．**図34**の実測からも，そのようすがわかります．

風速センシング部中央の実測値は，風速4 m/s，室温25 ℃のとき48 ℃でした．シミュレーションでは，47.6 ℃でしたのでほぼ一致しました．

4 m/sという風速は**写真4**の市販の風速計で測りました．4 m/sは精度良く測れましたが，1 m/sの微風は測れなかったので，低風速での測定はできませんでした．

サーモビューアは測定ターゲットの表面状態によって，測定精度が大きく変わるので．今回の実測値は参考値と考えてください．

＊　＊　＊

写真5に完成した風速計を示します．

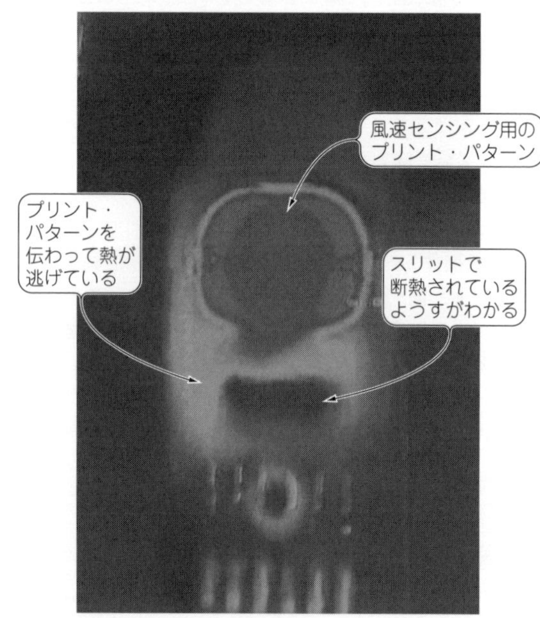

図34　サーモビューアで見た風速センシング部の温度分布

◆参考文献◆

(1) 国峰 尚樹；エレクトロニクスのための熱設計完全入門，日刊工業新聞社．
(2) PICLSマニュアル，ソフトウェアクレイドル．
(3) Vishay, Thermal Management in Surface - mounted Resistor Aplications, 2011.

〈山田　一夫〉

(初出：「トランジスタ技術」2018年7月号)

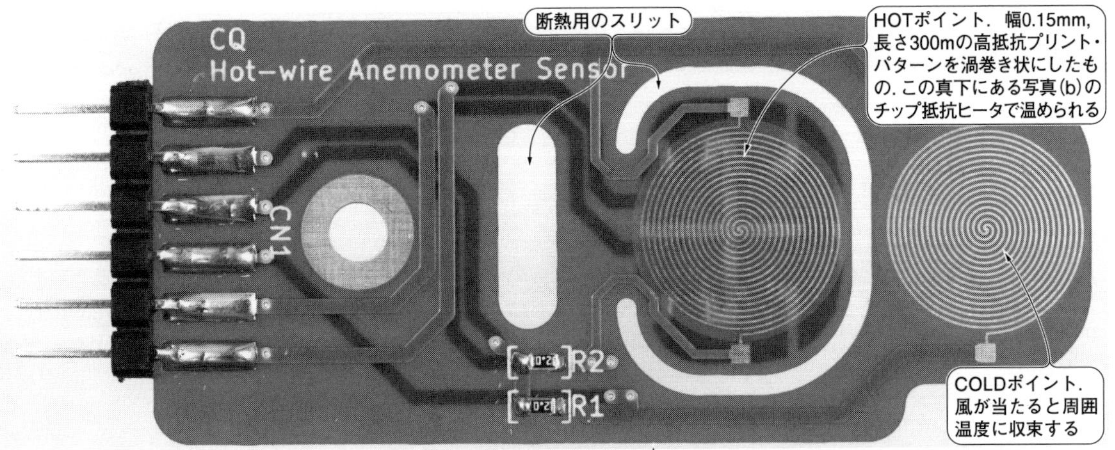
断熱用のスリット
HOTポイント．幅0.15mm，長さ300mの高抵抗プリント・パターンを渦巻き状にしたもの．この真下にある写真(b)のチップ抵抗ヒータで温められる
COLDポイント．風が当たると周囲温度に収束する
基板の熱抵抗を少しでも上げるため，基板厚を0.4mmと非常に薄くした
CQ
Hot-wire Anemometer Sensor
CN1
R2
R1

(a) 風速センシング基板(表)

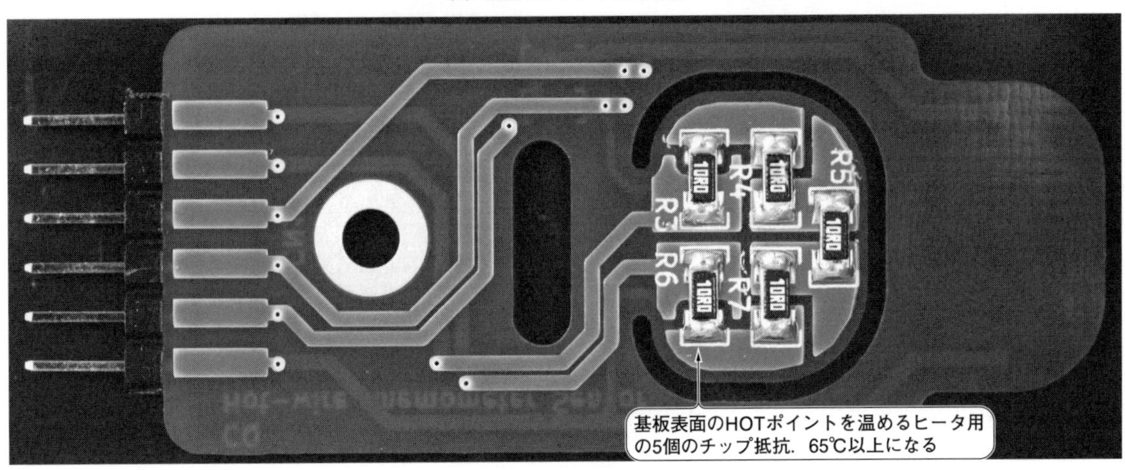
基板表面のHOTポイントを温めるヒータ用の5個のチップ抵抗．65℃以上になる
R3
R4
R5
R6
R7

(b) 風速センシング基板(裏)

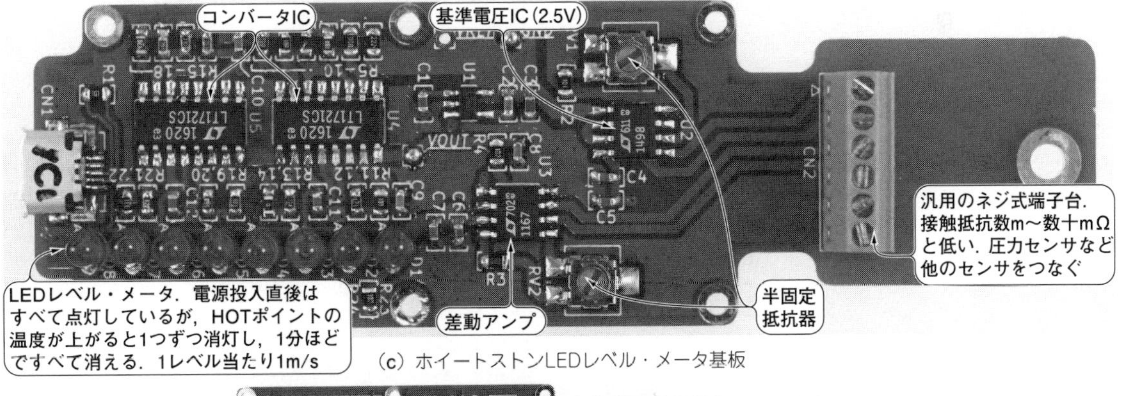
コンバータIC
基準電圧IC(2.5V)
汎用のネジ式端子台．接触抵抗数m～数十mΩと低い．圧力センサなど他のセンサをつなぐ
LEDレベル・メータ．電源投入直後はすべて点灯しているが，HOTポイントの温度が上がると1つずつ消灯し，1分ほどですべて消える．1レベル当たり1m/s
差動アンプ
半固定抵抗器

(c) ホイートストンLEDレベル・メータ基板

(d) 端子台を介して2枚の基板を合体したところ

写真5　微風速LEDレベル・メータの基板
「トランジスタ技術」特設サイトで動画を公開中

索　引

付属 DVD-ROM の使い方

■ プリント基板開発ツール KiCad 5.1.4（安定版）

- Windows 64 ビット版
- Windows 32 ビット版

▶収録フォルダ名…「01_KiCad」

■ フットプリント作成ツール CQ Footprint Tracer（KiCad 用）

Appendix 6 で紹介したツールを収録しています.

▶収録フォルダ名…「02_CQFootprintTracer」

■ お手本設計データ集

第 6 章，第 7 章，第 8 章，第 12 章で紹介した設計データを収録しています.

▶収録フォルダ名…「03_data」

※本 DVD-ROM はパソコンでお使いください．家庭用 DVD プレーヤには対応しておりません．
※収録されているコンテンツには，インターネット接続環境を必要とするものがあります．
※本 DVD-ROM は Windows 用です．Internet Explorer での動作は確認済みですが，お使いのブラウザによってはきちんと動作しないことがあります．
※本 DVD-ROM に収録してあるプログラムやデータ，ドキュメントには著作権があり，また産業財産権が確立されている場合があります．したがって，個人で利用される場合以外は，所有者の承諾が必要です．また，収録された回路，技術，プログラム，データを利用して生じたトラブルに関しては，CQ 出版株式会社ならびに著作権者は責任を負いかねますので，ご了承ください．

〈**筆者一覧**〉 五十音順

今関 雅敬	川田 章弘	高橋 成正	浜田 智
梅前 尚	黒河 浩美	田口 海詩	肥後 信嗣
漆谷 正義	志田 晟	登地 功	藤田 昇
エンヤ ヒロカズ	芹井 滋喜	中 幸政	森田 一
柏木 健作	善養寺 薫	中村 黄三	山田 一夫
加藤 隆志	Takazine	西村 芳一	
加藤 史也	髙野 慶一	長谷川 将俊	

●**本書記載の社名，製品名について** ― 本書に記載されている社名および製品名は，一般に開発メーカーの登録商標または商標です．なお，本文中では ™，®，© の各表示を明記していません．
●**本書掲載記事の利用についてのご注意** ― 本書掲載記事は著作権法により保護され，また産業財産権が確立されている場合があります．したがって，記事として掲載された技術情報をもとに製品化をするには，著作権者および産業財産権者の許可が必要です．また，掲載された技術情報を利用することにより発生した損害などに関して，CQ出版社および著作権者ならびに産業財産権者は責任を負いかねますのでご了承ください．
●**本書付属のDVD-ROMについてのご注意** ― 本書付属のDVD - ROMに収録したプログラムやデータなどを利用することにより発生した損害などに関して，CQ出版社および著作権者は責任を負いかねますのでご了承ください．
●**本書に関するご質問について** ― 文章，数式などの記述上の不明点についてのご質問は，必ず往復はがきか返信用封筒を同封した封書でお願いいたします．勝手ながら，電話でのお問い合わせには応じかねます．ご質問は著者に回送し直接回答していただきますので，多少時間がかかります．また，本書の記載範囲を越えるご質問には応じられませんので，ご了承ください．
●**本書の複製等について** ― 本書のコピー，スキャン，デジタル化等の無断複製は著作権法上での例外を除き禁じられています．本書を代行業者等の第三者に依頼してスキャンやデジタル化することは，たとえ個人や家庭内の利用でも認められておりません．

JCOPY 〈出版者著作権管理機構委託出版物〉
本書の全部または一部を無断で複写複製(コピー)することは，著作権法上での例外を除き，禁じられています．本書からの複製を希望される場合は，出版者著作権管理機構(TEL：03-5244-5088)にご連絡ください．

DVD-ROM付き

本書に付属のDVD-ROMは，図書館およびそれに準ずる施設において，館外へ貸し出すことはできません。

回路図の描き方から始めるプリント基板設計&製作入門

編　集　トランジスタ技術SPECIAL編集部
発行人　小澤 拓治
発行所　CQ出版株式会社
〒112-8619　東京都文京区千石4-29-14
電　話　販売 03-5395-2141
広告 03-5395-2132

ISBN 978-4-7898-4688-2

2019年10月1日　初版発行
2021年11月1日　第2版発行

©CQ出版株式会社 2019
(無断転載を禁じます)

定価は裏表紙に表示してあります
乱丁，落丁本はお取り替えします
編集担当者　島田 義人/平岡 志磨子/眞島 寛幸
DTP・印刷・製本　三共グラフィック株式会社
Printed in Japan